中国科协三峡科技出版资助计划

荒漠植物蒙古扁桃生理生态学

斯琴巴特尔　编著

中国科学技术出版社

·北　京·

图书在版编目（CIP）数据

荒漠植物蒙古扁桃生理生态学 / 斯琴巴特尔编著.
—北京：中国科学技术出版社，2014.6
（中国科协三峡科技出版资助计划）
ISBN 978-7-5046-6643-7

Ⅰ.①荒　Ⅱ.①斯…　Ⅲ.①荒漠—扁桃—生理生态学—研究—内蒙古　Ⅳ.①S662.9

中国版本图书馆 CIP 数据核字（2014）第 115774 号

总 策 划	沈爱民　林初学　刘兴平　孙志禹	责任编辑　高立波
项目策划	杨书宣　赵崇海	责任校对　何士如
出 版 人	苏青	印刷监制　李春利
编辑组组长	吕建华　赵晖	责任印制　张建农

出　　版	中国科学技术出版社
发　　行	科学普及出版社发行部
地　　址	北京市海淀区中关村南大街 16 号
邮　　编	100081
发行电话	010-62103356
传　　真	010-62103166
网　　址	http://www.cspbooks.com.cn
开　　本	787mm×1092mm　1/16
字　　数	420 千字
印　　张	20
版　　次	2014 年 10 月第 1 版
印　　次	2014 年 10 月第 1 次印刷
印　　刷	北京盛通印刷股份有限公司
书　　号	978-7-5046-6643-7/S・579
定　　价	82.00 元

（凡购买本社图书，如有缺页、倒页、脱页者，本社发行部负责调换）

总 序

科技是人类智慧的伟大结晶，创新是文明进步的不竭动力。当今世界，科技日益深入影响经济社会发展和人们日常生活，科技创新发展水平深刻反映着一个国家的综合国力和核心竞争力。面对新形势、新要求，我们必须牢牢把握新的科技革命和产业变革机遇，大力实施科教兴国战略和人才强国战略，全面提高自主创新能力。

科技著作是科研成果和自主创新能力的重要体现形式。纵观世界科技发展历史，高水平学术论著的出版常常成为科技进步和科技创新的重要里程碑。1543 年，哥白尼的《天体运行论》在他逝世前夕出版，标志着人类在宇宙认识论上的一次革命，新的科学思想得以传遍欧洲，科学革命的序幕由此拉开。1687 年，牛顿的代表作《自然哲学的数学原理》问世，在物理学、数学、天文学和哲学等领域产生巨大影响，标志着牛顿力学三大定律和万有引力定律的诞生。1789 年，拉瓦锡出版了他的划时代名著《化学纲要》，为使化学确立为一门真正独立的学科奠定了基础，标志着化学新纪元的开端。1873 年，麦克斯韦出版的《论电和磁》标志着电磁场理论的创立，该理论将电学、磁学、光学统一起来，成为 19 世纪物理学发展的最光辉成果。

这些伟大的学术论著凝聚着科学巨匠们的伟大科学思想，标志着不同时代科学技术的革命性进展，成为支撑相应学科发展宽厚、坚实的奠基石。放眼全球，科技论著的出版数量和质量，集中体现了各国科技工作者的原始创新能力，一个国家但凡拥有强大的自主创新能力，无一例外也反映到其出版的科技论著数量、质量和影响力上。出版高水平、高质量的学术著作，成为科技工作者的奋斗目标和出版工作者的不懈追求。

中国科学技术协会是中国科技工作者的群众组织，是党和政府联系科技工作者的桥梁和纽带，在组织开展学术交流、科学普及、人才举荐、决策咨询等方面，具有独特的学科智力优势和组织网络优势。中国长江三峡集团公司是中国特大型国有独资企业，是推动我国经济发展、社会进步、民生改善、科技创新和国家安全的重要力量。2011年12月，中国科学技术协会和中国长江三峡集团公司签订战略合作协议，联合设立"中国科协三峡科技出版资助计划"，资助全国从事基础研究、应用基础研究或技术开发、改造和产品研发的科技工作者出版高水平的科技学术著作，并向45岁以下青年科技工作者、中国青年科技奖获得者和全国百篇优秀博士论文奖获得者倾斜，重点资助科技人员出版首部学术专著。

由衷地希望，"中国科协三峡科技出版资助计划"的实施，对更好地聚集原创科研成果，推动国家科技创新和学科发展，促进科技工作者学术成长，繁荣科技出版，打造中国科学技术出版社学术出版品牌，产生积极的、重要的作用。

是为序。

前　言

荒漠生态系统是一种极其重要的生态系统类型。与森林、草原相比，荒漠地区气候、环境条件较差，植被稀疏，生态系统较为脆弱。由于自然的和人为的原因，我国的荒漠化面积正在扩大，荒漠化程度在不断加剧，荒漠区的生物多样性在减少，植被不断稀疏化。法国科学家比·特雷莫（Pierre Trémaux）提出："不以伟大的自然规律为依据的人类计划，只会带来灾难"。大自然是人类最好的老师，生物进化史是最经典的教材。我们只有了解大自然，遵循大自然的规律才会有生态环境的可持续发展。

研究证明，退化生态系统植被恢复的最主要手段是构建各种具有生物多样性、高功能、抗逆性强、稳定的自然生态系统类型。其中，首要任务是选择合适的建群植物种类，以保证系统能迅速地朝良性方向发展。按照进化生态学理论，某些植物之所以能在特定的生境中持续存在，是因为这些植物通过自然选择在进化中形成了适应极端环境的生活史对策。在生态防护方面，荒漠地区的植物（植被）更具有特殊重要的功能和地位。荒漠地区现存的植被是在自然选择过程中逐渐适应的结果，无论是适应性变异，还是原本就适应当地自然条件的植物都具有忍耐极端环境的生理生态特性。对其生理生态特性的研究是荒漠区植被恢复与重建种质材料选择的前期基础工作。

蒙古扁桃是亚洲中部荒漠区特有种和古老残遗物种，是我国八大生物多样性中心之一的南蒙古中心的核心区——东阿拉善—西鄂尔多斯的建群种，是国务院第一批公布的三级保护的珍稀濒危植物。对该地区植物区系地理环境变迁、珍稀濒危物种的保护及荒漠区生态环境的治理与保护均具有极高的研究价值。蒙古扁桃还是荒漠区少有的木本油料植物、观赏植物和药用植物，具有极高的开发利用价值。在本书中，作者比较系统地汇集了近年来蒙古扁桃生理生态学的研究成果，从生物学特性、水分、光合、代谢、生长及繁殖等 6 个方面揭示了荒漠植物蒙古扁桃特有的生理生态特性与生活生长规律，以期为荒漠植物的研究及荒漠环境的治理尽一份微薄之力。由于时间紧、任务重，同时作者本身的学术造诣有限，书中难免有错误或不妥之处，恳请读者、同行专家不吝赐教。

作者
2014 年 2 月于呼和浩特

目 录

总 序

第1章 蒙古扁桃生物学特性 ·· 1

1.1 蒙古扁桃地理分布及系统分类 ·· 1

1.2 蒙古扁桃的开发利用价值 ·· 5

1.3 蒙古扁桃的濒危状况 ·· 10

1.4 蒙古扁桃的生活习性及形态特征 ···································· 17

1.5 蒙古扁桃的改良"复苏"特性 ·· 23

1.6 蒙古扁桃的遗传多样性 ·· 25

1.7 蒙古扁桃的种群结构 ·· 28

1.8 蒙古扁桃群落结构特点 ·· 35

第2章 蒙古扁桃水分生理 ·· 47

2.1 蒙古扁桃叶水势 ·· 47

2.2 蒙古扁桃的蒸腾作用 ·· 55

2.3 蒙古扁桃叶片水分含量和水分亏缺 ·································· 59

2.4 蒙古扁桃持水力 ·· 61

2.5 蒙古扁桃水分状况参数 ·· 63

2.6 蒙古扁桃水力结构特征 ·· 69

2.7 蒙古扁桃根系水力提升作用 ·· 73

2.8 蒙古扁桃渗透调节 ·· 75

第3章　蒙古扁桃光合生理特性 ······ 89

    3.1　蒙古扁桃叶绿素含量 ······ 89

    3.2　蒙古扁桃光合速率 ······ 93

    3.3　蒙古扁桃光合作用光响应 ······ 101

    3.4　蒙古扁桃叶绿素荧光特性 ······ 109

    3.5　蒙古扁桃光合作用希尔反应的活力 ······ 121

    3.6　蒙古扁桃光合碳同化代谢 ······ 122

    3.7　蒙古扁桃光呼吸 ······ 131

第4章　蒙古扁桃的代谢特征 ······ 144

    4.1　蒙古扁桃的氮代谢 ······ 144

    4.2　蒙古扁桃呼吸代谢 ······ 161

    4.3　蒙古扁桃活性氧代谢 ······ 175

第5章　蒙古扁桃的生长生理生态 ······ 198

    5.1　蒙古扁桃种子生理生态 ······ 198

    5.2　蒙古扁桃生长生理生态 ······ 223

    5.3　蒙古扁桃的组织培养及植株再生 ······ 230

    5.4　蒙古扁桃的栽培 ······ 237

第6章　蒙古扁桃繁殖生理生态 ······ 257

    6.1　蒙古扁桃物候特征 ······ 257

    6.2　蒙古扁桃花部综合特征 ······ 260

    6.3　蒙古扁桃传粉生物学 ······ 267

    6.4　蒙古扁桃授粉受精 ······ 273

    6.5　蒙古扁桃种群种子雨与土壤种子库 ······ 286

索引 ······ 303

第1章　蒙古扁桃生物学特性

蒙古扁桃（*Prunus mongolica* Maxim.）为蔷薇科（Rosaceae）李亚科（Prunoideae）李属（*Prunus* L.）落叶灌木，别名山樱桃、刺山樱和土豆子，蒙古名为乌兰布依勒斯，又称泽日列格、蒙古布依勒斯和哈日毛道，为亚洲中部戈壁荒漠区特有的旱生灌木，是这些荒漠区和荒漠草原的景观植物和水土保持植物（马毓泉，1989），对研究亚洲中部干旱地区植物区系和林木种质资源的保护具有十分重要的意义。

1.1　蒙古扁桃地理分布及系统分类

蒙古扁桃分布于我国内蒙古的乌兰察布西部，大青山西段九峰山，巴彦淖尔市的乌拉山、狼山、色尔腾山，鄂尔多斯市的卓子山、乌审旗，东阿拉善、西阿拉善、贺兰山、龙首山、乌海以及甘肃的河西走廊中部、西北部的戈壁滩、肃南、永昌、山丹、民乐、祁连山浅山区和龙首山，东至永昌县东大河和肃南县西营河，南至祁连山北坡山麓，西至肃南县祁丰，北越过北山山地，陕西神木，宁夏的中卫市沙坡头区、海原县、贺兰山。在蒙古国的东戈壁，戈壁—阿尔泰及哈萨克斯坦也有分布（中国科学院兰州沙漠研究所，1987）。地理坐标大致为38°05′N ~39°43′N，97°15′E ~102°10′E。阿拉善是蒙古扁桃主要的原生态自然分布区之一，分布在贺兰山、巴彦诺日公苏木、腾格里沙漠东缘的头道湖苏木吉尔嘎勒赛汉镇和乌兰泉吉嘎查境内，分布面积近333.3hm^2。2003年林业工作者在地处阿拉善盟阿拉善左旗超格图呼热苏木腾格里沙漠深处发现了面积达3 000hm^2，东西长15km，南北宽3km的蒙古扁桃自然分布居群，最大的灌丛高达3m，周长达15m。本种的分布北界在蒙古国南部的戈壁——阿拉泰山，南界在贺兰山南端至河西走廊中部一带，东端在阴山山脉的九峰山，西界大体与阿拉善荒漠的西界一致（图1.1）（赵一之，1995）。

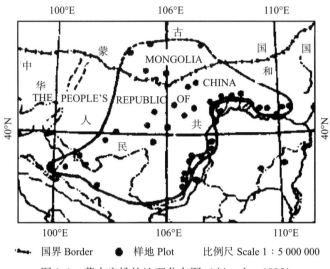

图 1.1 蒙古扁桃的地理分布图（赵一之，1995）

Fig. 1.1 Geographic distribution map of *P. mongolica*

针对蒙古扁桃的系统分类地位，究竟是属于李属（*Prunus* L.）、桃属（*Amygdalus* L.），还是扁桃属（*Amygdalus* L.）一百多年来争论不断，始终变动不定（赵一之，1995）。最早瑞典植物学家 Carl Linnaeus（林奈，1764）在其《植物种志》中将核果类植物分为扁桃属（*Amygdalus* L.）与李属（*Prunus* L.）两类。1865 年英国植物学家 G. Bentham 和 J. D. Hooker 又将所有核果类统一划分到李属中，并在属下分 7 个小组，即扁桃组、杏组、李组、樱桃组、常绿稠李组、拟樱桃组和拟扁桃组。1891 年德国植物学家 A. Engler（恩格勒）和 K. Prantl（勃兰特）在《植物自然分科志》中也将核果类合并为 1 属 *Prunus*，属下分 7 个亚属，但这 7 个亚属的内容与 G. Bentham 等 7 个小组不同（汪祖华和庄恩及，2001）。1893 年 E. Kochne 在《德国树木学》中基本上采用了恩格勒的分类方法，并于 1911 年修订为 4 个亚属：扁桃亚属、樱亚属、稠李亚属和李亚属。1894 年德国的 W. O. Focke 将核果类分为扁桃亚属、樱亚属、稠李亚属、李亚属等 7 个亚属。1926 年德国学者 A. Rehder 所编的《北美栽培木本植物手册》中，将核果类统为一属，此属再分为 5 个亚属：李亚属（李、杏、梅）、扁桃亚属（桃、扁桃）、樱桃亚属、稠李亚属和常绿稠李亚属。C. K. Schneider（1905）将 *Prunus* 属下分为 3 个亚属即桃亚属、樱桃亚属和李亚属（李区和杏梅区）；美国学者 L. H. Bailey 将 *Prunus* 属分为 4 个亚属，即李亚属（杏、李 2 群）、桃亚属、樱桃亚属和稠李亚属。前苏联植物学家 B. L. Komarov（1941）在《苏联植物志》和 C. Sokolov 主编（1954）的《苏联乔灌木手册》中均将核果类果树分为 7：李属、杏属、桃属、扁桃属、樱桃属、稠李属和常绿稠李属（吴耕民，1984；程中平，2007）。日本的吉田雅夫（1986）同意大属的分类，在 Prunus 下再分桃亚属等，把扁桃并入桃亚属中。1986 年出版的《中国植物志》（俞德浚，1986）将核果类植物划分为桃属（Amygdalus L.）、杏属（Armeniaca Mill.）、李属（Prunus L.）、樱属（Cerasus Mill.）、稠李属（Padus Mill.）和桂樱属（Laurocerasus Tourn. ex Dub.）等 6 个属，并根据桃属（Persica Mill.）果实成熟时肉质多汁，不开裂，极少具有干燥的果肉，而扁桃属（Amygdalus L.）果实成熟时干燥无汁，开裂，稀不开裂的差异外无其他大的形态差别，故将该两属合并为一属下的两个亚属，将蒙古扁桃归为桃属（Amygdalus L.）扁桃亚属。同样，《苏联植物志》也将蒙古扁桃归入蔷薇科桃属（Amygdalus L.）(Schischkin B. K. & Bobrov E. G., 2000)。而《中国树木志》（郑万钧主编，1998）、《华北植物志》（华北植物志编写组，1998）、《内蒙古植物志》（马毓泉，1989）、《贺兰山维管植物志》（狄委忠，1986）和《宁夏植物志》（马德滋等，1986）将其归入李属（Prunus L.）。在本书中按《内蒙古植物志》的分类法，统一采用"Prunus mongolica Maxim."的学名。

随着分子生物学技术的发展，对蒙古扁桃系统分类做了深入探讨。马艳等（2004）对国内外 54 种扁桃资源及属、种进行 AFLP 分子标记和聚类分析（图 1.2），结果发

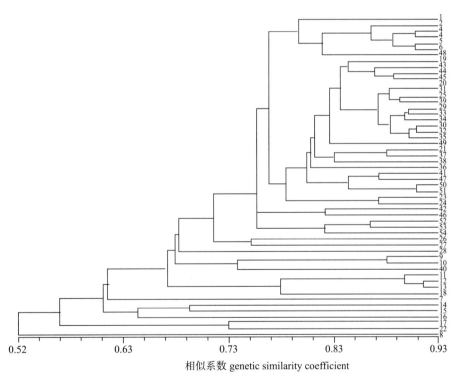

图 1.2 扁桃遗传多样性的 AFLP 聚类图（引自马艳和马荣才，2004）

Fig. 1.2 Dendrogram of almond genetic diversity by cluster analysis with AFLP fingerprint

现，当相似系数低于0.63时，蒙古扁桃与扁桃栽培种归类在一起。然而，当相似系数大于0.63时，蒙古扁桃2号和蒙古扁桃3号分别归入苦巴旦组和桃组。遗传距离的计算结果表明，蒙古扁桃与欧洲甜樱桃有较大的遗传距离，其中蒙古扁桃2号与欧洲甜樱桃的遗传距离为0.57。扁桃野生种之间，遗传距离相对较小，其中唐古特扁桃与蒙古扁桃号3的遗传距离最小，为0.27。唐古特扁桃和蒙古扁桃的亲缘关系较近，相似系数为0.796，长柄扁桃和唐古特扁桃、蒙古扁桃亲缘关系较远。美国栽培扁桃浓帕烈2号与唐古特扁桃和蒙古扁桃表现较近的亲缘关系。

邱蓉等（2012）采用植物学性状和核ITS及叶绿体psbA-trnH序列比对的方法对扁桃亚属进行了综合分析，结果表明，扁桃和矮扁桃，长柄扁桃和榆叶梅，唐古特扁桃和蒙古扁桃的亲缘关系分别相近。

曾斌等（2009）等利用SSR分子标记技术对国内外55份扁桃属（Amygdalus L.）植物材料的亲缘关系进行鉴定，发现当相似系数大于0.77时蒙古扁桃只与唐古特扁桃（A. tangutica）聚为一类，当相似系数大于0.74时又与长柄扁桃（A. pedunculata）聚为一类，当相似系数大于0.60时，除了榆叶梅以外的其他种都聚为一类。

张杰（2012）以臀果木（Pygeum topengii）作为外类群，构建蒙古扁桃与Gen Bank中获得的rDNA ITS序列的ML（Maximum Likelihood Method）和NJ（Neighbor-Joining Method）系统发育树发现，杏属的梅（Armeniaca mume）早早的离开了系统树，山杏（Armeniaca sibirica）分别以66%和55%的自展支持率与桃属和李属植物聚在一起，蒙古扁桃分别与甘肃桃（Amygdalus kansuensis）和光核桃（Amygdalus mira）以65%和60%的自展支持率聚在一起，并且蒙古扁桃分别以85%和89%的自展支持率与桃属植物（除扁桃）聚在一起，然后才与李属植物相聚。说明以rDNA ITS序列构建的分子系统树支持将蒙古扁桃归到桃属植物中。以东北蕤核（Prinsepia sinensis）作为外类群，构建蒙古扁桃与Gen Bank中获得的trnL-F序列的ML（Maximum Likelihood Method）和NJ（Neighbor-Joining Method）系统发育树发现，两个不同地区的蒙古扁桃分别以76%和78%的自展支持率聚合在一起，然后分别以58%和59%的自展支持率与桃属的桃（Amygdalus persica）聚在一起，最后与李属植物、杏、毛樱桃相聚。说明以trnL-F序列构建的分子系统树依然支持将蒙古扁桃划分到桃属，但是以trnL-F序列构建的ML系统树和NJ系统树要比r DNA ITS序列构建的系统树支持率要低。

蒙古扁桃的体细胞染色体数目$2n=16$，为二倍体（图1.3），染色体基数为8，核型公式为$2n=2x=16=9m+7sm$，属于2C核型，其染色体核型属于较原始类型（尚宗燕，苏贵兴，1985；李汝娟，尚宗燕，1989）。基因组很小，核DNA含量为0.54~0.67pg DNA/2C，含量仅是拟南芥的2倍，因此蒙古扁桃的分子标记研究相对其他果树较为容易（Dickson E. E, et al., 1992）。

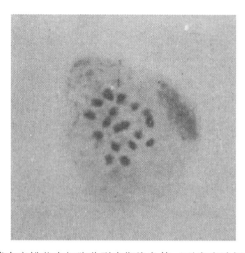

图 1.3 蒙古扁桃茎尖细胞分裂中期染色体（引自李汝娟等，1989）
Fig. 1.3 Metaphase chromosome in stem apex cell of *P. mongolica*

1.2 蒙古扁桃的开发利用价值

蒙古扁桃为重要的木本油料树种之一，其种仁含油率约为40%~54%，脂肪酸种类较单一，主要含油酸、亚油酸、棕榈酸和硬脂酸等4种脂肪酸，而且脂肪酸不饱和程度很高，油酸和亚油酸含量可达97%（秀敏，2005）。其油可供食用也可工业用。图1.4是刘慧娟（2013）对蒙古扁桃种仁油脂脂肪酸组成所做的气相色谱分析图谱。结果表明，种仁油脂含量为53.33%。油脂脂肪酸组成中以不饱和脂肪酸为主，占91.61%，其中主要是油酸（$C_{18}H_{34}O_2$）和亚油酸（$C_{18}H_{32}O_2$），其含量分别为59.01%和31.58%。除外，还含少量的棕榈油酸（$C_{16}H_{30}O_2$）、亚麻酸 $C_{18}H_{30}O_2$）和花生一烯酸 $C_{20}H_{38}O_2$），其含量分别为0.54%、0.14%和0.34%。所含饱和脂肪酸有肉豆蔻酸（$C_{14}H_{28}O_2$）、棕榈酸（$C_{16}H_{32}O_2$）、硬脂酸（$C_{18}H_{36}O_2$）和花生酸 $C_{20}H_{40}O_2$），其含量分别为0.04%、4.40%、1.77%和0.10%。理化性质分析表明，蒙古扁桃油脂碘值为103.7292g·100g^{-1}，酸值为0.3772mg·g^{-1}，皂化值为188.3 mg·g^{-1}，十六烷值为51.9536，折光指数（20℃）为1.470725，密度（20℃）为0.9065kg·m^{-3}。

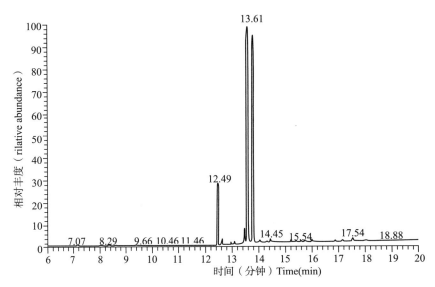

图1.4 蒙古扁桃种仁油气相色谱图（引自刘慧娟，2013）

Fig. 1.4 GC chromatogram of P. mongolica seed kernel oil

蒙古扁桃种子粗蛋白质含量为26.77%，其蛋白质氨基酸种类齐全，含18种氨基酸，必需氨基酸与非必需氨基酸比例适当，与人体适宜蛋白质鸡蛋蛋白质的贴近度为0.876，其蛋白质营养价值优于大豆蛋白质（秀敏，2005）。蒙古扁桃种仁富含各种营养元素（表1.1）。

表1.1 蒙古扁桃不同部位营养元素含量分析

Tab. 1.1 Determination of nutrition elements in different parts of P. mongolica

单位：$\mu g \cdot g^{-1}$

测定部位	Ca	Mg	Fe	Mn	Zn	Cu
种仁	8 224.143	3 057.836	149.606	8.899	43.565	11.174
叶片	16 255.32	4 800.434	115.474	22.626	30.164	4.027

引自钮树芳等，2012

蒙古扁桃种仁可代"郁李仁"入药，能润肠、利尿、主治大便燥结、水肿、脚气、咽喉干燥、干咳及支气管炎等症（中国科学院甘肃省冰川冻土沙漠研究所沙漠研究室编，1973）。据日本学者大盐春治（1975）和高木修造（1979）报道，郁李果实含郁李仁苷A（prunuside A）和郁李仁苷B（prunuside B）。杨国勤等（1992）利用薄层扫描法分析了包括蒙古扁桃在内的10种郁李仁的苦杏仁苷含量，发现它们均含有苦杏仁苷

(amygdalin)，而蒙古扁桃种子不含有郁李仁苷 A 和郁李仁苷 B。以 80% 乙醇作溶剂，用索氏提取法提取蒙古扁桃种仁总黄酮类化合物，可得 1.44% 的黄酮类化合物（石松利等，2012）。对麦李（*Prunus glandulosa*）、蒙古扁桃、长柄扁桃（*P. pedunculata*）、郁李（*P. japonica*）、李（*P. salicina*）、欧李（*P. humilis*）品种郁李仁分别作了小白鼠小肠运动影响的药理学实验结果表明，除蒙古扁桃促小肠蠕动作用略次外，其他 5 种均有极显著的作用（余伯阳等，1992）。对高脂饲料喂养建立的高血脂模型大鼠灌胃低、中、高 3 种剂量蒙古扁桃种仁水浸液实验表明，蒙古扁桃种仁具有降低血清总胆固醇、甘油三酯和低密度脂蛋白，提高高密度脂蛋白的能力（白迎春等，2012）。

蒙古扁桃是荒漠区和荒漠草原的景观植物和水土保持植物，对环境脆弱的荒漠区和荒漠草原生态环境的稳定发挥着极其重要的作用。分布在巴彦淖尔市乌拉特中旗境内的色尔腾山地和阿拉善左旗境内的贺兰山山地荒漠草原的蒙古扁桃、戈壁针茅草地型的建群种为蒙古扁桃、石生针茅（*Stipa klemenzii*）。该草地常见种有单瓣黄刺梅（*Rosa xanthina*）、蒙古莸（*Caryopteris mongolica*）；小半灌木及草本植物有蓍状亚菊（*Ajania achilloides*）、冷蒿（*Artemisia frigida*）、刺叶柄棘豆（*Oxytropis aciphylla*）、冰草（*Agropyron cristatum*）、糙隐子草（*Cleistogenes squarrosa*）、乳白花黄芪（*Astragalus galactites*）、棉叶栉（*Neopallasia pectinata*）、芸香草（*Haplophyllum dauricum*）等（吴高升等，1994）。

蒙古扁桃是蒙古高原古老的残遗植物之一，对了解荒漠植被演替具有很高的研究价值。以阿拉善盟的阿拉善左旗、阿拉善右旗（东部），巴彦淖尔市的乌拉特后旗、乌拉特中旗（西北部），鄂尔多斯市的西部、中部和南部为主体的广大地域称鄂尔多斯-阿拉善中心，也称作"南蒙古中心"（图 1.5）。该中心是西北干旱地区中国特有植物属的分布中心，为中国北方生物多样性关键地区，被确认为中国种子植物 8 个特有属的多度中心之一（王荷生，张锶锂，1994）。起源于第三纪的古地中海沿岸成分的四合木（*Tetraena mongolica*）、绵刺（*Potaninia mongolica*）、沙冬青（*Ammopiptanthus mongolicus*）、半日花（*Helianthemum songoricum*）、革苞菊（*Tugarinovia mongolica*）、百花蒿（*Stilpnolepis centiflora*）和蒙古扁桃（*Prunus mongolica*）等植物，沿纬向气候带进入本区，随喜马拉雅造山运动的逐渐增强及中国西部地势的逐步抬升，古地中海逐渐西退，这些植物的生境由温暖潮湿的沿海到干旱寒冷的大陆内部，经历了沙漠期和干草原期，变化是相当大的，但鄂尔多斯在第四纪没有受到冰川的直接侵害（董光荣等，1983；李博，1990），因而在西鄂尔多斯形成了狭窄的古地中海孑遗植物群避难所，形成特有成分较高的中心，并随环境变迁在植物系统发育中形成单种属（如四合木、绵刺、革苞菊、百花蒿）、寡种属（沙冬青），其中四合木是西鄂尔多斯的特有单种属植物，绵刺是阿拉善及西鄂尔多斯的特有单种属植物，沙冬青是阿拉善地区的特有种，并且是唯一的常绿阔叶灌木。阿拉善荒漠植物群落的特征植物有绵刺属、沙冬青属、

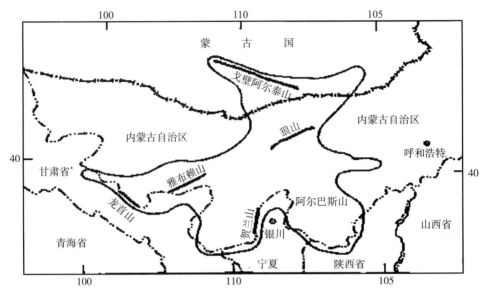

图1.5 阿拉善—鄂尔多斯生物多样性中心的地理范围（引自朱宗元等，1999）
Fig. 1.5 The geographic range of Alashan–Ordos biodiversity center

四合木属等。这些植物对于研究古植被生态环境和我国荒漠植物区系的起源以及与古地中海植物区系的联系均有重要的科学价值（朱宗元等，1999）。

蒙古扁桃是蒙古高原少有早春观赏树种和蜜源植物。蒙古扁桃花色粉红，花味清香，4月初开花，4月中旬盛花期，花期达20d左右。在内蒙古阿拉善盟阿拉善左旗孪井滩开发区乌兰泉吉嘎查有$0.37×10^4 hm^2$集中连片的野生蒙古扁桃。由于实施禁牧，这里蒙古扁桃全部纳入到公益林保护范围，蒙古扁桃生长得到了有效恢复。从2008年开始，阿拉善左旗在这里连续举办多届"蒙古扁桃花文化旅游节"。4月的库布其沙漠虽然常有风沙相伴，但在沙漠深处，蒙古扁桃争相怒放，在大漠中洋溢着盎然生机，放眼望去，粉红色的蒙古扁桃花遍开原野，如霞似锦、绚烂夺目、蔚为壮观，使"在那桃花盛开的地方，有我可爱的故乡，桃林荡漾着人们的笑声，桃花映红了姑娘的脸庞"的美景在腾格里大漠深处呈现了。另外，蒙古扁桃是较为理想的沙区庭园、道旁绿化观赏树种，可作核果类果树的砧木。

蒙古扁桃是一种生氰植物（cyanogenetic plants），山羊、骆驼采食其幼叶、幼果易发生中毒。其有毒成分主要是氢氰酸，是由其生氰糖苷（cyanogenic glycosides）类化合物扁桃苷（amygdalin）在β-葡萄糖苷酶的作用下水解生成的。蒙古扁桃幼枝叶扁桃苷含量高达2.7%，而老枝叶含量较低，为0.64%。扁桃苷又称苦杏仁苷，其分子式为$C_{20}H_{27}NO_{11}$，相对分子质量为457.42。本品属于芳香族氰苷，化学名称为苯羟基乙氰-6-β-D-葡萄糖苷，存在于蔷薇科植物杏、山杏、桃、山桃及李的种子。苦杏仁苷在苦杏仁酶（amygdalase）及樱叶酶（prunase）等葡萄糖甙酶水解生成野樱皮苷（prunasin）和杏仁氰（mandelonitrile），后者不稳定，遇热易分解生成苯甲醛和氢氰酸（HCN）。HCN剧毒，大量口服苦杏仁、苦杏仁苷均易导致严重中毒。中毒机理主要是氢氰酸与细胞线粒体内的细胞色素氧化酶三价铁起反应，抑制该酶的活性而引起呼吸抑制，导致死亡。生氰植物只有当其组织受到食草动物、真菌或机械损伤时，才大量放出HCN。这是由于在完整植物体中生氰化合物及其分解代谢的酶分别被区隔在组织或亚细胞水平的不同区域所致。生氰作用使植物具有抵抗外来异己侵害的防御能力。加热100℃煮熟后，由于生氰糖苷转化为葡萄糖酸及氨，因而能食用（吴显荣，1984）。

中毒骆驼、山羊口吐白沫，不断呻吟、打滚、呼吸困难，有的张口呼吸，迎着风向行走，呼出的气体带有苦杏仁味，到后期身体无力，站立、行走不稳，后肢麻痹，瞳孔散大，尿频，痉挛，牙关紧闭，发出咯吱咯吱的声响，若不及时采取措施会很快死亡。发现患病立即将牲畜转移到没有蒙古扁桃或蒙古扁桃较少的草场放牧。对腹胀较为严重的牲畜要严禁急赶，最好原地休息，采取治疗措施。治疗措施：①用芨芨草熏烟。将干枯的芨芨草点燃10~20根，产生烟雾后放到发病牲畜的鼻腔和嘴周围，令其随呼吸吸入烟雾有较好的效果；②灌服酸奶。500~1 000mL牛或羊的酸奶，加水1 500~2 000mL，1次灌服，每隔2~3h重复1次；③将20%硫代硫酸钠以13.33mg·kg^{-1}剂量或20%亚硝酸钠以600mg·kg^{-1}剂量进行静脉注射，一般1次用药即可治愈（胡毕斯哈勒图，苏依拉高娃，2001；李国林等，1994）。

蒙古扁桃在当地牧民心目中是一棵"圣树"。传说一代天骄成吉思汗在讨伐西夏国时，攻打半年之久未能拿下，并连打了几次败仗。兵困马乏，又遇夏季高温天气，导致士兵们普遍严重中暑，因无法治疗，大量死亡，大大减弱了蒙古大军的战斗力。西夏国得知蒙古大营的军情后，派大军夜袭蒙古军营，打散了蒙古大军。成吉思汗在战斗中负伤冲出西夏军的包围，率几十人的小部队退到了蒙古扁桃林。西夏大将军率几千人穷追不舍，也追到了此地。西夏追兵到蒙古扁桃林时天已黑，突然刮起一阵狂风，下起闪电雷雨，在闪电光中西夏追兵眼前出现千军万马，威力无穷。西夏大将军的坐骑遇闪电受惊吓，使大将军摔在马下。这让西夏追兵感到恐慌，觉得是不祥之兆。认为天兵来助成吉思汗，停止追赶逃回了西夏。实际上西夏军看到的千军万马是奇形怪状的蒙古扁桃树，在黑夜闪电瞬间给了西夏军错觉，使成吉思汗得到了援救（哈斯巴依尔，2010）。

西夏追兵退军后，成吉思汗因身负重伤，不能再继续骑马行走，只好在树林养伤修整，并派人召集被打散的军队。蒙古人习惯喝茶，在树林里没有茶叶，成吉思汗的随从兵只好用森林里的一种树叶给成吉思汗泡了一碗茶解渴，成吉思汗喝了这碗茶酣然入睡。在睡梦中梦见有一位白发老者来见他，成吉思汗问道"你是何人？"老者道"老臣森得雅希勒，在此恭候大汗，大汗若在此地养伤休兵49天，再去攻打西夏必能大获全胜"，又指了指旁边一棵大树道"此树可为大汗解忧"，然后挥袖不见了。成吉思汗醒来后感觉精神大振，觉得此梦很蹊跷，是苍生天在托梦，就开始每天同士兵们喝老者所指树叶泡的茶。三日后成吉思汗的伤完全愈合恢复正常，中暑的士兵们也得到治愈，个个精神大振，被西夏军打散的军队陆续前来会合，一月后援军也赶到此地，完成了大军会合。按照苍生天的托梦，成吉思汗算好日子，四十九日后再次出兵攻打西夏果然大获全胜。战后成吉思汗封林中泡茶的那树为"神树"，又按梦见老者的姓名为此树起名为"森得雅希勒"（哈斯巴依尔，2007）。这里所说的"森得雅希勒"就是在蒙古扁桃灌木林里伴生的柳叶鼠李（Rhamnus erythroxylon Pall.），属鼠李科（Rhamnaceae）鼠李属（Rhamnus L.）乔木，叶有浓香味，在陕西民间用以代茶。叶入药，用于消化不良、腹泻、风火牙痛、小儿食积、热病津伤或温病后期诸症。

1.3　蒙古扁桃的濒危状况

作为荒漠群落的建群种，蒙古扁桃对当地生态系统稳定及生态环境保护具有不可替代的作用。但因群落结构简单、生态系统脆弱，近年来在自然地理环境变迁及人类采矿、烧柴、放牧、土地开发及城市化等活动的强度干扰下，蒙古扁桃生境岛屿化现象普遍，原有植被自然景观破碎化明显，致使其种群数量锐减，濒危状况严重。1987年被国务院环境保护局确定为国家三级（稀有）濒危保护植物（国家环境保护局，中国科学院植物研究所，1987），分别被《中国植物红皮书》（傅立国，1992）和《蒙古国植物红皮书》（Red Date Books）收录为濒危植物。在国家环境保护局首次公布的《中国珍稀濒危保护植物名录》中也被列为三级保护植物。同时，也被列为内蒙古二级保护植物（王艳华，1989；赵一之，1992）。

1984年国际自然及自然资源保护联盟（International Union for Conservation of Nature and Natural Resources，IUCN）将受威胁物种分为5个主要类别，即绝灭类（extinct）、濒危类（endangered）、渐危类（vulnerable）、稀有类（rare）和知之甚少类（data deficiency）。我国首次公布的《中国珍稀濒危保护植物名录》（1984）是根据国际上通用的标准，结合我国的具体情况制定的。将我国珍稀濒危植物分为濒危类、稀有类和渐危类3类。为公正客观地量化研究濒危物种，1994年经过多年的研究和酝酿，国际自然保护联盟颁布了一个更有说服力的新的受威胁物种类型划分和标准。在经过几年的使用之后，由世界自然保护联盟物种生存委员会（Species Survival Commission，SSC）再次修订，经世界自然保护联盟理事会第51次会议（2000年2月9日）通过，于2001

年再次颁布使用，这就是目前在通用的《国际自然及自然保护联盟物种红色名录濒危等级和标准》（3.1 版）。在这个修订后的文件中，将受威胁物种分为绝灭（extinct，EX）、野生绝灭（extinct in the wild，EW）、极危（critically endangered，CR）、濒危（endangered，EN）、易危（vulnerable，VU）、近危（near threatened，NT）、无危（least concern，LC）、数据缺乏（data daficient，DD）、未予评估（not evaluated，NE）等 9 个不同类别和等级，每个等级制定了详细的标准（IUCN，2000）。依据该国际标准，2004 年汪松和解炎编制出版了新版《中国物种红色名录》（汪松，解炎，2004），在该名录中蒙古扁桃被列为易危种。

《IUCN 物种红色名录濒危等级和标准》（3.1 版）对易危种的定义是：当一分类单元未达极危或濒危标准，但在未来一段时间后，其野生种群面临绝灭的几率较高，并符合下列条件之一，则该分类单元即列为易危种。a）估计在 10 年内或 3 个世代内（取更长时间）持续减少了至少 10%；b）分布区小于 20 000km^2，占有面积小于 2 000km^2，分布地点不超过 10 个或被严重分割；c）种群的成熟个体数少于 1 000，并成熟个体数和种群结构以持续衰退；d）种群非常小，占有面积或者地点数目有限（典型的是小于 100km^2 和少于 5 个），易受人类活动影响；e）定量分析表明今后 100 年内，野外绝灭的机率至少达到 10%。在未知的将来，可能在极短的时间内成为极濒危类群，甚至绝灭。分类单元在过去 10 年或 3 个世代内（取更长的时间），其种群数至少减少 50%；或已知的受威胁原因仍未停止，分类单元的种群数减少 30%。

《中国生物多样性行动计划》在优先保护生态系统名录中，把位于西鄂尔多斯高原的阿尔巴斯山地定为我国荒漠的草原生态系统中具有国际意义的第一类保护地点，把分布在这里的国家二级保护植物四合木、绵刺、半日花、革苞菊和国家三级保护植物，沙冬青、蒙古扁桃列为优先保护植物名录（"中国生物多样性保护行动计划"总报告编写组，1994）。

新的世界物种红色名录濒危等级和标准制定以后，为将我国濒危物种的研究更加公正客观量化，学者们做了大量工作。安慧君等（2005）采用 "3S" 技术与野外调查相结合，同时结合前人研究经验，研究制定东阿拉善—西鄂尔多斯地区（贺兰山—阿尔巴斯山—狼山构成的三角核心区为中心，并包括其周边地区）特有植物濒危分级标准的定量化指标。通过对评价指标的定量化和权重分配处理，求得 15 种荒漠植物的"濒危系数"和"优先保护值"，并进行濒危等级划分，从而反映该区域特有植物的濒危状况和急需优先保护程度。根据原文编制的排列前 4 位植物的实验数据如表 1.2。在表 1.2 中，濒危系数（the coefficient of endangerment）是确定某植物种在自然分布状态下其种群受威胁的强弱程度，即濒危程度；消失速率为 30 年中区域内消失种群面积与原种群面积的百分比表示的自然种群的减少速率，反映一个种在自然进化过程中的动态地位和对人为生境破坏的敏感程度；优先保护值（the value of superior conservation）

是指植物最需优先保护的价值，通过分析植物的濒危系数、遗传价值系数、利用价值系数和保护现状系数来评价；遗传价值系数是表示某一植物种在遭到灭绝后，对生物多样性可能产生的遗传基因损失程度，反映了受威胁植物种潜在遗传价值的定量评价；利用价值系数是用来表示某受威胁植物其经济、社会和生态价值的大小；保护现状系数主要指人类迄今已采用保护措施的情况下，受威胁植物得以保护的程度状况；优先保护值级别划分：1 级保护 $V_{优}>0.7$；2 级保护 $V_{优}=0.69\sim0.55$；3 级保护 $V_{优}=0.54\sim0.4$；4 级保护 $V_{优}\leq0.4$。

表 1.2 东阿拉善–西鄂尔多斯狭域特有植物濒危分级与优先保护级

Tab. 1.2 Endangering standard and priority protection value of exclusive plants in Eastern Alashan– Western Erdos

检测项目	濒危物种			
	四合木 (*Tetraena mongolica*)	斑子麻黄 (*Ephedra lepidosperma*)	绵刺 (*Potaninia mongolica*)	蒙古扁桃 (*P. mongolica*)
国家级保护植物等级	2	–	2	3
内蒙古保护植物等级	1	2	2	2
现存株数	3.33×10^4	3.50×10^7	2.45×10^8	2.47×10^8
消失速率/%	32.00	76.36	26.76	25.95
濒危等级	渐危	濒危	渐危	低危
濒危系数	0.5217	0.7351	0.5271	0.4348
遗传价值系数	0.5455	0.3636	0.4545	0.2727
利用价值系数	0.75	0.7500	0.7500	0.75
保护现状系数	0.50	1.00	0.75	0.50
优先保护值	0.3461	0.7001	0.3754	0.4388

以东阿拉善、西鄂尔多斯为中心的地域是四合木（*Tetraena mongolica*）、绵刺（*Potaninia mongolica*）、半日花（*Helianthemum songoricum*）、沙冬青（*Ammopiptanthus mongolicus*）、革苞菊（*Tugarinovia mongolica*）、蒙古扁桃（*Prunus mongolica*）、梭梭（*Haloxylon ammodendron*）等一批国家重点保护的珍稀濒危植物集中分布区，也是我国生态环境最脆弱的地区之一。西鄂尔多斯珍稀植物从第三纪以来一直保持至今，对于研究环境演化、生物多样性、全球变化等具有重大的学术价值和诊断意义，受到国内外生物学、生态学研究者的极大关注。人类的活动造成大量的生境破碎，随之发生生态系统过程发生显著的变化是引起荒漠区大量物种濒危的直接原因之一。2006 年张韬等利用样地调查方法，结合"3S"技术所获取的相关数据，采用现代景观生态学领域

通用的，从不同角度反映植物适生生境景观破碎化的计算公式（即斑块平均面积、类型值、边界密度、生境面积破碎化指数和景观破碎化指数）对蒙古扁桃核心分布区东阿拉善—西鄂尔多斯地域（内蒙古的贺兰山、阿尔巴斯山和狼山构成的三角核心区）内15种特有濒危植物景观粒度、景观破碎指数等指标进行定量计算发现，该地域蒙古扁桃斑块数289个，类型总周长为84.24km，类型总面积为11 962.97km²，斑块最大面积为3 087km²，其优先保护序高于该地区国家二级保护植物绵刺和四合木。中国科学院遥感应用研究所韩秀珍等（2003）用遥感技术，分析Landsat-5、7卫星提供的1987年9月的TM和1999年8月的ETM间隔12年数据，揭示了西鄂尔多斯珍稀濒危植物群落分布规律和植被覆盖动态变化情况。结果发现，近年来随着城市扩建、工矿企业的迅速发展，加之人口的猛增，大大超出了荒漠地区所能承受的范围。在这种恶劣的生态环境下研究区及其相邻地区内的四合木、半日花、绵刺等珍稀濒危保护植物退化十分严重。开矿、修路对珍稀植被的破坏更直接；另外，化工厂排放的污水、污汽、洗煤水等所到之处四合木全部死亡，取而代之的是盐爪爪（*Kalidium caspicum*）等荒漠退化植被。这些都是导致珍稀植被减少的重要原因。这些变化客观地反映了十二年中，人为因素叠加在自然因素之上而产生的对植被盖度的影响。

物种在地球上的灭绝是不可再生的，一个物种的灭绝就意味着一个种质资源和遗传多样性的绝对消失。据估计，每灭绝1个生物种，伴随着将有10~30个其他生物种的灭绝。自然资源的消失，必然引起生态平衡失调，威胁到人类生存。因此，保护、发展和合理利用珍稀植物资源，对改善西北的自然环境，维护生态平衡，发展经济具有重要意义。根据植物濒危程度，国务院环境保护委员会公布的《中国珍稀濒危保护植物名录》（第一批）确定我国有珍稀濒危植物354种；随后又对公布的名录作了修改，增加了35种，共389种，国家环境保护局和中国科学院植物研究所出版了《中国珍稀濒危保护植物名录》（第一册）。在该名录中，西北地区有分布的植物种类72种，占全国保护植物的18.5%；其中，裸子植物8种，被子植物64种（表1.3），定为濒危的种类9种，稀有的种类22种，渐危的种类41种；属于国家一级保护的1种，二级保护的29种，三级保护的42种（陶玲等，2001；李景侠等，2004）。

表1.3 西北地区国家级珍稀濒危保护植物名录

Tab. 1.3 The rare and endangered plants in the Northwest China

序号	植物名称	类别	保护级别
1	矮沙冬青 *Ammopiptanthus nanus* (M. Pop.) Cheng f.	濒危	II
2	小勾儿茶 *Berchemiella wilsonii* Nakai	濒危	II
3	盐桦 *Betula halophila* Ching ex P. C. Li	濒危	II
4	肉苁蓉 *Cistanche deserticola* Ma	濒危	II

续表

序号	植物名称	类别	保护级别
5	管肉苁蓉 *Cistanche tubulosa* (Schrenk) R. Wight	濒危	Ⅱ
6	矮牡丹 *Paeonia suffruticosa* Andr. var. *spontanea* Rehd.	濒危	Ⅲ
7	大果青 *Picea neoveitchii* Mast.	濒危	Ⅱ
8	羽叶丁香 *Syringa pinnatifolia* Hemsl.	濒危	Ⅲ
9	贺兰山丁香 *Syringa pinnatifolia* Hemsl. var. *alashanica* Ma et S. Q. Zhou	濒危	Ⅲ
10	连香树 *Cercidiphyllum japonicum* Sieb. et Zucc.	稀有	Ⅱ
11	独花兰 *Changnienia amoena* Chien	稀有	Ⅱ
12	星叶草 *Circastear agretis* Maxim.	稀有	Ⅱ
13	珙桐 *Davidia involucrata* Baillon	稀有	Ⅰ
14	光叶珙桐 *Davidia involucrate* Baillon var. *vilmoriniana* (Dode) Wanger	稀有	Ⅱ
15	金钱槭 *Dipteronia sinensis* Oliv.	稀有	Ⅲ
16	香果树 *Emmenopterys henryi* Oliv.	稀有	Ⅱ
17	杜仲 *Eucommia ulmoides* Oliv.	稀有	Ⅱ
18	领春木 *Euptelea pleiospermum* Hook f. et Thoms.	稀有	Ⅲ
19	瓣鳞花 *Frankenia pulverulenta* L.	稀有	Ⅲ
20	裸果木 *Gymnocarpos przewalskii* Maxim.	稀有	Ⅱ
21	半日花 *Helianthemum soongoricum* Schrenk	稀有	Ⅱ
22	独叶草 *Kingdonia uniflora* Balf. f. et W. W. Smith	稀有	Ⅱ
23	猬实 *Kolkwitzia amabilis* Graebn.	稀有	Ⅲ
24	鹅掌楸 *Liriodendron chinense* (Hemsl.) Sarg.	稀有	Ⅱ
25	蒙古扁桃 *Prunus mongolica* Maxim.	稀有	Ⅲ
26	青檀 *Pteroceltis tatarinowii* Maxim.	稀有	Ⅲ
27	桃儿七 *Sinopodophyllum emodi* (Wall. ex Royle) Ying	稀有	Ⅱ
28	山白树 *Sinowilsonia henryi* Hemsl.	稀有	Ⅱ
29	银鹊树 *Tapiscia sinensis* Oliv.	稀有	Ⅲ
30	水青树 *Tetracentron sinensis* Oliv.	稀有	Ⅱ
31	四合木 *Tetraena mongolica* Maxim.	稀有	Ⅱ
32	秦岭冷杉 *Abies chensiensis* Van Tiegh.	渐危	Ⅲ
33	西伯利亚冷杉 *Abies sibirica* Ledeb.	渐危	Ⅲ
34	刺五加 *Acanthopanax senticosus* (Rupr. et Max-im.) Harms	渐危	Ⅲ
35	庙台槭 *Acer miaotaiense* P. C. Tsoong	渐危	Ⅲ
36	穗花杉 *Amentotaxus argotaenia* (Hance) Pilger.	渐危	Ⅲ

续表

序号	植物名称	类别	保护级别
37	沙冬青 *Ammopiptanthus mongolicus*（Maxim.）Cheng f.	渐危	Ⅲ
38	黄芪 *Astragalus membranaceus*（Fisch.）Bunge	渐危	Ⅲ
39	黄连 *Coptis chinensis* Franch.	渐危	Ⅲ
40	华榛 *Corylus chinensis* Franch.	渐危	Ⅱ
41	岷江柏木 *Cupressus chengiana* S. Y. Hu	渐危	Ⅱ
42	八角莲 *Dysosma versipellis*（Hance）M. Cheng	渐危	Ⅱ
43	翅果油树 *Elaeagnus mollis* Diels	渐危	Ⅱ
44	新疆阿魏 *Ferula sinkiangensis* K. M. Shen	渐危	Ⅱ
45	水曲柳 *Fraxinus mandshurica* Rupr.	渐危	Ⅲ
46	伊犁贝母 *Fritillaria pallidiflora* Schrenk	渐危	Ⅲ
47	新疆贝母 *Fritillaria walujewii* Regel	渐危	Ⅲ
48	天麻 *Gastrodia elata* Bl.	渐危	Ⅲ
49	野大豆 *Glycine soja* Sieb. et. Zucc.	渐危	Ⅲ
50	梭梭 *Haloxylon ammodendron*（C. A. Mey.）Bunge	渐危	Ⅱ
51	白梭梭 *Haloxylon persicum* Bunge ex Boiss. et Buhse	渐危	Ⅲ
52	核桃楸 *Juglans mandshurica* Maxim.	渐危	Ⅲ
53	核桃 *Juglans regia* L.	渐危	Ⅱ
54	太白红杉 *Larix chinensis* Beissn.	渐危	Ⅱ
55	厚朴 *Magnolia officinalis* Rehd. et Wils.	渐危	Ⅲ
56	凹叶厚朴 *Magnolia officinalis* subsp. *biloba*（Rehd. et Wils.）Cheng et Law	渐危	Ⅲ
57	新疆野苹果 *Malus sieversii*（Ledeb.）Roem.	渐危	Ⅱ
58	狭叶瓶儿小草 *Ophioglossum thermale*（Claus.）Kom	渐危	Ⅱ
59	红豆树 *Ormosia hosiei* Hemsl. et Wils.	渐危	Ⅲ
60	紫斑牡丹 *Paeonia suffruticosa* Andr var. *pa-paveracea*（Andr.）Kerner	渐危	Ⅲ
61	松毛翠 *Phyllodoce caerulea*（L.）Babingt	渐危	Ⅲ
62	麦吊云杉 *Picea brachytyla*（Franch.）Pritz.	渐危	Ⅲ
63	西伯利亚云杉 *Picea obovata* Ledeb.	渐危	Ⅲ
64	西伯利亚红松 *Pinus sibirica*（Loud.）Mayr.	渐危	Ⅲ
65	胡杨 *Populus euphratica* Oliv.	渐危	Ⅲ
66	灰杨 *Populus pruinosa* Schrenk	渐危	Ⅲ
67	黄杉 *Pseudotsuga sinensis* Dode	渐危	Ⅲ
68	白辛树 *Pterostyrax psilophyllus* Diels ex Perk.	渐危	Ⅲ

续表

序号	植物名称	类别	保护级别
69	雪莲 Saussurea involucrata Kar. et Kir. ex Max-im.	渐危	Ⅲ
70	紫茎 Stewartia sinensis Rehd. et Wils.	渐危	Ⅲ
71	沙生柽柳 Tamarix taklimakanensis M. T. Liu	渐危	Ⅲ
72	延龄草 Trillium tschonoskii Maxim.	渐危	Ⅲ

引自李景侠，孙会忠，赵建民，2004；陶玲，李新荣，刘新民等，2001。

为保护珍稀濒危物种，治理和恢复荒漠区生态环境，党和政府采取了一系列行之有效的措施。1995年建立了内蒙古自治区西鄂尔多斯自然保护区，1997年12月该自然保护区被国务院批准晋升为国家级自然保护区。该保护区是一个以保护珍稀濒危植物及草原向荒漠过渡的植被带和多样的生态系统为主要对象的综合性国家级自然保护区。保护区成立以后，采取一系列措施充分发挥了其应有的职能。首先，科学规划，合理配置。该区域规划了4个核心区、4个缓冲区，有效地减少了人为活动对珍稀濒危物种、天然荒漠生态系统的干扰；其次是，依法加大管护力度，实行责任制，按区域、按面积将管护任务分配落实给巡护员，实施管护巡护工作，尽最大可能保证保护区不被破坏，对违反条例的企业及个人严格依照条例处理。定期举办保护知识宣传，通过宣传，让保护区内的企业和居民了解保护工作的目的、意义，破坏保护区的后果，尽量减少居民和企业无视和破坏野生动植物资源的行为；其四是，建立繁殖、繁育基地，保障物种基因库的稳定，完善基础设施；，保护区与国内多所高校、科研单位展开合作，为其提供科学研究的基地，并取得了多项科研成果，也为保护区的保护工作积累大量的基础资料，同时提高了保护区人员的工作能力（杨永华和冯海燕，2011）。为封山育林保护内蒙古贺兰山国家级自然保护区，1999年阿拉善左旗人民政府做出贺兰山退牧还林（草）、搬迁转移的重大决策，经过两年的努力工作，1 500户、6 000多人离开了祖辈生活的贺兰山，从贺兰山自然保护区迁出，在山外农业开发区、城镇安家落户，23万头（只）牲畜全部下山转移处理，并投资200万元架设了120km网围栏，使贺兰山的植被免遭牲畜的啃食、践踏，得以休养生息（赵玉山等，2004）。从1988年开始，在宁夏境内约 $15.3 \times 10^4 hm^2$ 土地划为国家级自然保护区；不同程度缓解了珍稀植被受破坏。

2005年经国务院批准，巴彦淖尔市哈腾套海自然保护区晋升为国家级自然保护区（乌拉特梭梭林—蒙古野驴国家级自然保护区）。哈腾套海自然保护区位于巴彦淖尔市磴口县西北部哈腾套海苏木和沙金套海苏木境内，总面积达 $12.36 \times 10^4 hm^2$。保护区内包括国家二级濒危保护植物绵刺、沙冬青、肉苁蓉，三级保护植物蒙古扁桃、梭梭、胡杨在内的53科160属302种种子植物（梁海龙等，2005）。

宁夏科技人员在贺兰山东麓一带的干旱砾石滩上繁育种植蒙古扁桃约 133.3hm^2，结果裸根苗成活率达到 75%以上，种子直播成活率达 85%，营养袋育苗造林成活率达到 90%，为蒙古扁桃的就地保护摸索了有意义的尝试（杨万仁等，2005）。此外，目前，甘肃民勤及内蒙古呼和浩特、包头市、巴彦淖尔市、赤峰、山西大同均有少量栽培蒙古扁桃，对其异地保护具有积极意义。

1.4　蒙古扁桃的生活习性及形态特征

蒙古扁桃是极其耐旱、耐寒与贫瘠的旱生落叶灌木，高 1.5m，多分枝，小枝顶端成长枝刺，根系发达，主根可深入土层 40～50cm 下。单叶小形，呈倒卵形、椭圆形或近圆形，两面光滑无毛，多簇生于短枝上或互生于长枝上。树皮暗红紫色或灰褐色，常具光泽。花单生于短枝上，花梗极短，花萼筒钟形，花瓣淡红色。核果宽卵形，果肉薄干燥，果核扁宽卵形，种子（核仁）扁宽卵形，淡褐棕色。蒙古扁桃生于海拔 900～2 400m 荒漠及荒漠草原区的低山、丘陵坡麓、石质坡地、岩石缝、干河床及戈壁。分布区降雨量 50～500mm，年蒸发量 3 400～4 000mm，≥10℃的年活动积温为 1 900～3 000℃，太阳总辐射量 6 485～6 987MJ·m^{-2}·a^{-1}（马毓泉，1994）。在极端最低气温-35.6℃，极端最高气温 39.3℃，年 7～8 级大风吹袭日数达 80～100 d、平均风速 5m·s^{-1} 条件下仍能顽强地旺盛生长。生长区土层薄，一般不超过 50cm，土质属棕钙土、灰棕荒漠土（李爱平，2004），土壤有机质含量 0.49%～0.88%，每 100g 土壤有机质中含全氮 31～45mg、全钾 1 990～2 030 mg、全磷 31～45 mg（王国光，1994），主要伴生植物有旱榆（*Ulmus glaucescens*）、黄刺梅（*Rosa xanthina*）、锦鸡儿（*Caragana* spp.）和珍珠猪毛菜（*Salsola passerina*）等。其物候期一般为 4 月初返青，5 月开花，8 月果期，9～10 月为果后营养期，10 月末 11 月初叶片枯黄。

蒙古扁桃作为旱生植物，具有典型的旱生解剖特征。蒙古扁桃叶为近等面叶，厚度 204.7μm，由角质层、表皮、栅栏组织及维管组织组成。角质层发达，厚度为 8.1μm。上表皮细胞体积较大，近椭圆形，厚度 31.9μm，部分细胞膨大后突出于叶肉组织中，形成行驶特殊功能的分泌腔，具少量内含物。下表皮细胞明显小于上表皮，也呈椭圆形，厚度为 14.9μm，排列整齐，无大的分泌腔。气孔仅分布于下表皮。叶肉组织发达，富含叶绿体，栅栏组织厚度为 158.4μm，占叶片厚度的 77.1%，叶片近轴面为 4～5 层长柱状细胞，形态整齐，排列紧密。远轴面则为 4～5 层短柱状细胞构成的栅栏组织，排列较为疏松，细胞间隙大。蒙古扁桃叶肉组织几乎无海绵组织的分化，属于全栅型。维管束发达，导管直径为 12.2μm，主脉韧皮部外侧的薄壁细胞中分布有大量染色极深的黏液细胞，中脉及分支脉周围的薄壁细胞中含有丰富的晶体结构。这些黏液细胞具有很好的保水能力，而含晶细胞则是植物减小自身有害物质积累，积极

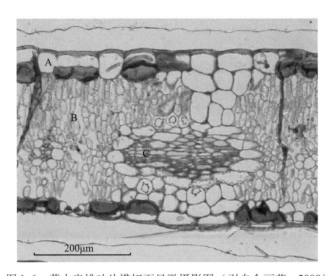

图1.6 蒙古扁桃叶片横切面显微摄影图（引自金丽萍，2009）

Fig. 1.6 Micrograph of leaf cross-section of P. mongolica

注：A 为分泌腔，B 为栅栏组织，C 为维管组织

适应干旱胁迫的表现（图1.6）（田英等，2010）。干旱胁迫处理15d后，蒙古扁桃叶片上下表皮细胞变小，近乎圆形，且紧密排列，栅栏组织变得极为发达，细胞层数增多至4~5层，且排列极为紧密，无间隙，内含大量的叶绿体，海绵组织细胞增多，气孔下室也有所增加（图1.7）。荧光显微镜观察表明，蒙古扁桃初生根皮层组织发达，

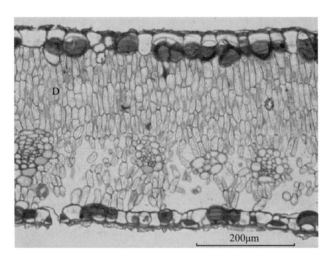

图1.7 干旱胁迫处理15d蒙古扁桃叶片横切面显微摄影图（引自金丽萍，2009）

Fig. 1.7 Micrograph of leaf cross-section of P. mongolica which treated by drought stress 15d

注：D 为发达的栅栏组织

薄壁组织细胞体积大，具有良好的储水功能。其内皮层细胞径向壁和内侧横向壁明显加厚，内皮层以内的维管组织轮廓明显（图1.8）（金丽萍，2009）。

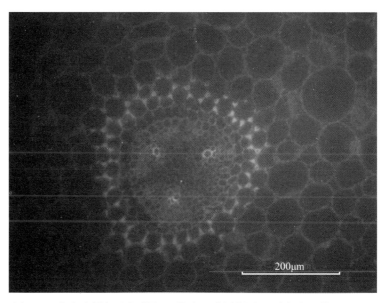

图1.8　蒙古扁桃初生根横切面荧光显微摄影图（引自金丽萍，2009）
Fig. 1.8　Fluorescence micrograph of primary root cross-section of P. mongolica

蒙古扁桃幼茎解剖结构特点是，表皮细胞1层，体积较小，排列紧密，细胞外壁外突，具较发达的表皮毛和角质层。表皮内侧为67层细胞组成的周皮，木栓细胞4~5层，内含特殊物质。内侧为5~6层体积较小、排列紧密的薄壁细胞组成的皮层，部分细胞内含特殊物质，故染色较深。皮层内为1层体积较大、染色较深的淀粉鞘。中央为维管柱，维管组织为外韧型，韧皮部和木质部呈环状排列，木质部十分发达，木射线也很发达。茎的中心为髓，部分细胞中含特殊物质，故染色较深（胡云等，2006）。

赵翠仙等（1981）在研究沙生植物解剖结构时发现，沙生植物表面积与体积比普遍小于中生植物，认为这是沙生植物对干旱缺水环境的适应，将蒸腾作用减少到最低限度。另外，小叶还可以减小大风扬沙的袭击和荒漠区高强度太阳能辐射的伤害。

荒漠植物长期适应炎热和干旱环境的结果，进化成适应极端环境的不同光合器官，普遍叶片短小、肥厚。其直接的后果是，不可避免地影响光合碳同化能力。对此，荒漠植物适应性策略是其叶片栅栏组织与海绵组织的比例高。栅栏组织细胞中含叶绿体较多，细胞间隙小，而海绵组织细胞叶绿体含量较少，细胞间隙发达。叶片栅栏组织与海绵组织的比例高意味着单位体积叶片叶绿体数目多，可以弥补由于叶面积减少带

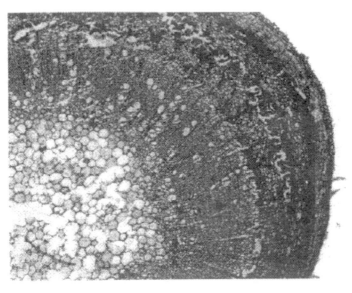

图 1.9 蒙古扁桃茎部横切面（引自胡云等，2006）
Fig. 1.9 Stem cross-section of P. mongolica

来的负面影响。因此，栅栏组织与海绵组织厚度的比例可反映植物的光合效率的高低以及对旱生环境的适应性强弱。我国著名的植物形态解剖学家李正理（1981）指出：沙生植物要能在沙漠地区生存，除了能够耐受干旱以外，还必须能够耐受营养不良，即"饥饿"。这样，一方面要发展出某种机制以减少水分的丧失，同时又需要维持高效能的光合作用。沙生植物要维持这种生理上的平衡，可以称为"水分—光合作用的综合关系"。而它们的形态结构也就随着这些生理上的要求，发生某些相适应的变化。

在植物界叶细胞含晶体是比较普遍的现象。宋玉霞等（1997）对贺兰山 10 种不同生活型植物的旱生结构研究发现，木地肤（Kochia prostrata）、狭叶锦鸡儿（Caragana stenophylla）、黄刺条（Caragana frutex）、内蒙野丁香（Leptodermis ordosica）、灰榆（Ulmus glaucescens）、针枝芸香草（Haplophyllum tragacanthoides）、戈壁天门冬（Asparagus gobicus）和冬青叶兔唇花（Lagochilus ilicifolius）均具含晶体细胞，其存在部位因植物而异。严巧娣等（2008）对甘肃临泽内陆河流域 5 种 C_4 荒漠植物进行显微观察发现，这些荒漠植物的光合器官中均含晶细胞，白梭梭（Haloxylon persicum）和梭梭（H. ammodendron）的同化枝中普遍具有含晶细胞；沙拐枣（Calligonum mongolicum）的含晶细胞很少，一般只分布在贮水组织或靠近栅栏组织处；木本猪毛菜（Salsola arbuscula）的含晶细胞也不多，主要分布在栅栏组织和表皮细胞之间；猪毛菜（S. collina）的含晶细胞更少，仅在贮水组织中偶尔见到晶簇，其晶体细胞晶体主要在栅栏组织、贮水组织和维管束中出现。研究表明，大多数植物含晶细胞中晶体主要成分是草酸钙，在植物细胞内含草酸钙沉积是比较普遍的现象。植物中超过215个科的成员在组织中有草酸钙晶体聚积，其中约54%为热带植物，3%为热带—亚热带植物，1%为亚热带植物，2%为亚热带—温带植物，18%为温带植物，以及21%广泛分布于其他植物中（McNair J. B.，1932）。植物的任何组织中都可观察到晶体，而无论是在哪个组织中发现的晶体，大部分都通常聚积在特化的细胞（specialized cells），即含晶细胞的液泡中。Foster将可以产生晶体并专门行使这种功能的细胞称作含晶异细胞（crystal idioblasts），简称含晶细胞（Foster A. S.，1956）。植物中的草酸钙主要以一水合物$CaC_2O_4 \cdot H_2O$（水合草酸钙石）和多水合物$CaC_2O_4 \cdot (2+X)H_2O$（草酸钙石）的两种水合状态存在。两者具有不同的结构，一水合物属于单斜晶系，而多水合物属于四方晶系。而晶体的形态可能与草酸钙晶体的水合状态有关。研究发现，草酸钙晶体的一水合物状态很稳定，而多水合物状态则呈现为亚稳态。两者属于不同的结晶系，多水合物不能直接转变为一水合物，必须经过多水合物的溶解。多水合物较易在温带植物中出现，而一水合物在热带植物中更为丰富。植物体中草酸钙是由来自环境中的钙和植物体合成的草酸形成的。用放射性同位素标记的生化测定支持抗坏血酸的C_2/C_3分裂是草酸盐产生的主要途径（Nuss & Loewus，1978；Li X. X. & Franceschi，1990）。结合显微放射自显影和放射性示踪剂的研究也倾向于认为，抗坏血酸盐为草酸盐生物合成的前体（Homer H. T.，Kausch A. P.，Wagner B. L.，2000；Keates S. E.，Tarlyn N. M.，Loewus F. A.，Franceschi V. R.，2000；KostmanT. A.，Tarlyn N. M.，Loewus F. A.，Fr anceschiV. R.，2001）。目前还不很清楚草酸钙晶体在植物体内的功能。一般认为，①含晶细胞的主要功能是一个局部钙库，可减少毗邻细胞周围的质外体中Ca浓度（Volk et al.，2002）；②晶体突出物能通过刺激食草动物的口腔内膜，起到防止被其采食的作用（Ward et al.，1997）；③旱生植物中含晶细胞的出现是植物体内多余盐碱的一种积累方式，它可以减少植物体内的有害物质，对植物的抗盐碱有着特殊作用（李正理和李荣敖，1981）；④草酸是很多植物的主要有机酸，并可能在离子平衡中起特殊作用（Dijkshoorn，1973）；⑤解除草酸的毒害：草酸盐是代谢终产物，过量的草酸盐可能对植物有毒害，形成晶体的异型细胞外排晶体，消除体内多余的草酸（Choi et al.，2001）。

植物的表型是由遗传和环境两方面因素共同作用的结果。由于每一物种的遗传基础不同，在对其环境的趋同适应过程中，表现方式又各有不同，即适应的具体途径又必然是多样的。温带荒漠植物长期生长在夏季炎热高温、冬季寒冷低温、长年干旱缺水的极端环境中，以其特有的形态学特征和生理功能来减少水分损失。王勋陵和马骥（1999）通过切片显微观察、生物学统计及模糊数学分析，对采自甘肃中部黄土丘陵地带、宁夏腾格里沙漠东南缘、新疆准格尔盆地南缘的62种旱生植物叶器官生态适应的多样性研究，认为旱生植物适应环境有两大趋势，即结构性状的趋同性与趋异性，并将旱生植物分为多浆与少浆两类。依叶肉组成和细胞排列可划分为正常型、双栅型、环栅型、全栅型、不规则型、折迭型和无叶肉型，认为叶肉类型的演化是以正常型与不规则型两条路线呈树枝状发展的。演化较原始的偏向于中生，演化层次较高的更具适应旱生环境的能力；旱生植物的叶肉类型与生活型具有相关性，与环境具有显著的相关性；旱生植物适应环境胁迫有多种对策，常见有保护型、节约型、忍耐型、强壮型、逃避型等。保护型是植物利用叶表面的鳞片、角质膜、蜡质等方法减少水分丧失和阳光强烈照射；节约型是植物最大限度的减少暴露面积，减少水分丧失，保存有限水分并加以利用；忍耐型通过叶肉细胞大量储存水分和特有内含物提高保水力来抗干旱；强壮型是植物依靠其他器官的支持和叶肉同化组织的发达，不降低蒸腾强度而提高光合效率达到自身强壮来抵抗不良环境因子的胁迫；逃避型是植物利用落叶或短时间完成生命周期来避开不利环境。

植物长期生长在干旱的环境，外界环境不仅影响植物的外部形态，而且塑造了其内部结构，形成植物典型的旱生特征。旱生植物的叶表面积小于中生植物，叶表皮细胞常常旱化，叶肉分化严重，在环境和遗传因子的作用下，表现出趋同和趋异两种演化趋势。旱生植物的轴器官特化，具有强化的疏导和机械支持作用。旱生植物的结构与其生理生态机能具有协调一致性，植物旱性结构能够使植物躲避或抵御外界环境水分胁迫，维持植物正常的生理生态机能（周智彬，李培军，2002）。H. A. 马克西莫夫（1959）认为，由于对不同环境适应方式的不同，旱生植物的构造和生理特征多种多样。只有在相同的干旱条件下，才表现出相同的旱生结构。即：细胞体积减小，单位面积的气孔数目增加，叶脉网更加密集，绒毛更加厚密，角质层和蜡质层更加厚，栅栏组织更加发达，海绵组织较不发达。这些结构使得叶通气更加强烈，同化作用和蒸腾强度比中生植物、湿生植物强。我国学者也认为（赵翠仙，黄子琛，1981），并非所有的旱生结构都随时随地起着抑制蒸腾，节约用水的作用。在旱生结构诸多要素中，孔隙小而数目众多的气孔在控制蒸腾方面的作用具有两重性，视供水条件为转移。当水分供应充足气孔开大时恰恰促使蒸腾迅速进行，这时，发达的输导组织源源供水支持高速蒸腾；当水分紧张（例如中午或旱季）气孔关闭时，厚角质层和表皮毛才显示出防蒸腾失水、防过热灼伤的作用。由此可见，旱生结构有效地调节蒸腾作用，既有抑制蒸腾的一面，使旱生植物能在干旱时期保持低蒸腾，又有促进蒸腾的一面，使旱生植物在供水充足时加速蒸腾。沙漠旱生植物正是以这种旱生结构的双重作用，使自己适应环境条件的变化（长期干旱后有一个降水集中分布的雨季）而存活、生长以及繁衍后代。

植物体可以被视为构件（module）的集合体，其排列方式决定了植物对光、水和养分的摄取能力。植物树冠内不同的枝系特征，以及枝上各个构件单元（叶种群、芽种群）的配置及其动态变化特征，即空间结构反映了植物物种对空间、光等资源的利用，可以揭示不同植物在不同的生长发育阶段的适应对策。构型分析的实质是研究植物体不同构件在空间的排列方式，植物体构件的空间位置基本上是由生长过程中的3个形态学性状决定的，即枝长、分枝角度和分枝率。通过对构件研究可以揭示不同构件之间的相互作用、空间生物量分配以及不同植物在长期的进化过程中形成的生长模式。此外，可以从构件角度对其进行比较分析，以进一步探讨其不同的生长规律。生境的异质性会导致荒漠植物枝系构型特征的分异。因此将荒漠的各种生态因子（温度、降水、大气湿度等）与植物构型的几何特征的相依关系进行深入研究，有利于理解植物构型特征的生态适应性。何明珠（2004）对甘肃民勤沙生植物园内比较典型的50种荒漠植物的枝系构件特征及其持水力进行比较研究。结果表明，蒙古扁桃在枝系构件角度指标上属于中等分枝角度（50°~70°），在分枝长度特征上属于中等分枝长度，在枝径比特征上属于中等枝径比（3.5≤枝径比=4:3<5.0）；在分枝率特征上属于中等分枝率（5≤体分枝率≤20）；在树冠分维数上属于中等分维数型；在计盒维数分析中归入强计盒维数型；依含水率属弱含水率型（构件的含水率<50.00%），即属于强干物质积累型；依枝、叶构件逻辑方程拐点划分持水力类型属于中等持水型（100h≤叶构件的拐点<140h，80h≤枝构件的拐点<140h）。

1.5 蒙古扁桃的改良"复苏"特性

复苏植物（resurrection plant）又称变水植物（poikilohydric plant），是指那些能忍耐极度脱水，以类似休眠的方式度过严酷的干旱期，在水分适宜时又迅速恢复生活状态的植物（Ingram and Bartels，1996；Deng et al.，1999）。复苏植物在低等的藻类植物、地衣和高等的苔藓植物和蕨类植物中较常见。比如，鄂尔多斯荒漠区优势藓类褶叶青藓（Brachythecium salebrosum）和直叶灰藓（Hypnum vaucheri）自然脱水15min其水分含量分别下降了17.37%和17.76%，相应的其光合速率也分别下降了28.88%和26.54%，脱水90min后两种藓类水分含量分别降到16.67%和11.25%，此时，其光合速率只有对照的38.78%和32.96%。而复水45min后两种藓类水分含量分别恢复到63.3%和62.7%，其净光合速率也分别恢复到56.90%和77.58%和，复水90min后体内水分含量基本恢复到正常水平，光合速率也分别恢复到96.96%和98.61%（斯琴巴特尔等，2011）。表明，这类植物脱水复水很快，而且在脱水过程中细胞结构和机能几乎未受到损伤，它们以利用可变的水分利用能力而生存于边缘环境（Olive et.al，2000）。事实上，所有的植物在它们生活周期的某个阶段都能够在一定程度上耐极端干旱，如种子和花粉在它们成熟过程中能失去大部分的水分（Beweley，1979）。复苏植物能够在失去大部分的组织含水量后进入一个休眠状态而度过极端干旱环境。复水后植物能快速复活并恢复到以前的状态。这种植物的复苏能力不仅仅见于主要的分生组织，完全成熟的叶片在失去95%的含水量后，灌水后在24h之内能够完全恢复光合活性（Brnacchia et al.，1996）。然而，这种忍耐极度干旱的能力需要很高的代价，因为它们要比不维持这种昂贵的耐干燥能力的植物的代谢速率低。随着植物的进化，为了适应陆地上不同的生态位，维管植物的队伍越来越庞大而且更复杂，丧失这种能力有利于增加生长速率，促进结构和形态的复杂化以及形成植物内部的保水机制而维持高效的碳固定（刘玉冰，2006）。Bewley和Krochko（1982）调查发现，在更大和更复杂的维管陆生植物组中，有60~70种蕨类植物植物和大约60种被子植物也具有一定程度的复苏能力，而且其复苏是需要至少几小时到几天的慢速缓慢过程。为了与严格意义上的变水植物区分，Oliver和Bewlye（1997）将这类植物定义为改良的复苏植物。

研究表明，蒙古扁桃具有很强的改良"复苏"能力。在连续8d的土壤干旱胁迫处理情况下，蒙古扁桃幼苗叶水势由-0.68MPa下降到-2.60MPa。在此期间，蒙古扁桃幼苗气孔导度、蒸腾速率和光合速率分别下降了91.02%、93.50%和52.59%。而经1d复水后，蒙古扁桃幼苗叶水势恢复到了-1.75MPa，相应的其根导水率、乙醇酸氧化酶活性、叶绿素a和叶绿素b含量及Hill反应活力分别恢复了70.38%、78.54%、95.35%、80.77%和55.57%（乌日娜，2010）。包玉龙（2007）实验也证明，连续8d土壤干旱胁迫处理后蒙古扁桃幼苗叶水势由-0.74MPa下降到-3.16MPa，复水3d以后幼苗叶水势又恢复到了-0.78MPa，其叶细胞膜透性迅速下降，其相对电导率为回落到19.18%，仅比正常供水对照高12.05%。如果再延长干旱胁迫处理时间则蒙古扁桃幼苗叶片就会脱落。但如果把完全脱水叶片脱落的蒙古扁桃幼苗插进水里，不久就会长出新叶来。而且令人难以置信的是，平常在栽培过程中土壤水分稍多就会烂根死掉的蒙古扁桃幼苗，脱水处理后竟然在水里生长了（图1.10）。

复苏现象早在19世纪就已被科学界所注意。明代《本草纲目》中就记载过的还魂草（*Selaginella tamariscina*），可以在晾干后，经浸水而生。卷柏（*Taxus chinensis*）的干标本在时隔11年之后，浸在水里，居然能"还魂"复活，恢复生机。苦苣苔科（Gesneriaceae）牛耳草（*Boea hygrometrica*）风干5年后放在湿滤纸间，几个小时后就复苏了（邓馨，2009）。

在荒漠植物中改良复苏特性是比较普遍的。王继和等发现（2000），荒漠植物绵刺（*Potaninia mongolica*）叶组织水势较低，临界饱和亏大，吸水能力强，即使持续干旱而叶片枯黄脱落，复水2d之内仍能萌芽，4d能长出2.5cm的新梢。表明，荒漠植物耐脱水、复水快，能充分利用有限的水分。王刚研究表明（2006），荒漠植物红砂（*Reaumuria soongorica*）成熟植株叶片水势下降到-2.13MPa时，其叶片死亡并随后脱落，但茎中仍然保持光合作用能力，随后植物进入休眠状态。复水后茎复活，植株又长出新叶。认为，红砂通过落叶而减少水分丢失，维持茎细胞的活力来度过极端干旱的能力。

第 1 章 蒙古扁桃生物学特性

荒漠区常年降雨量只有一百多毫米，干旱年份甚至只有几十毫米，而且主要集中在七、八月份。即使雨水正常年份，由于荒漠化土地保水能力极差，蒸发量极大，日中时分依然处于水分亏缺状态，使荒漠植物时常处于水分胁迫的生境中。而改良复苏特性使荒漠植物赋予了以类似休眠状态维持生命活动，一旦水分状况允许，立刻恢复其代谢活动，进行生长发育，开花结果，保障物种的繁衍后代。这也许是在这极端环境中仍顽强生活着绿色使者的真正秘密所在！

图 1.10 失水落叶蒙古扁桃幼苗插进蒸馏水里会长出新叶

Fig. 1.10 The *P. mongolica* seedling which dehydration caused by falling leaves, when inserted into distilled water, it will growth new leaves

1.6 蒙古扁桃的遗传多样性

一个物种的进化潜力和抵御不良环境的能力既取决于种内遗传变异的大小，也有赖于种群的遗传结构（Arise J. C. & Hamrick J. L., 1996）。在生物的进化当中，遗传物质的变异成为生成遗传多样性（genetic diversity）的本质根源。遗传多样性，又称基因多样性，是生物多样性的最基本组成部分。如果一个种群没有遗传就不能保持亲代的性状，并且物种也不可能保持相对稳定，遗传物质的突变也不可能积累，物种也就不能进化，甚至不产生生物多样性（季维智，宿兵，1999）。基因突变的积累是自然界变异的来源，大多数物种的自然群体内蕴藏着丰富的遗传变异，形成了遗传多样性。一个物种的遗传多样性决定或影响着该物种与其他物种之间及其与环境之间相互作用的方式，也是其对人为干扰能否成功做出反应的决定因素。一般而言，物种的遗传变异越丰富，表示它对环境的适应性就越广（Solbrig O. T.，1991）。种内的遗传变异是基因多样性的主要内容。它包含种群内不同个体间和隔离的地理种群间的遗传变化（施立明，1990）。

Hamrick（1979）对165物种的等位酶分析资料中得知，物种的遗传结构受分类地位、分布范围、生活型、种子散播、演替阶段、生殖模式、繁殖系统的影响。植物分类群中，具有最高的遗传多样性水平的是裸子植物，最低的是双子叶植物。从生活型的角度来看，遗传多样性水平最高的是多年生长寿木本植物，最低的是多年生短寿草本植物（韩春艳等，2004）。

然而由于人口膨胀和经济发展所带来的压力，生态系统受到严重的破坏，大量物种已经灭绝或处于濒危状态。物种的灭绝意味着遗传多样性不可挽回的损失，原因是：一方面当一个物种消失的时候，它所携带的遗传信息就不复存在了；另一方面，现存物种的居群数目逐渐减少，居群规模不断变小，大而连续的生境不断破碎化时，种内的遗传多样性会随之下降甚至急剧丧失（洪德元等，1995）。Falk等（1991）和Avise（1994）均认为当前大量物种的基因库正在萎缩或破碎成许多小的基因库。Lugo（1988）估计，20世纪末，将有15%～20%的物种灭绝，而由于遗传侵蚀所导致遗传多样性损失的速度要高于物种灭绝的速度。Maxted等（1997）以1988年为起点，认为到20世纪末植物遗传多样性的25%～35%将会丧失。因此，对生物遗传多样性，特别是对濒危动植物进行研究以利于更好的保护就显得尤其重要。

蒙古扁桃种群的遗传结构是其在长期的演化过程中形成的，并与生活历史特征有密切的联系，它一方面反映了蒙古扁桃种群的进化历史，另一方面又决定了蒙古扁桃在未来发展中的适应潜力。利用等位酶分析技术，通过对过氧化物酶、过氧化氢酶、细胞色素氧化酶、超氧化物歧化酶、α-淀粉酶、酯酶、磷酸化酶、抗坏血酸氧化酶、酸性磷酸酶、苹果酸脱氢酶等10种等位酶系统的20个位点的35个等位基因进行检测，分析了分布于内蒙古西部的西鄂尔多斯自然保护区、九峰山萨拉齐段、阿拉善左旗巴彦诺尔公苏木、阿拉善左旗吉兰泰镇等4个野生蒙古扁桃居群的遗传多样性，结果表明（赛罕格日乐，2012）：

（1）蒙古扁桃等位基因平均数（A）为1.8333，多态位点百分数（P）为76.67%，等位基因有效数（Ae）为1.9172，平均每个位点的预期杂合度为0.3716，实际杂合度为0.6421，实际杂合度是预期杂合度的1.7倍。由此可见蒙古扁桃居群的近交现象不严重。固定指数（F）为0.3917，其值大于零表示蒙古扁桃居群内杂合体缺乏，纯合体过剩。

（2）蒙古扁桃各个居群间的遗传多样性（D_{ST}）为0.0336，居群间的遗传分化系数（G_{ST}）为0.0690，接近于0.1。说明蒙古扁桃居群间的遗传变异占总的遗传变异的

6.9%，而居群内的变异占93.1%。从此可以判断出蒙古扁桃遗传多样性几乎全部存在于居群内，居群间的分化水平较低，但居群间存在着一定的基因流，Nm值为4.0220。

（3）根据居群间的遗传一致度和遗传距离，采用非加权算术平均聚类法对4个野生群体的聚类分析的结果表明：蒙古扁桃的各个居群间的遗传距离较近，在地理位置上较近的群体在遗传上聚在一起。如：吉兰泰居群先与巴彦诺尔公居群聚在一起，再与九峰山居群，最后与乌海居群聚在一起。这与地理分布的空间格局相吻合。

（4）从生长环境的降水量，海拔与遗传多样性指标的相关性分析可以得出，蒙古扁桃的遗传多样性受海拔高度和降水量的影响不显著。

（5）由遗传多样性指标判断出，蒙古扁桃具有较高的遗传多样性，因此生长环境的受损是导致蒙古扁桃濒危的主要原因，而不是自身遗传多样性的贫乏而造成的。所以建立自然保护区，减少对生长环境的干扰是保护蒙古扁桃的主要对策。

蒙古扁桃的4个野生居群中的等位基因分布比较均匀，没有地方性特别拥有的基因，这与4个居群的分布距离有一定的关系。从多态位点水平上看，蒙古扁桃4个野生居群的多态位点百分数均较高（$P = 76.67\%$），比濒危植物四合木（*Tetraena mongolica*）的多态位点的水平（$P=60\%$）还高，但比同样生长在阿拉善的濒危植物霸王（*Zygophyllum xanthoxylum*）多态位点的水平（$P=83.3\%$）低。对等位基因有效数（$Ae=1.9172$）、预期杂合度（$He=0.3716$）、实际杂合度为（$Ho=0.6421$）分析也证明，蒙古扁桃具有较高的遗传多样性。

利用ISSR分子标记方法（张杰，2012），对分布在乌海市千里沟、阿拉善左旗巴彦诺日公、乌拉特后旗那仁乌拉、包头萨拉齐九峰山、呼和浩特市五一水库和宁夏贺兰山岩画风景区蒙古扁桃自然种群的遗传多样性进行分析结果表明，其遗传多样性比率范围在43%~67%，其中包头萨拉齐种群的遗传多样性比率最大，为67%。不同种群的Nei's多样性指数分经方差分析显示，差异不显著（$F=0.861$，$P>0.05$），说明不同地区蒙古扁桃种群的遗传多样性水平差异不大。不同种群间的Nei's多样性指数和Shannon's信息指数表现出相同的变化趋势，即包头萨拉齐种群>贺兰山种群>乌海千里沟种群>乌拉特后旗那仁乌拉种群>阿拉善左旗巴彦诺日公种群>呼和浩特市五一水库种群。但Shannon's信息指数的估计值要高于Nei's基因多样性指数。蒙古扁桃总的基因多样性（Ht）为0.3241，种群内的基因多样性（Hs）为0.2019。基因分化系数（Gst）为0.3769，即种群间遗传变异占总的遗传变异的37.69%。换句话说，蒙古扁桃62.31%的遗传分化存在于种群内。说明蒙古扁桃的遗传变异主要来自于种群内。多态性比率、Nei's多样性指数以及Shannon信息指数均高于植物的平均水平以及其他桃类植物，说明蒙古扁桃具有较高的遗传多样性。这可能与蒙古扁桃片段化的分布特点、复杂的生境条件以及多年生等因素相关。由基因分化系数得出，蒙古扁桃种群间的基因流（Nm）为0.8266，$Nm<1$，表明种群间基因交流较低。持续较低的基因流水平会

加大种群间遗传分化程度，不利于对蒙古扁桃进行保护。

至于濒危植物遗传多样性高低的问题不同研究得出不同的结论。如，濒危植物秦艽（*Gentiana macrophylla*）（刘丽莎等，2010）、三棱栎（*Trigonobalanus doichangensis*）（韩春艳等，2004）、元宝山冷杉（*Abies yuanbaoshanensis*）（王燕等，2002）、矮沙冬青（*Ammopiptanthus nanus*）（陈国庆等，2005）等濒危植物或保护植物具有较低的遗传多样性。濒危植物白桂木（*Artocarpus hypargyraea*）（范繁荣，2010）、华东黄杉（*Pseudotsuga gaussenii*）（李艳等，2010）、翅果油树（*Elaeagnus mollis*）（秦永燕，等，2010）、伯乐树（*Bretschneidera sinensis*）（彭沙沙等，2011）、南方红豆杉（*Taxus chinensis*）（茹文明等，2008）等虽然物种已达到濒危程度或灭绝状态，仍具有较高的遗传多样性。

1.7 蒙古扁桃的种群结构

种群是构成群落的基本单位，它不仅是物种遗传和物种存在、适应、繁殖进化的基本单位，也是联系个体、群落和生态系统之间的纽带（Harper J. L.，1977）。优势种群在群落中的地位以及发展趋势在很大程度上影响着群落稳定性和物种多样性。植物种群数量动态是植物个体生存能力与外界环境相互作用的结果（Crawley M. J.，1986），能客观反映种群的发展和演变趋势（朱学雷等，1999）。通过对种群数量动态研究可以了解种群大小或在时间、空间上的变化规律，并通过编制生命表可得出死亡率、损失率等重要参数，从而了解种群数量特征的更多信息（吴承祯等，2000）。

阿拉善荒漠区是蒙古扁桃主分布区之一。该地区属于暖温带荒漠干旱区，典型的大陆气候。气候特征为冬季寒冷，连续时间长，夏季酷热，春秋两季多风有扬沙和沙尘暴，昼夜温差较大，四季分明。平均空气温度为8.6℃，全年最高温度为43℃，最低温度为-30℃，年均地表温度10.5℃，全年日照时数为3 293h，无霜期为160d。干旱降雨稀少，蒸发强烈，年均降水量为104.7mm，且分布不均，7、8、9月约占全年降水量的60%~70%，年均蒸发量3 005.2mm，风大沙多，年均风速为3.6m·s^{-1}，最大风速为24 m·s^{-1}，年均大风日数为34.5d，平均扬沙日数为66.5d，沙面温度可以到达66~75℃。植被稀疏，具有明显的区域性和地带性，主要植物是旱生、超旱生灌木、半灌木所形成的草原化荒漠、典型荒漠至极旱荒漠植被（郝璐等，2012）。

2012年分别对阿拉善左旗超格图呼热苏木乌兰腺吉嘎查（地理坐标为E105°13′0.51″~105°13′19.5″，N38°13′18.5″~105°13′53.4″，海拔高度为1 353~1 367m）和巴彦洪格日苏木敖隆敖包嘎查（地理坐标为N40°15′21.1″~40°15′57.9″，E105°44′10.5″~105°44′50.3″，海拔高度为1163~1180m）蒙古扁桃种群数量特征进行分析（黄小鹏和斯琴巴特尔，2014）。为此，分别随机选定4个100m×100m的样方，在每个样方内调查植物群落物种组成以及蒙古扁桃株数，测其株高、冠幅（东西、南北向冠直径）。经调查，乌兰腺吉样地 4 个样方蒙古扁桃共有 640 株，敖龙敖包样地 4 个样方共有 647 株。以下结果是对该两地蒙古扁桃种群的调查结果。

1.7.1 蒙古扁桃种群的大小级结构

种群的年龄结构又称种群年龄分布，是指种群中各年龄期个体在种群所占的比例。不同种群的出生率和各年龄期的死亡率相差很大，所以研究种群的年龄结构有助于了解种群的发展趋势，预测种群的兴衰（李振基等，2000）。对多年生灌木，常以"空间代替时间"的方法，以植株冠幅及株高排序结果所得大小级代替年龄级，编制静态生命表（Rundel P. W.，1971；张文辉等，2005；刘建泉等，2010）。依据野外调查数据编制生命表，并进行聚类分析的

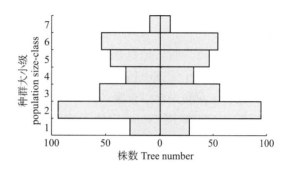

图 1.11　乌兰腺吉蒙古扁桃种群大小级结构图

Fig. 1.11　Size-class structure of *P. mongolica* population in Wulaanchonji

乌兰腺吉蒙古扁桃种群和敖隆敖包蒙古扁桃种群大小级结构图如图 1.11 和图 1.12。由图 1.11 和图 1.12 可知，在乌兰腺吉蒙古扁桃种群中，一龄级在总株数中所占比例仅为 8.6%，二、三、四、五和六龄级在总株数中所占比例分别为 29.5%、17.5%、9.8%、14.4% 和 17%，七龄级所占总株数比例为 3.1%，属衰退型种群。敖隆敖包蒙古扁桃种群中，一龄级所占总株数比例为 16.8%，二龄级所占比例为 15.3%，三龄级所占总株数比例为 20.4%，四龄级所占总株数比例为 19%，五龄级所占总株数比例为 18.5% 六个龄级所占比例为 6.5%，七龄级所占总株数比例为 3.4%，属稳定型种群。刘建泉等（2010）对甘肃祁连山国家级自然保护区龙首山蒙古扁桃种群观察表明，在大小级结构上 I、II 级个体数量不足，所占比例只有 27.68%，

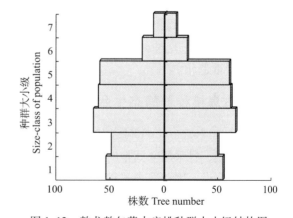

图 1.12　敖龙敖包蒙古扁桃种群大小级结构图

Fig. 1.12　Size-class structure of *P. mongolica* population in Aoloonobo

Ⅲ级个体数量最多，占 28.57%，Ⅴ和Ⅵ级个体仅占 8.92%，种群总体上表现为衰退型。

蒙古扁桃种群年龄结构组成的原因是多方面的。如人为干扰、自然灾害、极端气候及自身生长发育特性等。首先是，蒙古扁桃种子在自然环境下发芽率低而不齐，对幼苗越冬不利；其次是，人为干扰及野生动物的采食；三是，极端恶劣的环境气候的影响；四是，病虫害、鼠害的增发。就乌兰腺吉而言，该地区实行完全禁牧，蒙古扁桃种群生长得到恢复，地上部分生长比较茂盛。但随之而来的是鼠害、病虫害加大，土层更加干化，旱季根系供水不足，导致该地区蒙古扁桃种群枯枝率高达 62%，幼苗生长更加困难。相反，在敖隆敖包牧民仍在放牧，羊群的采食有效地遏制蒙古扁桃种群地上部分的过度生长，枯枝率只有 12%，再加上该地区属于罕乌拉山冲击地带，低下水位较浅，有利于蒙古扁桃的更新、繁衍，导致该地区蒙古扁桃种群年龄结构处于稳定型。说明，草畜平衡对荒漠区生态环境的稳定是不容忽视的。

迟彬等（2000）用 Leslie 矩阵对内蒙古与宁夏的西鄂尔多斯残遗分布的特有植物——四合木（*Tetraena mongolica*）种群动态分析发现，各龄级个体数的变化趋势不同，但种群动态在总体上呈衰退趋势。李昌龙等（2005）对甘肃民勤连古城自然保护区优势种种群结构和动态研究表明，优势种群的分布格局由种群生物学特性和环境条件等诸多因子共同决定，膜果麻黄（*Ephedra przewalskii*）和绵刺（*Potaninia mongolica*）种群呈集群分布，而其他种群呈随机分布。优势种群的年龄结构和静态生命曲线均呈现多样化，膜果麻黄、猫头刺（*Oxytropis aciphylla*）和甘蒙锦鸡儿（*Caragana opulens*）种群年龄结构为增长型锥体，静态生命曲线为凹型下降，均为稳定种群；绵刺种群的年龄结构为下降型锥体，静态生命曲线为反对角线型上升，但其营养繁殖策略决定了绵刺种群为稳定种群；珍珠猪毛菜（*Salsola passerina*）种群年龄结构在整体上为稳定型锥体，但局部表现为下降型锥体，种群开始衰败，静态生命曲线为正态分布型；红砂（*Reaumuria soongorica*）种群的年龄结构为下降型锥体，静态生命曲线残缺并有许多空白区，种群严重退化。

1.7.2 蒙古扁桃种群静态生命表

静态生命表（static life table）是某一特定时间内，调查某种群内所有个体的年龄编制而成的生命表，且采用空间推时间的方法制定年龄级，故所得数据不能完全满足编制生命表的 3 个假设，因此编表过程中可能出现死亡率为负值的现象（毕晓丽等，2002）。为解决这一现象，常使用匀滑技术（smooth out），对所得数据进行拟合。以各龄级为自变量，存活数为因变量，对蒙古扁桃乌兰腺吉种群和敖隆敖包种群的拟合方程分别为 $y = 141.21e^{-0.1547x}$（$R^2 = 0.2184$）和 $y = 31.32e^{-0.2198x}$（$R^2 = 0.4053$）。再求出各龄级的存活株数，经匀滑修正后，得出 a_x，据此编制两地蒙古扁桃种群静态生命表（表 1.4）。

第1章 蒙古扁桃生物学特性

表 1.4 阿拉善荒漠区蒙古扁桃种群静态生命表

Tab. 1.4 Static life table of *P. mongolica* population in Alaxia desert

大小级(x)		a	a_x	l_x	Lnl_x	d_x	q_x	L_x	T_x	e_x	k_x
乌兰腺吉	I	55	121	1 000	6.908	140	0.140	930	4 103	4.103	0.151
	II	189	104	860	6.757	124	0.144	789	3 173	3.690	0.156
	III	112	89	736	6.601	108	0.147	682	2 384	3.239	0.158
	IV	63	76	628	6.443	91	0.145	583	1 702	2.710	0.157
	V	92	65	537	6.286	74	0.138	500	1 119	2.084	0.148
	VI	109	56	463	6.138	76	0.164	425	619	1.337	0.280
	VII	20	48	387	5.858	387	1.000	194	194	0.501	—
敖隆敖包	I	109	161	1 000	6.908	211	0.211	895	3 333	3.333	0.237
	II	99	127	789	6.671	168	0.212	705	2 438	3.090	0.240
	III	132	100	621	6.431	130	0.209	556	1 733	2.791	0.235
	IV	123	79	491	6.196	106	0.216	438	1 177	2.397	0.243
	V	120	62	385	5.953	81	0.210	345	739	1.919	0.236
	VI	42	49	304	5.717	62	0.204	273	394	1.296	0.228
	VII	22	39	242	5.489	242	1.000	121	121	0.500	—

1.7.3 蒙古扁桃种群存活曲线

所谓存活曲线（survival curve）就是以生物的相对年龄为横坐标，以各年龄的存活率 l_x 为纵坐标画制的曲线，反映种群在每个年龄级生存的数目。由图1.13可知，乌兰

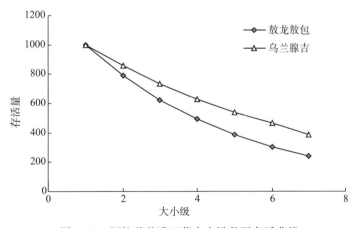

图 1.13 阿拉善荒漠区蒙古扁桃种群存活曲线

Fig. 1.13 Survival curve of *P. mongolica* population in Alaxia desert

腺吉和敖隆敖包蒙古扁桃种群的存活曲线按 Whittaker（1977）归类，应属于 Deevey Ⅱ 型和 Deevey Ⅱ$_2$ 型，由稳定型趋于衰退型。其中，敖隆敖包种群幼龄级死亡率较高，存活率较低，这与该地区放牧，牛羊啃食幼体，鼠类喜食蒙古扁桃种子有一定的联系。

1.7.4 蒙古扁桃种群死亡率曲线、平均期望寿命（e_x）及致死率（k_x）分析

以种群死亡率 q_x 为纵坐标，以其年龄级为横坐标绘制成的曲线称死亡率曲线。比较两地蒙古扁桃种群死亡率曲线可知（图1.14），蒙古扁桃种群各龄级死亡率波动不大、较平缓。乌兰腺吉蒙古扁桃种群死亡率峰值出现在Ⅵ年龄级，而敖龙敖包蒙古扁桃种群死亡率峰值出现在Ⅳ龄级。将两地蒙古扁桃种群各年龄级死亡率动态用拟合方程描述如下式：

乌兰腺吉：$y = 0.0016x^3 - 0.0153x^2 + 0.044x + 0.1083$，$R^2 = 0.8426$

敖龙敖包：$y = -0.0005x^3 + 0.0039x^2 - 0.0095x + 0.2173$，$R^2 = 0.7261$

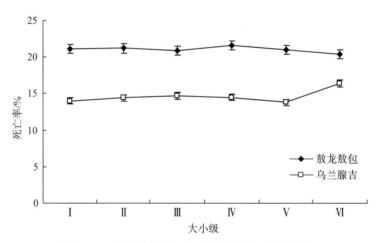

图 1.14　阿拉善荒漠区蒙古扁桃种群死亡率曲线

Fig. 1.14　Mortality curve of *P. mongolica* population in Alaxia desert

由两地生命表可知，蒙古扁桃种群平均期望寿命（e_x）均在Ⅰ龄级最大，随着年龄的增长逐步下降。乌兰腺吉蒙古扁桃种群致死率（k_x）在Ⅲ龄级时最大，而敖龙敖包蒙古扁桃种群致死率（kx）在Ⅳ最大，这与死亡率曲线规律相一致。其平均期望寿命（e_x）和致死率（k_x）拟合方程式可由下式描述：

平均期望寿命（e_x）

乌兰腺吉：$y = -0.0026x^3 - 0.0138x^2 - 0.3414x + 4.4571$　$R^2 = 0.9999$

敖龙敖包：$y = -0.0046x^3 + 0.0015x^2 - 0.2194x + 3.5573$　$R^2 = 0.9999$

致死率（k_x）

乌兰腺吉：$y=0.0065x^3-0.058x^2+0.1508x+0.047$　　$R^2=0.9329$

敖龙敖包：$y=-0.0005x^3+0.0036x^2-0.0079x+0.2423$　　$R^2=0.7327$

龙首山蒙古扁桃种群存活曲线也接近 Deevy Ⅱ 型曲线形，幼树储备不足，对环境干扰的抵抗能力差，死亡危险性较高（刘建泉等，2010）。孙利鹏等（2012）以乌兰布和沙漠天然梭梭（*Haloxylon ammodendron*）种群调查数据和材料为基础，编制特定时间静态生命表，绘制存活曲线、死亡率曲线、期望寿命曲线和亏损度曲线，并用生存率、积累死亡率、死亡密度和危险率等 4 个生存函数值进一步分析说明梭梭种群数量动态变化。结果表明，梭梭径级结构属于正金字塔增长型；存活曲线为 Deevy Ⅲ 型凹曲线，结合生存函数曲线，能充分说明乌兰布和沙漠梭梭种群数量结构和动态变化，表现为前期增长、中期稳定、后期衰退的特点；幼龄期 Ⅰ、Ⅱ 径级和衰亡期 Ⅺ 径级的梭梭种群死亡概率和死亡速率都较高，第 Ⅴ～Ⅷ 径级梭梭种群生存质量较好，生命活动达到旺盛期，属于成年旺盛梭梭种群。

1.7.5　蒙古扁桃种群空间分布格局

种群分布格局是影响群体发展的主要因素之一，可说明群落演替动态过程（杨慧等，2007）。由表 1.5 各项指标可知，两地格局指数均大于 1，$t>t_{0.05}$，分布格局均属于聚集分布。且乌兰腺吉蒙古扁桃种群聚集度略高于敖龙敖包蒙古扁桃种群。两地蒙古扁桃种群聚集强度高，同样，乌兰腺吉蒙古扁桃种群聚集强度略高于敖龙敖包蒙古扁桃种群。刘建泉等（2010）对龙首山蒙古扁桃种群分析发现也呈聚集分布。在这些蒙古扁桃自然群落中，均以蒙古扁桃优势种，其他物种组成稀少，种间竞争薄弱，因此较易集群。且蒙古扁桃具有厚重坚硬的内果皮，种子成熟后无法远播，散落于母体周围，也是集群分布的主要成因之一。种群的生物学特征和环境因素是造成蒙古扁桃种群聚集分布的主要原因。

表 1.5　阿拉善荒漠区蒙古扁桃种群分布格局

Tab. 1.5　Population distribution pattern of *P. mongolica* in Alaxia desert

分布格局	方差（S^2）	平均数 $\bar{x}$	格局指数（$S^2/\bar{x}$）	检验统计量（t）	$t_{0.05}$	分布格局	平均拥挤度 $m*$
乌兰腺吉	7 336.25	160.25	45.78	56.42	3.182	聚集分布	205.03
敖龙敖包	6 035.58	161.75	37.31	45.98	3.182	聚集分布	198.06
聚集强度指数	扩散性指数（I_δ）	丛生指标（I）	聚块性指标（L）	Cassie 指标（C_A）	负二项参数（K）		
乌兰腺吉	1.21	44.78	1.28	0.28	3.58		
敖龙敖包	1.18	36.31	1.22	0.22	4.45		

众所周知，种群空间分布格局及聚集强度与物种的生物学特性、种间竞争以及生境条件等诸多因素有关，大多数自然种群服从聚集分布（张德罡等，2003）。乌仁塔娜等（2013）为了揭示阿拉善荒漠主要功能灌木群的空间分布格局和种间关系，通过样带法由东向西沿阿拉善荒漠进行 5m×5m 样方调查，采用负二次指数、平均拥挤度、聚块性指数法对红砂（*Reaumuria soongorica*）、绵刺（*Pataninia mongolica*）、梭梭（*Haloxylon ammodendron*）、华北驼绒藜（*Ceratoides arborescens*）、珍珠猪毛菜（*Salcsola passerina*）、霸王（*Zygophyllum xanthoxylum*）、猫头刺（*Oxytropis aciphylla*）、狭叶锦鸡儿（*Caragana stenophylla*）、沙冬青（*Ammopiptanthus mongolicus*）、四合木（*Tetraena mongolica*）、半日花（*Helianthemum songoricum*）、刺旋花（*Convolvulus tragacuthoides*）等 12 种荒漠主要灌木群的分布格局和种间关联进行分析。结果表明，荒漠灌木中除霸王、沙冬青、四合木外，其他灌木种群均呈聚集分布；刺旋花、珍珠猪毛菜、狭叶锦鸡儿、华北驼绒藜丛生现象明显，聚集性强；霸王、四合木在样带内呈随机分布，唯有沙冬青呈均匀分布。从种间关联性来看，霸王、猫头刺、沙冬青之间有显著正关联，多种之间总体表现为负相关。李清河等（2009）在西鄂尔多斯国家级自然保护区半日花（*Helianthemum soongoricum*）核心区，根据对不同坡位半日花地径的调查资料，以地径的大小级代替不同的年龄结构，编制了静态生命表，分析了其年龄结构，存活曲线和死亡率曲线、损失度曲线，并利用生存分析理论进行了函数分析。结果表明，不同坡位的半日花种群存在下降趋势。幼龄级和老龄级个体少，中龄级个体多。不同坡位的半日花种群密度存在差异，坡上部种群密度最大，坡下部最小，坡中部居中。不同坡位半日花种群在Ⅰ龄级时期望寿命达到最大，并在Ⅶ、Ⅷ龄级时期望寿命出现波动；不同坡位的半日花种群的存活曲线整体上趋于 Deevy Ⅱ～Ⅲ型之间；在第Ⅵ～Ⅷ龄级半日花种群死亡率较高，且坡中部和坡下部种群死亡率峰值比坡上部种群滞后一个龄级。生存分析引入生命表中的 4 个函数能较好地说明不同坡位半日花种群的结构和动态变化。对鄂尔多斯杭锦旗黄河滩地带和丘地及西鄂尔多斯生态保护区四合木（*Tetraena mongolica*）种群结构及动态研究表明（徐庆等，2000），四合木种群株数随径级、高度级的变化呈"山峰形"，植株数随冠幅级变化呈倒"J"形。现实的四合木种群年龄结构呈"凸"形。四合木种群的死亡率（q_x）、致死力（k_x）随龄级增大而增高，存活率（lx）随龄级增大而降低。其存活曲线接近于 Deevey Ⅰ型。利用 Leslie 矩阵定量模拟种群动态，发现在受外界干扰很小条件下，该种群具有波动特点，各龄级的个体数变化趋势不同，种群由衰退型向增长型过渡。

由于蒙古扁桃种子具有厚重坚硬的内果皮，成熟后散落于母体周围，为幼苗形成了坚固的"避难所"。此外，蒙古扁桃对生境土壤、水分等因素具有较高的选择性，一般生于海拔 900～2400m 荒漠及荒漠草原区的低山、丘陵坡麓、石质坡地、岩石缝、干河床及戈壁。由于不堪环境的变迁和人为干扰，蒙古扁桃分布"岛屿化"现象更加突出，分布区日渐缩小，亟待加强调查研究和保护。

1.8 蒙古扁桃群落结构特点

群落结构与物种组成是群落演替的结果，它与生态系统的稳定性有密切关系（娄彦景，2007）。荒漠区极端干旱的气候和贫瘠多盐的土壤限制了植物的生长发育和传播，造成植物种类贫乏、植被结构简单。由于具有生物多样性和生态系统稳定性较低的特点，因而荒漠生态系统极易受到外力干扰，而且扰动破坏后很难恢复。因此，加强荒漠生态系统相关研究，对于人类深入认识和保护荒漠景观具有重要而深远的意义（李博，2000）。

蒙古扁桃是亚洲中部荒漠区特有物种，被列为阿拉善—鄂尔多斯生物多样性中心的荒漠种子植物特有种（朱宗元等，1999），阿拉善是蒙古扁桃主分布区。阿拉善荒漠区的植物区系，以一批特有成分而形成极其鲜明的特色，这是亚洲中部荒漠亚区内现象最突出的一省。这些特有植物多是本区荒漠植被的建群种，组成了一些特有群系。其他一批戈壁成分和古地中海成分也是荒漠植被的主要建造者（中国科学院内蒙宁夏综合考察队，1985）。贫乏性、独特性和古老性是本区荒漠植物区系的固有特性（雍世鹏和朱宗元，1990）。

阿拉善荒漠植被可划分为8个植被型，32个植物群系。8个植被型分别为退化叶小半乔木荒漠、常绿阔叶灌木荒漠、常绿退化叶灌木荒漠、退化叶灌木荒漠、肉质叶（多汁）灌木荒漠、旱生叶灌木荒漠、肉质叶（多汁）半灌木荒漠和旱生叶半灌木荒漠。其中面积最大的植被型为肉质叶（多汁）灌木荒漠，占区域植被总面积的43.35%，最大的植物群系为红砂群系，占总面积的29.56%。气候是影响阿拉善荒漠植被格局大尺度形成的原因。根据气候因素阿拉善荒漠区可划分为中温带草原化荒漠气候区，中温带荒漠气候区和暖温带极旱荒漠气候区。由草原化荒漠到极旱荒漠，植物群落多样性逐渐降低，越干旱的情况下，植物分布越呈密集的小片状分布，物种丰富度也降低（闫建成，2012）。

在阿拉善，贺兰山是蒙古扁桃最为集中分布区之一。贺兰山（蒙语名称为Alaxa Aola）位于内蒙古西部阿拉善—鄂尔多斯生物多样性中心境内，海拔3 550m，是我国西部温带草原与荒漠区的重要分界线。贺兰山具有明显的垂直分异现象，山前为半荒漠，狭窄的低山带是草原或旱生、中生灌丛，山地主体是青海云杉（*Picea crassifolia*）或油松（*Pinus tabuleaformis*）组成的针叶林，2 700m以上是亚高山灌丛，3 000m以上出现高山草甸或高山灌丛。1956年成为我国315个自然保护区之一。由于贺兰山南北跨度大、海拔高，为植物生活提供了多种多样的生境条件，因此具有丰富的植物资源（江源和熊敏，2002），也成为该地区很多濒危物种的天然"避难所"。金山等（2009）

对贺兰山东坡不同海拔地带的 40 个样地蒙古扁桃群落物种多样性进行调查，共记录到包括种下等级的野生维管束植物 133 种，隶属于 91 属 39 科。区系分析表明，贺兰山东坡蒙古扁桃群落具有温带性质，且以北温带成分优势，占总属数的 35.16%。生活型谱中地面芽植物占总种数的近半，表明蒙古扁桃群落生境寒冷而干旱。物种多样性指数测度结果表明：①草本层的多样性高于灌木层；②东坡的北段海拔 1 700～1 800m 处多样性最高，而在中段 2 000～2 100m 处多样性最高；③东坡的北段阴坡的多样性最低，中段则相反，阴坡和半阴坡的多样性比阳坡和半阳坡的高；④坡度 20°以下坡上的群落多样性高于 20°以上坡的多样性，且 20°以上的坡，随坡度增加而多样性减少。

郑敬刚等（2008）通过 SPSS 聚类分析和 CANOCO 排序研究了贺兰山西坡植被分布与环境因子的关系，结果表明：在海拔梯度上，贺兰山西坡植被大致可以划分珍珠猪毛菜（*Salsola passerina*）、红砂（*Reaumuria soongorica*）群落、短花针茅（*Stipa breviflora*）、大针茅（*Stipa gigantea*）群落和蒙古扁桃（*Prunus mongolica*）、灰榆（*Ulmus glaucescens*）群落 3 种类型。从典范对应分析（CCA）排序结果来看，不同植被群落与环境因子的关系存在明显的分异。在珍珠猪毛菜、红砂群落，第一排序轴反映了土壤盐碱化梯度，沿着藏锦鸡儿群落、珍珠猪毛菜、猫头刺群落、珍珠猪毛菜、红砂群落序列，土壤盐碱化程度不断增强；第二排序轴则反映了土壤结构梯度，沿着藏锦鸡儿（*Caragana tibetica*）群落、珍珠猪毛菜、红砂群落、珍珠猪毛菜、猫头刺群落序列，土壤质地逐渐粗化；在短花针茅、大针茅群落，第一排序轴反映了土壤水分梯度，第二排序轴反映了海拔梯度上的水热组合梯度；在蒙古扁桃、灰榆群落，第一排序轴反映了土壤 pH 梯度，沿着灰榆、蒙古扁桃群落、蒙古扁桃、金露梅（*Potentilla fruticosa*）群落、蒙古扁桃群落序列，土壤 pH 值逐渐下降；第二排序轴主要反映了土壤结构梯度，沿着蒙古扁桃群落、灰榆、蒙古扁桃群落、蒙古扁桃、金露梅群落序列，土壤中粉粒、黏粒含量逐渐增加，土壤质地呈细化趋势。

马久等（2010）对阿拉善左旗南部腾格里沙漠东缘的典型荒漠植物群落进行春、夏、秋 3 个不同季节的 α-多样性分析表明，轮牧区的 Margalef 指数和 Shannon-Wiener 指数均为最高，而开垦区和过度牧区的 Margalef 指数、Shannon-Wiener 指数与禁牧区和轮牧区的相比则较低。每个区域在不同的季节里的多样性指数变化也不尽相同，随着春、夏、秋 3 个季节的更替，Margalef 指数、Shannon-Wiener 指数和 Pielou 指数基本上都表现为增加的趋势，但是轮牧区和过度放牧区在夏季到秋季这段时间内，各多样性指数则都表现为降低。

对蒙古扁桃自然分布区的东部地带的阴山山脉中段包头市北部蒙古扁桃群落结构特征研究表明，蒙古扁桃群落结构层次单一，共有 42 种植物，隶属 23 科，以禾本科、蔷薇科、豆科和菊科为主；主要植被覆盖类型有蒙古扁桃、小叶锦鸡儿（*Caragana mi-*

crophylla)、黄刺梅（*Rosa xanthina*）、无芒隐子草（*Cleistogenes mutica*）、狗尾草（*Setaria viridis*）、蒺藜（*Tribulus terrestris*）、习见蓼（*Polygonum plebeium*）、冰草（*Agropyron cristatum*）和腺毛委陵菜（*Potentilla longifolia*）；蒙古扁桃群落随着海拔的升高，株高和冠幅呈现出先增大后减小的趋势。通过群落的β多样性比较得出，随着海拔的升高，蒙古扁桃群落间相似性减小，物种更替速率增大，群落的多样性具有一定的变化规律；相邻群落间生物多样性差异越来越不明显，更替速率也逐渐变慢。通过相关性分析发现，海拔高度与物种丰富度、蒙古扁桃株高密切相关，这是导致蒙古扁桃群落变化的重要因素之一（红雨等，2010）。

荒漠地区植被较为稀疏，多呈斑块状分布，且时空变化幅度较大，荒漠生态系统极为脆弱，加之人类活动的干扰，极易发生退化。影响荒漠植被分布格局和动态的因素包括生物的和非生物的，其间的相互作用关系十分复杂。

阿娟等（2012）从2002—2008年，采用样方法对腾格里沙漠东缘的典型荒漠区（阿拉善左旗南部的嘉尔格勒赛汗镇，地理坐标为东经104°10′~105°30′，北纬37°24′~38°25′）禁牧样地的植物群落进行了调查。以7年的调查结果和数据分析了荒漠植物群落的季节和年度特征，并利用除趋势对应分析（DCA）和典范对应分析（CCA）对植物群落特征与气候因子的相关性进行了排序分析。结果表明，灌木和草本植物的高度、盖度、密度和生物量的季节特征均为夏季和秋季间差异均不显著（$P>0.05$），而秋季显著高于春季（$P<0.05$）。灌木植物与草本植物群落特征的年动态具有差异，草本植物群落特征的年间波动大于灌木植物。DCA排序表明，荒漠植物群落结构的季节性和年度间差异不明显。CCA排序表明草本植物特征因子与气候因子的相关性大于灌木植物。草本植物密度与年降水量的相关性较大，其高度与年均温度的相关性较大，生物量与年降水量、年均温度的相关性均较大。

腾格里沙漠东南缘地区地下水位深，荒漠植物难以利用，土壤水分的补给主要靠天然降水，植被盖度的变化随季节性降雨量的变化而变化。该区天然降水规律为春、夏、冬季降水少，植物能够利用的有效降水则更少，植被盖度低，而秋季为雨季，年降水量的60%以上集中在这一时期，植物利用的有效降水多，荒漠植物生长旺季，植被盖度也相应增大。靠天然降水生长的荒漠植被，在年降雨量达到160mm左右和以上时，退化植被可以逐渐恢复。

满多清等（2005）通过在腾格里沙漠东南缘沙区设立未封育区和封育区的自然植被定位观测，研究了荒漠植物的生长和植被盖度的月变化。在未封育区和封育区150m样线上灌木植物数量基本稳定，变幅较小；未封育区数量较少，在60~70株（丛）之间变动，主要以白刺（*Nitraria Sibirica*）沙包和甘蒙锦鸡儿（*Caragana Opulens*）灌丛为主，封育区数量较多在70~90株之间变动，主要以沙蒿和白刺为主。两样线上草本植物的数量月变化则显著，未封育区样线上，4月份草本植物数量最少为11株，以后数量递增，7、8月显著增加，除一部分被牲畜啃食外，8月底达到最大值189株，之后由于植物密度的增加和水分、营养面积的限制，竞争加剧，株数趋于稳定，9月底以后逐渐枯萎死亡；而封育区样线上则表现为4月份数量最少为19株，5月份增加，6月份减少，7~9月份线性增加，达到最大值312株。造成两个样线上草本植物各月株数曲线型不一样的原因是未封育区灌丛数量少，沙地水分状况优于封育区，有利于草本植物在6月份继续维持生存，株数增加，而封育区内灌丛数量多，密度大，在6月旱季，水分竞争激烈，草本植物根系小，竞争力弱，大部分由于干旱而死亡。之后雨季来临，草本植物，尤其是短命植物和类短命植物迅速占有裸露空间而生长；生长时间较长的草本植物个体相对较大，需要相对较大的营养空间，个体小需要的营养面积相对小，并能容纳更多的植物株数，这样就形成了封育区直到9月底植株数量才达到最大的结果。未封育区内植物株（丛）数少、稀疏是牲畜啃食、践踏破坏植被的结果，而非土地承载力的原因。

参考文献

[1] 阿娟，张福顺，张晓东，等．荒漠植物群落特征及其与气候因子的对应分析［J］．干旱区资源与环境，2012，26（1）：174-178．

[2] 安慧君，刘佳慧，张韬．东阿拉善—西鄂尔多斯狭域特有植物濒危分级标准与优先保护级的确定研究［J］．干旱区资源与环境，2005，19（1）：194-200．

[3] 白迎春，石松利，钮树芳，等．蒙古扁桃药材对大鼠高脂血症的影响［J］．时珍国医国药，2012，23（10）：2406-2407．

[4] 包玉龙．荒漠植物蒙古扁桃耐旱生理特性研究［D］．呼和浩特：内蒙古师范大学硕士学位论文，2007．

[5] 毕晓丽，洪伟，吴承祯，等．黄山松种群统计分析［J］．林业科学，2002，38（1）：61-67．

[6] 陈国庆，黄宏文，葛学军．濒危植物矮沙冬青的等位酶多样性及居群分化［J］．武汉植物学研究，2005，23（2）：131-137．

[7] 陈瑞阳．中国主要经济植物基因组染色体图谱（第一册）［M］．北京：科学出版社，2009，3：192．

[8] 程中平．桃亚属植物系统发育及桃遗传多样性的分子生物学研究［D］．武汉：中国科学院武汉植物园博士学位论文，2007．

[9] 迟彬，安红霞，郝敦元．阿拉善荒漠区东部的残遗植物-四合木（*Tetraena mongolica* Maxim.）种群动态的分析-运用Leslie矩阵的讨论［J］．干旱区资源与环境，2000，14（2）：77-81．

[10] 邓馨．当植物遇到干旱［J］．生物世界，2009（8）：8-11．

[11] 狄维忠主编．贺兰山维管植物［M］．西安：西北大学出版社，1986：139．

[12] 董光荣，李保生，高尚玉，等．鄂尔多斯第四纪古风成沙的发现及其意义［J］．科学通报，

1983,16:31-36.

[13] 范繁荣. 濒危植物白桂木的遗传多样性研究 [J]. 浙江林学院学报,2010,27 (2):266-271.

[14] 傅立国. 中国植物红皮书（第1册）[M]. 北京:科学出版社,1992.

[15] 国家环境保护局自然保护司. 珍稀濒危植物保护与研究 [M]. 北京:中国环境科学出版社,1991.

[16] 国家环境保护局,中国科学院植物研究所. 中国珍稀濒危保护植物名录 [M]. 北京:科学出版社,1987.

[17] 哈斯巴依尔. 大漠花海"世外桃源"——蒙古扁桃林 [OL]. http://www.als.gov.cn/luanjingtan/lygg/jdjs/96c7d5f4-d737-4fcd-98e9-037481531ea0/.

[18] 韩春艳,孙卫邦,高连明. 濒危植物三棱栎遗传多样性的RAPD分析 [J]. 云南植物研究,2004.26 (5):513-518.

[19] 韩秀珍,马建文,王志刚. 内蒙古西鄂尔多斯国家自然保护区植被的遥感分布特征及变化探测 [J]. 地理科学进展,2003,22 (1):53-61.

[20] 郝璐,黄玲玲,张辉远. 阿拉善荒漠区土壤水分的动态变化及其对主要灌木生长发育的影响 [J]. 中国农业气象,2012,33 (1):59-65.

[21] 黄小鹏,斯琴巴特尔. 阿拉善荒漠区蒙古扁桃的种群结构与空间分布格局 [J]. 内蒙古林业科技,2014 (1):7-11.

[22] 何明珠. 荒漠植物枝系构件及其持水力研究 [D]. 兰州:甘肃农业大学硕士学位论文,2004.

[23] 红雨,邹林林,朱清芳. 珍稀濒危植物蒙古扁桃群落结构特征 [J]. 生态学杂志,2010,29 (10):1907-1911.

[24] 洪德元,葛颂,张大明,等. 植物濒危机制研究的原理和方法. 见:钱迎倩,甄容德（主编）. 生物多样性研究进展 [M]. 北京:中国科技出版社,1995:125-133.

[25] 华北树木志编写组. 华北树木志 [M]. 北京:中国林业出版社,1983:323.

[26] 黄振英,吴鸿,胡海正. 30种新疆沙生植物的结构及其对沙漠环境的适应 [J]. 植物生态学报,1997,21 (6):521-530.

[27] 胡毕斯哈勒图,苏依拉高娃. 骆驼蒙古扁桃中毒的诊治 [J]. 辽宁畜牧兽医,2001 (6):21.

[28] 胡云,燕玲,李红. 14种荒漠植物茎的解剖结构特征分析 [J]. 干旱区资源与环境,2006,20 (1):202-208.

[29] 黄小鹏. 阿拉善荒漠区蒙古扁桃（*Prunus mongolica* Maxim.）种群生理生态学研究 [D]. 呼和浩特:内蒙古师范大学硕士学位论文,2014.

[30] 季维智,宿兵. 遗传多样性的研究方法与原理 [M]. 杭州:浙江科技出版社,1999.

[31] 姬钟亮,钱安东. 长柄扁桃和蒙古扁桃在我国自然分布区的调查 [J]. 中国果树,1981 (2):38-40.

[32] 江源,熊敏. 贺兰山植物物种资源构成的垂直分异 [J]. 资源科学,2002,24 (3):49-55.

[33] 金丽萍. 不同生态条件下干旱胁迫对蒙古扁桃生理指标及解剖构造的影响 [D]. 呼和浩特:内蒙古农业大学硕士学位论文,2009.

[34] 金山. 宁夏贺兰山国家级自然保护区植物多样性及其保护研究 [D]. 北京:北京林业大学博士

学位论文，2009.
[35] 金山，胡天华，李志刚，等. 宁夏贺兰山自然保护区蒙古扁桃群落物种多样性 [J]. 干旱区资源与环境，2009，23（7）：142-147.
[36] 李爱平，王晓江，张纪钢，等. 优良生态灌木蒙古扁桃生物学特性与生态经济价值研究 [J]. 内蒙古林业科技，2004（1）：10-13.
[37] 李博. 生态学 [M]. 北京：高等教育出版，2000.
[38] 李博主编. 内蒙古鄂尔多斯高原自然资源与环境研究 [M]. 北京：科学出版社，1990.
[39] 李国林，和平，刘晓松，等. 山羊蒙古扁桃中毒的诊断和治疗 [J]. 内蒙古畜牧科学，1994（1）：5-9.
[40] 李昌龙，马瑞君，王继和，等. 甘肃民勤连古城自然保护区优势种种群结构和动态研究 [J]. 西北植物学报，2005，25（8）：1628-1636.
[41] 李建刚. 民勤主要治沙造林树种的空间结构就防风作用 [D]. 兰州：甘肃农业大学硕士学位论文，2007.
[42] 李景侠，孙会忠，赵建民. 西北地区珍稀濒危植物及其保护 [J]. 西北林学院学报，2004，19（1）：73-76.
[43] 李清河，高婷婷，刘建锋，等. 荒漠珍稀灌木半日花种群的年龄结构与生命表分析 [J]. 植物研究，2009，29（2）：176-181.
[44] 李汝娟，尚宗燕. 我国5种珍稀植物的染色体观察 [J]. 武汉植物学研究，1989，7（3）：217-212.
[45] 李铁生，赵一之. 内蒙古珍稀濒危植物图谱 [M]. 北京：中国农业科技出版社，1991.
[46] 李艳，鲁顺保，刘晓燕，等. 濒危植物华东黄杉种群遗传多样性的SSR分析 [J]. 武汉植物学研究，2010.28（1）：38-42.
[47] 李正理. 旱生植物的形态与结构 [J]. 生物学通报，1981（4）：9-12.
[48] 李正理，李荣敖. 甘肃九种旱生植物同化枝的解剖观察 [J]. 植物学报，1981，23（3）：181-185.
[49] 李振基，陈小麟，郑海雷，等. 生态学 [M]. 北京：科学出版社，2000：101.
[50] 梁海龙，白音巴图，白敬，等. 哈腾套海晋升国家级自然保护区 [N]. 内蒙古日报（汉），2005，8：23：1.
[51] 刘慧娟. 内蒙古非粮油脂植物资源调查及五种植物油脂理化性质分析 [D]. 呼和浩特：内蒙古农业大学博士学位论文，2013.
[52] 刘建泉，王多尧，杨全生，等. 龙首山蒙古扁桃种群结构和生活史特征 [J]. 西北林学院学报，2010，25（6）：46-51.
[53] 刘建泉，王零，王多尧. 蒙古扁桃种子吸水模型和幼苗对环境的适应 [J]. 西部林业科学，2010（1）：36-42.
[54] 刘丽莎，周金霞，江北岸，等. 甘肃濒危药用植物秦艽遗传多样性的等位酶分析 [J]. 中华中医药杂志，2010，25（9）：1476-1479.
[55] 刘玉冰. 荒漠复苏植物红砂抗旱机制的生理生态学特性研究 [D]. 兰州：兰州大学博士学位

论文，2006．

[56] 娄彦景，赵魁义，马克平．洪河自然保护区典型湿地植物群落组成及物种多样性梯度变化[J]．生态学报，2007，27（9）：3883-3891．

[57] 陆玲娣．中国植物志［M］．北京：科学出版社，1986：8-17．

[58] 马德滋，刘惠兰．宁夏植物志（第1卷，第2版）［M］．银川：宁夏人民出版社，1986：399．

[59] 马久，付和平，王永鲜，等．内蒙古典型荒漠植物群落α-多样性研究［J］．内蒙古草业，2010，22（4）：32-35．

[60] 马艳，马荣才．扁桃种质资源的AFLP分析［J］．果树学报，2004，21（6）：552-555．

[61] 马毓泉主编．内蒙古植物志（第3卷，第2版）［M］．呼和浩特：内蒙古人民出版社，1989：180．

[62] 满多清，吴春荣，徐先英，等．腾格里沙漠东南缘荒漠植被盖度月变化特征及生态恢复［J］．中国沙漠，2005，25（1）：140-144．

[63] 钮树芳，石松利，张桂莲，等．蒙古扁桃不同部位微量元素测定［J］．时珍国医国药，2012，23（10）：2389-2390．

[64] 秦永燕，王祎玲，张钦弟，等．濒危植物翅果油树种群的遗传多样性和遗传分化研究［J］，武汉植物学研究，2010，28（4）：466-472．

[65] 邱蓉，程中平，王章利．中国扁桃亚属植物亲缘关系及其演化途径研究［J］．园艺学报，2012，39（2）：205-214．

[66] 彭沙沙，黄华宏，童再康，等．濒危植物伯乐树遗传多样性的初步研究［J］．植物遗传资源学报，2011．12（3）：362-367．

[67] 茹文明，秦永燕，张桂萍，等．濒危植物南方红豆杉遗传多样性的RAPD分析［J］．植物研究，2008，28（6）：698-706．

[68] 施立明．遗传多样性及保存［J］．生物科学信息，1990（2）：159-164．

[69] 石松利，白迎春，程向晖，等．蒙古扁桃药材中总黄酮提取及含量测定［J］．包头医学院学报，2012，28（1）：12-13．

[70] 赛罕格日乐．不同居群蒙古扁桃等位酶变异及遗传多样性分析［D］．呼和浩特：内蒙古师范大学硕士学位论文，2012．

[71] 斯琴巴特尔．蒙古扁桃［J］．生物学通报，2003，38（8）：23-24．

[72] 斯琴巴特尔，田桂泉，包斯日古冷，等．皇甫川流域两种优势藓类光合特性的比较研究［J］．内蒙古大学学报（自然科学版），2011，42（4）：422-427．

[73] 尚宗燕，苏贵兴．我国扁桃属植物的染色体数［J］．武汉植物学研究，1985，3（4）：363-366．

[74] 宋玉霞，于卫平，王立英，等．贺兰山10种不同生活型植物的旱生结构研究［J］．西北植物学报，1997，17（5）：61-68．

[75] 孙利鹏，王继和，王辉，等．乌兰布和沙漠天然梭梭种群径级结构及种群动态分析［J］．甘肃农业大学学报，2012，47（2）：110-114．

[76] 陶玲，李新荣，刘新民，等．中国珍稀濒危荒漠植物保护等级的定量研究［J］．林业科学，2001，37（1）：52-57．

[77] 田英，倪细炉，于海宁，等．6种抗旱灌木叶片形态解剖学特征［J］．中国农学通报，2010，

26（22）：113-117.

[78] 田先华. 受威胁植物濒危等级和标准［J］. 陕西师范大学继续教育学报，2003，20（2）：117-119.

[79] 王刚. 荒漠复苏植物红砂抗旱机理的生理生态学特性研究［D］. 兰州：兰州大学博士学位论文，2006.

[80] 王国光. 内蒙古土壤［M］. 北京：科学出版社，1994：51.

[81] 王荷生，张镱锂. 中国种子植物特有属的生物多样性和特征［J］. 云南植物研究，1994，16（3）：209-220.

[82] 王继和，吴春荣，张盹明，等. 甘肃荒漠区濒危植物绵刺生理生态学特性的研究［J］. 中国沙漠，2000，20（4）：397-403.

[83] 王燕，唐绍清，李先琨. 濒危植物元宝山冷杉的遗传多样性研究［J］. 生物多样性，2002，12（2）：269-273.

[84] 汪松，解炎. 中国物种红色名录（第一卷）［M］. 北京：高等教育出版社，2004：716.

[85] 王勋陵，马骥. 从旱生植物叶结构探讨其生态适应的多样性［J］. 生态学报，1999，19（6）：787-792.

[86] 王怡. 三种抗旱植物叶片解剖结构的对比观察［J］. 四川林业科技，2003，24（1）：64-67.

[87] 王艳华. 内蒙古珍稀濒危保护植物名录［J］. 内蒙古林业，1989（8）：11.

[88] 汪祖华，庄恩及主编. 中国果树志（桃卷）［M］. 北京：中国林业出版社，2001.

[89] 乌日娜. 土壤干旱胁迫对蒙古扁桃幼苗水分代谢及光合特性的影响［D］. 呼和浩特：内蒙古师范大学硕士学位论文，2010.

[90] 乌仁塔娜，王玉霞，高润宏. 阿拉善荒漠功能灌木群分布格局［J］. 中国农学通报，2013，29（19）：79-83.

[91] 吴承祯，洪伟，谢金寿，等. 珍稀濒危植物长苞铁杉种群生命表分析［J］. 应用生态学报，2000，11（3）：333-336.

[92] 吴耕民. 中国温带果树分类学［M］. 北京：农业出版社，1984：136-207.

[93] 吴显荣. 植物的生氰糖苷［J］. 植物学通报，1984，2（4）：14-19.

[94] 吴高升，刘忠，赵书元. 蒙古扁桃研究综述［J］. 内蒙古畜牧科学，1993（3）：25-28.

[95] 解焱，汪松. 国际濒危物种等级新标准［J］. 生物多样性，1995，3（4）：234-239.

[96] 秀敏. 荒漠植物蒙古扁桃生物学特性研究［D］. 呼和浩特：内蒙古师范大学硕士学位论文，2005.

[97] 徐庆，臧润国，刘世荣，等. 中国特有植物四合木种群结构及动态研究［J］. 林业科学研究，2000，13（5）：485-492.

[98] 严巧娣. 几种荒漠植物的解剖结构及其含晶细胞研究［D］. 北京：中国科学院硕士学位论文，2006.

[99] 严巧娣，苏培玺，陈宏彬，等. 五种C_4荒漠植物光合器官中含晶细胞的比较分析［J］. 植物生态学报，2008，32（4）：873-882.

[100] 闫建成. 阿拉善荒漠植被空间格局及其形成机制［D］. 呼和浩特：内蒙古大学硕士学位论文，2012.

[101] 杨国勤,徐国钧,金蓉鸾,等.10种郁李仁有效成分的分析鉴定研究[J].中国药科大学学报,1992,23(2):77-81.

[101] 杨慧,娄安如,高益军,等.北京东灵山地区白桦种群生活史特征与空间分布格局[J].植物生态学报,2007,31(2):272-282.

[102] 杨万仁,沈振荣,徐秀梅.宁夏干旱荒漠带造林新树种-蒙古扁桃繁育造林技术[J].宁夏农林科技,2005(5):11-12.

[103] 杨永华,冯海燕.对西鄂尔多斯国家级自然保护区建设的几点思考[J].内蒙古林业,2010(9):19.

[104] 雍世鹏,朱宗元.论戈壁荒漠植物区系的基本特性[J].内蒙古大学学报(自然科学版),1990,21(2):241-247.

[105] 余伯阳,杨国勤,王弘敏,等.郁李仁类中药对小鼠小肠运动影响的比较研究[J].中药材,1992,15(4):36-38.

[106] 曾斌,李疆,罗淑萍,等.扁桃属植物种质资源鉴定的SSR分析研究[J].新疆农业科学,2009,46(1):18-22.

[107] 赵翠仙,黄子琛.腾格里沙漠主要旱生植物旱性结构的初步研究[J].植物学报,1981,23(4):278-285.

[108] 赵一之.蒙古扁桃的区系地理分布研究[J].内蒙古大学学报(自然科学版),1995,26:713-715.

[109] 赵一之.内蒙古珍稀濒危植物图谱[M].北京:中国农业技术出版社,1992.

[110] 赵玉山,孙萍,周兴强,等.封山育林对贺兰山生态环境的作用[J].内蒙古林业调查设计,2004,27(4):7-9.

[111] 张德罡,胡自治.东祁连山杜鹃灌丛草地灌木种群分布格局研究[J].草地学报,2003,11(3)234-239.

[112] 张杰.珍稀濒危植物蒙古扁桃的遗传多样性及系统地位的研究[D].呼和浩特:内蒙古大学,2012.

[113] 张韬,王炜,梁存柱,等.东阿拉善-西鄂尔多斯地区特有濒危植物适生生境景观破碎化与优先保护序的相关分析[J].浙江林学院学报,2006,23(2):193-197.

[114] 张文辉,郭连金,刘国彬.黄土丘陵区不同生境沙棘种群数量动态分析[J].西北植物学报,2005,25(4):641-647.

[115] 郑敬刚,董东平,赵登海,等.贺兰山西坡植被群落特征及其与环境因子的关系[J].生态学报,2008,28(9):4559-4568.

[116] 郑万钧主编.中国树木志(第2卷)[M].北京:中国林业出版社,1998:1123

[117] 中国科学院兰州沙漠研究所.中国沙漠植物志(第2卷)[M].北京:科学出版社,1987:161.

[118] 中国科学院内蒙宁夏综合考察队.内蒙古植被[M].北京:科学出版社,1985.

[119] 中国科学院中国植物志编写委员会(俞德浚主编).中国植物志(第38卷)[M].北京:科学出版社,1986:10.

[120] 中国科学院甘肃省冰川冻土沙漠研究所沙漠研究室编. 中国沙漠地区药用植物 [M]. 兰州: 甘肃人民出版社, 1973: 88-89.

[121] 中国科学院西北植物研究所. 秦岭植物志（第1卷, 第1分册）[M]. 北京: 科学出版社, 1976, 357-359.

[122] "中国生物多样性保护行动计划"总报告编写组. 中国生物多样性保护行动计划 [M]. 北京: 中国环境科学出版社, 1994.

[123] 中国植物志编辑委员会. 中国植物志（第52卷, 第2分册）[M]. 北京: 科学出版社, 1983, 157-158.

[124] 周智彬, 李培军. 我国旱生植物的形态解剖学研究[J]. 干旱区研究, 2002, 19（1）: 35-40.

[125] 朱学雷, 安树青, 张立新, 等. 海南五指山热带山地雨林主要种群结构特征分析 [J]. 应用生态学报, 1999, 10（6）: 641-644.

[126] 朱宗元, 马毓泉, 刘钟龄, 等. 阿拉善-鄂尔多斯生物多样性中心的特有植物和植物区系的性质 [J]. 干旱区资源与环境, 1999, 13（2）: 1-16.

[127] 大盐春治, 他. Prunus japonica の泻下成分郁李仁甙の研究 [J]. 药学杂志（日）, 1975, 95（4）: 484.

[128] 高木修造. 他. 泻下生药の成分研究（第5报）ニクケナの果实につて [J]. 药学杂志（日）, 1979, 99（4）: 439.

[129] Arise JC, Hamrick J L. Conservation genetics: case histories from nature [M]. New York: Chapman & Hall, 1996. 189-190.

[130] Arumuganathan K., Earle E. D. Nuclear DNA content of some important plant species [J] Plant Molecular Biology Reporter August, 1991, 9（3）: 208-218.

[131] Bernacchia G, Salamini F, Bartels D. Molecular characterization of the rehydration process in the resurrection plant *Graterostigma plantagineum* [J]. *Plant Physiol*, 1996, 111: 1043-1050.

[132] Bewley JD. Physiological aspects of desiccation tolerance [J]. *Annual Review of Plant Physiology*, 1979, 30: 195-238.

[133] Bewley JD, Krochko JE. Desiccation tolerance. In: Lane, O. L., Nobel, P. S., Osmond, C., B, & Ziegler, H. (eds), Encyclopedia of plant physiology [M]. Berlin: Physiological Ecology Ⅱ. Springer-Verlag, Vol 12B, 1982.

[134] Browicz K, Zohary D. The genus *Amygdalus* L. (Rosaceae) species relationships distribution and evolution under domestication [J]. *Genetic Resources and Crop Evolution*, 1996, 43: 229-247.

[135] Crawley MJ. Plant Ecology [M]. London: Blackwell Scientific Publications, 1986: 97-185.

[136] Dickson E. E., Arumuganathan K., Kresovich S., et al. nuclear DNA content variation within the Roseaceae [J]. *American Journal of Botany*, 1992, 79（9）: 1081-1086.

[137] Choi YE, Harada E, Wada M, et al. Detoxification of cadmium in tobacco plants: formation and active excretion of crystals containing cadmium and calcium through trichomes [J]. *Planta*, 2001, 213, 45-50.

[138] Dijkshoorn W. Organic acids and their role in ion uptake. In: Butler GW, Bailey RW eds. Chemistry

and biochemistry of herbag (Vol. 2) [M]. New York: Academic Press, 1973: 63-187.

[139] Foster A S. Plant idioblasts : remark able examples of cell particles from photosynthetic tissue. II. Oxidative decarboxylation of oxalic acid [J]. *Physiologic Plantarum*, 1956, 7 : 614-624.

[140] Hamrick, J. L., Mitton Y. B. Relationships between life history characteristics and electrophoretically detectable genetic variation in plants [J]. *Annual Review of Ecology and Systematic.*, 1979, 10: 173-200.

[141] Harper JL. Population Biology of Plants [M]. New York: Academic Press, 1977.

[142] Homer H T, Kausch A P, Wagner B L. Ascorbic acid: a precursor of oxalate in crystal idioblasts of *Yucca torreyi* in liquid root culture [J]. *International Journal of Plant Sciences*, 2000, 16 1:86 1-868.

[143] H. A. Makchmof. H. A. Makchmof academician's florilegium [M]. Bei Jing: Science Press, 1959.

[144] IUCN. IUCN red list categories and criteria (version3.1) [S]. IUCN Species Survival Commission. Gland, Switzerland, 2001.

[145] Keates S E, Tarlyn N M, Loewus F A, et al. L-ascorbic acid and L-galactose are sources of oxalic acid and calcium oxalate in *Pistia stratiotes* [J]. *Phytochemistry*, 2000, 53 : 433-440.

[146] KostmanT A, Tarlyn N M, Loewus F A, et al. Biosynthesis of L- ascorbic acid and conversion of carbons 1 and 2 of L-ascorbic acid to oxalic acid occurs within individual calcium oxalate crystal idioblasts [J]. *Plant Physiology*, 2001, 25: 634-640.

[147] Li X X, Franceschi V R. Distribution of peroxisomes and glycolate metabolism in relation to calcium oxalate formation in *Lemna minor* L. [J]. *European Journal of Cell Biology*, 1990, 51: 9- 16.

[148] McNair J. B. The intersection between substances in plants: essential oils and resins, cyanogens and oxalate [J]. *American Journal of Botany*, 1932, 19: 255-271.

[149] Ministry for nature and the environment of Mongolia. Mongolian red book [M]. Ulaanbaatar: Mongolia, 1997.

[150] Nuss R F, Loewus F A. Further studies on oxalic acid biosynthesis in oxalate- accumulating plants [J]. *Plant Pysiology*, 1978, 61: 590-592.

[151] Oliver MJ, Tuba Z, Mishler BD. The evolution of vegetative desiccation tolerance in land plants [J]. *Plant Ecology*, 2000, 151: 85-100.

[152] Oliver MJ, Bewley J Derek. Desiccation tolerance of plant tissue: A mechanistic overview [J]. *Horticultural Reviews*. 1997, 18: 171-214.

[153] Rundel P. W. Community structure and stability in the giant Sequoia groves of the Sierra Nevada, California [J]. *American Midland Naturalist*, 1971, 85: 487- 492.

[154] Schischkin B. K., Bobrov E. G. Flora of the USSR (26-27) [M]. New Delhi: Amerind Publishing Co. Pvt. Ltd., 2000.

[155] Solbrig O. T. From genes to ecosystems: a research agenda for biodiversity [M]. Cambridge: IUBS. 1991: 123.

[156] Ward D, Spiegel M, Saltz D. Gazelle herbivory and interpopulation differences in calcium oxalate content of leaves of a desert lily [J]. *Journal of Chemical Ecology*, 1997, 23: 333-347.

［157］ Whittakar R. H. 著. 姚璧君，王瑞芳，金鸿志，译. 群落与生态系统（第一版）［M］. 北京：科学出版社，1977.

［158］ Volk GM, Lynch-Holm VJ, Kostman TA, Goss LJ, *et al.* The role of druse and raphide calcium oxalate crystals in tissue calcium regulation in *Pistia stratiotes* leaves ［J］. *Plant Biology*, 2002, 4, 34-45.

第 2 章 蒙古扁桃水分生理

水是自然资源的重要组成部分,是所有生物的结构组成和生命活动的主要物质基础。从全球范围讲,水是连接所有生态系统的纽带,自然生态系统既能控制水的流动,又能不断促使水的净化和循环。水在自然环境中,对于生物和人类的生存来说具有决定性的意义。植物生态学的两位奠基人 Warming 和 Schimper 强调,在植物之间的相互关系及其外界环境对植物有机体的直接影响中,把水分作为植物生存环境中最重要的因素。在荒漠地区,水分是决定植被类型的重要因素,研究不同优势种在荒漠地区生存条件下的水分生理特性,有利于了解荒漠区植物的生理特点,对荒漠地区植被的恢复与重建有重要理论和实践意义(胡文军等,2004)。

2.1 蒙古扁桃叶水势

水势(water potential)是生物圈内水分循环及水分能量平衡的驱动力,更是在土壤—植物—大气连续系统(soil-plant-atmosphere continuum system,SPAC)中水分得以循环的原动力。生命活动必需的临界水势是物种的特性,并且决定着各个物种分布的范围(Walter Larcher,1997)。水势是植物行为最关键的因子,是水分状况的一种重要的测度(Slatyer R O & Taylor S A,1960)。在植物各部位的水势中,叶水势代表植物水分运动的能量水平,是组织水分状况的直接表现,反映植物在生长季节各种生理活动受环境水分条件的制约程度。叶水势的变化规律是对外界环境条件变化的综合反映。并且,通过对茎水势或木质部水势与叶水势的比较,可以获知植物是否已经处于干旱胁迫状态,当茎水势或木质部水势低于叶水势时,可以确定植物已经受到干旱胁迫(付爱红等,2005)。

根据对植物耐旱适应性机理的划分为两类:①高水势延迟脱水耐旱机理,这类植物通过水分吸收或者限制水分丧失来延迟脱水发生;②低水势忍耐脱水机理,持这种耐旱机理的植物不但有很强的水分吸收和减少水分丧失的能力,更重要的是具有很强的忍耐脱水的能力。这种能力从两方面来反映植物对干旱胁迫的适应：一是在较低的水势条件下仍然维持膨压，以提供植物在严重水分胁迫下生长的物理力量；二是原生质及其主要器官在严重脱水的情况下伤害很轻或根本不受伤害（Kramer & Kozlowski，1979；李吉跃等，1993）。

图2.1是7~10月份利用美国产PSYPRO型露点植物水势测定仪测定的16年龄蒙古扁桃植株叶水势日程变化。晴天，蒙古扁桃叶水势日变化曲线呈倒"V"字曲线，早、晚高、午间低，最低水势值出现在12：00~15：00期间，从7~10月份分别为−2.39MPa、−3.05MPa、−3.78MPa和−3.54MPa；最高水势值在7月、8月、10月时早晨7：00时出现，分别为−1.57MPa、−2.00MPa、−2.04MPa，9月份的最高值出现在19：00时，为−2.12MPa。大量研究表明（表2.1），大多数植物叶水势拥有大致相同的日变化趋势，即清晨植物叶片水势较高，越到中午，随着气温的升高，蒸腾强度的加大，叶水势呈下降趋势，到午后3：00时左右达到最低点。这以后随着光照强度的减弱，蒸腾速率减小，叶片水分损失减少，叶水势又开始回升，到夜间达到最大。荒漠灌木红砂和柽柳的叶水势最低，分别为−23.0MPa和−17.43MPa，而荒漠乔木胡杨也具有较低的叶水势，为−11.0MPa。表2.1也表明，由于环境水分状况和生理状态的不同，同一种植物叶水势变幅也较大。

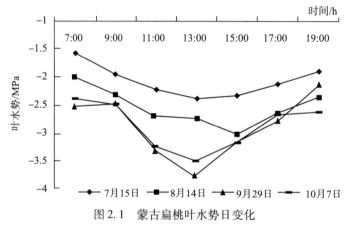

图2.1 蒙古扁桃叶水势日变化

Fig. 2.1 Daily variation of leaf water potential of *P. mongolica*

蒙古扁桃各月月均叶水势值与月降雨量关系如图2.2。由于7、8月份雨量比较集中，大气相对湿度和土壤水势都有所升高（图2.3），致使蒙古扁桃叶水势较高。9、10月份雨量逐月下降，大气相对湿度和土壤水势都比较低，叶水势偏低，虽然10月份雨量不及9月份，但由于温度降低，光照强度减弱，植物蒸腾作用降低，叶水势较9月份的要高些。蒙古扁桃叶水势月变化呈"V"字曲线形，均值为−2.62MPa。

表 2.1 不同生活型植物叶水势日变化中最大值和最小值的比较
Tab. 2.1 A comparison on the maximum and minimum value of the water potential daily variation in different life form plants

植物名称	测定地点	生活型	叶水势（MPa） 最高值	最低值	测定者
胡杨（Populus euphratica）	阿拉善额济纳	乔木	-0.50	-3.55	萨如拉等，2009
胡杨（Populus euphratica）	准噶尔盆地南缘	乔木	-3.20	-11.00	占东霞等，2011
柽柳（Tamarix chinensis）	准噶尔盆地南缘	灌木	-6.00	-12.00	
柽柳（Tamarix chinensis）	阿拉善雅布赖	灌木	-8.50	-17.43	韩文军等，2011
梭梭（Haloxylon ammodendron）	阿拉善雅布赖	乔木	-4.20	-6.08	
沙枣（Elaeagnus angustifolia）	阿拉善吉兰泰	灌木	-2.10	-3.30	
小叶杨（Populus simonii）	阿拉善吉兰泰	乔木	-2.40	-3.80	
沙棘（Hippophae rhamnoides）	陕西省安塞县	灌木	-0.22	-2.33	阮成江等，2000
华北落叶松（Larix principis-rupprechtii）	河北塞罕坝	乔木	-0.73	-2.83	魏晓霞等，2010
刺槐（Robinia pseudoacacia）	陕西杨陵	乔木	-1.01	-1.43	
侧柏（Platycladus orientalis）		乔木	-0.78	-0.94	
白刺（Nitraria tangutorum）	库布齐沙地	灌木	-1.50	-3.87	胡月楠等，2007
四翅滨藜（Atriplex canescens）	库布齐沙地	灌木	-2.52	-3.35	芦新建等，2008
油松（Pinus tabulaeformis）	北京妙峰山	乔木	-0.18	-0.30	王华田等，2004
柠条（Caragana korshinskii）	毛乌素沙漠西南缘	灌木	-1.40	-2.50	王兴鹏等，2005
紫穗槐（Amorpha fruticosa）		灌木	-2.30	-6.00	
胡枝子（Lespedeza bicolor）	科尔沁沙地南缘	灌木	-1.20	-2.50	张昕祎等，2010
小叶锦鸡儿（Caragana microphylla）		灌木	-1.30	-3.60	
桃叶卫矛（Euonymus bungeanus）		灌木	-1.50	-4.80	
琵琶柴（Reaumuria soongorica）		灌木	-1.94	-3.85	
梭梭（Haloxylon ammodendron）	古尔班通古特沙漠南缘	灌木	-3.60	-5.80	许皓等，2005
多枝柽柳（Tamarix ramosissima）		灌木	-1.94	-3.85	
红砂（Reaumuria soongorica）		灌木	-19.00	-23.00	
苏枸杞（Lycium ruthenicum）	额济纳绿洲	灌木	-6.00	-9.00	宋耀选等，2005
花花柴（Karelinia caspia）		草本	-1.00	-4.00	
骆驼蓬（Peganum harmala）		草本	-2.00	-6.00	

续表

植物名称	测定地点	生活型	叶水势（MPa）		测定者
			最高值	最低值	
红砂（Reaumuria soongorica）	阿拉善巴拉贡	灌木	-0.50	-5.80	王琼，2008
长叶红砂（Reaumuria trigyna）	阿拉善巴拉贡	灌木	-2.00	-2.80	
四合木（Tetraena mongolica）	阿拉善巴拉贡	灌木	-4.40	-5.03	
霸王（Zygophyllum xanthoxylum）	阿拉善巴拉贡	灌木	-2.19	-3.55	
沙冬青（Ammopiptanthus mongolicus）	阿拉善巴拉贡	灌木	-1.87	-2.26	
绵刺（Potaninia mongolica）	阿拉善巴拉贡	灌木	-2.13	-2.86	
猫头刺（Oxytropis aciphylla）	阿拉善巴音浩特	半灌木	-0.31	-0.53	
短脚锦鸡儿（Caragana brachypoda）	阿拉善巴音浩特	半灌木	-0.52	-1.11	
珍珠（Salsola passerina）	阿拉善南寺	半灌木	-3.80	-5.54	
盐爪爪（Kalidium gracile）	阿拉善金三角	半灌木	-4.88	-6.17	
大针茅（Stipa gigantea）	-	草本	-0.77	-3.53	
克氏针茅（Stipa krylovii）	-	草本	-1.04	-3.29	

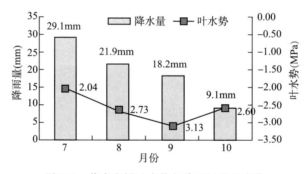

图 2.2　蒙古扁桃叶水势与降雨量的月变化

Fig. 2.2　Monthly variation of P. mongolica leave water potential and precipitation

图 2.3 是利用美国产 PSYPRO 型露点植物水势测定仪土壤传感器测定的被测试蒙古扁桃根部不同层次原位土壤水势日变化图。浅层土壤水势受大气相对湿度影响很明显，表现在随着土层的增加，土壤水势递增。从图 2.3 可知，20cm 土壤水势值在 -4.0MPa 以下，40cm 土层土壤水势在 -3.0MPa 以下，60cm 土壤水势在 -2.0MPa 以下，80cm 土壤水势在 -1.0MPa 以下。40cm 以上的土壤水势明显低于叶水势，说明多年生灌木蒙古扁桃根系利用水分在 40cm 以下。这与蒙古扁桃深根系生态习性相吻合。许皓等（2005）以新疆古尔班通古特沙漠南缘原始盐生旱生荒漠的 3 种建群灌木多枝柽柳

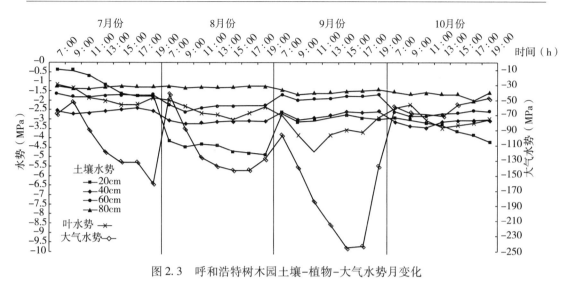

图 2.3 呼和浩特树木园土壤-植物-大气水势月变化

Fig. 2.3 Mounthly variation of soil-plant-atmosphere water potential in Hohhot arboreturn

(*Tamarix ramosissima*)、梭梭(*Haloxylon ammodendron*)和琵琶柴(*Reaumuria soongorica*)为对象研究也发现,当浅层土壤水分状况变化时,深根型多枝柽柳的叶水势和光合能力均没有显著改变,非深根型梭梭和琵琶柴光合能力均没有显著改变,但叶水势却表现出显著差异。

在 SPAC 连续体中,水始终是从水势高的地方向水势低的地方流动,植物要想从土壤中吸收水分则需要保持一定的水势差。何峰等(2009)研究表明,当土壤水势为 -0.07MPa 时,羊草(*Leymus chinensis*)叶片水势为 -1.74MPa,当土壤水势为 -0.22MPa 时叶片水势为 -1.92MPa,土壤水势为 -0.72MPa,叶片水势为 -2.41MPa,羊草叶片水势与土壤水势之间始终保持 1.7MPa 的水势差。

图 2.4 是 7~10 月份蒙古扁桃叶水势的动态变化。由于降雨,蒙古扁桃叶水势尽管

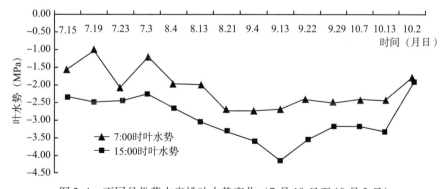

图 2.4 不同月份蒙古扁桃叶水势变化(7月10日至10月2日)

Fig. 2.4 Water potential variation of *P. mongolica* leaves in different mounths

有一些波动，但清晨7：00时叶水势总是高于下午15：00时的叶水势。说明经过一夜的平衡，叶水势能够有效地补充，确保叶片生理功能的正常进行。同时也可以看出，由于长时间缺乏有效降水，蒙古扁桃叶水势处于连续递减状态。在此期间，蒙古扁桃叶水势最低值达到-4.16MPa。

近年来由于应用一系列先进的测试手段，使旱生植物水势的研究推向新的高潮。尚志强和巩玉霞（2010）对库布齐沙地小叶锦鸡儿（*Caragana microphylla*）叶水势研究表明，在整个生长季节，其叶水势清晨最高，日中降到最低，午后逐步回升。在干旱的6月份午间叶水势最低降到-3.50MPa。相关分析表明，小叶锦鸡儿叶水势与大气温度和光照呈显著负相关，而与大气相对湿度呈正相关（$R^2=0.88$）。

胡月楠等（2007）利用PSYPRO水势仪对库布齐沙地白刺（*Nitraria tangutorum*）叶水势日变化、月变化的动态及其环境因子之间关系进行研究。结果表明，白刺叶水势的日进程在5月、6月、8月份呈双峰曲线型变化，7月和9月份则呈单峰曲线型变化，12：00时左右通常是一天中叶水势的最低值。6月份的叶水势日变化与气温、光量子通量密度成显著负相关，而与大气相对湿度、大气水势、土壤含水量成显著正相关。

荒漠区生境严酷，气候干旱，冬季严寒，夏季短促，春季多大风，土壤贫瘠、其植被植物种类贫乏，植被层低矮、稀疏，结构简单，生态环境脆弱，稳定性差（李德新，1994）。因此生活在荒漠区的每一种植物来讲都是对生命极限的挑战。根据鄂尔多斯市乌审旗气象观测资料，毛乌素沙地牧草生长期间大气水势平均日变幅为-73.47MPa～-224.2MPa，总变幅为-61.88MPa～-264.9MPa（孙海龙等，2008）。

表2.2是胡月楠等（2007）对库布齐沙地白刺（*Nitraria tangutorum*）生境SPAC水势梯度的测定结果。从实验结果可以看出，5、6月份库布齐沙地非常干燥，大气水势低达-277.217MPa，6月份也只有-209.661MPa。7、8月份雨水比较集中，大气水势弹到-53.9149MPa和-73.2458MPa。但在期间白刺叶水势变幅只有±0.8200MPa。

表2.2 库布齐沙地白刺生境SPAC系统水势梯度的季节变化（MPa）

Tab. 2.2 SPAC water potential gradient seasonal changes of *Nitraria tangutorum* in Kubuqi desert habitats

月份	土壤水势	叶水势	大气水势
5	-0.01245	-2.3169	-277.217
6	-0.01698	-2.6944	-209.661
7	-0.01739	-2.1998	-53.9149
8	-0.01103	-3.5759	-73.2458
9	-0.01250	-2.9924	-72.4421

引自胡月楠等，2007

表2.3是2011年在呼和浩特树木园蒙古扁桃生境SPAC系统水势梯度季节变化的

测定结果。从表 2.3 可以看出，既是在自然环境相对比较优越的呼和浩特市内，在蒙古扁桃生境土壤—植物—大气水势梯度也很明显，植物与大气间存在比较大的水势差，但蒙古扁桃叶水势日程变化变幅并不大。在蒙古扁桃自然生境荒漠区大气更加干燥，水势更低，蒙古扁桃叶水势与大气水势差更大，蒙古扁桃保持其体内水分含量，需要很强的水分调节能力和保水能力。

表 2.3 蒙古扁桃生境 SPAC 系统水势梯度季节变化（MPa）
Tab. 2.3 Habitats'SPAC water potential gradient seasonal changes of *P. mongolica*

月份	土壤水势	叶水势	大气水势
7	−1.7120	−2.394	−48.49996
8	−0.1698	−3.086	−49.52237
9	−0.1739	−3.861	−46.04810
10	−2.5825	−3.544	−22.78953

一般认为，低水势是植物适应干旱的一种重要形式。山中典和（2008）通过对黄土高原 7 种乡土树种研究认为，叶水势不仅种间差异显著，而且灌木叶水势低于乔木叶水势。韩文军等（2011）对阿拉善荒漠区主要盐生植物水势日变化研究也发现同样的现象，并认为植物叶水势的变化不仅受外界环境条件的影响，而且也受不同植物种，植物叶形，生态地理分布等的影响，同时也受植物生理型的影响。泌盐植物与聚盐植物叶水势也有很大不同。表 2.1 是不同作者测定的不同生活型植物叶水势日程变化中的最高值和最低值的汇总结果。从表 2.1 可以看出，在被测各种植物中，灌木柽柳叶水势最低，达−12.0MPa，乔木胡杨叶水势也很低，为−11.0MPa。可是同样是胡杨，在阿拉善额济纳测定结果最低值为−3.55MPa，与在新疆准噶尔盆地南缘测定结果天壤之别。研究也表明，在土壤水饱和的情况下，植物水势的日变化与不同土壤含水量都无显著相关关系；而当土壤供水不足时，植物水势会随着土壤含水量的下降而降低。因此，不同物种、既是同一物种若不是在严格的相同条件下测定的，将其叶水势值相比较是毫无意义的。也只有自然生境中测定的叶水势结果，才能够比较客观地反映植物真实的水分代谢状况。

叶水势是在土壤—植物—大气连续系统中植物吸水、失水和调控相互平衡的产物。其中土壤水分是土壤—植物—大气连续系统的发源地，是土壤—植物—大气连续系统得以运行的源泉。图 2.5 反映了土壤水分含量对蒙古扁桃幼苗叶水势的影响。图 2.5 可知，随着土壤相对含水量的降低，叶水势随之降低。历时 8d 的干旱，土壤相对含水量下降到 17.45% 时，蒙古扁桃幼苗叶水势降幅为 1.52MPa。其中土壤相对含水量由 94.83% 降至 51.07% 时，叶水势下降较快，降幅为 1.30MPa。表明叶水势对土壤相对含水量的变化比较敏感。土壤相对含水量下降导致苗木叶水势下降,由此苗木叶水势和土壤水势间保持一个水势梯度,这有利于苗木从有限的土壤水分中继续吸取水分,维持其生命活动。土壤相对含水量由 51.07% 降至 17.45% 时,叶水势下降较缓慢,降幅为 0.22MPa。

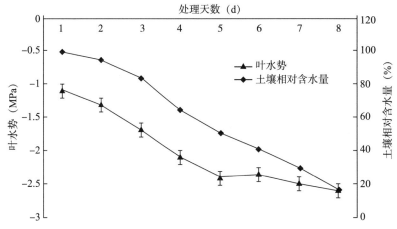

图 2.5 蒙古桃幼苗叶水势与土壤含水量的关系

Fig. 2.5 Relationship between leaves water potential of *P. mongolica* seedling and soil water content

在影响叶水势变化的其他环境因子一致的条件下,各处理叶水势随土壤干旱胁迫程度的变化而变化。对实验数据借助 SPSS13.0 数学统计软件进行分析发现,蒙古扁桃幼苗叶水势与土壤含水量之间的拟合曲线符合三次曲线模型,其方程如下:

叶水势 = $-2.804+1.549S-2.502S^2+2.679S^3$

式中,S 表示土壤相对含水量,三次曲线模型的判定系数(R^2)为 0.996。曲线 F 检验分析结果如表 2.4。

表 2.4 三次曲线方差分析

Tab. 2.4 Analysis of variance on cubic curve

分差分析	平方和	自由度(df)	均方	F 值	P 值
回归 Regression	2.305	3	0.768	362.147	0.000*
残差 Residual	0.008	4	0.002		
总合 Total	2.313	7			

从拟合曲线可以更直观地看到,土壤相对含水量与蒙古扁桃幼苗叶水势的对应关系(乌日娜,2010)。随土壤相对含水量的下降,蒙古扁桃叶水势相应下降,一方面可以加大根系吸水能力,另一方面可以缓解叶片的蒸腾作用,在根系吸水与叶片蒸腾失

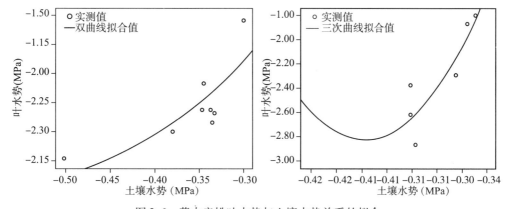

图 2.6 蒙古扁桃叶水势与土壤水势关系的拟合

Fig. 2.6 The fitting chart of the relationship between leaf water potential of *P. mongolica* and soil water potential

水间建立某种平衡关系，以维持机体的生理活动。李吉跃等（1993）对我国北方部分主要造林树种苗木叶水势与土壤含水量关系进行研究表明，随着干旱胁迫强度的增加，苗木叶水势逐渐下降。在苗木叶水势和土壤水势间形成一个水势梯度，而这有利于苗木从有限的土壤水分中吸收水分维持其生命活动，与本研究结果基本相一致。李吉跃等研究发现，苗木叶水势与土壤含水量呈明显的"反 J 形"关系，应用曲线方程和指数方程拟合效果最优。这与本研究结果不大一致。

2.2 蒙古扁桃的蒸腾作用

在水资源极度匮乏的荒漠区，与植物水分生命表征直接相联系的蒸腾强度、蒸腾量、蒸腾耗水变化规律及其与环境因子的关系一直是学者们关注的热点问题。不同树种具有不同的蒸腾耗水特性，树种蒸腾的差异是外界环境因子和内在生理遗传综合作用的结果。在相同条件下，不同树种蒸腾的差异反映了树种间遗传特性的差异，树种蒸腾耗水量的意义在于为自然条件下尤其是降水量不同的地区选择适宜耗水量的树种提供了条件（张友焱，2006）。研究蒸腾耗水量的变化规律，可以阐明植物自身的耗水特性及其与外界条件的关系，而且为水量平衡计算和林木水分控制提供依据。蒸腾量大小反映林木水分利用的有效程度（于界芬，2003）。而研究干旱荒漠区主要固沙灌木的耗水特征和需水规律，对于选择耐旱节水植物、确定合理的造林密度和配置方式以及持续稳定的发挥固沙灌木生态防护功能具有重要的指导意义（徐先英等，2008）。

蒙古扁桃幼苗蒸腾强度日程变化及土壤干旱胁迫对蒙古扁桃幼苗蒸腾强度的影响如图 2.7。蒸腾强度采用美国 LI-COR 公司生产的 LI-6400 型便携式光合作用测定仪测定。蒙古扁桃蒸腾强度日程变化呈单峰曲线形,峰值出现在上午 11:00 时,峰值蒸腾强度为 1.076 mmol·m^{-2}·s^{-1}。早 7:00 时和傍晚 19:00 时分别为 0.466 mmol·m^{-2}·s^{-1} 和 0.0845 mmol·m^{-2}·s^{-1}。土壤干旱胁迫的逐渐加剧使植物水势逐渐下降,当植物水势下降到 -0.72 MPa(第 1 天)、-1.25 MPa(第 2 天)时其蒸腾速率增加,其峰值分别比正常供水条件(CK)下的增加 6.97% 和 5.71%。土壤干旱胁迫进一步加剧,植物水势达到 -1.56 MPa(第 3 天)时,蒙古扁桃幼苗叶片蒸腾速率迅速降低,并随着植物水势的不断下降,蒸腾速率也进一步下降。而植物水势下降到 -2.73 MPa(第 7 天)、-3.14 MPa(第 8 天)时,蒸腾速率的峰值提前到早晨 7:00 时出现。植物水势分别下降到 -1.56 MPa(第 3 天)、-1.76 MPa(第 4 天)、-1.90 MPa(第 5 天)、-2.45 MPa(第 6 天)、-2.73 MPa(第 7 天)、-3.14 MPa(第 8 天)时,蒙古扁桃幼苗叶片日均蒸腾速率分别比正常水分条件下(CK)的 1.076 mmol·m^{-2}·s^{-1} 下降 54.52%、60.34%、63.81%、82.26%、84.98% 和 86.83%(包玉龙,2007)。

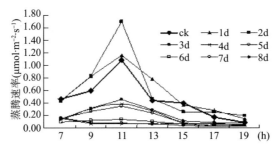

图 2.7 干旱胁迫对蒙古扁桃幼苗蒸腾速率的影响

Fig. 2.7 Effect of drought stress on transpiration rate of *P. mongolica* seedlings

由于植物种属、年龄、发育时期、生长状况、着生部位的不同及外界环境条件变化,植物的蒸腾作用也发生相应的变化,并且变化幅度较宽。图 2.8 是不同生境蒙古扁桃蒸腾速率日变化。阿拉善荒漠区乌兰腺吉和呼和浩特市树木园蒙古扁桃蒸腾速率在 9:00 左右达到第 1 个峰值,而阿拉善荒漠区敖隆敖包蒙古扁桃蒸腾速率 11:00 左右时达到第 1 峰值,之后随着大气水势的进一步下降而下降,到 13:00 时左右均达到蒸腾速率谷底值。15:00 时左右有了明显的回升,均达到第 2 个峰值。

中生植物与旱生植物蒸腾周期变化不同,中生植物在一天内出现两次高峰期,分别出现在上午 9:00 时和下午 13:00 时,而荒漠植物只有一个高峰期出现在 11:00-13:00 时(朱震达,1994)。蒙古扁桃蒸腾周期变化属于典型荒漠植物型,并在水分代谢策略上有较大的变动,即在轻度土壤干旱胁迫下加强蒸腾作用,加强根系吸水来

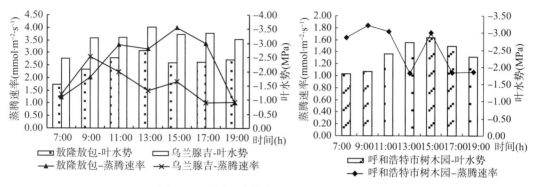

图 2.8 不同生境蒙古扁桃蒸腾速率日变化

Fig. 2.8 Daily variation of transpiration rate of *P. mongolica* in different habitats

达到体内水分的收支平衡。而在土壤干旱胁迫进一步加剧的条件下，大幅度减少蒸腾作用，采用节约型水分代谢策略。严重干旱胁迫下其蒸腾作用峰值出现在早晨 7∶00 时出现，呈现类似 CAM（crassulacean acid metabolism，景天科植物酸代谢）植物的气孔行为特性。

新疆塔里木河流域主要建群树胡杨（*Populus euphratica*）、灰叶胡杨（*Populus pruinosa*）的蒸腾速率日进程均呈双峰曲线（LI-6400P 便携式光合作用测定仪，二者均在 12∶00 达到第一个峰值，14∶00 降至最低点，16∶00 又达到第二个峰值，但胡杨蒸腾速率的第二个峰值不明显，灰叶胡杨蒸腾速率为 4.77 $\mu mol\ H_2O \cdot m^{-2} \cdot s^{-1}$，胡杨蒸腾速率为 5.19 $\mu mol\ H_2O \cdot m^{-2} \cdot s^{-1}$（刘建平，2004）。一般认为，在叶片水分充足时蒸腾速率日变化呈单峰曲线，在水分缺乏时呈双峰曲线。而且，生境水分状况越差第一峰值出现时间越早。

梁凤超等用美国 Dynamax 公司生产的包裹式茎流计（Flow4）对新疆克拉玛依造林碳汇基地（日出时间 09∶00，日落时间 21∶00）外围梭梭（*Haloxylon ammodendron*）和柽柳（*Tamarix elongata*）枝液流动态进行监测发现，梭梭和柽柳液流均呈多峰值变化，启动时间为 7∶00，结束时间为 22∶00，在 12∶00~19∶00 出现多个峰值，峰值时的液流通量随着径级的增大而增大，液流能力随着径级的增大而增大。峰值间隔液流波动剧烈，波动程度随着径级的增大而增大。在干旱环境受到外界环境的影响，液流的波动随着径级的增大而增大。不同径级的峰值出现的时间差异较大，峰值的值也有高有低。表明，不同枝液流对外界环境的响应差异较大。梭梭液流通量在 15.49~64.15 $g \cdot h^{-1}$ 变化，柽柳液流通量在 27.06~84.68 $g \cdot h^{-1}$ 变化。液流通量为断面积上的总液流量，所以随着枝基径的增大液流通量变大。柽柳的液流总量要大于梭梭。但笔者认为这两种植物茎流日变化总体趋势还是呈单峰曲线型，梭梭的比较凸显，而柽柳的比较平坦而已（图2.9）。

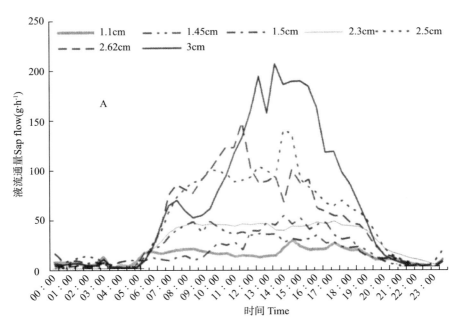

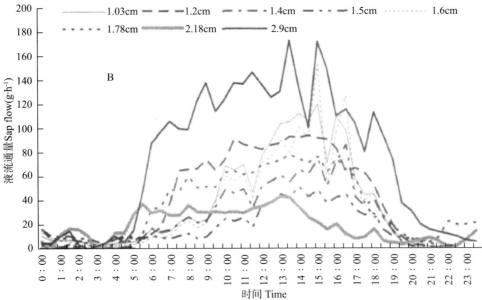

图2.9 梭梭（A）和柽柳（B）茎流通量日变化（引自梁凤超等，2011）

Fig. 2.9 Stem sap flow daily variation of *Haloxylon persicum*（A）and *Tamarix elongata*（B）

然而张小由等（2006）利用澳大利亚 Greenspan technology 公司研制的热脉冲式树干径流仪对阿拉善额济纳绿洲中柽柳（*Tamarix elongata*）冠层的蒸腾量研究表明，其液流流速在一天（6月15日）内变化呈无规则的变化，没有明显的启动、停止时间，但白天平均流速大于晚上。在晚上，液流仍然存在，这并不表明，此时树木仍有蒸腾，而是植物为了补充体内水分亏缺，由于根压的作用，水分以主动方式吸收进入体内，补充白天植物蒸腾丢失的大量水分，恢复植物体内的水分平衡。看来植物蒸腾速率日程变化特征与植物生理状态、环境因素有直接关系。

董学军等（1994）对几种沙生植物的水分生理生态特征进行的研究却认为，极适应干旱的植物如中间锦鸡儿（*Caragana intermedia*），其蒸腾曲线为单峰形，在水分亏缺条件下，气孔从中午一直关闭到傍晚。邓雄等（2002）对4种荒漠旱生植物的气体交换特征进行研究时发现，不仅不同植物种日蒸腾曲线不同，而且同种植物不同时期的蒸腾曲线也不一样。如柽柳9月蒸腾曲线为单峰，6月和8月为双峰，这表明旱生植物在水分生理方面对干旱环境可能存在多种适应方式，蒸腾和气孔运动受到多种环境因子的影响。

中国科学院寒区旱区环境与工程研究所冯起等（2008）在内蒙古额济纳三角洲，采用自动控制仪器对极端干旱地区不同植被的单株和群落的蒸散发进行了长期的试验研究。结果表明，胡杨在生长期内单位叶面积上月蒸腾量8月最大，10月最小，蒸腾量呈单峰形，在4~5月树干单位面积液流通量为 $0.13 \sim 0.15 \mathrm{~L} \cdot \mathrm{cm}^{-2} \cdot \mathrm{d}^{-1}$，6月为 $0.294 \mathrm{~L} \cdot \mathrm{cm}^{-2} \cdot \mathrm{d}^{-1}$。在晴朗无云的条件下，柽柳灌丛蒸散速率变化呈单峰形，在生长季节日蒸腾量为 63.48 L，平均日蒸腾量为 0.349 L。梭梭日蒸腾量与土壤含水量有密切的关系，在生长期总蒸腾量为 344.66 L。最后推算额济纳三角洲全年植物蒸散发总量为 $2.43 \times 10^{8} \mathrm{~m}^{3}$。这项研究标示着我国植物水分生理生态研究由过去单株、单片叶片研究逐步向更大尺度的植物种群需水、乃至生态需水研究过渡。

2.3 蒙古扁桃叶片水分含量和水分亏缺

水分饱和亏缺是指植物组织的实际含水量距离其饱和含水量的差值，以相对于饱和含水量的百分数来表示。植物的相对含水量可以反映植物的水分亏缺，只要相对含水量小于100%，都可以认为存在着水分亏缺。一般，自然饱和亏愈大，说明水分亏缺愈严重，临界饱和亏越大，说明抗脱水能力越强。表2.5是盆栽蒙古扁桃幼苗叶片在自然供水和3.0% PEG 溶液渗透胁迫处理72h后的测定结果。从表2.5可以看出，对照组和处理组自然饱和亏分别为 14.20% 和 46.42%，临界饱和亏分别为 48.12% 和 61.22%。处理组的自然饱和亏和临界饱和亏都大于对照组，说明处理组植株经一定时间的干旱胁迫适应后其抗脱水能力增强了，即抗旱性增强了。这一结果与同一沙区植物裸果木（*Gymnocarpos przewalskii*）、矮沙冬青（*Ammopiptanthus nanus*）、绵刺（*Potaninia mongolica*）上所得结果（王理德等，1995）基本相似。

表 2.5　蒙古扁桃幼苗水分状况与沙区植物比较

Tab. 2.5　Comparison on water condition of *Prunus mongolica* and desert area plants

种类 Sort	蒙古扁桃		裸果木	矮沙冬青	绵刺
	CK	处理组			
相对含水量（%）	85.80	53.58			
饱和含水量（%）	116.75	187.13			
临界含水量（%）	51.88	38.78			
自然饱和亏（%）	14.20	46.42	12.15	14.69	15.48
临界饱和亏（%）	48.12	61.22	49.75	48.75	83.07

图 2.10 是金丽萍（2009）在包头市萨拉齐九峰山蒙古扁桃自然居群和呼和浩特市树木园人工栽培蒙古扁桃成年植株上测定的连续自然干旱情况下叶片水分亏缺结果。由图 2.10 可以看出，在两种生态条件下，蒙古扁桃随干旱胁迫时间的延长和胁迫程度的加重，叶片相对含水量均呈下降趋势，水分亏缺度呈上升趋势。到干旱 15d 时叶片水分亏缺达到最大，萨拉齐样地和树木园样地蒙古扁桃水分亏缺度分别为 57.97% 和 53.39%。萨拉齐样地蒙古扁桃经干旱 5d，10d 和 15d，叶片相对含水量分别比对照降低了 10.02%、30.41% 和 40.77%，差异显著（$P<0.05$）；水分亏缺度分别比对照升高了 24.48%、74.31% 和 99.62%。树木园采样植株经干旱 5d，10d 和 15d 的叶片相对含

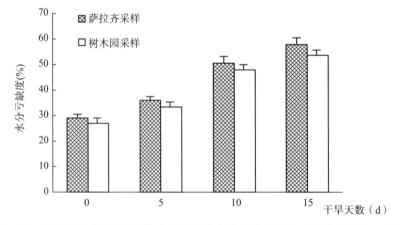

图 2.10　自然干旱对不同生境蒙古扁桃叶片水分亏缺的影响（引自金丽萍，2009）

Fig. 2.10　Effect of natural drought on water deficit of *P. mongolica* in different habitats

水量分别比对照降低了 8.48%，27.53% 和 35.74%，差异显著（$P<0.05$）；水分亏缺度分别比对照升高了 22.39%，72.70% 和 94.36%。

何明珠（2004）在巴丹吉林沙漠东南缘的民勤西沙窝沙生植物园，选择典型的 50 种荒漠植物，对其叶片和枝条含水量进行分析，并根据含水量不同将所测植物分为弱含水率型（含水率<50%，强干物质积累型）、中等含水率型（50.00%~70.00%，中等干物质积累型）和强含水率型（含水率≤70.00%，弱干物质积累型）。结果表明，由于含水率高的构件其干重/鲜重的比例低。叶构件的含水率范围为 47.79%~91.16%，干重/鲜重范围为 8.24%~52.21%；枝构件的含水率范围为 36.73%~87.33%，干重/鲜重范围为 12.67%~63.27%，说明叶构件主要以储水功能为主，其含水率的范围大于枝构件，并且含水率基本在 50% 以上；另一方面，枝构件的干重/鲜重的比率较叶构件大，说明枝构件主要以干物质的积累为主，这是由枝构件主要起支撑、伸展的功能决定的。从叶构件的角度出发，只有杜松（*Juniperus rigida*）一种植物属于弱含水率型（强干物质积累型），从枝构件的角度来看，包括扁果木蓼（*Atraphaxis replicata*）、小叶锦鸡儿（*Caragana microphylla*）等 21 种植物属于弱含水率型；从叶构件的角度出发，包括油松（*Pinus tabulaeformis*）、苦豆子（*sophora alopecuroides*）等 33 种荒漠植物，从枝构件的角度出发，包括柽柳（*Tamarix elongata*）、裸果木（*Gymnocarpos przewalskii*）等 18 种荒漠植物属于中等含水率型（中等干物质积累型）；从叶构件的角度出发，包括白刺（*Nitraria tangutarum*）、酸枣（*Ziziphus jujuba*）等 16 种荒漠植物，从枝构件的角度出发，包括头状沙拐枣（*Calligonum caput-medusae*）、半日花（*Helianthemum songoricum*）等 9 种荒漠植物属于强含水率型（强干物质积累型）。蒙古扁桃叶片含水率为 63.98%，干重/鲜重为 36.02%，属于中等含水率型，而枝系构件含水率为 47.57%，干重/鲜重为 52.43%，属弱含水率型。

2.4 蒙古扁桃持水力

Levitt（1972）首先提出了关于植物适应和抵抗干旱胁迫机理的问题，后经 Turner（1986）和 Kramer（1985）等人的不断完善，现已形成了对这一问题较为系统的看法。植物的抗旱机理大致可分为避旱性、高水势下的耐旱性（延迟脱水）、低水势下的耐旱性（忍耐脱水）3 类。各自的干旱适应性策略大不相同。持水力是检验植物忍耐脱水的直观的生理指标之一。

持水力（moisture retaining power）又称保水力（water-holding power），是指离体叶片或枝条保持体内水分的能力。一般以保水率和恒重时间作为持水力高低指标。耐旱性不同的植物持水力不同，既反映出植物抗旱力间存在着固有差异，也可据此比较或推断植物耐受干旱胁迫的能力（张力君，2003）。何明珠等（2006）对巴丹吉林沙漠东南缘的民勤西沙窝 10 种乔木、39 种灌木和 13 种草本植物共计 62 种荒漠植物持水力进行了测定，并对其累计失水曲线进行逻辑曲线拟合。按照枝、叶构件所拟合的逻辑曲线 60h 拐点为界限，将荒漠植物分为弱持水型、中等持水型和强持水型。灌木和草本植物的持水能力较乔木植物强。从枝构件的分类结果分析，属于弱持水型、中等持水型和强持水型荒漠植物的植物种类依次为 23 种、26 种及 13 种，说明多数植物枝条的持水能力不太强。而从叶构件的分类结果分析，依次有 2 种，19 种和 41 种植物属于 3 种类型，说明大多数荒漠植物叶片的持水能力较枝条强。利用逻辑斯蒂（Logistic）拟合方程求得的蒙古扁桃枝条和叶片的持水力拐点分别为 45.850h 和 76.245h。而蒙古扁桃近缘种长柄扁桃（*Prunus pedunculata*）枝条和叶片的持水力拐点分别为 51.198h 和 66.149h。从枝构件的分类同属中等持水型、从叶构件的分类同属强持水型。长柄扁桃在我国黑龙江、辽宁、吉林等水分状况相对较好的地区都有分布，而蒙古扁桃在这些地区是没有分布的。

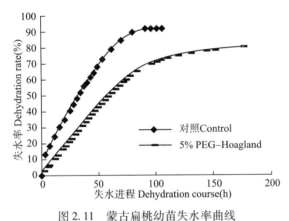

图 2.11　蒙古扁桃幼苗失水率曲线

Fig. 2.11　Dehydration curve of *P. mongolica* seedling

图 2.11 是蒙古扁桃幼苗自然脱水动态过程。在正常水分状况下，蒙古扁桃幼苗枝条经过 2h，24h，48h，72h 自然脱水后相对饱和亏分别达到 13.08%，42.23%，68.04% 和 86.48%；而用 3% PEG 处理 3d，干旱适应的蒙古扁桃幼苗同期水分亏缺率分别为 4.64%，28.73%，50.50% 和 66.85%。证明经干旱适应后蒙古扁桃幼苗抗脱水能力明显增强，最大水分亏缺率比对照组下降了 22.70%，而且达到恒重需时间由对照组的 96.0h 延长到 128.2h。从失水速度曲线（图 2.12）可以看到，蒙古扁桃离体枝条水分散失主要发生在开始 4h 内，并且经干旱处理后失水速率明显下降。

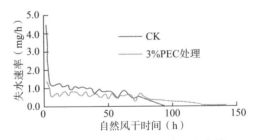

图 2.12　蒙古扁桃幼苗失水速度曲线

Fig. 2.12　The water lossing rate cuver of *P. mongolica* seedlings

2.5 蒙古扁桃水分状况参数

水分状况参数（water relations parameters）是利用 PV 曲线所得的植物水分生理特征参数。PV 曲线通过压力—容积分析法（pressure volume analysis，PV 技术）制作。PV 曲线是植物枝叶样品吸水饱和后在 Scholander 压力室中连续加压后，渗透水量的体积与相应平衡压倒数之间的变化曲线。1964 年 Scholander 最早报道了 PV 曲线技术，后 Tyree（1972）、Chueng（1975）、Richter（1978）以及 Schulte（1985）等人对 PV 曲线的理论和技术进行了完善和补充。目前该技术被广泛用于研究植物水分关系和细胞壁弹性。尤其迄今尚无理论上的正确途径可以计算质壁分离时的临界水势和临界含水量，故 PV 曲线技术仍将是研究质壁分离时植物水分状况的一种重要方法。在国内，自王万里（1984）对 PV 技术的基本原理、曲线的绘制方法等报道以来，PV 技术在植物生理、植物抗旱生理、植物水分参数与环境和种源的关系以及在水分胁迫条件下植物水分参数的变化规律等方面的研究都取得了很大进展。

在理论上，PV 曲线由双曲线、直线两部分组成，二者交点的纵坐标值的倒数即质壁分离点渗透势（ψ_{tlp}），横坐标值即为质壁分离点时的累计出水量值。通过 PV 曲线可求得许多具有明确生理意义的水分参数，各参数的含义及定义如下：

（1）Va/Vo：式中 Vo 为充分紧张组织中的渗透水（osmotic water），也叫共质体水（symplasmic water）或自由水（free water），存在于细胞质和液泡中，未被原生质胶体吸附的水分；Va 质外体水（apoplastic water），为细胞胶体吸附的水量，叫束缚水（bound water），存在于原生质体以外与某些大分子物质结合或存在于细胞壁中。Vo 对植物耐旱性的重要意义在于当溶质含量不变的情况下，Va/Vo 越大灌木对水分胁迫的适应性大，组织的渗透势越低，其吸水、保水能力越强，耐旱性也越强。

（2）RWC^{tlp}（relative water content at turgor loss point）与 $ROWC^{tlp}$（relative osmotic water content at turgor loss point）：分别表示膨压为零时的相对含水量和相对渗透水含量，反映膨压为零时植物的水分亏缺程度和细胞壁弹性的好坏。RWC^{tlp} 与 $ROWC^{tlp}$ 小，细胞壁的伸缩范围越大，伸缩能力越好，细胞壁的弹性调节和维持膨压能力越强。

（3）ψ_{sat}：称作原初渗透势，为饱和含水量时的最大渗透势，植物叶片有较低的 ψ_{sat} 对于在水分胁迫条件下维持细胞伸长有重要意义，ψ_{sat} 越低，最大膨压值越大，则越允许植物在水分胁迫条件下继续保持细胞伸长，ψ_{sat} 低还指示了细胞中渗透溶质的高浓度，以适应水分逆境，因而认为某些旱生植物具有较低的 ψ_{sat}。ψ_{sat} 主要决定于两方面：一是细胞中可溶性溶质的数量和种类；二是细胞体积的变化，主要是指细胞中自由水与束缚水的变化，ψ_{sat} 的变化说明了树木保持最大膨压的能力，指示树木在一定生长阶段细胞中可溶性物质能达到的浓度，ψ_{sat} 越低（绝对值越大）细胞液浓度越大，植物忍耐脱水的能力越强，其耐旱、抗旱性就越强。

（4）ψ_{tlp}：称作初始质壁分离渗透势（osmotic potential at incipient plasmolysis），是细胞初始质壁分离时的渗透势，反映了树木维持最低膨压的极限渗透势，是植物生命活动发生质变的一个界线指标。ψ_{tlp}值越低，表明维持膨压的能力越强。在水分胁迫条件下植物体的膨压越易维持，对干旱的忍耐性也就越强。在相对较低的土壤水势条件下，ψ_{tlp}的大小是决定植物细胞耐旱性能的重要因子，因而实际上是植物细胞能够维持膨压的水势阈值。当水势低于ψ_{tlp}时，细胞膨压便消失，植物细胞的内部结构（主要是膜系统）将受到破坏，即发生质壁分离现象，植物生命活动就要受到影响甚至停止，这对于延迟脱水类型，还是对于忍耐脱水类型的植物，都是一个危险的阈值。这个值是植物对环境条件长期适应而形成的，是由植物自身的遗传特性所决定的，它主要取决于细胞中可溶性溶质的数量种类和细胞体积的变化。

膨压为 0 时的渗透势 ψ_{tlp}、饱和含水时的渗透势 ψ_{sat} 和渗透势差 $|\psi_{sat}-\psi_{tlp}|$ 这 3 个指标从不同角度反映了植物组织的渗透调节能力。ψ_{tlp} 只能从 PV 曲线中得出，无法用别的方法获得（Scholander P. F. et al, 1964）。ψ_{tlp} 反映了树木维持最低膨压的极限渗透势，ψ_{tlp} 被公认是衡量抗旱性的最佳指标。ψ_{tlp} 值越低，表明树木维持膨压能力越强，也就是说在越严重的干旱胁迫下能够保持它的膨压。

（5）ε：为容积弹性模量（bulk modulus elasticity），简称弹性模量。ε（MPa）反映了在细胞膨压变化过程中细胞相对体积（$\Delta v/v$）的变化与细胞最初体积变化对应的压力势（$\Delta \psi_p$）变化之间的关系，即 $\varepsilon = \Delta \psi_p/dv \cdot v$ 或 $\Delta \psi_p = \varepsilon \cdot \Delta v$，是细胞壁刚性的度量方式。按照材料力学上的概念，弹性模量是指材料在弹性极限内应力同应变的比值，$\varepsilon = F/\Delta L/L$，式中 F 为外力，即胁强（stress），$\Delta L/L$ 物体单位长度产生的形变，即胁变（strain），它反映了材料的刚度，是度量物体在弹性范围内受力产生形变的能力。当某一压力下体积变化小者，其弹性模量就高，表明细胞壁坚硬、弹性小，反之则说明细胞越柔软，弹性越大。较大的细胞壁弹性可用较小的弹性模量来表示（邹琦，1994）。由于膨压变化是细胞水势变化的主要原因之一，因而无论是膨压日变化，还是植物对水分的吸收都受到植物总体弹性模量的制约。细胞体积减小的程度及细胞内水势减小至膨压消失点的程度取决于细胞壁弹性。壁弹性好的细胞，膨压最大时保持的水分较多，因而失去膨压过程中体积的减小程度较大。ε 值越低表示细胞壁越柔软，弹性越高。通常壁厚的细胞 ε 值要比壁薄的细胞大。高的弹性模量是植物耐旱性的重要特征之一（李彦瑾，2008）。通常认为当组织含水量和水势下降时，弹性较大的组织比弹性小的组织能保持较大的膨压。ε 并不是常数，随细胞膨压的减小而减小（Lincoln Taiz & Eduardo Zeiger, 2009）。由于 ε 不是一个常数，所以在实际应用中以细胞最大弹性模量 ε_{max} 来表示细胞壁的物理性质。ε_{max} 值高则表示细胞壁坚硬，弹性小，ε_{max} 值低则说明细胞壁柔软，弹性大（李吉跃，1989）。

(6) AWC (apoplast water content) 为质外体水相对含量,是指植物细胞原生质体之外的水分。在溶质含量不变的条件下,AWC 越大,组织渗透势越低,植物吸水能力越强。束缚水主要是与大分子物质结合或存在于细胞壁中的水分,组织中束缚水含量一般被认为对植物抗旱性很有意义,在溶质含量不变的情况下,束缚水含量越大,组织渗透势也越大,吸水能力和保水能力也越强,植物抗旱性也越强。

蒙古扁桃当年枝的 PV 曲线如图 2.13 所示。在图 2.13 中,失去膨压前的部分是一条双曲线(通过各测点串联求得);失去膨压以后的部分可用回归直线方程表示,其回归直线方程为:$y = -2.3909x + 0.4011$,$R^2 = 0.997$。从绘制的 PV 曲线求出各水分状况参数如表 2.6。ψ_{tlp} 由曲线与直线交点所对应的纵坐标求得,ψ_{sat} 由直线延伸与纵坐标交点求得,Vo 为 ψ_{tlp} 点对应在横坐标上的值,Va 为直线延长相交在横坐标上的值,ε 为细胞弹性模量,即细胞膨压随着体积而变化的速率,因而 ε 可以定义为细胞每产生单位体积变化所需要的膨压变化,用以下公式表示,即 $\varepsilon = \triangle \Psi_p / \triangle v$。表 2.6 是 12 年生蒙古扁桃当年生枝条水分状况参数与荒漠区强旱生灌木柠条(Caragana korshinskii)(王孟本等,1996)、绵刺(Potaninia mongolica)、红砂(Reaumuria soongorica)、四合木(Tetraena mongolica)和霸王(Zygophyllum xanthoxylon)(李尧等,2005),强旱生乔木胡杨(Populus euphratica)和灰叶胡杨(P. pruinosa)(刘建平等,2004)的当年生枝条测定水分状况参数的比较。蒙古扁桃当年枝表现出较低的渗透势(-3.11MPa)、较高的束缚水与自由水比值(3.83)及较大的细胞壁弹性模量(7.96MPa)。不同生活型植物中乔木胡杨和灰叶胡杨的细胞壁弹性模量显著大于灌木的。然而,其 ψ_{tlp} 值显著低于灌木的 ψ_{tlp} 值,可能暗示着旱生乔木与旱生灌木的维持膨压方式有所不同。从自由水与束缚水日变化和年变化来看,自由水一天之中的高峰期出现在早晨,束缚水则出现在午后。一年中束缚水的高峰期出现在夏季。

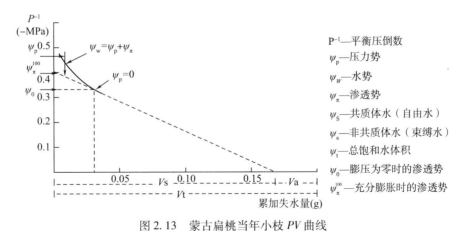

图 2.13 蒙古扁桃当年小枝 PV 曲线

Fig. 2.13 *PV* curve of the that year branch of *P. mongolica*

表 2.6 蒙古扁桃水分状况参数和荒漠区强旱生植物水分状况参数的比较

Tab. 2.6 Comparison on water relations parameters of P. mongolica with super-xerophyte in desert area

测试项目	蒙古扁桃	胡杨*	灰叶胡杨*	绵刺**	四合木**	红砂**	霸王**	柠条**
测定月日	8.30	8.40	8.40	7.12–7.27	7.12–7.27	7.12–7.27	7.12–7.27	8.20
ψ_{tlp} (−MPa)	3.11	0.46	0.93	1.56	2.47	3.50	1.80	1.36
ψ_{sat} (−MPa)	2.49	−1.04	1.94	1.09	1.28	3.13	1.42	1.28
Va/Vo	3.83	0.55	0.52	1.48	7.80	2.53	1.30	2.92
RWC (%)	89.52	89.42	98.30	88.09	93.75	96.95	90.47	—
$ROWC^{tlp}$ (%)	80.08	36.90	10.65	70.30	52.12	88.90	79.23	79.30
AWC (%)	79.30	8.77	0.36	59.51	87.04	71.58	51.90	74.50
ε_{max} (MPa)	7.96	30.63	21.79	8.40	12.58	18.99	25.13	11.98

* 数据引自刘建平等，2004；**数据引自李尧等，2005 和 2007。

表 2.7 是在连续 8d 土壤干旱胁迫处理期间蒙古扁桃幼苗水分参数的变化。土壤干旱胁迫下蒙古扁桃幼苗 ψ_{tlp} 较充足水分条件有降低的趋势，降幅分别为：4.81%、4.81%、9.26%、12.59%、15.19%、20.00%、27.04%。说明，蒙古扁桃幼苗在干旱胁迫下不断进行渗透调节，减低渗透势，以维持细胞膨压。植物叶片有较低的 ψ_{sat} 对于在水分胁迫条件下维持细胞伸长有重要意义。ψ_{sat} 越低，最大膨压值越大，则越允许植物在水分胁迫条件下继续保持细胞伸长。ψ_{sat} 低还指示了细胞中渗透溶质的浓度高，以适应水分胁迫，认为旱生植物具有较低的 ψ_{sat} 值。从表 2.7 可知，ψ_{sat} 值随着胁迫强度的增加呈下降的趋势。说明，随着干旱胁迫的加剧，细胞组织中溶质的含量进一步增多，进而使细胞浓度增大，以保持较低的渗透势来适应干旱环境。渗透势在 ψ_{tlp} 和 ψ_{sat} 范围内变化时，树木才具有渗透调节能力，超出这个变化范围，树木的渗透调节功能便消失，两值差值越大，渗透调节能力就越强（杨敏生等，1997）。从表 2.7 中可以看到随着干旱胁迫的加剧，｜$\psi_{sat}-\psi_{tlp}$｜值随之增大。说明蒙古扁桃幼苗在干旱胁迫下叶片的渗透调节能力得到了进一步的提高。土壤相对含水量为 51.07% 时的 ｜$\psi_{sat}-\psi_{tlp}$｜值较充足水分条件增加了 16.51%，而土壤相对含水量为 17.45% 时，｜$\psi_{sat}-\psi_{tlp}$｜值较充足水分条件增加了 51.38%。这说明，重度干旱胁迫下蒙古扁桃幼苗｜$\psi_{sat}-\psi_{tlp}$｜值增幅比中度胁迫下的大。

第2章 蒙古扁桃水分生理

表 2.7 土壤干旱胁迫对蒙古扁桃幼苗水分状况参数的影响
Tab. 2.7 Effect of soil drought stress on water relations parameters of *P. mongolica* seedlings

处理天数(d)	土壤相对含水量（%）	叶水势（-MPa）	ψ_{tlp}（-MPa）	ψ_{sat}（-MPa）	$\|\psi_{sat}-\psi_{tlp}\|$（MPa）	RWC_{tlp}（%）	$ROWC_{tlp}$（%）	AWC（%）	ε_{max}（MPa）
1	100.00	1.08	2.70	1.61	1.09	86.04	64.37	39.19	7.81
2	94.83	1.30	2.83	1.67	1.16	81.50	58.95	44.77	6.27
3	84.11	1.68	2.83	1.67	1.16	81.46	58.86	45.05	6.26
4	64.91	2.09	2.95	1.69	1.26	79.25	54.96	45.07	6.07
5	51.07	2.38	3.04	1.77	1.27	78.62	54.92	45.32	5.94
6	41.62	2.35	3.11	1.78	1.33	77.93	53.65	48.95	6.03
7	30.60	2.49	3.24	1.77	1.47	73.27	52.83	59.34	5.50
8	17.45	2.60	3.43	1.78	1.65	59.24	42.39	70.75	4.05

RWC_{tlp} 和 $ROWC_{tlp}$ 分别为膨压为 0 时的相对含水量和渗透水相对含量。RWC_{tlp} 和 $ROWC_{tlp}$ 值越低，表明植物细胞在越低的含水量下才会失去膨压而发生质壁分离，因此这两个指标在一定程度上反映了植物组织对脱水的忍耐能力（施积炎等，2004）。由表 2.7 可见，随着干旱胁迫的加剧，蒙古扁桃幼苗 RWC_{tlp} 和 $ROWC_{tlp}$ 均呈下降趋势。表明随着土壤干旱胁迫的发展，苗木忍耐脱水的能力得到了一定的提高。

AWC 为质外体水相对含量，植物组织的渗透调节可通过以下三条途径实现：一是减少细胞水分；二是减小细胞体积；三是增加细胞溶液的浓度。植物渗透势的调节与 AWC 有关。一般认为 AWC 越高，表明细胞原生质黏滞性及原生质胶体的亲水性越强（狄晓艳等，2007；柴宝峰等，1996）。由表 2.7 可见，与充足水分条件相比，蒙古扁桃幼苗 AWC 在干旱胁迫下呈增大趋势，增幅分别为：14.24%、14.95%、15.05%、15.64%、24.90%、51.42%、80.53%。刚开始进行土壤干旱胁迫处理时 AWC 增幅较小，而随着土壤干旱胁迫强度的增加 AWC 增幅明显。在土壤相对含水量为 17.45%、叶水势为 -2.60MPa 的处理第 8 天，AWC 增幅达到了 80.53%，说明蒙古扁桃幼苗由于逐步脱水，细胞部分水分转化为束缚水，以加强细胞的保水能力。

Va/Vo 为束缚水与自由水之比，是植物保水能力的重要指标，Va/Vo 越大植物抗旱性越强（阮成江，2000）。土壤干旱胁迫对蒙古扁桃幼苗束缚水和自由水之比的影响见图 2.14。由图 2.14 可见，Va/Vo 随土壤相对含水量的降低呈增加的趋势。土壤相对含水量在 51.07%~94.83% 时 Va/Vo 保持一个平稳的水平，与充足水分条件相比增幅在 15.68%~18.30%。而土壤相对含水量为 41.62% 时，Va/Vo 比充足水分条件增加了 29.56%；土壤相对含水量为 30.60% 时，Va/Vo 比充足水分条件增加了 38.66%；土壤

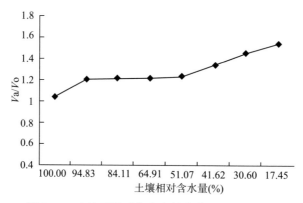

图 2.14 土壤干旱对蒙古扁桃幼苗 Va/Vo 的影响

Fig. 2.14 Effect of soil drought stress on Va/Vo of P. mongolica seedlings

相对含水量为 17.45% 时,Va/Vo 比充足水分条件增加了 48.79%。表明蒙古扁桃幼苗在轻度和中度土壤干旱胁迫（土壤相对含水量≥51.07%）下 Va/Vo 的增幅不明显；重度土壤干旱胁迫（土壤相对含水量≤41.62%）下 Va/Vo 的增幅较明显，表明蒙古扁桃幼苗可通过调整 Va/Vo 来适应重度土壤干旱胁迫。

由表 2.7 可知，土壤干旱胁迫下 ε_{max} 有减小的趋势，减小的幅度分别为：5.35%、9.66%、19.21%、28.64%、39.23%、43.31%、51.80%。这是一方面随着幼苗的失水，组织最初膨压值逐渐变小，双曲曲线的斜率改变有关。另一方面说明，蒙古扁桃幼苗在干旱胁迫下由细胞壁刚性所引起的膨压调控能力在逐渐减退。与此相反，随着土壤干旱胁迫的逐步加大，ψ_{tlp} 的绝对值和 AWC 值逐渐变大，以此将细胞的渗透势和衬质势调低，增加细胞的保水能力。

表 2.8 为蒙古扁桃幼苗水分状况参数间的相关分析结果。由表 2.8 可以看出，蒙古扁桃幼苗 ψ_{tlp}、ψ_{sat}、RWC_{tlp}、$ROWC_{tlp}$ 和 ε_{max} 与土壤相对含水量和叶水势呈不同显著水平的正相关关系。AWC 和 Va/Vo 与土壤相对含水量和叶水势呈不同显著水平的负相关关系。ε_{max} 与 ψ_{tlp}、ψ_{sat} 与 RWC_{tlp} 和 AWC 无显著的相关关系，其他各水分状况参数间均有不同水平的正相关或负相关关系。

表 2.8 蒙古扁桃幼苗水分状况参数间的相关分析

Tab. 2.8 Correlation analysis on between water relations parameters of P. mongolica seedlings

参数	土壤相对含水量	叶水势	ψ_{tlp}	ψ_{sat}	RWC_{tlp}	$ROWC_{tlp}$	AWC	Va/Vo	ε_{max}
土壤相对含水量	1.000								

续表

参数	土壤相对含水量	叶水势	ψ_{tlp}	ψ_{sat}	RWC_{tlp}	$ROWC_{tlp}$	AWC	Va/Vo	ε_{max}
叶水势	0.963 **	1.000							
ψ_{tlp}	0.976 **	0.904 **	1.000						
ψ_{sat}	0.932 **	0.946 **	0.890 **	1.000					
RWC_{tlp}	0.850 **	0.743 *	0.9340 **	0.704	1.000				
$ROWC_{tlp}$	0.906 **	0.849 **	0.957 **	0.801 *	0.970 **	1.000			
AWC	−0.848 **	−0.719 *	−0.935	−0.693	−0.975 **	−0.922 **	1.000		
Va/Vo	−0.917 **	−0.836 **	−0.968 **	−0.838 **	−0.924 **	−0.934 **	0.954 **	1.000	
ε_{max}	0.844 **	0.807 *	0.916	0.781 *	0.944 **	0.970 **	−0.911 **	−0.935 **	1.000

2.6 蒙古扁桃水力结构特征

在土壤—植物—大气连续体中，树木主干和侧枝木质部是水分从土壤向植物体各部分运输过程中的必经之路。20世纪70年代以来，在研究树木耗水问题时，通过应用水力结构的基本理论来考察和模拟植物木质部的水分生理特征，即整树水力结构模型的建立问题，已成为树木耐旱机理研究中的热点问题之一。

水力结构（hydraulic architecture）理论由Zimmermann（1978）提出，是指植物在特定的自然环境条件下，为适应生存竞争的需要所形成的不同形态结构和水分运输供给策略。树木个体在其生长发育期间可以通过改变水力结构来影响导水阻力和水分的需求，从而对水分运输及水分平衡产生深刻的影响。所以，树木水力结构的差异可能影响树种之间的生态竞争中的相对优势与劣势，也可能影响整个树冠的水分关系和气体交换。通常用导水率（hydraulic conductivity，Kh）、比导度（specific couaactivity，Ks）、叶比导度（leaf specific conductivity，LSC）、胡伯尔值（Huber Value，Hv）、持水量（Q）等参数来描述植物的水力结构特征。

导水率是水力结构中最常用的一个参数，反映茎段的导水能力。它等于通过一个离体茎段的水流量（F，$g \cdot min^{-1}$）与该茎段引起水流动的压力梯度（dp/dx，$MPa \cdot m^{-1}$）的比值，即：

$$Kh\ (g \cdot m \cdot MPa^{-1} \cdot min^{-1}) = F/(dp/dx)$$

通常具有较高值的茎段，导水能力强。研究表明，导水率的大小主要受茎段所在区域、茎段功能木质部直径（D）和小枝水势3个因子的影响。由上式可见，导水率大

小与 F 成正比,而 F 值是随茎直径的增加而增加的。说明,在压力梯度一定的情况下,当离体植物茎段越粗时,其单位时间内导水量越大,这是因为较粗的茎段中相对含有更多的输水组织。具有较高 Kh 值的茎段,说明其导水能力较强(崔洪波,2005)。

充足水分条件下蒙古扁桃幼苗小枝导水率较高,为 $1.300×10^{-6}g·m·s^{-1}·MPa^{-1}$。开始进行干旱胁迫处理后,随着土壤相对含水量和叶水势的降低,蒙古扁桃幼苗小枝导水率基本呈下降趋势。当土壤相对含水量下降到87.27%时,小枝导水率下降到 $0.722×10^{-6}g·m·s^{-1}·MPa^{-1}$,较充足水分条件减小44.46%。当土壤相对含水量下降到12.42%时小枝导水率下降到 $0.524×10^{-6}g·m·s^{-1}·MPa^{-1}$,较充足水分条件减小59.69%。复水处理后土壤相对含水量恢复到44.68%、叶水势恢复到-1.75MPa,小枝导水率为 $0.915×10^{-6}g·m·s^{-1}·MPa^{-1}$,较充足水分条件低29.62%,恢复了70.38%的导水率。表明,蒙古扁桃幼苗小枝导水率具有较强的恢复能力。

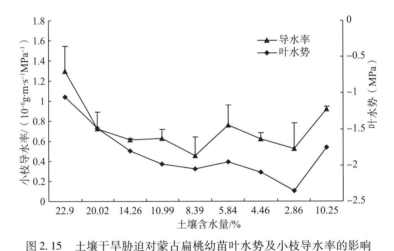

图2.15 土壤干旱胁迫对蒙古扁桃幼苗叶水势及小枝导水率的影响

Fig. 2.15 Effect of soil drought stress on leaf water potential and twigs hydraulic conductivity of *P. mongolica* seedlings

不同种类的植物都有一个引起导水率明显下降的水势阀值。在水势接近这一阀值时,植物栓塞程度明显增加,阀值越高,栓塞脆弱性越大。由均数差异显著性检验可知,土壤相对含水量为36.57%、叶水势为-2.05MPa时的导水率显著低于充足水分条件下的导水率($P<0.05$),因此,本研究中引起蒙古扁桃幼苗小枝导水率明显下降的水势阀值为-2.05MPa。

申卫军等(2000)对白榆(*Ulmus pumila*)、榛木(*Corylus heterophylla*)和沙棘(*Hippophae rhamnoides*)木质部栓塞及其恢复能力进行研究发现,沙棘在水势为-0.5MPa甚至-1.0MPa时,30min内栓塞化木质部的导水能力均可完全恢复到处理前的水平,白榆导水率在-0.59MPa下经一夜可完全恢复。本研究中，复水后蒙古扁桃幼苗叶水势为-1.75MPa时，经一夜导水率恢复了70.38%。表明，蒙古扁桃幼苗木质部栓塞的恢复能力较强。申卫军等认为，植物在较低水势时产生的木质部栓塞降低了木质部导水率，从而限制了水分散失，这可能是耐旱树种采取的一种节水策略。

根系是陆地高等植物吸收和运输水分的主要器官，是联系土壤—植物—大气连续体（soil-plant-air continuum，SPAC）的纽带，同时也是水分在SPAC中运动的重要障碍。有研究表明，水分进入植物体的阻力除部分取决于气孔开张度外，根系的作用至关重要，其在植物水分运输总阻力中的贡献接近于50%。因此，根系吸收和运输水分的能力成为众多研究的焦点。表征根系这一能力的常用指标为根系导水率或根系水分导度（root hydraulic conductivity）（赵雪峰等，2006）。根系导水率是根系多种水分运输途径，如轴向途径和径向途径（包括质外体途径、共质体途径和跨细胞途径）综合作用的结果（沈玉芳等，2005）。径向导度表示水分从根表面向木质部运输的能力，轴向导度表示水分沿木质部向上运输的能力。根轴向导度的大小主要取决于成熟木质部导管的几何性质，与径向导度相比，轴向导度一般很大，因此根系水分运输的主要阻力由径向运输引起（赵雪峰等，2006）。根系水分导度的高低直接反映根系吸收和运输水分的速度或能力，是根系感受土壤水分变化的最直接生理指标之一（沈玉芳等，2002）。已经观察到土壤干旱会使多种植物根系水分导度减小。根系水分导度不仅可表示整个根系的水分导度，还可用来表示单根、根段以及组织细胞的水分导度（赵雪峰等，2006）。根系的吸水能力应该是单根根系水分导度和根系形态构型之间综合作用的结果。所以通过单根和整株根系两个层次上水导的比较研究，既可以了解根系吸水能力的强弱，又可间接地反映根形态构型的变化，从而为模拟原位土壤中水分和营养双因子对根系生长发育的调控提供实验证据（慕自新等，2003）。

在土壤干旱胁迫下，蒙古扁桃幼苗单根和整株根系水流导度的变化由图2.16和图2.17所示。从以下2个图中均可看出，在正常水分条件（土壤含水量为13.42%、叶水势为-0.55MPa）下蒙古扁桃幼苗单根和整株根系水流导度较高，分别为1.79×10^{-8} m·s^{-1}·MPa^{-1}和7.27×10^{-8} m·s^{-1}·MPa^{-1}，后者为前者的40.61倍。但开始进行干旱胁迫处理后，随着土壤含水量的下降及植株叶水势的降低，蒙古扁桃幼苗根系水分导度与叶水势几乎平行下降，当土壤含水量下降到1.23%、植株叶水势下降到-3.48MPa（胁迫第7天）时其根系水分导度分别下降到0.21×10^{-8} m·s^{-1}·MPa^{-1}和0.39×10^{-8} m·s^{-1}·MPa^{-1}，分别较正常水分条件减小88.38%和94.59%，之后其根系水分导度均趋于平稳。这一结果与沈玉芳等（2005）对玉米（2002）、大麦（2005）、小麦（2004）上所得结果基本一致。表明植物地上部分的水分状况是在很大程度上受根系水分导度的控制。在有限的水分亏缺下，单根吸水能力的降低可能为根系总吸收面积的增加所补偿，而相应的高的单根水导下，因为有效吸收面积的减少使得整株根系水导并非最高。蒙古扁桃幼苗单根水导和整株根系水导间成非直线关系（三次方程式，$R^2 = 0.994$，$Y = 2.910X^3 - 5.957X^2 + 5.784X - 0.736$，$P<0.05$）。随着土壤水势降低，单根水导下降时，整株根系通过适应性反映仍然能够维持一定的水导，从而使植株保持一定的吸水能力，这对植物在逆境下的生存至关重要。

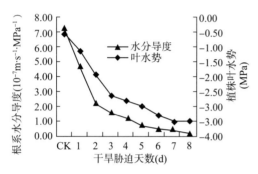

图 2.16 干旱胁迫下蒙古扁桃幼苗整株根系水分导度的变化

Fig. 2.16 Changes in hydraulic conductance of whole root system of *P. mongolica* seedlings under drought stress

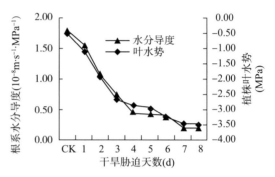

图 2.17 干旱胁迫下蒙古扁桃幼苗单根水分导度的变化

Fig. 2.17 Changes in hydraulic conductance of individual root of *P. mongolica* seedlings under drought stress

North 和 Nobel（2000）研究表明，干旱引起的根系水分导度下降与根内部结构发生变化有关。如，缺水可加快内皮层和外皮层细胞的栓质化或木质化以及凯氏带细胞壁加厚。细胞壁的栓质化或木质化不仅会增加根系质外体的导水阻力，还影响细胞—细胞途径的水运输（Steudle, 2000）。Steudle（1994）的研究证明，根系的水导性随着物种、生长发育阶段和环境条件的改变而改变。例如，根龄、昼夜节律、pH、ABA、温度、营养胁迫、盐胁迫、干旱、低氧、重金属污染、病害等对根系水分导度均有影响。水分亏缺的条件下，质外体输水途径阻力增大，水分主要通过共质体途径传播，此时水分运输则主要是通过一类专一性运输水的通道蛋白（水通道蛋白 aquaporins，*AQP*）来完成（慕自新等，2003）。在一些逆境条件下，细胞通过调节膜上 *AQP* 的数量或活性控制水的跨膜运输（朱美君等，1996）。根细胞质膜 *AQP* 的活性变化可能也是干旱引起单根和根系水分导度变化的原因。如龙舌兰属植物 *Agavedeserti* 根系在土壤湿润条件下，用 $50\mu mol \cdot L^{-1} HgCl_2$ 处理后其单根根系水分导度减小 60%，而在干旱条件下生长 45d 的其根系水分导度不受 $HgCl_2$ 影响。这意味着干旱胁迫后 *AQP* 活性大幅度降低，以至于用 $HgCl_2$ 处理也不会对根系水分导度再产生影响（North 和 Nobel，2000）。慕自新等（2005）通过研究指出，玉米整株根系水导与其抗旱性间具有显著的相关性，可将其作为抗旱品种的筛选指标。

2.7 蒙古扁桃根系水力提升作用

当植物遇到土壤水分的空间分异时，植物的根系可以将湿润部分的土壤水运输并释放到干燥部分的土壤中，植物的这一过程称为根系"水力提升"（hydraulic lift）或水分共享（water sharing）（Caldwell M. M. 等，1998；Burgess S. S. O. 等，1998）。这部分水既为植物本身所利用，也为相邻植物所共享，通过这种植物根系的"灌溉"作用缓解了干旱土壤对植物的水分胁迫，提高了植物对土壤水分的利用效率。根土间的这种内在机制是 SPAC 系统的组成部分，更是其中的一个极为重要的子系统，需要从根土系统的角度对其进行具体全面的认识（邵立威等，2001）。根系水力提升的重要生态学意义主要表现为：①减小水分胁迫，利于植株对养分的吸收，维持较高的蒸腾速率和同化力，促进生长，提高其竞争力和生产力；②湿润干燥土壤、延长土壤微生物和根际微生物的活力，促进养分矿化和生态系统的养分循环；③降低土壤养分异质性；④促进蒸散，改善小气候，利于生态系统的水分平衡（何维明等，2001）。

在蒙古扁桃幼苗根系水分提升的 3 组实验中，红墨水流动到的位置可以判断水分的流动方向。在第二组实验中（图 2.18B），红墨水的移动位置表明水分可以从水分相对丰富的主根（1 号瓶）转移到水分相对缺乏的侧根（2、3、4 号瓶）中，而且不分左右上下方位；第一和第三组实验结果表明（图 2.18A，图 2.18C），水分也可以从水分相对丰富的侧根（2 号瓶）中转移到水分相对缺乏的主根（1 号瓶）中，它的运输途径是从 2 号瓶中的侧根到根的主干再向下通过木质部导管运输至主根的根尖；第四组实验结果（图 2.18D）进一步证实了第二组实验的结果，水分从水分相对丰富的主根（1 号瓶）转移到水分相对亏缺的侧根（3、4 号瓶）中，来维持水分相对缺乏的侧根的正常代谢，而 2 号瓶内的侧根具有旺盛的吸水能力且处于湿土中，因此它可以吸收到足够的水分，并向上运输，而不需要把 1 号瓶内的主根吸收的水分转移到其内。另外，通过观察发现，第一组实验植株整个根的主干中都有红墨水出现，由此可以断定，红墨水先被侧根的根尖吸收入根的主干，之后又通过木质部向下分配到缺水的侧根中，这与正常的水分吸收、运输的方向相反，正常的水分运输是从主根的根尖向根的主干运输，呈向上运输。所以，蒙古扁桃的根系在局部缺水条件下可以进行水分的负向运输，导致在根系水分负向运输的直接原因是各部分的水势差引起的。第二组实验也可证明蒙古扁桃幼苗根系可以进行水分的负向运输。

通过该 4 组实验可以说明：①水分相对丰富的主根吸收的水分可以转移到水分相对缺乏的侧根中，实现主、侧根间共享有限的水分资源；②水分相对丰富的侧根吸收的水分可以转移到水分相对缺乏的主根中，实现主、侧根间共享有限的水分资源；③不缺水的根系各部分间不存在共享水分资源问题。总之，蒙古扁桃幼苗的根系具有共享水分的潜力。因此，它可以有效而节约地利用水分资源。所以在干旱胁迫下，缺水的根系可以和不缺水的根系共享水分资源，来维持其正常代谢而不至于死亡，而且可以减小水分胁迫，利于植株对养分的吸收，维持较高的蒸腾速率和同化力，促进生长，提高其竞争力和生产力，具有较强的抗旱能力，是一种优良的治沙灌木种。

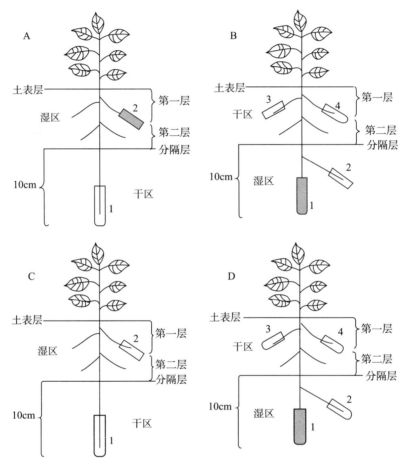

图 2.18　蒙古扁桃幼苗根系水分共享示意图

Fig. 2.18　Schematic diagram for root system water sharing of *P. mongolica* seedlings

注：图中带阴影的是供红墨水部位

水分共享是植物均衡利用水资源，以满足各部分水分需求的能力。对植物体内的水分运输，人们一直认为是由蒸腾拉力和根压引起的单向运输过程。而本实验表明，在土壤水分分布不均匀的条件下，若主根水分相对丰富而侧根水分相对匮乏，则水分由主根转移到侧根，出现水分的反向运输；若侧根水分相对丰富而主根水分相对匮乏，则水分由侧根转移到主根中，实现主、侧根共享有限的水分资源，并且主根的水分可以由形态学下端向形态学上端运输；若土壤水分分布均衡，则根系水分由侧根向主根转移，在主根中由形态学上端向下端运输，以保障对地上部分的水分供应。总之，蒙古扁桃根系具有水分共享的潜力，缺水的根系部位可以由不缺水的根系部位提供水分而共享水资源，从而有效地利用有限的水资源，减小水分胁迫的压力，以维持各部分正常的代谢活动。

2.8 蒙古扁桃渗透调节

渗透调节（osmoregulation）是植物防御干旱的一种重要方式。渗透调节使得植物在较低的叶片水势条件下维持气孔开张和光合作用，阻止叶片卷曲和死亡，保证在低水势时植物体的生长，因而被视为植物适应盐渍和干旱胁迫，生存和自我保护生理途径的重要环节。自Hsiao（1973）提出渗透调节，及与植物抗旱性的关系以来，渗透调节作用作为植物适应水分胁迫的重要生理机制，便成为抗旱生理研究最活跃的领域。渗透调节的生理效应是增加细胞溶质浓度，降低渗透势，保持膨压，缓和脱水胁迫，有利于保持水分和细胞各种生理过程的正常进行。植物积累的渗透调节物质（osmoticum）基本上分为两大类：一是由外界环境进入细胞内的无机离子，二是细胞内合成的有机溶质，主要是多元醇和含氮化合物。

韩蕊莲等（2003）对沙棘（*Hippophae rhamnoides*）苗木研究表明，长期轻度及中度干旱胁迫下渗透调节物质中可溶性糖、游离氨基酸、脯氨酸在干旱中、后期累积显著增加，使沙棘具备较强的渗透调节能力而表现为低水势耐旱特性；K^+在干旱下无显著累积。杨九艳等（2005）对生活在同一生境，但典型分布区分别为森林和森林草原、典型草原、荒漠草原和荒漠、半荒漠的树锦鸡儿（*Caragana arborescens*）、甘蒙锦鸡儿（*C. opulens*）、中间锦鸡儿（*C. intermedia*）、柠条锦鸡儿（*C. korshinskii*）和荒漠锦鸡儿（*C. roborovskyi*）渗透调节特性研究表明，在较干旱的5月，甘蒙锦鸡儿（*C. opulens*）、中间锦鸡儿（*C. intermedia*）、柠条锦鸡儿（*C. korshinskii*）和荒漠锦鸡儿（*C. roborovskyi*）的游离脯氨酸明显积累；而柠条锦鸡儿（*C. korshinskii*）的脯氨酸含量较低，而且各月无显著差异。甘蒙锦鸡儿的可溶性糖含量在5月份最高；树锦鸡儿和柠条锦鸡儿的最高值出现在6月；中间锦鸡儿和荒漠锦鸡儿的可溶性糖含量较高，各月无显著差异。可溶性糖是它们耐旱的重要渗透调节物质之一。在5月和6月，5种锦鸡儿可溶性蛋白的含量明显高于7月和8月时的含量，这种变化对锦鸡儿在环境干旱时增强抗性非常有利。

2.8.1 土壤干旱胁迫对蒙古扁桃脯氨酸积累的影响

土壤干旱胁迫对蒙古扁桃幼苗脯氨酸含量的影响如图2.19所示。从图2.19可看出，在正常水分条件下（-0.55MPa）蒙古扁桃幼苗脯氨酸含量较低，为 0.13mg·g⁻¹·DW。随着土壤含水量逐渐减少，蒙古扁桃幼苗叶水势下降，与此同时，其脯氨酸含量也迅速增加。在干旱胁迫处理第 6 天，叶水势降到 -3.29MPa，而脯氨酸增加到最高值，达 1.96 mg·g⁻¹·DW，比对照组增加 14.2 倍。之后随着土壤干旱胁迫强度的进一步加剧，叶水势继续下降，脯氨酸含量开始减少。胁迫处理第 8 天，叶水势下降到 -3.49MPa，脯氨酸含量也降到 1.19 mg·g⁻¹·DW。复水 3d 后，叶水势反弹到 -0.82MPa，脯氨酸含量基本降到胁迫处理之前的水平。

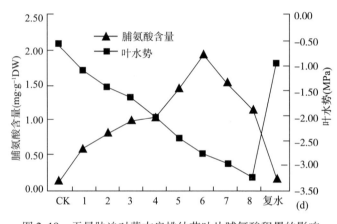

图 2.19　干旱胁迫对蒙古扁桃幼苗叶片脯氨酸积累的影响

Fig. 2.19　Effect of drought stress on proline accumulation in the leaves of *P. mongolica* seedlings

对包头市九峰山野生蒙古扁桃和栽培于呼和浩特市树木园蒙古扁桃的比较研究表明（图 2.20），随着自然干旱胁迫时间的延长，两地成年蒙古扁桃叶片脯氨酸积累逐渐

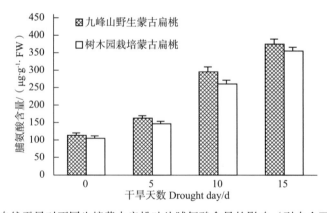

图 2.20　自然干旱对不同生境蒙古扁桃叶片脯氨酸含量的影响（引自金丽萍，2009）

Fig. 2.20　Effect of natural drought on leaves proline content of *P. mongolica* in different habitats

增加。当遭遇自然干旱第5天、10天和15天时,九峰山野生蒙古扁桃叶片脯氨酸含量分别比初始水平升高了42.09%、162.22%和230.44%,而呼和浩特市树木园栽培蒙古扁桃叶片脯氨酸含量分别比初始水平升高了36.81%、142.84%和232.50%。两地蒙古扁桃叶片脯氨酸积累程度均达到极显著水平（$P<0.01$）,且野生蒙古扁桃叶片脯氨酸含量在各胁迫期均略高于栽培蒙古扁桃叶片脯氨酸含量。

2.8.2　干旱胁迫对蒙古扁桃游离氨基酸积累的影响

干旱胁迫对蒙古扁桃幼苗游离氨基酸积累的影响如图2.21所示。在连续8d的土壤干旱胁迫处理期间,随着土壤含水量逐渐减少,蒙古扁桃幼苗叶水势由正常水分下的-0.75MPa下降到-2.69MPa,幼苗游离氨基酸含量从干旱胁迫处理的第1天（-1.05MPa）开始缓慢增加,到胁迫处理的中后期,即叶水势为-2.00MPa（第5天）时达到最高值6.34mg·g^{-1}DW,比对照的3.96mg·g^{-1}DW增加1.6倍。然后可溶性氨基酸的含量开始缓慢减少。复水3d后蒙古扁桃幼苗游离氨基酸含量迅速下降到4.61mg·g^{-1}DW。植物在干旱胁迫下,由于细胞脱水,细胞内蛋白质分解作用会增强,合成减弱,以致植物体游离氨基酸增多,特别是脯氨酸积累（姜孝成,1998）。水分胁迫下产生的游离氨基酸可能起着维持细胞水势,消除氨类物质的毒害和储存氮素的功能。游离氨基酸可以有效地降低细胞渗透势,维持膨压,保证体内生理生化过程的正常运行（贺鸿雁等,2006）。

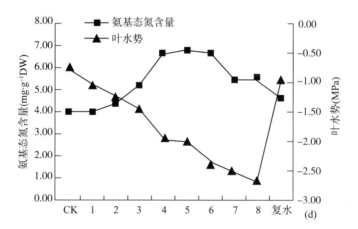

图2.21　干旱胁迫对蒙古扁桃幼苗叶片游离氨基酸积累的影响

Fig. 2.21　Effect of drought stress on free amino acid accumulation in the leaves of *P. mongolica* seedlings

2.8.3 干旱胁迫对蒙古扁桃可溶性糖积累的影响

早在1948年Eaton和Ergle就发现水分亏缺可引起淀粉量的减少和可溶性糖的增加，即可溶性糖在干旱胁迫时可作为渗透调节物质而维持细胞的膨压。生长在缺水条件下的作物叶片和茎中可溶性糖含量随着水分胁迫的加强而增加（刘祖琪等，1994）。可溶性糖被认为是对干旱忍耐的适应物质，在干旱胁迫时可溶性糖作为渗透调节物质维持细胞的膨压（徐世健等，2000）。可溶性糖的物理化学性质决定了它的渗透调节能力高于其他物质（杨九艳等，2005）。作为渗透调节物质的可溶性糖主要有蔗糖、葡萄糖、果糖和半乳糖等（李德全等，1989）。

在干旱胁迫下蒙古扁桃幼苗可溶性糖含量变化如图2.22。从图2.22看出，随着土壤含水量逐渐减少，蒙古扁桃幼苗可溶性糖含量（第1天）开始缓慢减少，当叶水势下降到-1.37MPa（第4天）时开始缓慢增加。当叶水势下降至-2.21MPa（第6天）时，达到最高值68.63mg·g^{-1}DW，比对照的65.49 mg·g^{-1}DW增加4.79%。从干旱胁迫的第7天（-2.30MPa）开始蒙古扁桃幼苗可溶性糖的含量又开始缓慢减少。复水3d后，蒙古扁桃幼苗可溶性糖含量上升到对照的水平。刘建新等（2005）对多裂骆驼蓬（*Peganum multisectum*）的研究也表明，在胁迫前期游离氨基酸迅速积累，后期下降。可溶性糖在胁迫后期积累明显增加，这种累积进程的差异，可能两者之间存在相互补偿的作用。对蒙古扁桃的实验结果也表明，在干旱胁迫后期游离氨基酸含量下降，而可溶性蛋白质、可溶性糖呈现上升趋势，可能蒙古扁桃幼苗渗透调节物质之间也存在互补作用。

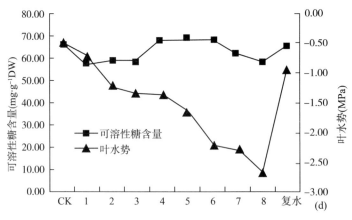

图2.22 干旱胁迫对蒙古扁桃幼苗叶片可溶性糖积累的影响

Fig. 2.22 Effect of drought stress on soluble sugar accumulation in the leaves of *P. mongolica* seedlings

图 2.23 是包头九峰山野生蒙古扁桃和呼和浩特市树木园栽培蒙古扁桃在连续 15d 干旱胁迫期间其叶片可溶性糖含量的变化。在干旱胁迫处理的第 5 天、10 天和 15 天，九峰山野生蒙古扁桃叶片可溶性糖含量分别比初始水平升高了 37.55%、63.25% 和 83.19%，树木园栽培蒙古扁桃叶片可溶性糖含量分别比初始水平升高了 37.82%、63.36% 和 81.13%，差异均达到显著水平（$P<0.05$）。且九峰山野生蒙古扁桃叶片可溶性糖含量在各胁迫期均略高于树木园的。

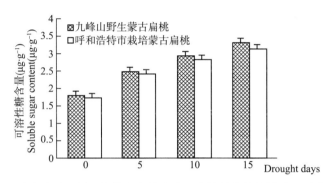

图 2.23 自然干旱胁迫对不同生境蒙古扁桃叶片可溶性糖含量的影响（引自金丽萍，2009）
Fig. 2.23 Natural drought stress on leaves soluble sugar content of *P. mongalica* in different habitats

为了进一步研究甘露醇对植物在氧化逆境下的保护作用，Shen 等（1997）将来自豌豆（*Pisum satium*）*RbcS3A* 基因的氨基端转运肽序列融合在 *mtl*D 编码序列的上游，以使甘露醇的合成和积累在转基因烟草叶绿体中进行。结果其中一个转基因系的叶绿体中可以积累甘露醇达 100 mmol·L^{-1}，其植株表型和光合作用与野生型相同。叶绿体中甘露醇的存在增强了转基因烟草对甲基紫精（methyl viologen，MV）诱导的氧化逆境的抗性。在甲基紫精存在下，转基因植株的离体叶肉细胞显示出比野生型更高的 CO_2 固定能力。

2.8.4 干旱胁迫对蒙古扁桃钾、钠离子积累的影响

无机离子是渗透调节物的一大类，K^+ 和其他无机离子主要在维持液泡渗透势中起作用，可把 K^+ 主要看作液泡内的渗透调节物质（李德全等，1992）。K^+ 作为渗透调节物质有许多优点，如 K^+ 相对分子质量小，在相同的体积和绝对量条件下质点数多，降低渗透势的作用大；对细胞无毒害；离子半径小、水化膜大，对细胞原生质具有水合作用，等等（陈京等，1995）。李景平等（2005）对阿拉善荒漠区 3 种旱生植物体内渗透调节物质的研究表明，Na^+ 也是一种重要的渗透调节物质，并对其渗透调节的贡献最大。

干旱胁迫下蒙古扁桃幼苗 K^+、Na^+ 含量变化如图 2.24 所示。从图 2.24 看出,随着土壤含水量逐渐减少,蒙古扁桃幼苗叶片钾、钠离子含量就开始迅速上升。当叶水势降低到 -1.95MPa(第 4 天)时,K^+ 含量上升到最高点,达 3.60 mg·g^{-1} DW,比对照的 0.74 mg·g^{-1} DW 增加 3.88 倍;而 Na^+ 积累在叶水势下降到 -2.00MPa(第 5 天)时达到最高点的 0.709mg·g^{-1} DW,比对照的 0.07mg·g^{-1} DW 增加 9.91 倍。然后钾、钠离子含量开始迅速下降。复水 3d 后钾、钠离子含量基本恢复到正常供水水平。钠离子的最高含量仅为钾离子最高含量的 19.71%,这表明蒙古扁桃幼苗无机离子渗透调节物质中 K^+ 的贡献更大。从上述实验结果证明,蒙古扁桃幼苗具有较强的渗透调节能力。在干旱胁迫前期积累脯氨酸、可溶性氨基酸等小分子量的有机溶质及吸收积累大量无机离子(K^+、Na^+),降低细胞渗透势,保持细胞继续能够吸水,维持膨压。但是随着土壤干旱胁迫的进一步加重,这些渗透调节物质含量下降,转而积累可溶性蛋白质、可溶性糖,其适应策略发生了根本性的变化。因为,在极端干旱条件下,植物组织高度脱水,细胞膜结构也都受到不同程度的损害。在这种情况下仍消耗大量的能量和有机物来进行渗透调节是不可取的。因此可以将干旱胁迫后期可溶性蛋白质含量的上升看作是对氨基酸(包括脯氨酸)、K^+、Na^+ 含量等下降的补偿策略。

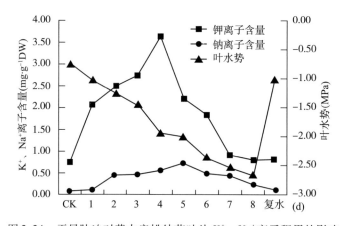

图 2.24 干旱胁迫对蒙古扁桃幼苗叶片 K^+、Na^+ 离子积累的影响

Fig. 2.14 Effect of drought stress on leaves K^+、Na^+ accumulation of P. mongolica seedlings

2.8.5 土壤干旱胁迫对蒙古扁桃幼苗可溶性蛋白质含量的影响

蛋白质的代谢受多种因素的影响,变化了的环境因子或环境胁迫包括干旱、水涝、盐渍、病虫害和紫外辐射等非正常的环境条件都会影响细胞内的可溶性蛋白质含量(徐民俊等,2002)。蛋白质含量、蛋白水解酶活性、蛋白质合成能力在不同程度水分

胁迫下变化不同，这种复杂性反映了蛋白质代谢的基因型差异和环境影响的多向性。蛋白质含量在体内是由合成与降解的平衡来控制（闫洁等，2006）。干旱胁迫直接影响蛋白质的合成能力，而且会引起蛋白质降解，从而使作物体内蛋白质含量减少。可溶性蛋白含量在干旱条件下都相对减小，这也进一步说明干旱对植物生长产生了胁迫，导致作物代谢活性下降，体内蛋白质的累积减少（王保莉等，2000）。

土壤干旱胁迫对蒙古扁桃幼苗可溶性蛋白质含量的影响如图2.25所示。随着土壤含水量下降，蒙古扁桃幼苗水势从对照的-0.62MPa下降到-0.81MPa（第1天）时可溶性蛋白含量就开始迅速下降。当幼苗水势达-1.34MPa（第3天）时，其可溶性蛋白含量下降到最低点，即28.49mg·g^{-1}DW，比对照的59.79 mg·g^{-1}DW下降52.35%。从植物水势下降到-1.69MPa（第4天）开始又缓慢增加，当植物水势-2.48MPa（第5天）时达到48.68 mg·g^{-1}DW，但仍然比正常水分条件下（CK）的含量低18.59%。从土壤干旱胁迫的第6天即植物水势下降到-2.68MPa开始含量趋于平稳。表明在土壤干旱初期可溶性氨基酸的大量积累与可溶性蛋白质的分解有关。

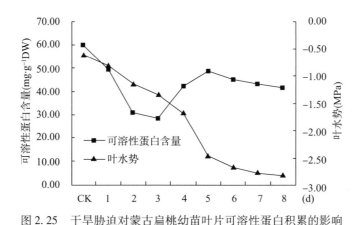

图2.25　干旱胁迫对蒙古扁桃幼苗叶片可溶性蛋白积累的影响

Fig. 2.25　Effect of drought stress on leaves protein accumulation of *P. mongolica* seedlings

陈忠等（1999）认为可溶性蛋白与调节植物细胞的渗透势有关，高含量的可溶性蛋白可帮助维持植物细胞较低的渗透势，抵抗水分胁迫带来的伤害。认为起到维持渗透势的可溶性蛋白可能是其中具有热稳定性高和亲水力强的热稳定蛋白（主要是一些蛋白和热激蛋白）。赵天宏等（2002）对水分胁迫下不同抗旱性玉米品种幼苗叶片蛋白质变化的比较的研究结果表明，水分胁迫引起植物蛋白质代谢的变化，引起有些蛋白质的分解，同时诱导另一些蛋白质的合成，即所谓的干旱诱导蛋白的合成，并且抗旱性弱的品种诱导蛋白产生早于抗旱性强的品种。李妮亚（1988）的研究表明，在多种逆境胁迫下，植物体内正常的蛋白质合成受到抑制，但是往往会有一些被诱导出的新蛋白出现使原有蛋白质的含量增加。

生物膜和细胞内蛋白质分子表面的水化层对稳定生物大分子的结构非常重要。生物膜中，水作为重要的跨膜和膜内组分而存在，膜的水化程度直接影响植物对胁迫的敏感性。蛋白质中，水化层参与蛋白质分子的疏水相互作用，影响蛋白质表面的水化作用可引起蛋白质分子构象的改变。由于生物大分子表面的水是以结合或吸附的状态存在的，所以容易受环境胁迫的影响。近年来的研究发现，藜科、禾本科植物在受到胁迫时积累的渗透调节物，可以稳定水溶性蛋白的结构，防止中高浓度离子对蛋白质的破坏，特别是防止高浓度盐引起蛋白复合体解离成亚基。有关渗透调节物的保护机制，主要有渗透调节物质影响蛋白质表面水合作用及水合程度、维持蛋白质原来结构等观点（侯彩霞等，1997；王艳青等，2001）。

参考文献

[1] 包玉龙. 荒漠植物蒙古扁桃耐旱生理特性研究 [D]. 呼和浩特：内蒙古师范大学硕士学位论文，2007.

[2] 柴宝峰，王孟本，李洪建. 3 树种 PV 曲线水分参数的比较研究 [J]. 水土保持通报，1996，16（4）：35-40.

[3] 常兆平. 民勤荒漠植物生态特征研究 [D]. 兰州：甘肃农业大学硕士学位论文，2006.

[4] 陈京，周启贵，张启堂. PEG 处理对甘薯叶片渗透调节物质的影响 [J]. 西南师范大学学报（自然科学版），1995，20（1）：73-78.

[5] 陈忠，苏维埃，汤章城. 豌豆热激蛋白 Hpc60 对酶的高温保护功能及其机理 [J]. 科学通报，1999，44（20）：2171-2175.

[6] 崔洪波. 中国水力结构研究进展 [M]. 北京：中国农业科学技术出版社，2005.

[7] 邓雄，李小明，张希明，等. 4 种荒漠植物气体交换特征的研究 [J]. 植物生态学报，2002，26（5）：605-612.

[8] 狄晓艳，王孟本，陈建文，等. 杨树无性系 PV 曲线水分参数的研究 [J]. 西北植物学报，2007，27（1）：98-103.

[9] 董学军，杨宝珍，郭柯. 几种沙生植物水分生理生态的研究 [J]. 植物生态学报，1994，18（1）：86-94.

[10] 冯起，司建华，席海洋，等. 极端干旱区天然植被耗水规律试验研究 [J]. 中国沙漠，2008，28（6）：1095-1103.

[11] 付爱红，陈亚宁，李卫红，等. 干旱、盐胁迫下的植物水势研究与进展 [J]. 中国沙漠，2005，25（5）：744-749.

[12] 郭春会，罗梦，马玉华，等. 沙地濒危植物长柄扁桃特性研究进展 [J]. 西北农林科技大学学报（自然科学版），2005，33（12）：125-129.

[13] 韩蕊莲，李丽霞，梁宗锁. 干旱胁迫下沙棘叶片细胞膜透性与渗透调节物质研究 [J]. 西北植

物学报,2003,23(1):23-27.
- [14] 韩文军,春亮,王育青.阿拉善荒漠区主要盐生植物水势日变化[J].草业科学,2011,28(1):110-112.
- [15] 何峰,李向林,万里强.土壤和叶水势对植物叶片光合性能的影响[A].中国草原发展论坛论文集,2009:783-788.
- [16] 贺鸿雁,孙存华,杜伟,等.PEG-6000胁迫对花生幼苗渗透调节物质的影响[J].中国油料作物学报,2006,28(1):76-78.
- [17] 何明珠,王辉,陈智平.荒漠植物持水力研究[J].中国沙漠,2006,26(3):403-408.
- [18] 何明珠.荒漠植物枝系构件及其持水力研究[D].兰州:甘肃农业大学硕士学位论文,2004.
- [19] 何维明,张新时.水分共享在毛乌素沙地4种灌木根系中的存在状况[J].植物生态学报,2001,25(5):630-633.
- [20] 侯彩霞,徐春和,汤章城,等.甜菜碱对PSⅡ放氧中心结构的选择性保护[J].科学通报,1997,42(17):1857-1859.
- [21] 胡小文,王彦荣,武艳培.荒漠草原植物抗旱生理生态学研究进展[J].草业学报,2003,13(3):9-15.
- [22] 胡月楠,贺康宁,巩玉霞,等.内蒙古库布齐沙地白刺水势研究[J].水土保持研究,2007,14(4):100-104.
- [23] 姜孝成,徐孟亮,陈良碧,等.不同水、陆稻抗旱性与剑叶中可溶性蛋白变化的关系[J].湖南师范大学(自然科学学报),1998,21(3):60-64.
- [24] 李德全,邹琦,程炳嵩.土壤干旱下不同抗旱性小麦品种的渗透调节和渗透调节物质[J].植物生理学报,1992,18(1):37-44.
- [25] 李德全,邹琦,程炳嵩.植物在逆境下的渗透调节[J].山东农业大学学报,1989(2):75-50.
- [26] 金丽萍.不同生态条件下干旱胁迫对蒙古扁桃生理指标及解剖结构的影响[D].呼和浩特:内蒙古农业大学硕士学位论文,2009.
- [27] 李德新.内蒙古高原荒漠草原生态系统概论.见:赛胜宝,李德新.荒漠草原生态系统研究[M].呼和浩特:内蒙古人民出版社,1995.1-9.
- [28] 李吉跃.PV技术在油松侧柏苗木抗旱特性研究中的应用[J].北京林业大学学报,1989,11(1):3-11.
- [29] 李吉跃,张建国.北方主要造林树种耐旱机理及其分类模型的研究(I)—苗木叶水势与土壤含水量的关系及分类[J].北京林业大学学报,1993,15(3):1-11.
- [30] 李佳陶,余伟莅,李钢铁,等.不同地下水位胡杨蒸腾速率与叶水势的变化分析[J].内蒙古林业科技,2006,(1):1-5.
- [31] 李景平,杨鑫光,傅华,等.阿拉善荒漠区3种旱生植物体内主要渗透调节物质的含量和分配特征[J].草业科学,2005,22(9):35-38.
- [32] 李妮亚,高俊凤,汪沛洪.小麦幼苗水分胁迫诱导蛋白的特征[J].植物生理学报,1998,14(1):65-71.

[33] 李骁, 王迎春, 征荣. 西鄂尔多斯地区强旱生小灌木水分参数的研究（Ⅰ）[J]. 中国沙漠, 2005, 25 (4): 581-586.

[34] 李骁, 王迎春, 征荣. 西鄂尔多斯地区强旱生小灌木的水分参数[J]. 应用生态学报, 2007, 18 (5): 581-586.

[35] 李彦瑾. 干旱胁迫对六种旱生灌木生长及水分生理特征的影响[D]. 杨凌: 西北农林科技大学硕士学位论文, 2008.

[36] 梁凤超, 张新平, 张毓涛, 等. 干旱区荒漠梭梭、柽柳蒸腾耗水对比分析[J]. 新疆农业科学, 2011, 48 (5): 962-967.

[37] 刘建平, 韩路, 龚卫江, 等. 胡杨、灰叶胡杨光合、蒸腾作用比较研究[J]. 塔里木农垦大学学报, 2004, 16 (3): 1-6.

[38] 刘建平, 李志军, 韩路, 等. 胡杨、灰叶胡杨 PV 曲线水分参数的初步研究[J]. 西北植物学报, 2004, 24 (7): 1255-1259.

[39] 刘建新, 赵国林. 干旱胁迫下骆驼蓬抗氧化酶活性与渗透调节物质的变化[J]. 干旱地区农业研究, 2005, 23 (5): 127-130.

[40] 刘美珍, 蒋高明, 李永庚, 等. 浑善达克沙地三种生境中不同植物的水分生理生态特征[J]. 生态学报, 2004, 24 (7): 1465-1471.

[41] 刘祖琪, 张石城. 植物抗性生理学[M]. 北京: 中国农业出版社, 1994.

[42] 芦新建, 贺康宁, 巩玉霞, 等. 内蒙古库布齐沙漠四翅滨藜叶水势研究[J]. 水土保持研究, 2008, 15 (2): 184-188.

[43] 慕自新, 张岁歧, 杨晓青, 等. 氮磷亏缺对玉米根系水流导度的影响[J]. 植物生理与分子生物学学报, 2003, 29 (1): 45-51.

[44] 慕自新, 张岁歧, 梁爱华, 等. 玉米整株根系水导与其表型抗旱性的关系[J]. 作物学报, 2005, 31 (2): 203-208.

[45] 慕自新, 张岁岐, 杨晓青, 等. 氮磷亏缺对玉米根系水流导度的影响[J]. 植物生理与分子生物学学报, 2003, 29 (1): 45-51.

[46] 阮成江, 李代琼. 半干旱黄土丘陵区沙棘叶水势及其影响因子[J]. 陕西林业科技, 2000, (1): 1-4.

[47] 阮成江, 李代琼, 姜峻, 等. 半干旱黄土丘陵区沙棘的水分生理生态及群落特性研究[J]. 西北植物学报, 2000, 20 (4): 621-627.

[48] 萨如拉, 张秋良, 刘洋. 额济纳绿洲天然胡杨光合速率与其叶水势相关关系研究[J]. 林业资源管理, 2009, (5): 94-98.

[49] 尚志强, 巩玉霞. 内蒙古库布其沙地小叶锦鸡儿水势研究[J]. 安徽农业科学, 2010, 38 (15): 8109-8111.

[50] 沈玉芳, 曲东, 王保莉. 干旱低磷胁迫对不同品种小麦根系导水率的影响[J]. 西北植物学报, 2004, 24 (9): 1578-1582.

[51] 沈玉芳, 曲东, 王保莉, 等. 干旱胁迫下磷营养对不同作物苗期根系导水率的影响[J]. 作物学报, 2005, (2): 214-218.

第 2 章 蒙古扁桃水分生理

[52] 沈玉芳,曲东,王保莉. 磷对大麦根系导水率的调节作用研究[J]. 干旱地区农业研究, 2005, 23 (1): 81-84.

[53] 沈玉芳,王保莉,曲东,等. 水分胁迫下磷营养对玉米苗期根系导水率的影响[J]. 西北农林科技大学学报(自然科学版), 2002, 30 (5): 11-15.

[54] 山中典和. 黄土高原的沙漠化对策[M]. 东京: 古今书院, 2008: 214-235.

[55] 邵立威,孙宏勇,陈素英,等. 根土系统中的根系水力提升研究综述[J]. 中国生态农业学报, 2011, 19 (5): 1080-1085.

[56] 申卫军,彭少麟,张硕新. 三个耐旱树种木质部栓塞化的脆弱性及其恢复能力[J]. 生态学杂志, 2000, 19 (6): 1-6.

[57] 施积炎,丁贵杰,袁小凤. 不同家系马尾松苗木水分参数的研究[J]. 林业科学, 2004, 40 (3): 51-55.

[58] 孙海龙,吕志远,郭克贞,等. 毛乌素沙地人工草地SPAC中大气水势及其影响因子分析[J]. 内蒙古农业大学学报(自然科学版), 2008, 29 (3): 42-45.

[59] 宋耀选,周茂先,张小由,等. 额济纳绿洲主要植物的水势与环境因子的关系[J]. 中国沙漠, 2005, 25 (4): 496-499.

[60] 田丽,王进鑫,庞云龙. 不同供水条件下气象因素对侧柏和刺槐叶水势的影响[J]. 西北林学院学报, 2008, 23 (3): 25-28.

[61] 王保莉,杨春,曲东. 环境因素对小麦苗期SOD、MDA及可溶性蛋白的影响[J]. 西北农业大学学报, 2000, 28 (6): 72-77.

[62] 王华田,马履一,徐军亮. 油松人工林SPAC水势梯度时空变化规律及其对边材液流传输的影响[J]. 植物生态学报, 2004, 28 (5): 637-643.

[63] 王理德,刘生龙,高志海,等. 沙区五种珍稀濒危植物水分生理指标测定及分析[J]. 甘肃林业科技, 1995, (3): 6-9.

[64] 王琼. 东阿拉善、西鄂尔多斯主要荒漠植物水分生态适应性研究[D]. 呼和浩特: 内蒙古大学硕士学位论文, 2008.

[65] 王孟本,李洪建,柴宝峰. 柠条的水分生理生态学特性[J]. 植物生态学报, 1996, 20 (6): 494-501.

[66] 王万里. 压力室(Pressure Chamber)在植物水分状况研究中的应用[J]. 植物生理学通讯, 1984 (3): 52-57.

[67] 王兴鹏,张维江,马轶,等. 盐池沙地柠条的蒸腾速率与叶水势关系的初步研究[J]. 农业科学研究, 2005, 26 (2): 43-47.

[68] 王艳青,陈雪梅,李悦,等. 植物抗逆中的渗透调节物质及其转基因工程进展[J]. 北京林业大学学报, 2001, 23 (4): 66-70.

[69] 魏晓霞,呼和牧仁,周梅,等. 不同年龄华北落叶松叶水势及其影响因素的研究[J]. 干旱区资源与环境, 2010, 24 (7): 144-148.

[70] 乌日娜. 土壤干旱胁迫对蒙古扁桃幼苗水分代谢及光合特性的影响[D]. 呼和浩特: 内蒙古师范大学硕士学位论文, 2010.

[71] 秀敏. 荒漠植物蒙古扁桃生物学特性研究 [D]. 呼和浩特：内蒙古师范大学硕士学位论文，2005.

[72] 徐世健，安黎哲，冯虎元，等. 两种沙生植物抗旱生理指标的比较研究 [J]. 西北植物学报 2000，20（2）：224-228.

[73] 徐民俊，刘桂茹，杨学举，等. 水分胁迫对抗旱性不同冬小麦品种可溶性蛋白质的影响 [J]. 干旱地区农业研究，2002，20（3）：85-89.

[74] 徐先英，孙保平，丁国栋，等. 干旱荒漠区典型固沙灌木液流动态变化及其对环境因子的响应 [J]. 生态学报，2008，28（3）：897-907.

[75] 许皓，李彦. 3种荒漠灌木的用水策略及相关的叶片生理表现 [J]. 西北植物学报，2005，25（7）：1309-1316.

[76] 闫洁，曹连莆，刘伟，等. 花后土壤水分胁迫对大麦旗叶蛋白质代谢及内源激素变化的影响 [J]. 安徽农业科学，2006，34（1）：1-2，53.

[77] 杨九艳，杨劼，杨明博，等. 5种锦鸡儿属植物渗透调节物质的变化 [J]. 内蒙古大学学报（自然科学版），2005，36（6）：677-682.

[78] 杨敏生，裴保华，于冬梅. 水分胁迫对毛白杨杂种无性系苗木维持膨压和渗透调节能力的影响 [J]. 生态学报，1997，17（4）：364-370.

[79] 于界芬. 树木蒸腾耗水特点及解剖结构的研究 [D]. 南京：南京农业大学硕士学位论文，2003

[80] 占东霞，庄丽，王仲科，等. 准噶尔盆地南缘干旱条件下胡杨、梭梭和柽柳水势对比研究 [J]. 新疆农业科学，2011，48（3）：544-550.

[81] 张力君，王林和，易津. 驼绒藜等8种耐旱灌木持水力分析 [J]. 干旱区资源与环境，2003，17（3）：122-127.

[82] 赵雪峰，王曙光，樊明寿. 植物根系水分导度及影响因素 [J]. 植物生理通讯，2006，42（4）：605-611.

[83] 张昕讳，张日升，刘敏，等. 4种饲料型灌木树种沙地造林试验及叶水势的测定 [J]. 防护林科技，2010（5）：32-34.

[84] 朱美君，康蕴，陈珈，等. 植物水通道蛋白及其活性调节 [J]. 植物学通报，1999，16（1）：45-50.

[85] 张小由，康尔泗，司建华，等. 额济纳绿洲中柽柳耗水规律的研究 [J]. 干旱区资源与环境，2006，20（3）：159-162.

[86] 张友焱. 毛乌素沙地几种树种水分生理特性研究 [D]. 北京：中国林业大学博士学位论文，2006.

[87] 赵天宏，沈秀瑛，杨德光，等. 水分胁迫对不同抗旱性玉米幼苗叶片蛋白质的影响 [J]. 沈阳农业大学学报，2002，33（6）：408-410.

[88] 朱震达. 中国土地沙质荒漠化 [M]. 北京：科学出版社，1994：16-47.

[89] 邹琦. 植物细胞壁的弹性与塑性特征及其在抗旱性中的意义，见：邹琦主编. 作物抗旱生理生态研究 [M]. 济南：山东科学技术出版社，1994：13-23.

[90] Burgess S. O, Adams M. A, Turner N. C, *et al.* The redistribution of soil water by tree root systems [J]. *Oecologia*, 1998, 115: 306-311.

[91] Caldwell M. M, Dawson T. E, Richards J H. Hydraulic lift: Consequences of water efflux from the roots of plants [J]. *Oecologia*, 1998, 113 (2): 151-161.

[92] Cheung Y. N. S., Tyree M. T., Dainty J. Water relations parameters on single leaves obtained in a pressure bomb and some ecological interpretations [J]. *Canadian Journal of Botany*, 1975, 53 (13): 1342-1346.

[93] Hsiao TC. Water and plant life (Ed. by Lange DL et al) [M]. Academic Press. New York. 1973. 281-303.

[94] Jay EA. Factors controlling transpiration and photosynthesis in *Tamarix chinensis* Lour [J]. *Ecology*, 1982, 63 (1): 46-50.

[95] Knapp A K. Variation among biomes in temporal dynamic of above ground primary production [J]. *Nature*, 2001, 29 (1): 481-484.

[96] Kramer P. J., Kozlowski T. T. 著. 汪振儒等译. 木本植物生理学 [M]. 北京：中国林业出版社, 1985.

[97] Kramer, P. J. & T. T. Kozlowski. Physiology of woody plants [M]. San Diego: Academic Press, 1979: 1187-1189.

[98] Levitt, J. Response of plant to environmental stresses [M]. NewYork: Academic press, 1972.

[99] Levitt, J. Response of plant to environmental stresses (Vol2) [M]. NewYork and London: Academic press, 1980.

[100] Lincoln Taiz & Eduardo Zeiger, 宋纯鹏, 王学路等译. 植物生理学（第4版）[M]. 北京：科学出版社, 2009: 39.

[101] Liu M Z, Jiang G M, Li Y G, *et al.* Leaf osmotic potential of 104 plant species in relation to habitats and plant functional types in Hunshandak Sandland, Inner Mongolia, China [J]. *Trees*, 2003, 17: 554-560.

[102] North G. B, Nobel P. S. Heterogeneity in water availability alters cellular development and hydraulic conductivity along roots of a desert succulent [J]. *Annals Botany*, 2000, 85 (2): 247-255.

[103] Richter H. A diagram for the description of water relations in plant cells and organ [J]. *Journal of experimental botany*, 1978, 29: 1197-1203.

[104] Scholander PF, Hammel HT, Brandstreet ED, *et al.* Sap pressure in vascular plants [J]. *Science*, 1965, 148: 339-346.

[105] Scholander PF, Hammel HT, Hemmingsen EA, *et al.* Hydrostatic pressure and osmotic potential in leaves of mangroves and some other plants [J]. *Proceedings of the National Academy of Sciences of the United States of America*, 1964, 52 (1): 119-125.

[106] Schulte P. J, Hinckley T. M. A comparison of pressure-volume curve data analysis techniques [J]. *Journal of Experimental Botany*, 1985, 36 (10): 1590-1602.

[107] Shen B, Jensen R G, Bohnert HJ. Increased resistance to oxidative stress in transgenic plants by

targeting mannitol biosynthesis to chloroplasts [J]. *Plant Physiol*, 1997, 113: 1177-1183.

[108] Slatyer R O. Terminology in plant and soil- water relations [J]. *Nature*, 1960, 187: 922-924.

[109] Turner N. C. Adaptation to water deficits: A changing perspective [J]. *Australian Journal of Plant Physiology*, 1986, 13 (1): 175-190.

[110] Tyree M. T., Hammel H. T. The measurement of the turgor pressure and the water relations of plants by the pressure-bomb technique [J]. *Journal of Experimental Botany*, 1972, 23 (1): 267-282.

[111] Tyree M. T., MacGregor M. E., Petrov A., *et al.* A comparison of systematic errors between the Richards and Hammel methods of measuring tissue-water relations parameters [J]. *Canadian Journal of Botany*, 1978, 56 (17): 2153-2161.

[112] Zimmermann, M. H. Hydraulic architecture of some diffuse-porous trees [J]. *Canadian Journal of Botany*, 1978a, 56: 2286-2295.

[113] Richter H. In: Grace, J., Ford, ED & Jarvis, PG. Plant and their atmospheric environment [M]. Blackwell: Oxford, 1981: 263-272.

第3章 蒙古扁桃光合生理特性

光合作用是荒漠植物赖以生长发育的生理基础，也是推动荒漠区生态系统物质循环和能量循环得以运行的原动力。面对环境的极端干旱、高温与强辐射，荒漠植物的光合作用与蒸腾作用是物种生存与发展的矛盾统一，一方面需要尽可能地减少水分的消耗，另一方面又需要在水分供应有限的条件下最大限度地生长和累积有机物，以增大个体大小、增强对不利环境的抵抗力（柏新富等，2008）。不同的荒漠植物进化成适应极端环境的不同光合器官和不同的光合生理机制，以确保物种的延续和进化。

3.1 蒙古扁桃叶绿素含量

高等植物光合色素主要包括叶绿素 a（chlorophyll a，Chla）、叶绿素 b（chlorophyll b，chlb）、叶黄素（xanthophyll）和 β-胡萝卜素（β-carotene）。这些光合色素是光合作用对光能的捕获、传递及转化的实施者，是植物进行光合作用的必要的物质条件之一。在正常生长发育的植物中，大部分叶绿素存在于叶绿体的蛋白质复合体中，而以自由形式存在的叶绿素会对细胞造成光氧化损伤。为了避免自由态叶绿素及其有色代谢产物对细胞造成光氧化损伤，植物细胞必须快速降解这些物质（史典义等，2009）。叶绿素 a 水解后形成的脱植基叶绿素 a（chlorophyllide a）可以通过叶绿素 b 合成途径合成叶绿素 b。该叶绿素 a 和叶绿素 b 之间的相互转化的"叶绿素循环"，在不同生理条件下调控 Chl a/b 比值过程中起重要作用（Kusaba M.，Ito H. 等，2007）。

叶绿素的生物合成与代谢分解受植物基因型和多种环境因素的影响，在某一特定时期其含量多少是环境与植物相互作用的产物。现已查明，从谷氨酰-tRNA（Glu-tRNA）开始到叶绿素 b 的合成结束一共包括 16 步，共由 20 多个基因编码的 16 种酶完成（Beale SI，2005）。类胡萝卜素的合成和积累都在质体中。类胡萝卜素在光合作用过程中起着重要作用。当光能不足的时候，它们与叶绿素一样可以吸收光能，用于光合作用；当光能超过需求的时候，它们能将多余的能量以热的形式耗散，保护光合作用机构正常运行。一般认为，Chla/chlb 比值反映植物光合活性的强弱，而类胡萝卜素又是植物最有效的抗氧化剂之一，以此类胡萝卜素与叶绿素含量比值（Car/Chl）可反映植物忍受逆境能力强弱（米海莉等，2004）。

利用干旱胁迫下叶绿素含量的变化，可以指示植物对干旱胁迫的敏感程度（Reuveni J, Gale J, Zeroni M., 1997）。然而早在 1918 年，R Willstätter, A Stoll 比较研究了各种不同叶绿素含量的榆树（Ulmus pumila）叶子的光合作用速率，发现这些叶子的叶绿素含量的相差超过 10 倍，但黄化叶子的光合速率几乎与正常叶子的一样快。阳生植物叶子在明亮的光下进行光合作用的能力比阴生植物的叶子快，而阴生植物叶子通常含有较多的叶绿素 b，表明这个问题的复杂性。

野生蒙古扁桃叶色呈暗绿，明显区别于生长于同一生境的其他植物的叶色，所以当地牧民们称蒙古扁桃为哈日毛道，意思是黑色树。2012 年 7 月对阿拉善左旗吉兰泰镇敖隆敖包嘎查蒙古扁桃种群和超格图呼热苏木乌兰腺吉嘎查蒙古扁桃种群叶绿素含量测定结果如表 3.1。从表 3.1 可知，野生蒙古扁桃叶绿素含量明显高于其他植物。

表 3.1　阿拉善野生蒙古扁桃光合色素含量（mg·g^{-}DW）
Tab. 3.1　Photosynthetic pigments content of *P. mongolica* in Alaxa

敖隆敖包				乌兰腺吉			
chla	chlb	chla/b	类胡萝卜素	chla	chlb	chla/b	类胡萝卜素
11.19	5.14	2.18	3.15	8.47	3.97	2.13	6.64

马剑英等（2007）对中国境内以红砂（Reaumuria soongorica）为主要建群种的典型分布区的 10 个不同地区不同生境生长的 21 个红砂自然种群 407 株植物叶片叶绿素含量调查分析发现，红砂种群间叶绿素含量差异显著。进一步分析发现，土壤因子对叶绿素合成的影响较气象因子大，而土壤含水量和土壤全磷含量是导致不同红砂种群叶绿素含量出现明显差异的主要原因。赖家业等（1999）研究了 2 种不同立地条件下蒜头果（Malania oleifera）叶片的叶绿素含量差异，结果表明，蒜头果叶片叶绿素含量与立地条件有密切的关系，其中土壤因子中的矿质元素是导致叶绿素含量出现明显差异的主要原因。

土壤干旱胁迫对蒙古扁桃幼苗光合色素含量的影响见表 3.2。由表 3.2 可知，随土壤干旱胁迫强度的增加，Chla、Chlb、Car 和 Chla+b 呈先增加后减小的趋势。当土壤相对水分含量降到 62.25%，幼苗叶水势降到-1.15MPa 时，出现最大值。Chla/b 和 Car/Chla+b 呈先减小后增加的趋势。当幼苗叶水势降至-1.15MPa 时，出现最小值。随土壤干旱胁迫强度的加剧，幼苗类胡萝卜素与叶绿素含量比值（Car/Chla+b）随之增加，幼苗抗氧化能力加强，缓解了幼苗的胁变程度。复水24h后，土壤相对水分含量和叶水势分别恢复到32.57%和-1.46MPa，Chla和Chlb含量也分别恢复了95.35%和80.77%。

表3.2 土壤干旱胁迫对蒙古扁桃幼苗光合色素含量的影响
Tab. 3.2 Effect of soil drought stress on photosynthetic pigments contents of *P. mongolica* seedlings

处理天数(d)	土壤相对水分含量(%)	叶水势(MPa)	Chl a (mg·g^{-1}DW)	Chl b (mg·g^{-1}DW)	Chla+b (mg·g^{-1}DW)	Car (mg·g^{-1}DW)	Chl a/b	Car/Chla+b
1	100.00	-0.83	1.72±0.21	0.78±0.05	2.50±0.39	0.32±0.10	2.20±0.26	0.126±0.052
2	62.25	-1.15	1.82±0.16	0.83±0.13	2.65±0.68	0.33±0.11	2.18±0.31	0.123±0.061
3	44.67	-1.42	1.48±0.31	0.67±0.06	2.15±0.73	0.28±0.04	2.21±0.28	0.132±0.058
4	25.30	-1.65	1.42±0.22	0.60±0.10	2.02±0.89	0.27±0.03	2.38±0.52	0.136±0.042
5	23.15	-2.58	1.22±0.30	0.50±0.06	1.72±0.36	0.25±0.03	2.44±0.84	0.143±0.031
6	16.18	-2.70	1.10±0.20	0.42±0.07	1.52±0.15	0.25±0.06	2.60±0.26	0.164±0.035
7	10.65	-2.82	0.96±0.17	0.36±0.06	1.32±0.43	0.23±0.07	2.63±0.65	0.177±0.042
8	6.88	-2.95	0.91±0.22	0.31±0.12	1.21±0.50	0.21±0.06	3.00±0.28	0.173±0.620
复水	32.57	-1.46	1.64±0.34	0.63±0.20	2.27±0.75	0.32±0.03	2.61±0.94	0.142±0.360

对蒙古扁桃近缘种长柄扁桃（*Amygdalus pedunculata*）的研究表明，在轻度土壤干旱胁迫下其Chla、Chlb、Chla+b、Car含量以及Chla/b和Chla+b/Car比值均增加，在中度土壤干旱胁迫下变化不显著，而在严重干旱时显著下降（马小卫，2006）。徐莉实验结果表明，新疆阜康地区红砂（*Reaumuria soongorica*）叶绿素含量与土壤含水量呈显著负相关（徐莉，2003）。经60d的干旱胁迫后，红砂叶片的叶绿素a和叶绿素b含量分别增加了22%和13%。之后持续的干旱胁迫引起红砂叶片叶绿素a和叶绿素b含量降低，甚至低于原来的水平（图3.1A和C）。而经16d干旱胁迫处理之后复水，红砂叶片的叶绿素a保持较高的水平，而叶绿素b立即恢复；经72d干旱胁迫处理之后复水，红砂叶片的叶绿素a和b含量均恢复（图3.1B和D）。在长期的干旱缺水情况下叶绿素代谢的相对稳定，对荒漠植物保持一定速率的光合作用是至关重要的。

然而，蒋明义等（1991）对水稻的研究，薛崧等（1992）对冬小麦的研究及Alberte R. S.（1977）对玉米的研究都发现，水分胁迫可使叶绿素含量降低。Alberte等认为，水分胁迫下叶绿素含量的降低的主要原因是叶绿体片层中捕光Chla/b-蛋白复合体合成受抑制。说明，由于不同植物耐旱性不同，其叶绿素代谢对干旱胁迫的响应不同。

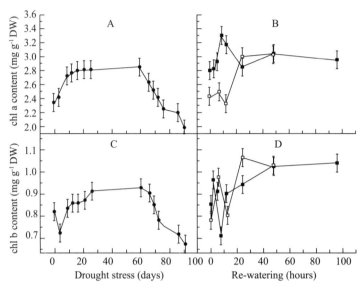

图 3.1 在干旱胁迫期间（A，C）和在 16 天（■）与 72 天（□）干旱胁迫之后的
复水阶段（B，D）红砂叶片叶绿素 a 和 b 的含量（mean±SE；$n=6$），DW：干重

Fig. 3.1 Chlorophyll a and b contents in *R. soongorica* leaves during drought stress (A, C) and re-watering (B, D) after 16 (closed squares) and 72 (open squares) days drought stress (mean±SE; $n=6$), DW: dry weight（引自白绢，2008）

研究表明，叶绿素代谢与光呼吸有一定的关系。在中度干旱胁迫下，用光呼吸抑制剂异烟肼（4-吡啶甲酰肼，isoniazid，INH）喷施处理，红砂（*Reaumuria soongorica*）植株的叶绿素和可溶性蛋白含量都低于没有喷施异烟肼植株的值，而在重度干旱胁迫下，结果刚好相反。表明，红砂光呼吸在中度干旱胁迫下缓解了叶绿素的降解并促进了蛋白的积累（白绢，2008）。用含有不同谷氨酰胺合成酶的转基因烟草（*Nicotiana tabacum*）实验发现，转基因烟草叶片中的谷氨酰胺合成酶含量与光呼吸能力呈很明显的相关性，在含有较少谷氨酰胺合成酶的转基因烟草叶片中的叶绿素比非转基因叶片中的叶绿素降解速度明显加快（Kozaki & Takeba，1996；Kozaki A & Takeka G.，1996）。由此可见，在高光强下，光呼吸可能会减缓叶绿素的降解。然而，将冬小麦（*Triticum aestivum*）和辣椒（*Capsicum annuum*）用光呼吸抑制剂亚硫酸钠处理可增加其叶绿素含量（周广业和王宏凯，2000）。因此，光呼吸与叶绿素代谢的关系有待进一步研究。

3.2 蒙古扁桃光合速率

荒漠植物由于长期适应干旱环境，在光合速率和光合作用的调节运转机制、光合途径等方面发生相应的改变，从而更好地适应干旱环境。研究表明，同一植物在不同天气、季节即不同水分条件下光合速率的日变化不同。在炎热夏季，荒漠灌木的光合作用日动态曲线表现出典型的双峰形，而在春季则为单峰形，且夏季的第一个峰值比春季的峰值早2h左右（蒋高明，朱桂杰，2001；白琰等，2006）。图3.2是在阿拉善左旗吉井滩开发区超格图呼热苏木乌兰腺吉嘎查（2012年7月14日，N38°13′18.5″~E105°13′19.5″，海拔1 353~1 367 m）和巴彦红格日苏木乌西日格嘎查敖隆敖包嘎查（2012年7月19日，N40°15′21.1″，E105°44′10.5″，海拔1 163~1 180m）测定的野生蒙古扁桃居群光合速率日程变化。敖隆敖包种群的光合速率日程变化曲线呈明显的"双峰"曲线形，具有明显的"午休"现象。第一峰值出现在11:00时，其值为7.42μmol·m^{-2}·s^{-1}，第二峰出现在15:00时，其值为6.95μmol·m^{-2}·s^{-1}，而低谷值出现在13:00时，为5.22μmol·m^{-2}·s^{-1}，日平均值为5.34μmol·m^{-2}·s^{-1}；乌兰腺吉种群的光合速率日程变化曲线呈不明显的"双峰"曲线形，第一峰值出现在9:00时，其值为4.51μmol·m^{-2}·s^{-1}，第二峰出现在15:00时，其值为4.09μmol·m^{-2}·s^{-1}，日平均值为3.07μmol·m^{-2}·s^{-1}，日均光合速率明显低于敖隆敖包种群的光合速率。造成两地蒙古扁桃光合速率差异的主要原因是生境的水分状况不同。敖隆敖包嘎查地下水埋深只有2~5m，而且测定前两天下雨，测定植株叶水势日变化在-1.53~-2.74MPa之间，而乌兰腺吉地下水埋深达30m以上，而且较长时间未下雨，测定植株叶水势日变化在-2.45~-3.58MPa之间，植株明显处于干旱状态（图3.3）。

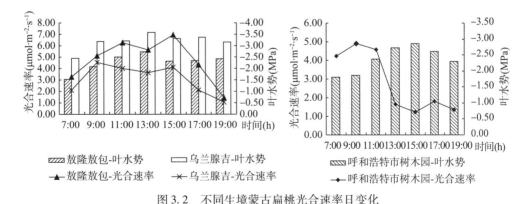

图3.2 不同生境蒙古扁桃光合速率日变化

Fig. 3.2 Daily variation of photosynthetic rate of *P. mongolica* in different habitats

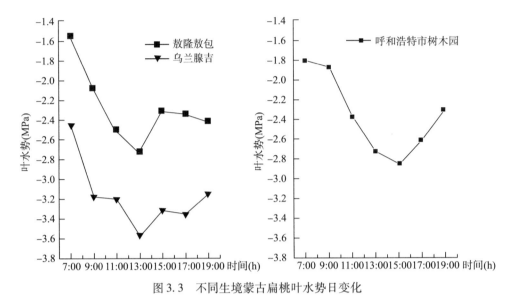

图 3.3　不同生境蒙古扁桃叶水势日变化

Fig. 3.3　Daily variation of leaf water potential of *P. mongolica* in different habitats

光合作用的"午休"现象是植物长期进化过程中形成的对付环境胁迫的一种机制。中午气孔关闭和光化学效率的下降,是强光和干旱条件下植物避免过度的水分损失和光合机构遭受光破坏的有效途径(许大全,2007)。根据 Farquhar 和 Sharkey (2001) 的观点,只有当光合速率和胞间 CO_2 浓度变化方向相同,且气孔限制值增大,才可认为光合速率的下降主要由气孔因素引起;如果胞间 CO_2 浓度和净光合速率变化方向相反,气孔限制值减小,则净光合速率下降归因于叶肉细胞同化能力的降低。图 3.4 是同步测定的两地蒙古扁桃种群的胞间 CO_2 浓度日程变化。胞间 CO_2 浓度日程变化趋势与光合速率日程变化趋势相反,呈"V"形,13:00 时达到低谷值,早晚均较高。其中,敖隆敖包种群的胞间 CO_2 浓度日程变化相对平滑,而乌兰腺吉种群的变化比较明显。由此可以认为,11:00 时之前光照强度是两地蒙古扁桃种群光合作用的限制因素,随光照强度的增加光合速率也增强,而 11:00 时至 15:00 时之间光合速率受气孔限制,出现"午休"现象。

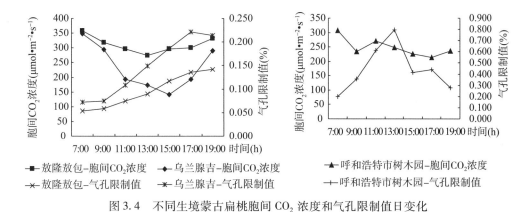

图 3.4 不同生境蒙古扁桃胞间 CO_2 浓度和气孔限制值日变化

Fig. 3.4 Daily variation of intercellular CO_2 concentration and stomatal limiting value of *P. mongolica* in different habitats

图 3.5 是两地不同生境蒙古扁桃的水分利用率日程变化。由于生境水分状况不同，蒙古扁桃种群采用不同的水分利用率策略。在水分状况较好的敖隆敖包，蒙古扁桃种群水分利用率呈递降之势，在 7：00 时至 13：00 时快速递降，之后轻度反弹之后又开始继续下滑，19：00 时的水分利用率是早晨 7：00 时水分利用率的只有 36.04%。呼和浩特市树木园蒙古扁桃在 9：00 时具有较高的水分利用率。随着太阳辐射的增强，空气湿度下降，蒸腾作用随之增强。在中午 13：00 时左右叶水势达到谷底值 -2.86MPa 时，水分利用率也达到较低值 $1.67\mu mol \cdot mmol^{-1}$，之后略有上升。说明，在生境水分状况较好情况下，蒙古扁桃采取用较大的耗水来获得较高的同化效率的光合策略。而

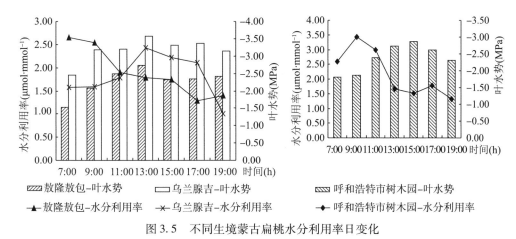

图 3.5 不同生境蒙古扁桃水分利用率日变化

Fig. 3.5 Daily variation of water utilization efficiency of *P. mongolica* in different habitats

在水分状况较差的乌兰腺吉,蒙古扁桃种群的水分利用率在早晚都较高,而到13:00时至17:00时叶水势降到较低水平时其水分利用率反而增高,保持较高水平。

水分利用率是植物净光合速率与蒸腾速率之比,是植物进行光合作用吸收CO_2和进行蒸腾作用散失水分引起的气孔气体交换结果,集中体现在气孔导度上。图3.6是两地不同生境蒙古扁桃种群的气孔导度日程变化。两地不同种群蒙古扁桃水分利用率日程变化总体呈递减趋势,早晨较高而傍晚最低。敖隆敖包种群的气孔导度明显高于乌兰腺吉种群的。较高的气孔导度必然引起较大的蒸腾作用,结果是水分利用率的下降(图3.7)。从图3.7可以看出两地不同生境蒙古扁桃蒸腾速率日程变化呈"双峰"曲线形,且敖隆敖包种群的蒸腾速率明显大于乌兰腺吉种群的蒸腾速率。

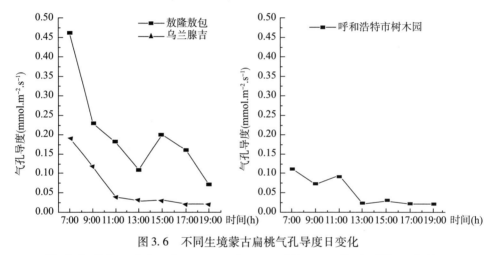

图3.6 不同生境蒙古扁桃气孔导度日变化

Fig. 3.6 Daily variation of stomata conductance of *P. mongolica* in different habitats

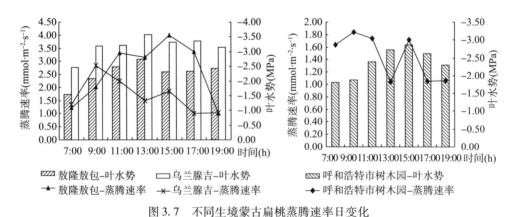

图3.7 不同生境蒙古扁桃蒸腾速率日变化

Fig. 3.7 Daily variation of transpiration rate of *P. mongolica* in different habitats

第3章 蒙古扁桃光合生理特性

牛书丽等（2003）对浑善达克沙地97种植物的光合生理特征进行研究发现，随着生境的旱化，灌木和草本植物光合速率降低，水分利用效率升高；Ma等（2003）对锦鸡儿属（*Caragana* Fabr.）植物光合和水分代谢的地理渐变性研究时也发现，随着生境的旱化，植物采取低蒸腾、高光合的节水对策。

很多研究认为，荒漠植物会具有较高的水分利用效率，尤其是在水分亏缺时以保证水分的有效利用和抵御干旱胁迫（Casper B. B. *et al*, 2006；Rouhi V. *et al*, 2007；Gong J. R. *et al*, 2006）。但事实上，荒漠植物为了抵御高温对叶片的灼伤，往往通过很高的蒸腾速率来降低叶片温度（闫海龙等，2007；江天然等，2001）。刘家琼等人（2001）认为，只有多浆旱生植物才会保持低蒸腾，而有的少浆旱生植物的蒸腾甚至超过中生植物，且旱生植物仅在干旱时期保持低蒸腾，以节约用水。闫海龙等也发现（2008），塔克拉玛干沙拐枣与塔克拉玛干柽柳的水分利用效率与其他荒漠区植物的相关研究结果相比都要低一些（邓雄等，2002；苏培玺等，2003；邓雄等，2003）。对此他们认为，在整个生长季中，两种植物始终保持着较高的蒸腾速率，需要依靠大量的水分蒸腾来抵御高温对其叶片的伤害。

运用简单相关分析，对不同生境蒙古扁桃光合特征参数间进行研究（表3.3）。结果表明，3个生境蒙古扁桃净光合速率（Pn）与蒸腾速率（Tr）均有极显著正相关关系，而与胞间CO_2浓度（Ci）间存在极显著负相关关系。敖隆敖包蒙古扁桃Tr与水分利用率（WUE）呈显著的负相关，与Ci呈极显著的负相关。而水分利用率（WUE）和Ci与气孔导度（Gs）呈显著相关和极显著相关关系。乌兰腺吉蒙古扁桃Pn与WUE和Ci呈极显著正相关和极显著负相关，WUE和Gs与Ci呈极显著负相关和极显著正相关关系。呼和浩特市树木园蒙古扁桃Pn与WUE和Gs均有极显著正相关，而Ci与WUE和Gs呈显著负相关和极显著正相关。Tr与WUE呈显著的负相关，与Gs和Ci均呈极显著的正相关，相关系数大小的顺序依次为Gs、Ci、WUE。

表3.3 不同生境蒙古扁桃光合参数间的相关分析

Tab. 3.3 Correlation analysis on photosynthetic parameters of *P. mongolica* in different habitats

生境	参数	净光合速率	蒸腾速率	水分利用率	气孔导度	胞间CO_2
	净光合速率	1				
	蒸腾速率	0.707**	1			
敖隆敖包	水分利用率	0.206	−0.402*	1		
	气孔导度	0.002	−0.37	0.358*	1	
	胞间CO_2	−0.650**	−0.483**	0.087	0.642**	1

续表

生境	参数	净光合速率	蒸腾速率	水分利用率	气孔导度	胞间 CO_2
乌兰腺吉	净光合速率	1				
	蒸腾速率	0.739**	1			
	水分利用率	0.526**	-0.126	1		
	气孔导度	0.090	0.281	-0.199	1	
	胞间 CO_2	-0.431**	0.073	-0.745**	0.687**	1
树木园	净光合速率	1				
	蒸腾速率	0.469**	1			
	水分利用率	0.434**	-0.431*	1		
	气孔导度	0.779**	0.653**	0.031	1	
	胞间 CO_2	-0.229	0.603**	-0.357*	0.664**	1

注：**表示在0.01水平上差异极显著；*表示在0.05水平上差异显著

在自然条件下，土壤水分由于降水、地下渗漏、蒸发等而有较大的变化，植物体内的水分状况随土壤水分的变化而异，从而引起光合活性的变化（付芳婧等，2004；程林梅等，2004）。图3.8是通过盆栽实验所做的，土壤干旱胁迫对蒙古扁桃幼苗光合速率的影响。蒙古扁桃幼苗光合速率日变化不同于野生成年植株的光合速率日变化，呈单峰曲线形，峰值出现在13:00时，此时光合速率为28.9$\mu mol \cdot m^{-2} \cdot s^{-1}$，明显高于野生成年植株的光合速率。说明，光合速率的高低及日程变化特性与蒙古扁桃的年龄及生理状态有关。从图3.8可以看出，停止浇水，进行连续8d土壤干旱胁迫处理期间，蒙古扁桃叶水势依次下降到-0.72MPa、-1.25MPa、-1.56MPa、-1.76MPa、-1.90MPa、-2.45MPa、-2.73MPa和-3.14MPa，相应的蒙古扁桃幼苗光合速率日平均值分别比正常供水条件（CK）的15.92$\mu mol \cdot m^{-2} \cdot s^{-1}$下降了3.41%、9.22%、14.65%、22.34%、25.89%、32.52%、41.54%、48.95%。但是在轻度土壤干旱胁迫下，叶水势下降幅度在-0.72MPa～-1.90MPa（第1～5天）范围之内，蒙古扁桃幼苗仍能维持较高的光合速率，光合速率仅比正常水分条件（CK）降低了17.30%。当土壤干旱进一步加剧，叶水势降至-2.45MPa（第6天）以下时，幼苗光合速率迅速下降，当叶水势到-3.14MPa（第8天）时其光合速率比对照下降了48.95%。在此连续8d的土壤干旱胁迫处理过程中，土壤水分含量由正常供水的14.79%下降到2.56%，相应的蒙古扁桃幼苗叶水势由-0.48MPa下降到-2.67MPa，气孔导度下降了91.02%，蒸腾速率下降了93.50%，然而其光合速率只下降了47.41%。宋维民等（2008）通过盆栽实验发现，经15d的土壤干旱胁迫处理后，红砂（Reaumuria soongorica）、珍珠（Salsola passerina）、和油蒿（Artemisia ordosica）幼苗叶片相对含水量均由85%降到20%以下，而柠条锦鸡儿（Caragana korshinskii）的降到 32.1%。在此期间，土壤干旱胁迫对这些荒漠植物净光合速率的抑制作用明显，都呈递降状态。

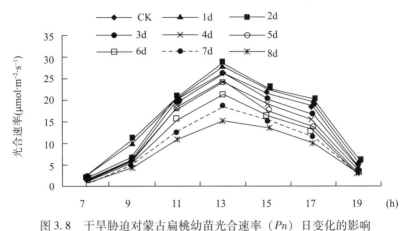

图 3.8　干旱胁迫对蒙古扁桃幼苗光合速率（Pn）日变化的影响

Fig. 3.8　Effect of drought stress on daily variation of photosynthetic rate of P. mongolica seedlings

蒙古扁桃幼苗水分利用率日程变化也呈"单峰"曲线形，17：00 时达到最大利用率，之后迅速下降（图 3.9）。在土壤干旱胁迫初期，由于蒸腾速率增加和光合速率的降低，导致了幼苗水分利用率的下降。到第 3 天，叶水势下降到 -1.56MPa 开始，由于蒙古扁桃幼苗蒸腾速率的迅速降低，而光合速率下降缓慢，导致其水分利用率的迅速增强，到第 8 天，叶水势下降到 -3.14MPa 时，达到最高水分利用率。在幼苗叶水势下降到 -1.56MPa（第 3 天）、-1.76MPa（第 4 天）、-1.90MPa（第 5 天）、-2.45MPa

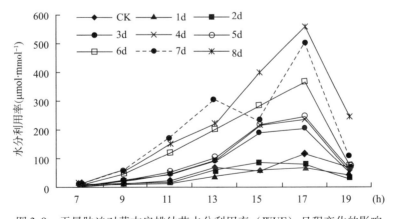

图 3.9　干旱胁迫对蒙古扁桃幼苗水分利用率（WUE）日程变化的影响

Fig. 3.9　Effect of drought stress on daily variation of water use efficiency of P. mongolica seedlings

（第6天）、-2.73MPa（第7天）、-3.14MPa（第8天）时其日均水分利用率分别比正常供水（CK）幼苗水分利用率增加1.06、0.92、1.03、2.14、2.93、3.68倍。

Heitholt（1989）和 Jensen（1976）认为，适度水分胁迫能使植物水分利用效率显著提高。但在适度水分胁迫条件下，植物水分利用效率的提高，是以在降低光合作用的同时通过更大程度地降低蒸腾作用而实现的。干旱区植物能否适应当地的极端环境条件，最主要的看它们能否很好地协调碳同化和水分消耗之间的关系，因此水分利用率是其生存的关键因子。Cowan等（1992）认为，植物对环境的适应使得水分利用效率达到最高，即气孔导度对植物得到 CO_2 和失去水分的调节中符合最优控制的原则（郭卫华等，2004）。

CO_2 和水分是光合作用的原料，必须通过气孔的张开和蒸腾拉力去获得，但气孔的张开又会使水分大量流失，所以气孔是有弊有利矛盾结合的统一体（简令成，王红，2009）。气孔导度（Gs）则反映植物气孔传导 CO_2 和水的能力，其大小对净光合速率和蒸腾速率均有一定程度的制约（刘庚山等，2004）。气孔导度下降或关闭限制了气孔蒸腾强度，几乎所有的中生和旱生植物都可以通过关闭气孔来适应午间叶片过度蒸腾失水或低水势的土壤环境（温达志等，2000）。

土壤干旱胁迫对蒙古扁桃幼苗叶片气孔导度昼夜变化的影响如图3.10所示。蒙古扁桃幼苗气孔导度24小时动态变化曲线呈单峰曲线，早、晚低而中午高，峰值出现在上午11：00时。在轻度土壤干旱胁迫处理，叶水势下降范围在-0.63～-1.76MPa（第1～4天）之内，蒙古扁桃幼苗气孔导度从11：00时以后开始继续下降，凌晨1：00时开始又重新上升。而土壤干旱加剧，幼苗进一步脱水，叶水势降至-1.90MPa～

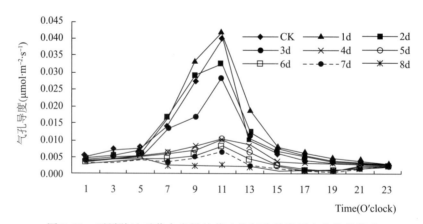

图3.10 干旱胁迫对蒙古扁桃幼苗叶片气孔导度昼夜变化的影响

Fig. 3.10 Effect of drought stress on diurnal variation of stomatal conductance in the leaves of *P. mongolica* seedlings

−2.73MPa（第 5 天～第 7 天）时，气孔导度在晚上 21：00 时开始上升。而水势降至 −3.14MPa（第 8 天）时，幼苗气孔导度在凌晨 5：00 时出现最高峰，然后继续下降，从晚上 21：00 时重新上升，出现 CAM 植物气孔运行模式。

3.3 蒙古扁桃光合作用光响应

光是光合作用的主导因子，植物光合作用的光响应曲线描述的就是光量子通量密度与植物光合速率之间的关系，通过分析光响应曲线可得出反映植物光合特性的光补偿点（light-compensation point，LCP）、光饱和点（light-saturation point，LSP）、最大表观光能利用效率或表观量子效率（apparent quantum yield，AQY）、暗呼吸速率（Rd）及最大光合速率（the maximum photosynthesis rates，A_{max}）等特征参数（Moreno-Sotomayor A, et al, 2002；钱莲文等，2009）。

图 3.11 是利用非直角双曲线模型拟合求得的盆栽蒙古扁桃幼苗在正常供水情况下的光响应曲线，其判定系数 $R^2=0.968$。从曲线曲度角（θ）可以看出，蒙古扁桃幼苗光响应曲线具有明显的阳生植物特性。在低光强下，Pn 迅速直线上升，即光合作用诱导期。在诱导期初期，CO_2 浓度相对饱和，羧化限制等非气孔限制占优势；在这一阶段，光合机构高速运转，需要 Calvin 循环中间产物水平提高、光合碳同化酶系充分活化和气孔更为开放，叶片光合速率主要受中间产物水平和酶活化水平的限制。在诱导后期，在光合速率的气孔限制和非气孔限制两种因素中，主次关系发生了转变，气孔限制变成了主要限制因素，这时虽然气孔导度在增加，光合速率也在增加，但是两者增长速率并不同步，即 CO_2 同化不能与光能吸收协调，光合电子转递受阻，RubisCO 羧

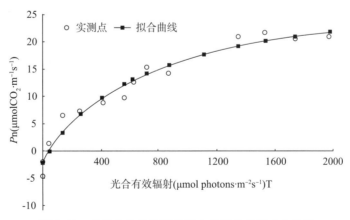

图 3.11　充足水分条件下的蒙古扁桃幼苗光响应曲线

Fig. 3.11　Light response curve of *P. mongolica* seedlings under adequate moisture conditions

化活性降低。这一阶段通常认为是光合作用被气孔导度所限制,升高缓慢(Xu D Q,等,1989;Zhang Hai-Bo, et al, 1992)。

表3.4是土壤干旱胁迫处理对盆栽蒙古扁桃幼苗光合作用光响应特征参数的影响。由表3.4可知,蒙古扁桃幼苗P_{max}在正常供水条件下为21.60μmolCO$_2$·m^{-2}s^{-1}。该值与实测值有一定的偏差。原因在于除了由于植株年龄、生理状态和环境等因素不同而不同之外,蒙古扁桃叶片小,且叶柄很短,在具体测定过程中有一定难度,因此在测定技术上的问题也是引起各测定数据各不相同的主要原因之一。伍维模等的研究表明(2007),在正常供水条件下胡杨(Populus euphratia)、灰胡杨(Populus pruinosa)的P_{max}分别是24.59μmolCO$_2$·m^{-2}s^{-1}和16.68μmolCO$_2$·m^{-2}s^{-1}。邓雄等(2003)研究胡杨(Populus euphratica)、疏叶骆驼刺(Alhagi sparsifolia)、多枝柽柳(Tamarix ramosissima)和头状沙拐枣(Calligonum caput-medusae)等4种新疆塔克拉玛干荒漠植物的光响应曲线发现,其P_{max}分别为23.96μmolCO$_2$·m^{-2}s^{-1}、6.96μmolCO$_2$·m^{-2}s^{-1}、9.58μmolCO$_2$·m^{-2}s^{-1}和28.4μmolCO$_2$·m^{-2}s^{-1}。表明不同荒漠植物的P_{max}有较大的差异。蒙古扁桃幼苗光合速率较高,光合能力强,这有利于其干物质的积累。

表3.4 土壤干旱胁迫对蒙古扁桃幼苗光响应曲线特征参数的影响

Tab. 3.4 Effect of soil drought stress on parameters of the light response curve of P. mongolica seedlings

处理天数(d)	土壤相对含水量(%)	叶水势(MPa)	P_{max}(μmol·m^{-2}s^{-1})	AQY(μmol·μmol^{-1})	光补偿点(μmol·m^{-2}s^{-1})	光饱和点(μmol·m^{-2}s^{-1})	Rd(μmol·m^{-2}s^{-1})	R^2
1	100.00	-1.03	21.60	0.047	57	1351	2.30	0.960
2	80.08	-1.35	19.30	0.031	93	1325	2.89	0.851
3	77.98	-1.48	17.13	0.030	76	1140	2.29	0.880
4	62.91	-1.59	16.30	0.037	73	974	2.72	0.976
5	43.08	-1.97	15.94	0.024	153	910	3.66	0.950
6	35.47	-2.16	14.11	0.021	139	1240	2.92	0.920
7	29.23	-2.46	11.71	0.028	57	851	1.60	0.935
8	24.37	-2.60	10.36	0.023	87	856	2.01	0.932

土壤干旱胁迫处理对蒙古扁桃幼苗P_{max}具有明显的抑制作用。随着干旱胁迫强度的增加,蒙古扁桃幼苗P_{max}开始下降较快,然后经过一段相对平稳时期后,下降速度再一次变快,呈"S"形变化。如,当土壤相对含水量为77.98%和35.47%时,其P_{max}比正常供水对照下降20.69%和34.68%。当土壤相对含水量进一步下降到24.37%时,P_{max}变为10.36μmolCO$_2$·m^{-2}s^{-1},比正常供水对照下降52.04%,但依然保持了47.96%的光合速率。

研究表明，在轻度和中度水分胁迫下，叶片光合速率的降低主要是由于气孔部分关闭引起的（Shangguan, et al., 2000）。在严重的水分胁迫下，叶绿体 ATP、RuBP 水平降低，RubisCO 活性降低引起（Ebukanson, 1987; Gimenez, et al, 1992）。当相对含水量低于20%时，叶绿体膜会发生不可逆的破坏（Giles 等，1974）。这些变化无疑都会导致叶片光合速率的降低。

表观量子效率（AQY）是光合作用中光能转化效率的指标之一，是净光合速率与相应光量子通量密度的比值，反映了植物对光能的利用能力，尤其是对弱光的利用能力（王爱民等，2005）。在良好环境与正常大气 CO_2 浓度下，通常1摩尔光量子能同化0.06 摩尔 CO_2（Hans Lambers, et al, 2003）。在目前大气的 $380\mu mol\cdot mol^{-1}CO_2$ 和21% O_2 情况下，C_3 植物和 C_4 植物叶片的量子产额是相似的，每摩尔光子固定 CO_2 的量为 $0.04 \sim 0.06 \mu mol\cdot\mu mol^{-1}$。$C_3$ 植物光呼吸作用会消耗能量，而 C_4 植物的 CO_2 浓缩机制也会消耗能量，因此，它们的光合量子产额都小于理论最大值（Lincoln Taiz & Eduardo Zeiger, 2009）。由表3.4可以看出，充足水分条件下蒙古扁桃幼苗 AQY 值为 $0.047\mu mol\cdot\mu mol^{-1}$。这值在很多荒漠植物 AQY 实验测得值中持中等水平（表3.5）。表明在充足水分条件下蒙古扁桃幼苗利用弱光的能力较强。土壤干旱胁迫使蒙古扁桃幼苗 AQY 下降。土壤相对含水量在100%～62.91%时，蒙古扁桃幼苗 AQY 相对稳定，保持在 $0.037\mu mol\cdot\mu mol^{-1}$ 以上；当土壤相对含水量低于43.08%时，AQY 下降速度较快；如，土壤相对含水量为43.08%时，AQY 较充足水分条件下降了48.94%；土壤相对含水量在24.37%～43.08%时，AQY 保持在 $0.021 \sim 0.028\mu mol\cdot\mu mol^{-1}$ 的相对平稳的水平；土壤相对含水量为24.37%时，AQY 较充足水分条件下降了51.06%，但仍保持了48.94%的 AQY。

在干旱条件下，植物 CO_2 同化速率降低，光合作用消耗的光能减少，导致光合组织吸收的光能必然大量过剩，过剩光能若不能及时有效的耗散，就会损伤光合器官（许大全，2002）。试验证明，荒漠植物在水分胁迫下易发生光合作用的光抑制（周海燕等，2005；冯今朝等，2001）。这是在土壤干旱胁迫下蒙古扁桃幼苗表观量子效率下降的主要原因之一。

光合作用的光补偿点（LCP）和光饱和点（LSP）分别显示了植物光合光生态适应性。光补偿点值越小表明利用弱光的能力越强，光饱和点值越大表明利用强光的能力越强。具有高 LSP 与低光补偿点的植物，对光的生态适应能力较强（伍维模等，2007）。典型的阳生植物光补偿点在 $50 \sim 100\mu mol\cdot m^{-2}\cdot s^{-1}$ 之间，光饱和点在 $1\,500 \sim 2\,000\mu mol\cdot m^{-2}\cdot s^{-1}$ 之间（蒋高明，2004）。由表3.4可见，蒙古扁桃幼苗充足水分条件下的光补偿点为 $57\mu mol\cdot m^{-2}s^{-1}$，光饱和点为 $1\,351\mu mol\cdot m^{-2}s^{-1}$，具有阳性植物特点。土壤干旱胁迫对蒙古扁桃幼苗光补偿点的影响较复杂，整体呈先上升后下降的趋势。土壤相对含水量为43.08%时的光补偿点最大，充足水分条件下的光补偿点最小。土壤相对含水量在29.23%～43.08%时，光补偿点随土壤相对含水量的降低而降低。

土壤相对含水量<24.37%时,光补偿点随土壤相对含水量的增加而增加。在土壤相对含水量>43.08%时,光补偿点随土壤相对含水量的增加而增加,其中土壤相对含水量在 62.91%~80.08%时,光补偿点保持一个较平稳的水平,与充足水分条件相比无明显变化($P<0.05$)。土壤相对含水量为 43.08%可被看作是蒙古扁桃幼苗光补偿点发生变化的阈值。光合作用的一个突出特点是对植物自身生理状态和外界环境条件的变化高度敏感(许大全,2006)。

伍维模等(2007)对土壤水分胁迫下胡杨(Populus euphratica)和灰胡杨(Populus pruinosa)的光响应特性进行研究发现,土壤水分胁迫能够降低胡杨、灰叶胡杨的 P_{max}、AQY、光饱和点,而对光补偿点和暗呼吸速率无显著影响。认为水分胁迫下 P_{max}、AQY 的下降可能由于水分胁迫降低了叶肉细胞中 RubisCO 活性和 PSⅡ电子传递速率引起,但这有待进一步研究。苏培玺等(2006)对荒漠植物梭梭(Haloxylon ammodendron)和沙拐枣(Calligonum mongolicum)在不同水分条件下的光合作用进行研究发现,梭梭和沙拐枣干旱环境下的光合速率显著低于浇水第 2 天和雨后湿润条件下的相应值,而梭梭和沙拐枣干旱环境下的光补偿点显著高于浇水第 2 天和雨后湿润条件下的光补偿点,并认为,干旱环境下梭梭和沙拐枣发生了光抑制,从而导致 P_{max}、AQY、光饱和点的降低。郭春芳等(2008)对茶树土壤水分胁迫下的光响应特性进行研究发现,"铁观音"(Camellia sinensis)、"福鼎大白茶"(Camellia sinensis)在土壤水分胁迫下 P_{max}、AQY、光饱和点显著降低,光补偿点及暗呼吸速率有一定的提高,认为水分胁迫下茶树叶肉细胞光合活性的降低,因叶肉阻力增大、羧化酶活性和 RuBP 再生速率降低等非气孔因素造成茶树光合速率降低。尹建庭等(2007)研究不同土壤水分条件下 107 杨(Populus euramericana cv. "74/76")幼苗光合特性发现,随着土壤相对含水量的增加,AQY、光饱和点随之升高,而光补偿点逐渐下降。段玉玺等(2008)对盐池沙地不同土壤水分条件下沙柳(Salix psammophila)的光响应特征进行研究发现,沙柳 AQY、光饱和点和光补偿点随土壤相对含水量的增加而增加。朱艳艳等(2007)研究不同土壤水分条件下白榆(Ulmus pumila)的光响应特征发现,随土壤相对水分含量的增加,AQY、光饱和点随之升高,而光补偿点呈现降低的趋势。本研究中,蒙古扁桃幼苗 P_{max}、AQY、光饱和点随土壤相对含水量的增加而增加,光补偿点和暗呼吸速率呈先增加后降低的趋势,光补偿点和暗呼吸速率最大值均出现在土壤相对含水量为 43.08%时。本研究结果与以上研究结果基本一致。

利用非直角双曲线模型对生长于环境条件极为严酷的新疆塔克拉玛干沙漠里的塔克拉玛干沙拐枣(Calligonum taklimakanensis)塔克拉玛干柽柳(Tamarix taklimakanensis)光响应曲线分析显示,两种植物的潜在光合作用能力在不同的生长季中变化各不相同,塔克拉玛干柽柳的最大净光合速率(P_{max})和表观量子效率(AQY)的季节差异幅度不大,9 月仅比 7 月略有升高;而塔克拉玛干沙拐枣则是大幅增加,最大净光合速率从 $10.78\mu mol \cdot m^{-2} \cdot s^{-1}$($CO_2$)增至 $17.53\mu mol \cdot m^{-2} \cdot s^{-1}$($CO_2$),表观量子效率也从

0.013 增至 0.023。表明，9 月塔克拉玛干沙拐枣的光合作用能力大幅提高；而塔克拉玛干柽柳则基本保持不变。相同的变化趋势也表现在其光合饱和点和光补偿点上。塔克拉玛干沙拐枣的光补偿点从 7 月的 120.9μmol·m^{-2}·s^{-1}（CO_2）下降到 9 月的 77.5μmol·m^{-2}·s^{-1}（CO_2），光饱和点则从 7 月的 1 410.6μmol·m^{-2}·s^{-1}（CO_2）上升到 1 796.1 μmol·m^{-2}·s^{-1}（CO_2），光饱和点增幅达到了 385.5μmol·m^{-2}·s^{-1}（CO_2）；而塔克拉玛干柽柳的光饱和点则是降低了 413.4μmol·m^{-2}·s^{-1}（CO_2），两种植物的光能利用能力表现出明显的差异，但在 9 月两者的光补偿点都有比较明显的下降，弱光的利用能力均有增加。对该两个物种不同生长季节的水分利用效率（WUE）研究表明，塔克拉玛干沙拐枣的日平均和日最大水分利用效率都远远高于塔克拉玛干柽柳，表明塔克拉玛干沙拐枣的光合碳同化积累能力明显强于相同生境下的塔克拉玛干柽柳。对同种植物来说，9 月与 7 月相比，平均水分利用效率沙拐枣增加了 46.7%，柽柳增加了 91.8%，而最大水分利用效率则分别增加了 86.9% 和 132.1%（闫海龙等，2008）。

植物光响应曲线反映的另外一个重要参数是植物暗呼吸速率。呼吸作用是植物体内最大的异化作用，是植物能量代谢和物质代谢中心。据我国著名植物生理学家汤佩松的呼吸代谢多样性理论，植物是以自身的变化来适应变化的外界环境。作为代谢中心，呼吸代谢的环境适应性在某种程度上反映着植物、尤其是荒漠植物的环境适应性。由表 3.4 可以看出，在正常供水情况下蒙古扁桃幼苗暗呼吸速率（Rd）为 2.30μmol·m^{-2}·s^{-1}，在遇到土壤干旱胁迫下其变化规律比较复杂。当土壤相对含水量降至 43.08% 时暗呼吸速率达到最大值 3.80μmol（CO_2）·m^{-2}·s^{-1}，当土壤相对含水量降至 29.23% 时暗呼吸速率达最低值，为 1.60μmol（CO_2）·m^{-2}·s^{-1}，表明蒙古扁桃幼苗暗呼吸速率较高。蒋高明等（1999）对沙柳（*Salix psammophylla*）、牛心朴子（*Cynanchum komarovii*）、油蒿（*Artemisia ordosica*）、沙鞭（*Psammochloa mongolica*）、中间锦鸡儿（*Caragana intermedia*）和花棒（*Hedysarum scoparium*）等研究发现，荒漠植物暗呼吸速率在 2.0~6.0μmol（CO_2）·m^{-2}s^{-1} 之间。认为，荒漠植物暗呼吸速率高可能有两方面的原因，一是因为荒漠植物维持正常生理活动所需能量可能比一般植物要多，所以通过暗呼吸来得到一部分能量；二是因为荒漠植物为节约水分而不惜损失同化物而造成的。阳叶的高暗呼吸效率可能是由于对呼吸能的需要。为了维持大量的叶细胞、每个细胞中的高蛋白质含量和叶片中光合产物的输出，阳叶需要更多的呼吸能（Hans Lambers *et al*，2003）。在整个处理期间，蒙古扁桃幼苗暗呼吸速率总体上相对稳定，只有小幅的增加或减小。呼吸作用作为代谢中心，在干旱胁迫处理下保持相对稳定，说明土壤干旱胁迫对蒙古扁桃幼苗呼吸代谢的影响较小。

表 3.5 是不同的作者在部分荒漠植物上测定的光合特性的实验结果。从这些测定结果可以看出，由于植物种类不同，同一种植物由于生境的不同，其光合速率日程变化及光合各特性以不同的模式运行，以此达到最佳生态适应的目的。

表 3.5 部分荒漠植物光合特性的比较

Tab. 3.5 Comparison on photosynthetic characteristics of section desert plants

植物种	测定时间	日变化形	光合最高值 μmol·m⁻²·s⁻¹	光饱和点 μmol·m⁻²·s⁻¹	光补偿点 μmol·m⁻²·s⁻¹	表观量子效率 μmol·μmol⁻¹	作者
塔克拉玛干沙拐枣（Calligonum taklimakanensis）	7月中旬	双峰	10.78	1410.6	120.90	0.013	闫海龙等，2008
	9月中旬	双峰	17.53	1796.1	77.50	0.023	
塔克拉玛干柽柳（Tamarix taklimakanensis）	7月中旬	双峰	10.17	1761.8	124.60	0.016	
	9月中旬	单峰	10.45	1348.4	89.70	0.018	
油蒿（Artemisia ordosica）	8月	双峰	15.29	—	—	—	石莎等，2007
柠条（Caragana korshinskii）	8月	双峰	5.11	—	—	—	
梭梭（Haloxylon ammodendron）	7月下旬	双峰（干旱）单峰（湿润）	36.10 38.90	1975 1660	79.00 13.00	0.088 0.044	苏培玺、严巧娣，2006
沙拐枣（Calligonum mongolicum）	7月下旬	双峰（干旱）单峰（湿润）	47.10 51.40	1756 1828	76.00 11.00	0.057 0.076	
长柄扁桃（Amygdalus pedunculata）	8月下旬	双峰	18.00	1500	21.44	0.060	罗树伟等，2009
疏叶骆驼刺（Alhagi sparsifolia）	8月份		6.96	689	54.68	0.0366	邓雄等，2003
多枝柽柳（Tamarix ramosissima）		—	9.58	637	33.87	0.0345	
头状沙拐枣（Calligonum caput medusae）			28.45	2916	67.11	0.0411	
胡杨（Populus euphratica）			23.96	524	15.29	0.0637	
沙漠葳（Chilopsis linearis）	7月份	双峰（轻旱）单峰（重旱）	14.61 8.40		373.50 180.60		尉秋实等，2007
柽柳（Tamarix ramosissima）	7月中旬	单峰	6.043	—	—	—	李怡等，2008
柽柳（Tamarix chinensis）	8月份	双峰（轻旱）单峰（重旱）	15.86 15.06				张鑫，2007
胡杨（Populus euphratica）		—	24.59	603±31	42.00	0.059	伍维模等，2007
灰叶胡杨（Populus pruinosa）	8月中旬	—	16.68	517±99	41.00	0.036	

续表

植物种	测定时间	日变化型	光合最高值 $\mu mol \cdot m^{-2} \cdot s^{-1}$	光饱和点 $\mu mol \cdot m^{-2} \cdot s^{-1}$	光补偿点 $\mu mol \cdot m^{-2} \cdot s^{-1}$	表观量子效率 $\mu mol \cdot \mu mol^{-1}$	作者
梭梭（Haloxylon ammodendron）		—	8.744	563.1	140.17	0.0207	
白刺（Nitraria tangutarum）			12.21	491.7	51.53	0.0291	
霸王（Zygophyllum xanthoxylum）	8月中旬	—	7.48	440.8	22.19	0.0179	李清河等，2008
柠条（Caragana korshinskii）		—	17.22	706.1	132.94	0.0301	
沙冬青（Ammopiptanthus mongolicus）		—	8.99	1 041.8	73.18	0.0093	
沙棘（Hippophae rhamnoides）	7.25—8.2	双峰	26.60	—	—	—	靳甜甜等，2011
白麻（Poacynum pictum）	6月初	双峰	15.05	—	—	—	孙丽君等，2011
红砂（Reaumuria soongorica）	8月22日 9月28日	双峰（湿润） 单峰（干燥）	13.23 9.29				
珍珠（Salsola passerina）	8月22日 9月28日	双峰（湿润） 单峰（干燥）	10.93 8.36				贾荣亮等，2006
绵刺（Potaninia mongolica）		单峰	9.284				
裸果木（Gymnocarpos przewalskii）	5月20日	—	5.416				
霸王（Zygophyllum xanthoxylon）		—	2.282				
盐爪爪（Kalidium foliatum）		—	13.14	—	—	—	马全林等，1999
珍珠（Salsola passerina）	5月21日	—	11.46				
红砂（Reaumuria soongorica）		—	10.78				
白刺（Nitraria tangutarum）		单峰	12.81				
沙柳（Salix psammophila）	6月15日	不规则	8.80	—	—	—	黄振英等，2002
	8月25日	不规则	10.70				

续表

植物种	测定时间	日变化型	光合最高值 $\mu mol \cdot m^{-2} \cdot s^{-1}$	光饱和点 $\mu mol \cdot m^{-2} \cdot s^{-1}$	光补偿点 $\mu mol \cdot m^{-2} \cdot s^{-1}$	表观量子效率 $\mu mol \cdot \mu mol^{-1}$	作者
柠条（Caragana korshinskii）	4月份	—	36.80	45.8	646	0.0615	韩刚, 赵忠, 2010
花棒（Hedysarum scoparium）			29.19	60.9	683	0.0478	
蒙古岩黄芪（Hedysarum mongolicum）			18.91	30.6	293	0.0307	
沙木蓼（Atraphaxis bracteata）			21.95	32.2	559	0.0512	
四合木（Tetraena mongolica）	9月中旬	双峰	5.75	—	—	—	石松利等, 2012
霸王（Zygophyllum xanthoxylum）		双峰	7.84	—	—	—	
油蒿（Artemisia ordosica）	5月末	单峰	18.41	—	—	—	
	7月末	双峰					
木岩黄芪（Hedysarum fruticosum）	5月末	单峰	24.02	—	—	—	蒋高明, 朱桂杰, 2001
	7月末	双峰					
沙柳（Salix psammophila）	5月末	单峰	5.0	—	—	—	
	7月末	单峰					
红砂（Reaumuria soongorica）	8月24日（干旱）	双峰	8.81	—	—	—	严巧娣, 苏培玺, 高松, 2012
	8月3日（雨后）	双峰	13.83				
珍珠（Salsola passerina）	8月24日（干旱）	双峰	7.41	—	—	—	
	8月3日（雨后）	双峰	10.16				

· 108 ·

3.4 蒙古扁桃叶绿素荧光特性

叶绿素吸收光能被激发是光合作用原初反应的序幕。处于高能激发状态叶绿素分子极不稳定,其寿命约为 10^{-9} s,可以通过以非辐射热的形式,以发射荧光和磷光的形式及以进行光化学反应的形式等 3 种途径退激发而回到稳定的基态(图 3.12)。以上 3 种过程是同时发生和相互竞争的。此消彼长,往往是具有最大速率的途径处于支配地位。叶绿素荧光发生在纳秒级(10^{-9} s),而光化学反应发生在皮秒级(10^{-12} s)。因此,在正常生理状态下(室温),捕光色素吸收的能量主要用于进行光化学反应,荧光只占 3%~5%。在全日照下,大多数光合速率低、生长缓慢的植物种类,其吸收的光能经光合电子传递途径而被利用仅占 10%,而高光合速率、能快速生长的植物在一天中太阳辐射最强时吸收的光能也只能利用不到 50%(Demmig Adams B., *et al*, 1995;Bjorkman O., *et al*, 1994)。

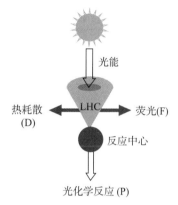

图 3.12 激发态天线色素分子的退激发

Fig. 3.12 De-excitation of excited antenna pigments

处于激发态的叶绿素分子,其能量在适当的条件下可用于光化学反应,若不能用于光化学反应,则以波长较长、能量较小的荧光形式发射出去。因此,在稳定的光照条件下,光合强度较大,激发能多用于光合作用,荧光减弱。反之,当光合强度下降时,则荧光的发射就增强。活体状态下,叶绿素荧光几乎全部来源于 PSⅡ 的 Chla(包括天线 Chla),活体叶绿素荧光提供的快速信息仅仅反映了 PSⅡ 对激发能的利用和耗散情况(Goedhcer,1972)。因此荧光产率变化的测定已成为了解光合作用机理,特别是研究原初反应中色素间能量传递问题的一种重要的监测手段(冯建灿等,2002)。叶绿素荧光分析技术则以光合作用理论为基础、利用体内叶绿素作为天然探针,研究和探测植物光合生理状况及各种外界因子对其细微影响的新型植物活体测定和诊断技术。其在测定叶片光合作用过程中光系统对光能的吸收、传递、耗散、分配等方面具有独特的作用,与"表观性"的气体交换指标相比,叶绿素荧光参数更具有反映"内在性"特点。因此,叶绿素荧光动力学(chlorophyll fluorescence dynamics)技术被称为测定叶片光合能快速、无损伤的探针(张守仁,1999)。经过 20 多年应用发展,叶绿素荧光动力学技术目前已经成为研究植物光合作用 PSⅡ 反应机理,尤其是研究逆境植物光合作用 PSⅡ 反应机理的最有效、最简便的手段之一。

图 3.13 是利用 PAM 型便携式调制叶绿素荧光仪测量的饱和脉冲荧光动力学曲线。

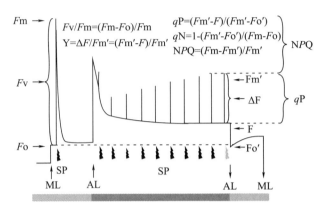

图 3.13　PAM 测量的荧光曲线——饱和脉冲法

Fig. 3.13　PAM fluorescence curve-saturation pulse method

（光化学淬灭可以被一种短饱和脉冲光（0.2~1.0s）
暂时完全抑制，剩余的荧光淬灭就是非光化学淬灭）

在 1990 年召开的国际叶绿素荧光研讨会上对叶绿素荧光动力学参数做了明确定义（张守仁，1999）。Fo：初始荧光（minimal fluorescence），也称基础荧光、固定荧光，是光系统Ⅱ（PSⅡ）反应中心处于完全开放，即电子受体（Q_A）全部氧化时的荧光产量，是判断反应中心运转情况的重要指标（Van Kooten & Snel，1990）。Fo 的大小与光合作用和光化学反应无关，与 PSⅡ 天线色素内的最初激子密度、天线色素到 PSⅡ 反应中心的激发能传递速率及叶绿素含量有关；天线色素的热耗散增加使 Fo 降低，PSⅡ 反应中心被破坏或可逆失活也可引起 Fo 增加。因此 Fo 的变化可以反映 PSⅡ 反应中心的状况和光保护机制。

蒙古扁桃幼苗叶绿素荧光 Fo 日变化及土壤干旱胁迫对其 Fo 的影响如图 3.14。由图 3.14 可知，蒙古扁桃幼苗 Fo 日变化呈先下降后上升之趋势。Fo 值 9:00 降到最低值。说明，随着光强度的增加 PSⅡ 天线的热耗散增加，当光强度进一步增强时 PSⅡ 反应中心可逆失活。在土壤干旱胁迫下，蒙古扁桃幼苗 Fo 不同程度增加。其中，经土壤相对含水量为 82.45%、58.24% 和 12.31% 处理，幼苗 Fo 与对照 Fo 间差异均不显著（$P>0.05$），而经土壤相对含水量为 30.59% 处理幼苗 Fo 显著高于其他处理，差异达到显著水平（$P<0.05$）。表明，在土壤干旱胁迫下蒙古扁桃幼苗 PSⅡ 反应中心可逆失活程度加剧。

Fm：最大荧光产量（maximal fluorescence），是在非光化学淬灭最小（$qN=0$）状态下（通常指暗适应状态）的荧光，是 PSⅡ 反应中心处于完全关闭时的荧光产量，可反映通过 PSⅡ 的电子传递情况。Fm 的降低被认为是光抑制的重要特征。通常叶片经暗

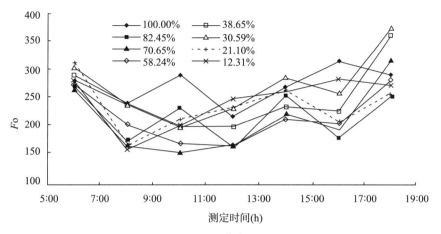

图 3.14　土壤干旱胁迫对蒙古扁桃幼苗 Fo 的影响

Fig. 3.14　Effect of soil drought stress on Fo of $P.\ mongolica$ seedlings

适应 20min 后测得（Van Kooten & Snel，1990）。蒙古扁桃幼苗 Fm 日变化呈 "V" 字形变化趋势（图 3.15）。在不同土壤干旱胁迫处理下蒙古扁桃幼苗 Fm 日变化有较大的差别。当土壤相对含水量为≥70.65%时，清晨 6：00 时 Fm 值最高，之后 Fm 逐渐下降，到 12：00 时下降到最低点，随后逐渐回升，但未回升到清晨 6：00 时的水平。当土壤相对含水量低于 70.65%时，Fm 最高值也出现在清晨 6：00 时，10：00～16：00 时保持一个相对稳定的水平，随后出现了不同程度的回升。在土壤相对含水量为

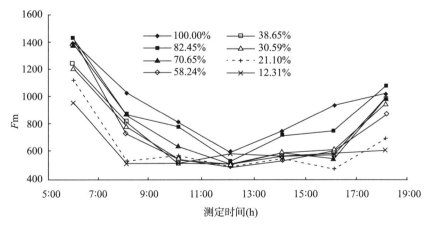

图 3.15　土壤干旱胁迫对蒙古扁桃幼苗 Fm 的影响

Fig. 3.15　Effect of soil drought stress on Fm of $P.\ mongolica$ seedlings

21.10%和12.31%的重度干旱胁迫下,午后回升不明显。土壤相对含水量为82.45%时的Fm显著高于土壤相对含水量为30.59%和12.31%时的Fm,差异均达到极显著水平($P<0.01$)。土壤相对含水量为12.31%时的Fm显著低于土壤相对含水量为30.59%时的Fm($P<0.01$)。说明,随光强度的增强,蒙古扁桃幼苗发生明显的光抑制,而且干旱胁迫引起发生光抑制的时间提高,午后恢复程度也越来越变低。

$Fv = Fm - Fo$:为可变荧光(variable fluorescence),反映了次级电子受体Q_A的还原情况。它与原初反应有关,可表示PSⅡ光化学活性情况。几年来研究显示,PSⅡ的光化学效率(Fv/Fm)是度量光抑制程度的重要指标(Ogren E. & Evans J. R.,1992;许大全等,1992)。

土壤干旱胁迫对蒙古扁桃幼苗Fv的影响见图3.16。由图3.16可知,Fv的日变化规律与Fm基本一致。从清晨6:00时开始下降,到12:00时左右时降低到最小值,之后有不同程度的回升。随着胁迫强度的增加,午后Fv的回升愈不明显。土壤相对水分含量为82.45%时的Fv与土壤相对水分含量为58.24%时的Fv差异不显著($P>0.05$),两者Fv值显著高于土壤相对水分含量为30.59%和12.31%时的Fv值,差异均达到极显著水平($P<0.01$)。土壤相对水分含量为12.31%时的Fv显著低于其他3个水分条件,差异达到极显著水平($P<0.01$)。说明,在强光下蒙古扁桃幼苗发生不同程度的光氧化,但在正常供水和轻度土壤干旱胁迫下,其光氧化是一种可以修复的可逆过程。

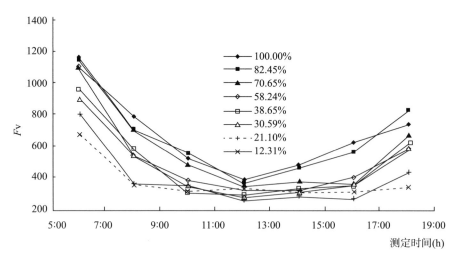

图3.16 土壤干旱胁迫对蒙古扁桃幼苗Fv的影响

Fig. 3.16 Effect of soil drought stress on Fv of *P. mongolica* seedlings

孙景宽等（2009）研究沙枣（Elaeagnus angustifolia）和孩儿拳头（Grewia biloba）干旱胁迫下叶绿素荧光参数的变化发现，随着干旱胁迫强度的增加，沙枣和孩儿拳头 Fo 有着不同的增加趋势、孩儿拳头 Fv 和 Fm 呈下降趋势。孙景宽等认为 Fo 的增加说明干旱胁迫使 PSⅡ反应中心受到一定程度的破坏。陈建（2008）研究连翘（Forsythia suspensa）、黄荆（Vitex negundo）、蔷薇（Rosa multiflora）和黄栌（Cotinus coggygria）等4种灌木光合效率对土壤水分的响应时发现，Fo 随水分胁迫的增加呈增加趋势，Fm 的日变化呈先降低再上升的趋势，连翘和蔷薇的 Fm 随着水分胁迫的加重而降低。许大全（2002）认为，Fm 的降低是光抑制的一个特征。蒙古扁桃的 Fo 和 Fm 值变化与孙景宽等和陈建的结果相一致。

Fv/Fm：暗适应下 PSⅡ最大光化学量子产量（optimal/ maximal quantum yield of PSⅡ），反映 PSⅡ反应中心内光能转换效率（intrinsic PSⅡ efficiency），与光合电子传递活性成正比，叶暗适应20 min 后测得（Demmig, Adams, et al, 1996）。非胁迫条件下该参数的变化极小，不受物种和生长条件的影响，高等植物通常在0.80～0.84左右，胁迫条件下该参数明显下降（Bjokmano & Demming B, 1987）。Fv/Fm 降低常用来判断植物是否受到了光抑制，比值越低证明其发生光抑制的程度越高（Krause G. H. & Weis E., 1991）。

土壤干旱胁迫对蒙古扁桃幼苗 Fv/Fm 的影响见图3.17。在各水分条件下的 Fv/Fm 日变化趋势基本一致。从清晨6:00时开始，随光照强度的增强 Fv/Fm 逐渐下降，下午14:00时左右下降到最低值，之后又逐渐增加，但均未回升到清晨6:00时的水

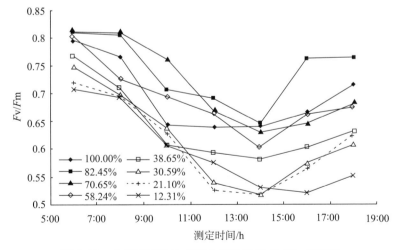

图3.17 土壤干旱胁迫对蒙古扁桃幼苗 Fv/Fm 的影响

Fig. 3.17 Effect of soil drought stress on Fv/Fm of P. mongolica seedlings

平。恢复程度有较大的差别。在充足水分条件下，Fv/Fm 值恢复程度为 89.84%，而当土壤相对含水量分别为 82.45%、70.65%、58.24% 和 38.65%、30.59%、21.10% 和 12.31% 时，恢复程度分别为 94.32%、76.11%、84.16%、82.27%、81.28%、86.93% 和 73.73%。从图 3-17 可以看出，随着土壤相对含水量的降低，引起 Fv/Fm 值的降低。土壤相对含水量为 82.45% 和 70.65% 时的 Fv/Fm 值高于充足水分条件，土壤相对含水量在 12.31%~38.65% 时的 Fv/Fm 值明显低于其他水分条件。由表 3.6 可知，土壤相对含水量为 82.45% 时的 Fv/Fm 值显著高于土壤相对含水量为 30.59% 和 12.31% 时的值，差异达到极显著水平（$P<0.01$）。土壤相对含水量为 12.31% 时的 Fv/Fm 值显著低于土壤相对含水量为 58.24% 和 30.59% 时的值（$P<0.05$）。

宋维民等（2008）对土壤干旱下柠条锦鸡儿（*Caragana korshinskii*）、红砂（*Reaumuria soongorica*）、油蒿（*Artemisia ordosica*）和珍珠（*Salsola passerina*）光合作用进行研究发现，4 种研究材料 Fv/Fm、ETR 和 qP 都随土壤干旱胁迫强度的增加而下降。说明光合电子传递受阻，光合作用受到了抑制。认为 Fv/Fm 的降低是依赖叶黄素循环的热耗散运转引起的。李春霞等（2008）对干旱胁迫下八棱海棠（*Malus micromalus*）和湖北海棠（平邑甜茶）（*Malus hupehensis*）的叶绿素荧光参数变化进行研究发现，干旱胁迫强度的增加引起 Fv/Fm 的下降，认为干旱胁迫抑制了 PS Ⅱ 的光化学活性，从而降低了 Fv/Fm。本研究结果与宋维民等和李春霞等的结果相一致。

PS Ⅱ 实际光化学量子产量（actual photochemical efficiency of PS Ⅱ in the light, $Yield$），它反映 PS Ⅱ 反应中心在有部分关闭情况下的实际原初光能捕获效率，是所吸收光能中用于光合电子传递的能量的比例。$Yield$ 的大小可以反映 PSII 反应中心的开放程度（Bilger 和 Björkman，1990）。$Yield = (Fm' - F) / Fm'$ 或 $\triangle F/Fm'$：叶片不经过暗适应在光下直接测得。

土壤干旱胁迫对蒙古扁桃幼苗 $Yield$ 的影响见图 3.18。由图 3.18 可以看出，各水分条件下 $Yield$ 日变化规律基本一致，呈"U"字形变化。从清晨 6：00 开始下降，下降到 10：00，后保持一段平稳的水平，14：00 后 $Yield$ 呈开始上升趋势，到 18：00 时，略低于清晨 6：00 时的 $Yield$ 值。由表 3.6 可知，土壤相对含水量为 82.45% 时的 $Yield$ 与土壤相对含水量为 58.24% 时的相比无显著差异，但显著高于土壤相对含水量为 30.58% 和 12.31% 时的 $Yield$，差异达到极显著水平（$P<0.01$）。土壤相对含水量为 12.31% 时的 $Yield$ 显著低于其他 3 个水分条件下的 $Yield$，差异达到极显著水平（$P<0.01$）。可以认为，重度土壤干旱胁迫（土壤相对含水量<30.58%）能够引起蒙古扁桃幼苗 $Yield$ 的明显下降。

表观光合电子传递速率也称非循环光合电子传递速率（electron transport rate, ETR），用来衡量光化学反应至碳同化的电子传递情况。ETR 是由光强、有效荧光产量和叶吸收光系数相乘计算得到。可写成：$(Fm' - F) Fm' \times PFD$ 或 $\triangle F/Fm' \times PFD \times 0.5 \times$

第3章 蒙古扁桃光合生理特性

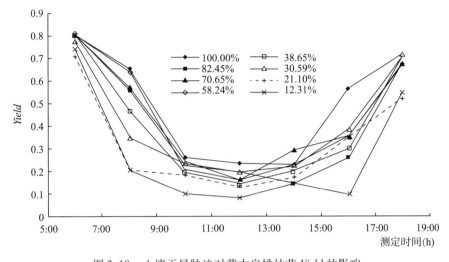

图 3.18　土壤干旱胁迫对蒙古扁桃幼苗 *Yield* 的影响

Fig. 3.18　Effect of soil drought stress on *Yield* of *P. mongolica* seedlings

0.84。其中系数 0.5 是因为光合作用包括两个光系统，一个电子传递需要吸收 2 个光量子，而系数 0.84 表示在入射的光量子中被吸收的占 84%，*PFD*（photo flux density）是光子通量密度（Genty *et al.*，1989）。

土壤干旱胁迫对蒙古扁桃幼苗表观光合电子传递速率的影响见图 3.19。由图 3.19

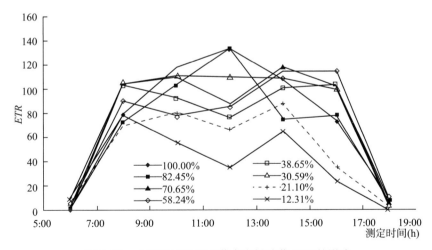

图 3.19　土壤干旱胁迫对蒙古扁桃幼苗 *ETR* 的影响

Fig. 3.19　Effect of soil drought stress on *ETR* of *P. mongolica* seedlings

可以看出，不同水分条件下，蒙古扁桃幼苗表观光合电子传递速率日变化规律有一定的差别。充足水分条件和土壤相对含水量为82.45%时，表观光合电子传递速率的日变化规律呈明显的单峰曲线形。当土壤相对含水量<82.45%时，表观光合电子传递速率的日变化规律呈"M"字形，在中午12：00出现最低点。由表3.6可知，土壤相对含水量为82.45%时的表观光合电子传递速率显著高于土壤相对含水量为58.24%和12.31%时的表观光合电子传递速率，差异达到极显著水平（$P<0.01$）。土壤相对含水量为12.31%时的表观光合电子传递速率显著低于其他3个水分条件下的观光合电子传递速率，差异达到极显著水平（$P<0.01$）。表明，土壤干旱胁迫能够引起蒙古扁桃幼苗表观光合电子传递速率的降低。

光抑制是由于光合器官吸收了超过了光合作用所能利用的光能而引起的PSⅡ过量激发（陈贻竹等，1995）。在任何其他胁迫存在的情况下，植物在正常的日照下都可能发生光抑制（许大全等，1992）。植物在强光下安全地耗散未被利用的激发能是阳生植物不可缺少的能力（Demmig Adams B.，et al，1996）。叶绿素荧光特性的研究是探讨光系统受损状况的途径之一。叶绿素荧光淬灭分析可区别光化学淬灭（qP）和非光化学淬灭（qN），有可能得到类似于气体交换的稳态光合作用的定量资料（Schreiber U. et al，1995），并用非光化学淬灭来评估植物耗散过剩激发能的能力（Hartel H. & H. Lokstein，1995）。

光化学淬灭（photochemical quenching，qP）是指光化学能量转换引起的荧光淬灭，以光化学淬灭系数代表，$qP = (-F) / (Fm'-Fo')$。它反映PSⅡ天线色素所吸收的光能用于光化学电子传递的份额，qP越大，表示PSⅡ反应中心开放程度越大，PSⅡ的电子传递活性越大（Schreiber et al，1994）。

非光化学淬灭（non-photochemical quenching，qN），也称非辐射能量耗散，是指热耗散。$qN = Fm/Fm' - 1$ 或 $qN = 1 - (Fm' - Fo') / (Fm - Fo) = 1 - Fv'/Fv$。$qN$反映PSⅡ天线色素所吸收的不能用于光合电子传递而以热的形式耗散掉的那一部分（Bilger & Björkman，1990）。$(1 - Fv'/Fm') \times PFD$：表示表观热耗散速率。热耗散是一种自我保护机制，对光合机构有一定的保护作用。叶绿素荧光的光化学淬灭可以被一种短饱和脉冲光（0.2~1.0s）暂时完全抑制，剩余的荧光淬灭就是非光化学淬灭。它反映了植物耗散过剩光能为热的能力，反映了植物的光保护能力。

由图3.20可以看出，蒙古扁桃幼苗qP的日变化基本呈"V"字形，先降后升之势。中午12：00时降到低谷值。土壤干旱胁迫使蒙古扁桃幼苗PSⅡ的电子传递活性降低。土壤相对含水量为82.45%、58.24%和30.59%时的qP间无显著差异（$P>0.05$）。在严重干旱胁迫处理下（相对含水量为21.10%和12.31%），蒙古扁桃幼苗qP值明显低于水分条件较好时的qP值，且日变化幅度较大。如，土壤相对含水量为12.31%时，中午12：00时的qP与清晨6：00时相比降低了26.70%；土壤相对含水量为82.45%时,中午12:00时的 qP 与清晨6:00时相比降低了7.30%。在土壤干旱胁迫下蒙古扁桃幼苗 qP 值下降与其 qN 值相应增加有关。

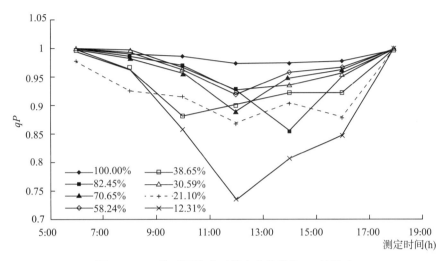

图3.20 土壤干旱胁迫对蒙古扁桃幼苗 qP 的影响

Fig. 3.20 Effect of soil drought stress on qP of *P. mongolica* seedlings

由图3.21可知,各土壤水分条件下的蒙古扁桃幼苗 qN 的日变化基本相同,呈单峰曲线型。从清晨6:00时开始上升,到中午12:00时达到最高值,之后逐渐下降。随着土壤干旱胁迫强度的增强,蒙古扁桃幼苗非光化学淬灭 qN 呈增加趋势。其中土壤相对含水量为21.10%时的 qN 值显著高于其他水分条件下的 qN 值,差异达到极显著($P<0.01$),而且峰值推后至15:00时出现。表明,轻度和中度土壤干旱胁迫下,蒙古扁桃幼苗 qP 和 qN 没有受到显著的影响,只有在重度干旱胁迫下(土壤相对含水量为12.31%)qN 才显著增高。即在重度干旱胁迫下(土壤相对含水量为12.31%),蒙古扁桃幼苗 PSⅡ的电子传递活性显著降低,热耗散显著增强。当暴露在过量的强光下时,叶片必须耗散掉吸收来的过剩光能,以使光合器官免受伤害。光能耗散有多种方式,其中包括非光化学淬灭。在这途径中被吸收的光能不经电子传递而直接转化为热能。叶黄素循环似乎是过剩光能耗散的一个重要途径(Lincoln Taiz & Eduardo Zeiger,2009)。有些植物通过调节 PSⅡ活性来躲避环境危害(Baker,1991)。在荒漠区干旱、高温、高辐射往往同时出现,因此,完善的热耗散机制对荒漠植物来讲是至关重要的。

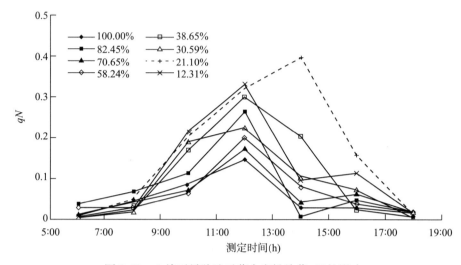

图 3.21 土壤干旱胁迫对蒙古扁桃幼苗 qN 的影响

Fig. 3.21 Effect of soil drought stress on qN of P. mongolica seedlings

周朝彬等（2009）对干旱胁迫下胡杨（Populus euphratica）的叶绿素荧光参数变化进行研究发现，胡杨 Fv/Fm、Fv/Fo、$Yield$、ETR 和 qP 随着干旱胁迫强度的增加而降低，qN 则增加。认为多余的光能以热的形式消耗，防止光合器官被破坏。周生荟等（2010）研究红砂（Reaumuria soongorica）持续干旱胁迫下的光保护机制发现，红砂 Fv/Fm 和 $Yield$ 日变化为早晚高、中午低，干旱胁迫强度的增加引起 Fv/Fm 和 $Yield$ 的降低。认为干旱不仅抑制了红砂的碳同化，还抑制了 PSⅡ的光化学效率，说明干旱加剧了光抑制的程度。对蒙古扁桃的研究结果与周朝彬等（2009）和周生荟等（2010）的结果相一致。

对甘肃省境内兰州九州台、张掖临泽和武威民勤 3 个样地的红砂叶绿素荧光特性研究表明（种培芳等，2010），叶片的初始荧光（Fo）、PSⅡ最大光化学量子产量（Fv/Fm）、实际光化学反应量子效率（$ΦPSⅡ$）和非光化学淬灭系数（qN）均存在明显的日变化。其中 Fv/Fm 和 $ΦPSⅡ$ 均呈反正态分布曲线日进程，在中午 13：00 强光下降低至最低值；Fo 和 qN 则呈正态分布曲线日进程，在中午 13：00 达到最大值。3 个地区红砂的 Fv/Fm 虽在中午呈降低趋势，但因其值均高于 0.8，并未发生光抑制现象。

第3章 蒙古扁桃光合生理特性

表3.6 不同土壤水分条件下蒙古扁桃幼苗叶绿素荧光参数的方差分析

Tab 3.6 ANOVA of chlorophyll fluorescence parameters of *P. mongolica* seedlings under different soil water conditions

叶绿素荧光参数	土壤相对含水量/%			
	82.45	58.24	30.59	12.31
Fo	269.0±28.59Aa	273.0±36.71Aab	304.0±15.23Ab	279.0±17.61Aab
Fm	1 422±42.48Aa	1 377±64.92Aa	1 205±51.28Bb	955±31.95Cc
Fv	1 153±108.33Aa	1 103±80.50ABa	903.0±26.63Bb	676.0±36.71Cc
Fv/Fm	0.811±0.06Aa	0.802±0.06ABa	0.748±0.07Ba	0.719±0.08Bb
Fv/Fo	4.286±0.41Aa	4.044±0.21ABa	3.012±0.56Cb	2.514±0.91Cb
Yield	0.813±0.01Aa	0.810±0.02ABa	0.778±0.04Bb	0.741±0.02Cc
ETR	134.1±14.8Aa	85.30±14.43Bb	110.3±13.52ABa	35.10±9.79Cc
qP	0.972±0.08Aa	0.918±0.06Aa	0.925±0.07Aa	0.733±0.15Bb
qN	0.264±0.06 Aa	0.199±0.05 Aa	0.224±0.02 Aa	0.327±0.05 Bb

注：大写、小写字母不同分别表示在0.01和0.05水平上差异显著

表3.7为蒙古扁桃幼苗叶绿素荧光参数间的相关分析结果。可以看出，Fo、Yield 和 ETR 与土壤相对含水量和叶水势间无显著的相关关系。Fm、Fv、Fv/Fm、Fv/Fo 和 qP 与土壤相对含水量和叶水势间呈显著或极显著的正相关关系。qN 与土壤相对含水量、叶水势呈显著的负相关关系。

表3.7 蒙古扁桃幼苗叶绿素荧光参数间的相关分析

Tab. 3.7 Correlation analysis on chlorophyll fluorescence parameters of *P. mongolica* seedlings

参数	土壤相对含水量	叶水势	Fo	Fm	Fv	Fv/Fm	Fv/Fo	Yield	ETR	qP	qN
土壤相对含水量	1										
叶水势	0.976**	1									
Fo	−0.051	0.019	1								
Fm	0.360**	0.362**	0.576**	1							
Fv	0.410**	0.397**	0.423**	0.984**	1						
Fv/Fm	0.539**	0.484**	−0.108	0.713**	0.813**	1					
Fv/Fo	0.493**	0.432**	−0.076	0.756**	0.855**	0.962**	1				
Yield	0.232	0.247	0.560**	0.888**	0.863**	0.634**	0.647**	1			

续表

参数	土壤相对含水量	叶水势	Fo	Fm	Fv	Fv/Fm	Fv/Fo	Yield	ETR	qP	qN
ETR	0.188	0.210	−0.602**	−0.652**	−0.593**	−0.253	−0.301*	−0.688**	1		
qP	0.404**	0.435**	0.271*	0.598**	0.605**	0.597**	0.538**	0.736**	−0.220	1	
qN	−0.276*	−0.265*	−0.340*	−0.581**	−0.571**	−0.541**	−0.474**	−0.664**	−0.348**	−0.669**	1

注：* 表示在 $P<0.05$ 水平，** 表示在 $P<0.01$ 水平上差异显著

采用盆栽试验（李志军，2009），用土壤相对含水量分别为70%～80%、50%～60%和30%～40%的正常供水、轻度干旱胁迫和重度干旱胁迫处理条件下，研究2年生胡杨（*Populus euphratica*）和灰叶胡杨（*Populus pruinosa*）的光合作用叶绿素荧光特性。结果表明，两种树木在轻度和重度胁迫处理初期，其PSⅡ原初光能转换效率Fv/Fm、PSⅡ的潜在活性Fv/Fo均明显下降。说明，干旱胁迫对胡杨和灰叶胡杨叶片PSⅡ光化学系统有一定程度的伤害，使得光合潜力下降，PSⅡ光化学活性低。但随着处理时间的延长，轻度胁迫处理下这两个荧光参数值都有所回升，从而与正常供水差异不明显，而重度胁迫差异依然明显。到胁迫后期，轻度和重度胁迫下各项荧光参数均急剧下降，此时重度胁迫与正常供水和轻度胁迫相比，荧光参数差异明显增大，可见轻度胁迫对PSⅡ光化学特性影响较小，而重度胁迫影响较大。光化学淬灭系数qP值的大小反映的是PSⅡ原初电子受体Q_A的氧化还原状态和PSⅡ开放中心的数目，其值越大，说明PSⅡ具有高的电子传递活性。干旱胁迫处理下，两种树木的qP都呈下降趋势，说明Q_A重新氧化能力减弱，干旱胁迫伤害了PSⅡ受体的电子传递。随着胁迫时间的延长，到第16天时，轻度胁迫叶片qP值几乎没有下降；到了胁迫中后期，叶片qP值缓慢下降，而重度胁迫下qP下降幅度较大。非光化学淬灭系数qN值是PSⅡ反应中心对天线色素吸收过量光能后的热耗散能力及光合机构的损伤程度。PSⅡ系统通过提高非辐射性热耗散，可以消耗PSⅡ吸收的过剩光能，从而保护PSⅡ反应中心免受因吸收过多光能而引起的光氧化伤害。当植物处于胁迫条件时，qN值增大，表明干旱胁迫使PSⅡ非辐射能量的耗散增加。在干旱处理过程中，盆栽两树种叶片的qN值均随着干旱胁迫程度的加剧而迅速增加，但增加的幅度不同。在整个胁迫过程中，胡杨qN值上升的幅度较灰叶胡杨的大，说明在受到干旱胁迫时，前者PSⅡ反应中心的开放程度较后者高，热耗散途径消耗过剩光能的作用得以加强，避免过剩光能对光合器官的破坏。Zhao 和 Wang（2002）对干旱胁迫下沙冬青（*Ammopiptanthus mongolicus*）叶片防御光破坏机制的研究中发现，相对正常条件而言，干旱胁迫下初始荧光（Fo）先下降后上升，荧光的非光化学淬灭（qN）上升较快，并在一定水平上维持不变。说明沙冬青叶片在正常水分条

件下主要采取依赖叶黄素循环的热耗散机制；而在干旱胁迫条件下则采取依赖叶黄素循环的热耗散和 PS Ⅱ（光系统 Ⅱ）反应中心可逆失活两种保护机制，从而达到保护光合系统免受伤害的目的。

3.5 蒙古扁桃光合作用希尔反应的活力

1938 年，英国剑桥大学的生物化学家 Robert Hill 发现，从繁缕（*Stellaria media*）叶片中提取出的叶绿体，加入叶片的提取液，在光下放出微量氧。用草酸铁代替提取液，可增加放氧量，加入铁氰化钾则可在空气中直接测量氧的释放。这种离体叶绿体在适当电子受体存在和光照下，将水分子分解并释放出氧气的反应称为 Hill 反应（Hill reaction）。Hill 反应是人类第一次用离体叶绿体进行的光合作用研究，这对于光合作用研究具有划时代的意义。使得光合作用自发现以来由笼统整体功能的研究发生了质的飞跃。促进光合作用的研究从整体达到离体、从细胞达到细胞器的水平，开创了进行离体光合作用研究的新途径，也为其后进行分子水平、量子水平的研究开辟了道路，使光合机理的研究进入一个新的阶段（许良政，1995）。Hill 反应活性研究为人们提供了在细胞器水平上探究 PS Ⅱ 复合物及放氧复合物功能的平台。因此，Hill 反应活性表示叶绿体在进行光合作用时的放氧能力，是反映叶片光合强度高低的一个重要指标（郭兴启等，2000）。小岛睦男（1968）认为单位叶面积中叶绿体的 Hill 反应活性和光合作用强度之间有极密切的正相关。Hill 反应活性是研究离体叶绿体光合作用的一个重要指标（朱鹏等，1987）。然而，随着方便快捷的红外线 CO_2 分析仪、叶绿素荧光仪的相继问世，光合作用 Hill 反应活性研究处于相对滞后状态，尤其是将其应用到荒漠植物环境适应性研究更是不多见。

蒙古扁桃幼苗叶水势与叶绿体 Hill 反应活力关系如图 3.22。由图 3.22 可知，随土壤相对含水量的降低，蒙古扁桃幼苗逐渐脱水，其叶水势相应地下降，导致叶绿体 Hill 反应活力下降。当土壤相对含水量为 92.75% 时，Hill 反应活力最高；当土壤相对含水量降至 14.01% 时，Hill 反应活力下降至最低。土壤相对含水量从 92.75% 降低到 80.68% 时，Hill 反应活力降低了 21.42%。表明，Hill 反应活力对土壤相对含水量较敏感。土壤相对含水量下降到 14.01%，引起叶水势降至 -2.65MPa 时，Hill 反应活力降低 66.67%。经一夜复水后，土壤相对含水量恢复到 63.29%，叶水势也恢复至 -1.77MPa 时，Hill 反应活力与充足水分条件相比恢复了 55.57%。表明受旱后蒙古扁桃幼苗 Hill 反应活力的恢复能力较强。对 Hill 反应活力、土壤相对含水量和叶水势进行相关性分析发现，Hill 反应活力与土壤相对含水量和叶水势均存在极显著的正相关关系，相关系数分别为 $R^2=0.948$，$R^2=0.944$。土壤干旱胁迫对蒙古扁桃幼苗离体叶绿体放氧活力有显著的抑制作用，其响应趋势与其光合速率对土壤干旱胁迫的响应相一致。复水后的 Hill 反映恢复也较快,表明蒙古扁桃耐旱能力较强。

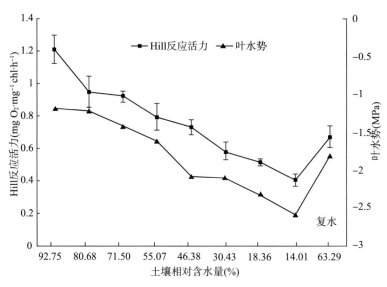

图 3.22 土壤干旱胁迫对蒙古扁桃幼苗 Hill 反应活力的影响

Fig. 3.22 Effect of soil drought stress on Hill reaction activity of *P. mongolica* seedlings

魏爱丽等(2004)研究冬小麦(*Triticum aestivum*)兰考 906 品种土壤干旱条件下光合电子传递和光合磷酸化活力的变化时发现,干旱胁迫下小麦各器官叶绿体 Hill 反应活力均有不同程度的下降,其中叶片的下降幅度相对于穗及其他非叶器官要大。石兰馨等(1991)研究水分胁迫下陇春 10 号小麦(*Triticum aestivum* L. cv. Longchun No. 10)光合放氧过程发现,小麦受到渗透胁迫时,叶绿体的光合放氧速率明显降低,复水后光合放氧活性得到很好的恢复。认为光合放氧活性的恢复体现其具有较强的耐旱能力。汪耀富等(1996)研究烤烟生长前期对干旱胁迫的生理生化响应发现,土壤相对含水量在 60%~80% 的轻度土壤干旱胁迫对叶绿体光合活性影响不大。但随胁迫强度的增加,叶绿体光合活性(Hill 反应活力)显著降低,复水后 Hill 反应活力很快回升,但未恢复到之前的水平。认为,干旱对烟株造成的伤害可能与其体内活性氧代谢失调有关。

3.6 蒙古扁桃光合碳同化代谢

光合作用包括光反应和暗反应,只有两者良好的协同才能获得较高的光合效率。荒漠植物依其光合碳同化途径不同,表现出明显的光合特征及地理分异。C_3 植物在光合细胞中通过1,5-二磷酸核酮糖羧化酶/加氧酶（Rubis CO）直接固定大气CO_2，是地球上分布最广泛的类群，约占全部高等植物的95%以上（Houghton等，1990）；C_4植物具有CO_2浓缩机制，多分布在干旱、高温的热带地区和夏季炎热干旱或者在地理起源上曾经干热的温带草原地区（蒋高明，2004）。CAM植物气孔晚上开放白天关闭，通过C_4途径固定大气CO_2，白天通过C_3途径进一步形成光合产物，在干旱环境中其气孔常常是处于关闭状态或开得很小，大大降低了蒸腾作用（Voznesenskaya E. V., et al, 2001；Winter K & Smith J. A. C., 1996）。环境条件决定着不同光合类型植物的地理分布范围和区域。一般来说，CAM植物经常在周期性干旱环境和土壤贫瘠生境中被见到（Walter Larcher，1997），C_4植物则分布于高温、强光的环境，而C_3植物分布于阴凉、湿润的环境，且C_4比C_3植物光合速率高。但环境条件影响着不同光合类型植物的光合潜能的发挥，C_4植物在高温、强光、干旱条件下所表现出来的优势在其他环境条件下未必就显现出来。严巧娣等（2012）比较研究甘肃省河西走廊中部张掖地区龙首山山前砂砾质地戈壁区C_3植物红砂（Reaumuria soongorica）和C_4植物珍珠（Salsola passerina）光合特性时发现，在干旱环境中红砂的净光合速率（Pn）、蒸腾速率（E）、气孔导度（Gs）均要高于珍珠；而珍珠的水分利用效率（WUS）则要高于红砂。认为，珍珠和红砂在水分匮乏的荒漠生境下采取了不同的生存策略。红砂通过维持较高净光合速率和较高蒸腾速率来生存；而珍珠则通过高水分利用效率生存。

荒漠植物以各种不同的方式和策略适应严酷环境，如叶片性状和结构的变化（赵红洋等，2010；李爱平等，2010），其中光合途径的改变是植物适应逆境的根本变化（苏培玺等，2011）。植物的光合碳代谢途径并不是一成不变的，而是受环境条件的影响，甚至在同一地点的不同生长时期，光合途径都会发生转变，或者不同类型光合酶的表达强度因环境因子的变化而改变（牛书丽等，2004）。

在我国荒漠地区，CAM（Crassulacean acid metabolism）植物稀少，C_4植物，特别是C_4木本植物在荒漠生态系统中具有重要地位和作用。我国荒漠地区C_4木本植物有45种，包括半木本植物，占我国荒漠植物总种数的6%，集中在藜科和蓼科，分别为19种和26种。C_4草本植物共计107种，其中单子叶植物48种，双子叶植物59种。在我国西部地区，C_4木本植物主要分布在贺兰山以西的干旱荒漠区。C_4草本植物的耐旱性和抗旱能力不如C_4木本植物，主要分布在荒漠地区潜水埋深较浅，水分条件较好的区域，在绿洲边缘广泛分布。C_4木本植物丰度与干旱紧密相关，C_4草本植物丰度随湿润条件而增加（苏培玺等，2011）。何明珠等（2010）研究阿拉善高原荒漠植被组成分布特征时发现，阿拉善典型干旱区荒漠植被中C_4植物有51种，C_3植物有593种。其中C_4植物主要集中在藜科（Chenopodiaceae）和禾本科（Gramineae）。生活型以一、二年生草本为主，占到70%以上；旱生和旱中生C_4植物所占比例较大，达到48.89%。其区系成分以世界成分、亚洲中部成分和古地中海成分为主。C_4植物分布特征表现出不同的规律性：在垂直地带分布上与温度呈正相关关系、与降雨呈负相关关系；在水平经度地带分布上主要与降水呈正相关关系，与温度无显著相关，尤其是在极端高温、干旱（主要是额济纳戈壁荒漠区）地区，C_4植物的生存受到了限制。

植物光合作用碳同化3大代谢类型对环境适应性的最大区别在于CO_2固定机制上。C_3途径靠RubisCO固定CO_2，需要较高浓度的外界CO_2，对气孔限制相对更加敏感；C_4途径靠磷酸烯醇式丙酮酸羧化酶（PEPC）固定CO_2，可以固定较低浓度的外界CO_2，对气孔限制相对不敏感；而景天科植物酸代谢途径（Crassulaceae acid metabolism pathway, CAM）途径靠PEPC（夜型）固定CO_2，气体交换发生在夜间，可以最大限度地降低水分的流失。因此，气体交换模式的转型是植物光合代谢适应干旱环境的重要策略之一。人们早已发现，一些地区由于出现季节性的干旱，一些植物的光合作用类型发生季节性的转变，由C_3型转变为CAM型（Szarek & Ting, 1974; Winter & Troughton, 1978; Guralnick, 1984）。如，露花（*Mesembryanthemum cordifolium*）是原产于南非的番杏科龙须海棠属（*Mesembryanthemum* L.）植物，适应能力强，用NaCl处理可使其由C_3型转变为CAM型（Treichel和Bauer, 1974），经干旱胁迫处理也可使露花由C_3型转变为CAM型（张维经等，1987）。

CAM植物有两类，一类是固有型CAM植物，不会因土壤水分等外界条件的变化而发生光合途径的变化；另一类是兼性CAM植物，受季节变化，或土壤水分等条件的变化而发生光合类型的改变（张维经，1982）。依据Kluge和Ting（1979）列举的标准，CAM植物具有以下特点：①苹果酸夜间积累，而白天消失；②贮存的碳水化合物与苹果酸呈相反的波动；③CO_2的吸收主要在夜间进行；④气孔夜间开放，白天大部分时间关闭（图3.23）。

Osmond C. B.（1978）将CAM植物的昼夜气体交换划分为4个阶段：第Ⅰ阶段为夜间CO_2的吸收，即酸化阶段。这一阶段气孔开放，PEP羧化酶使PEP羧化，不断合成苹果酸，贮存于液泡。此间CO_2固定占全部固定的75%。白天贮存的多糖逐渐消耗，用于形成CO_2的受

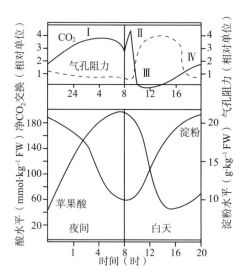

图3.23 典型CAM植物大叶落地生根中CAM活性示意图（引自张维经，1986）

Fig. 3.23 CAM activity of typical CAM plant of *Kalanchoe diagremotiana*

体 PEP。第Ⅱ阶段是早晨在光下进行的，此时气孔开放，CO_2 吸收出现一个高峰，PEP 羧化酶和 RuBP 羧化酶同时起作用，苹果酸的积累终止。这阶段 PEP 羧化酶的活性随时间推移而逐渐减弱，相反，RuBP 羧化酶的活性是逐渐增强。所以第Ⅱ阶段是由 PEP 羧化酶向 RuBP 羧化酶过渡的阶段。第Ⅲ阶段是苹果酸的脱羧阶段，即去酸化阶段。此时气孔关闭，由苹果酸脱羧产生的 CO_2 被 Calvin 循环再固定。这时不仅不吸收外界的 CO_2，由于有时脱羧快于 CO_2 的固定，反而常常向体外放出。第Ⅳ阶段发生在下午的后半时期，称为恒态期，这时气孔又微微开放。RuBP 羧化酶可直接固定外界的 CO_2，其原初产物主要为 PGA，无明显的苹果酸积累。这时形成的少量苹果酸是由原初产物 PGA 转化为 PEP 后，再经羧化而成，所以是经双羧化而产生的，这不同于第Ⅰ阶段的苹果酸形成，这一阶段的光合产物是蔗糖，而不是淀粉，这一点不同于第Ⅲ阶段，也不同于第Ⅱ阶段，它是由 RuBP 羧化酶向 PEP 羧化酶过渡的阶段。从图 3.23 的气体交换曲线可以看出，CAM 植物一昼夜之间有 3 个阶段可吸收 CO_2，但夜间是主要的。中午前后炎热之时气孔关闭，夜间开放，这与非 CAM 植物相反，有利于在干旱环境中减少水分丢失，保持体内的水分平衡（张维经，1986）。

进一步的研究显示，植物昼夜 CO_2 气体交换模式不是固定不变的，受环境条件影响可产生各种变化（Johanna W. 等，1981；Szarek S. R. 等，1973）。龚宁等（1992）研究表明，长药景天（Sedum spectabile）、土三七（S. aizoon）及露花（Mesembryanthemum cordifolium）等 3 种兼性 CAM 植物，在阴天能全天吸收 CO_2，无第Ⅲ阶段，与其在晴天的 CO_2 交换模式明显不同；而大叶落地生根（Kalanchoe daigremotiana）、瓦松（Orostachys fimbriatus）及落地生根（Bryophyllum pinnatum）等三种专一性 CAM 植物，在阴天的气体交换模式仍有第Ⅲ段。说明在阴天能全天持续吸收 CO_2 的气体交换模式，只有兼性 CAM 植物具有。兼性 CAM 植物在阴天和晴天的气体交换模式间出现的差异，温度起着主导的作用。高温可加速苹果酸脱羧。温度对气体交换模式的影响主要是通过影响脱羧速率实现的。专一性 CAM 植物由于晚上积累的苹果酸较多，使它们在阴天气温较低的条件下脱羧也较快，这是专一性 CAM 植物在阴天也不能全天吸收 CO_2 的重要原因（图 3.24）。

在正常供水条件下蒙古扁桃叶气孔运动具有典型的非 CAM 植物运行模式，即白天开放，晚上关闭。但实验结果表明，即使在正常供水情况下蒙古扁桃幼苗气孔夜间关闭不彻底，仍保持一定程度的气孔导度（图 3.10）。其气孔导度上午 11：00 时达到高峰之后，继续下降，直到凌晨 1：00 时新一轮气孔导度增加开始。幼苗遭受中等土壤干旱胁迫，其叶水势降到 -1.90MPa ~ -2.73MPa 时，气孔导度增加时间提早到在晚上 21：00 时。当土壤干旱胁迫进一步加剧，叶水势降至 -3.14MPa（第 8 天）时，幼苗气孔导度最高峰出现在凌晨 5：00 时，出现第Ⅱ阶段的气体交换，然后气孔导度继续下降，直到晚上 21：00 时重新开始增加，出现非典型的 CAM 植物气孔运行模式。

与很多旱生植物一样，蒙古扁桃气孔只分布在下表皮。气孔开放率是指用显微镜

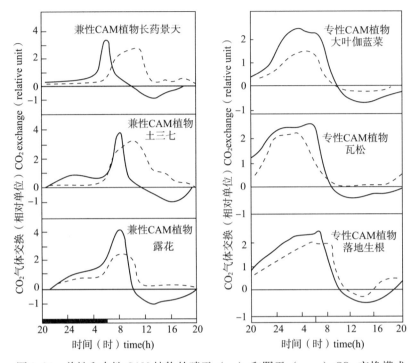

图 3.24 兼性和专性 CAM 植物的晴天（—）和阴天（……）CO_2 交换模式

Fig. 3.24 The CO_2 exchange model of facultative and typical obligate CAM plants in sunny (—) and cloudy (…) days（引自龚宁等，1992）

观察叶表皮细胞时，视野内开放的气孔数与总气孔数之比。显微观察气孔开放率可以更直观地展示植物气孔的动态行为。在土壤干旱胁迫处理期间，蒙古扁桃幼苗气孔开放率日变化如图3.25。

蒙古扁桃幼苗气孔行为日变化动态呈单峰曲线形，气孔开放率在早、晚低而中午高，峰值出现在 11：00~14：00，与其气孔导度日变化趋势相一致。随着胁迫强度的增加，各观测时间的气孔开放率均呈逐渐下降的趋势。随着胁迫强度的增加，蒙古扁桃幼苗叶水势由-0.95MPa 降低至-3.05MPa，保卫细胞膨压随之下降，使部分气孔关闭，导致气孔开放率的减小。土壤相对含水量与各处理气孔开放率峰值呈极显著的正相关性（$R^2=0.919$，$P<0.01$）。处理第1天、第2天和第3天蒙古扁桃气孔开放率峰值出现在 14：00，分别为 95.69%、98.48% 和 81.29%；处理第4天和第5天气孔开放率峰值出现在 13：00，开放率分别为 60.25% 和 45.28%；处理第6天和第7天气孔开放率峰值出现在 12：00，开放率分别为 28.95%、30.69%；而处理第8天气孔开放率峰值出现在 11：00，开放率为 25.10%。随着干旱胁迫强度的增加，气孔最大开放率出现的时间向前移的趋势。分析气孔开放率峰值的变化幅度发现，土壤相对含水量

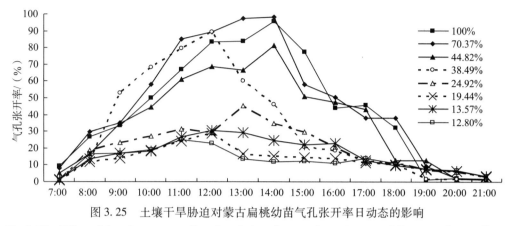

图 3.25 土壤干旱胁迫对蒙古扁桃幼苗气孔张开率日动态的影响

Fig. 3.25 Effect of drought stress on diurnal variation of stomatal opening rate of *P. mongolica* seedlings

为 70.37% 时的气孔开放率峰值比正常供水对照增加 2.92%；而土壤相对含水量为 44.82% 时的气孔开放率峰值比与充足水分条件相比下降 15.05%；土壤相对含水量为 38.49% 时的气孔开放率峰值，与正常供水对照下降 37.04%；当土壤相对含水量 <24.92% 时，蒙古扁桃幼苗气孔开放率峰值下降幅度变大。如土壤相对含水量为 24.92%、19.44%、13.57% 和 12.80% 时分别比对照下降 52.47%、69.75%、67.93%、和 73.77%。土壤相对含水量为 24.92%、叶水势为 -1.97MPa 是引起蒙古扁桃幼苗气孔开放率显著减小的阈值（$P<0.05$）。

在正常供水情况下，蒙古扁桃幼苗 7:00 时气孔开放率为 9.5%。当土壤相对含水量降至 24.92% 和 12.80% 时气孔开放率也降至 0.95% 和 0.88%，开放率不大；而在正常供水情况下，蒙古扁桃幼苗 21:00 时气孔开放率 1.07%，土壤相对含水量降至 24.92% 和 12.80% 时，其气孔开放率反而增至 2.99% 和 3.29%。从气孔开放度日程变化看（图 3.27），从 7:00 时至 21:00 时气孔开度不断波动，并没有出现大起大落的变化。说明，气孔导度日变化主要是通过气孔开放率来调控的，而不是气孔开度。从土壤干旱胁迫对蒙古扁桃幼苗气孔开度的影响来看，随着土壤干旱胁迫强度的增强，19:00 时以后的气孔开度增加了。

在土壤干旱期间，气孔运动是受来自根部的 ABA、pH 和水力学等根际信号的调控的（Zhang J. & Davies W. J.，1987）。蒙古扁桃幼苗气孔行为对土壤干旱胁迫非常敏感，通过调节开放率及峰值出现时间来减小叶片蒸腾作用，保持体内水分平衡，确保一定速率的光合作用，获得较高的水分利用率。

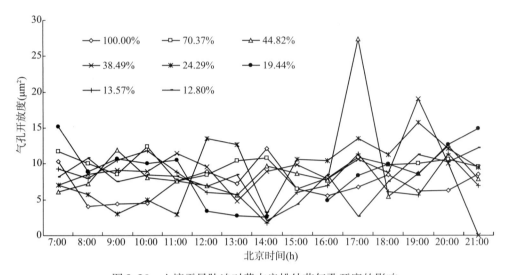

图 3.26 土壤干旱胁迫对蒙古扁桃幼苗气孔开度的影响

Fig. 3.26 Effect of soil drought stress on stomotal aperture of *P. mongolica* seedlings

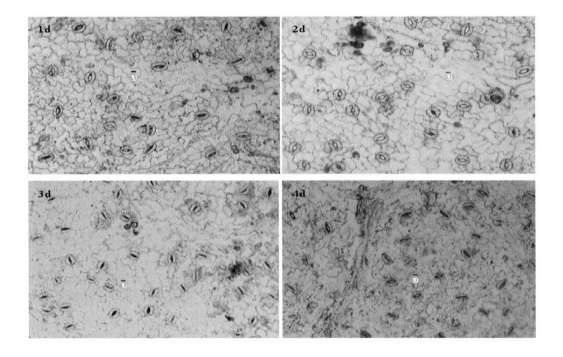

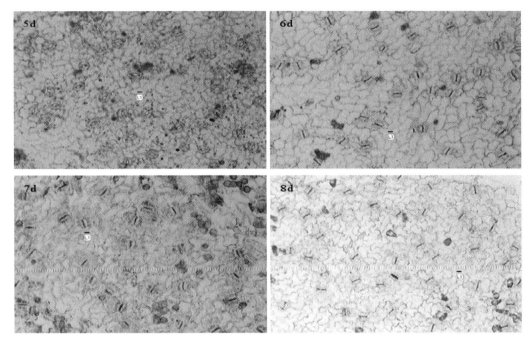

图 3.27 土壤干旱胁迫对蒙古扁桃幼苗气孔开度的影响

Fig. 3.27 Effect of soil drought stress on stomotal aperture of *P. mongolica* seedlings

光合 CAM 途径的调节可分为长期调节（季节性或诱导过程的调节）和短期调节（昼夜循环的调节）。一般认为，羧化阶段的磷酸烯醇式丙酮酸羧化酶（phosphoenolpyruvate carboxylase，PEPC；E. C. 4.1.1.31）在 CAM 途径的调节中起着关键作用（Osmond，1978）。大量研究表明，PEPC 等一系列 C_4 途径的相关酶不仅存在于 C_4 植物中，而且也广泛存在于 C_3 植物中。在平时，C_4 途径相关酶的活性较低，但植物内外环境发生变化时，这些酶的活性也会发生一些变化。适度的热胁迫或水分胁迫能够使 PEPC 活性升高。

土壤干旱胁迫对蒙古扁桃幼苗 PEPC 活性的影响见图 3.28。图中表示上午 10：00 时的 PEPC$_{白天}$ 活性和凌晨 2：00 时的 PEPC$_{夜晚}$ 活性。从图 3.28 可知，PEPC$_{白天}$ 活性随土壤相对含水量的降低呈先降后增的趋势。当土壤相对含水量>32.17%时，PEPC$_{白天}$ 活性随土壤相对含水量的降低呈降低的趋势，但降低幅度不明显。当土壤相对含水量为 32.17%时，酶活性比充足水分条件降低了 45.47%。当土壤相对含水量<32.17%时，PEPC$_{白天}$ 活性随土壤相对含水量的降低而呈增加的趋势，且增加幅度较大。当土壤相对含水量分别为 18.97%、12.99% 和 7.50% 时的 PEPC$_{白天}$ 活性比土壤相对含水量为 32.17% 时的 PEPC$_{白天}$ 活性分别增加了 74.84%、118.08% 和 250.50%。复水 24h 后，

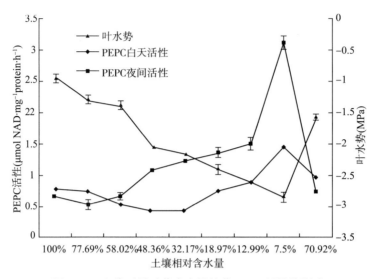

图 3.28　土壤干旱对蒙古扁桃幼苗 PEPC 活性的影响

Fig. 3.28　Effect of drought stress on PEPC activity of *P. mongolica* seedlings

土壤相对含水量恢复到 70.92%，PEPC$_{白天}$活性明显降低，但还比正常供水条件下的 PEPC$_{白天}$活性高 26.56%。土壤干旱胁迫处理期间蒙古扁桃幼苗 PEPC$_{夜晚}$活性变化趋势与 PEPC$_{白天}$活性变化趋势基本相似，也是先降后增之势，但增加的时间早，程度大。土壤相对含水量为 7.50% 时的 PEPC$_{夜晚}$活性最高，而土壤相对含水量 77.69% 时的 PEPC$_{夜晚}$活性最低。土壤相对含水量为 77.69% 时的 PEPC$_{夜晚}$活性比正常供水对照植株的 PEPC$_{夜晚}$活性降低 20.44%。当土壤相对含水量< 77.69% 时，PEPC$_{夜晚}$活性随土壤相对含水量的降低而增加。如，土壤相对含水量为 7.50% 时的 PEPC$_{夜晚}$活性是正常供水对照植株 PEPC$_{夜晚}$活性的 4.73 倍。复水后，土壤相对含水量恢复到 70.92%，PEPC$_{夜晚}$活性迅速降低，基本恢复到正常供水对照植株的 PEPC$_{夜晚}$活性水平。这些数据暗示，不排除在干旱胁迫下蒙古扁桃幼苗光合碳同化途径转型的可能。

陈景治等（1989）研究表明，随着水分胁迫强度的增加，露花（*Mesembryanthemum cordifolium*）叶片 PEPC 活性明显增加。电泳实验显示，干旱胁迫处理可以诱导产生新的 PEPC 同工酶条带，而复水后叶片 PEPC 活性下降，新诱导生成的 PEPC 同工酶条带消失。对此作者认为，水分胁迫下 PEPC 活性增加是露花适应环境，从 C_3 向 CAM 进行了过渡的结果。李卫华等（2000）对泡泡刺（*Nitraria sphaerocarpa*）叶 PEPC 季节性变化进行研究发现，在水分条件较好的 5 月份，电泳图谱上不显示 PEPC 活性。在水分条件较差的 7 月 PEPC 以四聚体形式存在，而在降雨量最小、大气相对湿度低、昼夜温差最大的 9 月 PEPC 以二聚体和四聚体两种形式存在。证明，泡泡刺在降水最少的 9 月出现 CAM 植物的碳同化特征。并认为，这可能是泡泡刺对严重的干旱和较大的昼夜温差等综合因素的适应性代谢调节。朱学艺等（2003）研究河西走廊不同生态型芦苇（*Phragmites communis*）对干旱和盐渍胁迫的适应性调节发现，芦苇具有典型的 C_3 植物碳同化酶活性，而干旱沙漠环境中的芦苇演化为 C_3-C_4 中间的类 C_4 生态型。

夜间气孔开放吸收 CO_2，引起叶细胞酸度增加是植物光合途径向 CAM 途径转型的重要特征之一。张维经等（1987）研究露花（*Mesembryanthemum cordifolium*）光合作用 C_3-CAM 转变时发现，干旱胁迫处理两天后，夜间 CO_2 吸收突然开始增加，含酸量也同步增加，白天出现去酸化，出现 CAM 模式。当 CAM 出现以后，如连续干旱，夜间 CO_2 的吸收和昼夜酸波动逐渐减弱，但仍维持 CAM 的特征。如再进行浇灌，在 8h 之内就可看到露花已开始向 C_3 转变，表现在下午就有 CO_2 吸收，夜间转而放出 CO_2，昼夜酸波动也恢复到 C_3 型微弱水平。表明露花中 CAM 的逆转比 CAM 的诱导更快。如在夜间浇水 2h 后 PEP 羧化酶活性就由 24 酶活力单位降至 15 酶活力单位，下降也是很快的。

研究在干旱胁迫处理期间蒙古扁桃幼苗叶片 pH 昼夜变化时发现，在正常供水情况下，蒙古扁桃幼苗叶片 pH 午间最低，而夜间最高；轻度干旱胁迫处理（土壤相对含水量≥70.06%）引起蒙古扁桃幼苗叶组织 pH 明显下降，其中夜间 pH 下降幅度最大，为 1 个 pH 单位；在中度干旱胁迫处理（土壤相对含水量为 58.32%）下叶组织白天 pH 普遍提高，pH 增加值在 0.4~1.5 之间；土壤干旱进一步加剧时叶组织 pH 总体呈下降趋势。当土壤相对含水量≥70.06%时，蒙古扁桃幼苗叶片 pH 昼夜差距较大，相差在 0.75~1.20 pH 之间，白天酸含量高而夜间酸含量低。在土壤相对含水量为 40.91% 和 58.32% 时，叶片 pH 昼夜差距变小，相差 0.26~0.32pH，白天的酸含量略低于夜间。当土壤相对含水量≤26.84%时，叶片 pH 昼夜变化亦较小，在 0.42~0.46pH，白天的酸含量略高于夜间。在干旱胁迫处理期间蒙古扁桃幼苗叶组织 pH 昼夜变化暗示着可能出现了 CAM 模式，即夜间羧化、白天脱羧作用。但这还需要进一步的实验来验证。

3.7 蒙古扁桃光呼吸

乙醇酸氧化酶（glycollate oxidase，GO，EC 1.1.3.15）是光呼吸代谢的关键酶，是光合组织中光促耗氧的主要酶（徐杰，2002）。乙醇酸氧化酶属依赖于黄素单核苷酸（flavin mononucleotide，FMN）的黄素蛋白，由相同亚基组成的寡聚酶，在不同的生理状态下具有不同的聚合态，其全酶相对分子质量在 100 000~700 000 之间。乙醇酸氧化酶活性调节受乙醇酸氧化酶蛋白合成的调节和绿色组织内 FMN 浓度的控制（Sharkey T. D.，1985）。另外，光加速叶组织内 FMN 的合成，从而提高乙醇酸氧化酶的活性（黄卓烈和李明启，1985）。研究表明，乙醇酸氧化酶活性对于调节植物的叶绿素荧光具有"阈值"效应，只有当植株乙醇酸氧化酶活性下降超过 60%~65%时，暗适应下

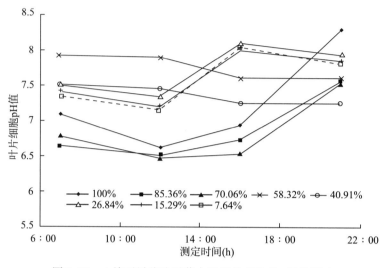

图 3.29　土壤干旱胁迫对蒙古扁桃幼苗叶片 pH 的影响

Fig. 3.29　Effect of drought stress on pH of leaves of *P. mongolica* seedlings

光系统Ⅱ最大光化学量子产量才开始逐渐下降，随着乙醇酸氧化酶活性的下降，植株受光抑制的程度加重。表明，乙醇酸氧化酶不仅是光呼吸作用中的关键酶，而且在光合作用中也具有调控作用（金怡等，2011）。

土壤干旱胁迫对蒙古扁桃幼苗乙醇酸氧化酶活性的影响见图 3.30。如图 3.30 所

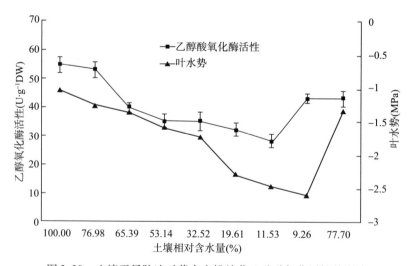

图 3.30　土壤干旱胁迫对蒙古扁桃幼苗乙醇酸氧化活性的影响

Fig. 3.30　Effect of soil drought stress on glycolate oxidase activity of *P. mongolica* seedlings

示，随着胁迫强度的增加，乙醇酸氧化酶活性总体呈降低的趋势。乙醇酸氧化酶活性最大值出现在充足水分条件时，为 55.7 $U \cdot g^{-1}$（以 $\triangle 0.01\ A_{550} \cdot min^{-1}$ 所需的酶量定义为一个酶活力单位，U），最低值出现在土壤相对含水量为 11.53% 时，为 31.2 $U \cdot g^{-1}$。各水分条件下乙醇酸氧化酶活性与充足水分条件相比分别降低了 3.36%、24.53%、36.32%、35.65、41.17%、48.49%。土壤相对含水量在 53.14% ~ 76.98% 和 11.53% ~ 32.52% 时乙醇酸氧化酶活性下降幅度最大。但土壤相对含水量为 9.26% 时，乙醇酸氧化酶活性骤然增加，比土壤相对含水量为 11.53% 时的酶活性增加了 52.95%，只比对照低 21.23%。表明，轻度和中等土壤干旱胁迫对蒙古扁桃幼苗乙醇酸氧化酶活性有抑制作用，然而，重度土壤干旱胁迫反而激活乙醇酸氧化酶活性。经一夜复水后，乙醇酸氧化酶活性恢复到充足水分条件的 78.54%。说明，土壤干旱对蒙古扁桃幼苗乙醇酸氧化酶活性的抑制作用是可逆的。

　　光呼吸（photorespiration）是所有能进行光合作用的细胞在光照和高 O_2 低 CO_2 情况下吸收 O_2 和放出 CO_2 的一个生化过程，表现出植物光合作用碳代谢的表观逆转（金怡等，2011）。虽然在气体交换方面它同光合作用正好处于相反方向，但无论从发生部位、对光的依赖以及在生化上的联系来看，都同光合作用具有很密切的关系（高煜珠，1984）。在 C_3 植物光呼吸可以消耗掉光合固定 CO_2 的 20% ~ 40%，在极端条件下可达 50%（Sharkey T. D.，1985）。另外，乙醇酸氧化酶活性提高会使细胞内 H_2O_2 含量增加，后者又可通过 Fenton 反应（$Fe^{3+} + H_2O_2 \rightarrow \cdot OH + OH^- + Fe^{2+}$）与 Haber-Weiss 反应（$H_2O_2 + O_2^- \rightarrow \cdot OH + OH^- + O_2$）生产更为毒害的羟基自由基 $\cdot OH$（杨礼锐和陈木楚，1991）。然而，近年来的研究结果表明，光呼吸是在长期进化过程中，为了适应环境变化、提高抗逆性而形成的一条代谢途径，是一种重要的光保护机制（Kozaki A. & Takeba G.，1996）。光呼吸是植物细胞 H_2O_2 的重要来源，也是维持细胞氧化还原反应的重要成分，它影响植物多种代谢途径，特别是影响植物生长发育，对生物和非生物逆境的应答，并参与植物细胞的程序性死亡过程。因此，光呼吸是植物生命活动过程中不可或缺的组成部分。在干旱、强辐射、气孔关闭而光抑制容易发生的环境中，再同化光呼吸释放的 CO_2，消耗叶绿体吸收的过剩日光能，可以避免光抑制的发生，保护光合器官。另外，光呼吸消耗乙醇酸，避免乙醇酸的积累，保护光合细胞免受伤害（蒋德安，2011）。异烟肼（isonicotinic acid hydrazide，INH）能够抑制甘氨酸脱羧，从而阻断光呼吸循环的进行。将盆栽海滨锦葵（Kosteletzkya virginica）用 6 $mmol \cdot L^{-1}$ 异烟肼叶面喷施处理，结果其 PSⅡ反应中心活性、电子传递的量子产额（φE_0）和电子传递效率（φ_0）降低，与对照差异均达到显著水平，植株生长受到显著抑制，茎秆纤细，生长顶端枯黄坏死（孟国花等，2012）。葡萄（Vitis vinifera）是高光呼吸植物，其光呼吸消耗可占总光合产物的 20% ~ 50%。同时，葡萄又被认为是具有较强干旱适应能力的作物。

管雪强等（2004）通过测定 2 年生盆栽"赤霞珠"葡萄（*Vitis viniferal* L. Cabernet sauvignon）PSⅡ最大光化学量子产量（Fv/Fm）、实际光化学效率（$\varphi PSⅡ$）及净光合速率（Pn），并计算其总光合电子传递、羧化电子传递、加氧电子传递及光呼吸速率发现，"赤霞珠"葡萄在干旱胁迫下能够有效调动其光保护机制，避免严重光抑制的发生。如果用异烟肼（isonicotinic acid hydrazide，INH）抑制光呼吸，光抑制程度则明显加重。高温、高氧含量和降低空气中的 CO_2，都会促进光呼吸（蒋高明，2004）。干旱、炎热、高辐射是荒漠区的自然属性，而这些都是有利于光呼吸发生的环境因素。因此，荒漠植物光呼吸是其环境适应机制的重要方面之一。

植物光合作用不仅是地球上最重要的化学反应，本身也是植物对外界环境条件最灵敏的反应之一。光合特性能够客观准确地表达植物的生长状况和所处的生长环境。在逆境胁迫下不同植物可通过增加潜在光合能力、提高水分利用效率、增加有效光合积累与合理分配光合产物、自我调节蒸腾速率与气孔开度、选择有利时间快速光合以充分利用有限资源等多种方式，有效应对特殊环境给生长带来的不利影响（闫海龙等，2008）。

参考文献

[1] 白绢. 荒漠植物在干旱胁迫下的光呼吸作用和抗氧化代谢研究 [D]. 兰州：兰州大学博士学位论文，2008.

[2] 白琰，龙瑞军，刘玉冰. 红砂的净光合速率与蒸腾速率的日变化特征 [J]. 甘肃农业大学学报，2006，41（2）：56-58.

[3] 柏新富，朱建军，赵爱芬，等. 几种荒漠植物对干旱过程的生理适应性比较 [J]. 应用与环境生物学报，2008，14（6）：763-768.

[4] 陈建. 四种灌木植物光合效率对土壤水分的响应过程与机制 [D]. 泰安：山东农业大学，2008.

[5] 陈景治，王岳浩，施教耐. 水分胁迫对露花叶片中 PEP 羧化酶活性及其调节特性的影响 [J]. 植物生理学报，1989，15（4）：345-353.

[6] 陈贻竹，李晓萍，夏丽，等. 叶绿素荧光技术在植物环境胁迫研究中的应用 [J]. 热带亚热带植物学报，1995，3（4）：79-86.

[7] 程林梅，李占林，高洪文. 水分胁迫对白羊草光合生理特性的影响 [J]. 中国农学通报，2004，20（6）：238-240.

[8] 邓雄，李小明，张希明，等. 四种荒漠植物的光合响应 [J]. 生态学报，2003，23（3）：298-305.

[9] 邓雄，李小明，张希明，等. 四种荒漠植物气体交换特征的研究 [J]. 植物生态学报，2002，26（5）：605-612.

[10] 邓雄，李小明，张希明，等．多枝柽柳气体交换特性研究［J］．生态学报，2003，23（1）：180-187.

[11] 段玉玺，贺康宁，朱艳艳，等．盐池沙地不同土壤水分条件下沙柳的光响应研究［J］．水土保持研究，2008，15（3）：200-203.

[12] 冯建灿，胡秀丽，毛训甲．叶绿素荧光动力学在研究植物逆境生理中的应用［J］．经济林研究，2002，20（4）：14-19.

[13] 冯今朝，周宜军，周海燕，等．沙冬青对土壤水分变化的生理响应［J］．中国沙漠，2001，21（3）：223-226.

[14] 付芳婧，赵致，张卫星．水分胁迫下玉米抗旱性与光合生理指标研究［J］．山地农业生物学报，2004，23（6）：471-474.

[15] 高煜珠．光呼吸与光合碳代谢的关系［J］．光合作用研究进展，1984，（3）：160-171.

[16] 管雪强，赵世杰，李德全，等．干旱胁迫下抑制光呼吸对'赤霞珠'葡萄光抑制的影响［J］．园艺学报，2004，31（4）：433-436.

[17] 龚宁，尉亚辉，张维经．兼性景天酸代谢植物 CO_2 气体交换模式的环境调节［J］．植物学报，1992，34（1）：51-57.

[18] 郭春芳，孙云，张木清．土壤水分胁迫对茶树光合作用-光响应特性的影响［J］．中国生态农业学报，2008，16（6）：1413-1418.

[19] 郭卫华，李波，黄永梅，等．不同程度的水分胁迫对中间锦鸡儿幼苗气体交换特征的影响［J］．生态学报，2004，24（12）：2716-2722.

[20] 郭兴启，温孚江，朱汉城．烟草感染马铃薯Y病毒（PVY）后光合作用的变化规律［J］．浙江大学学报，2000，26（1）：75-78.

[21] 韩刚，赵忠．不同土壤水分下4种沙生灌木的光合光响应特性［J］．生态学报，2010，30（15）：4019-4026.

[22] 何明珠，张志山，李小军，等．阿拉善高原荒漠植被组成分布特征及其环境解释：Ⅱ．C_4植物组成、分布特征与环境的关系［J］．中国沙漠，2010，30（1）：57-62.

[23] 黄振英，董学军，蒋高明，等．沙柳光合作用和蒸腾作用日动态变化的初步研究［J］．西北植物学报，2002，22（4）：817-823.

[24] 黄卓烈，李明启．光对水稻（*Oryza sativa*）幼苗乙醇酸氧化酶活性的影响［J］．植物生理学报，1985，11（1）：25-32.

[25] 贾荣亮，周海燕，谭会娟，等．超旱生植物红砂与珍珠光合生理生态日变化特征初探［J］．中国沙漠，2006，26（4）：631-636.

[26] 简令成，王红．逆境植物细胞生物学［M］．北京：科学出版社，2009：215.

[27] 蒋德安．植物生理学［M］：北京：高等教育出版社，2011.

[28] 蒋高明．植物生理生态学［M］．北京：高等教育出版社，2004.

[29] 蒋高明，何维明．一种在野外自然光照条件下快速测定光合作用-光响应曲线的新方法［J］．植物学通报，1999，16（6）：712-718.

[30] 蒋高明，朱桂杰．高温强光环境条件下3种沙地灌木的光合生理特点［J］．植物生态学报，

2001, 25 (5): 525-531.

[31] 蒋明义, 荆家海, 王韶唐. 渗透胁迫对水稻光合色素和膜脂过氧化的影响 [J]. 西北农业大学学报, 1991, 19 (1): 79-84.

[32] 江天然, 张立新, 毕玉蓉, 等. 水分胁迫对梭梭叶片气体交换特征的影响 [J]. 兰州大学学报 (自然科学版), 2001, 37 (6): 57-62.

[33] 靳甜甜, 傅伯杰, 刘国华, 等. 不同坡位沙棘光合日变化及其主要环境因子 [J]. 生态学报, 2011, 31 (7): 1783-1793.

[34] 金怡, 刘合芹, 汪得凯, 等. 植物光呼吸分子机制研究进展 [J]. 中国农学通报, 2011, 27 (03): 232-236.

[35] 赖家业, 杨振德, 文祥凤. 两种立地条件下蒜头果叶绿素含量比较研究 [J]. 广西植物, 1999, 19 (3): 272-276.

[36] 李爱平, 王晓江, 杨小玉, 等. 库布齐沙漠几种沙生灌木叶解剖结构耐旱特征研究 [J]. 中国沙漠, 2010, 30 (6): 1405-1410.

[37] 李春霞, 曹慧. 干旱对苹果属植物叶绿素荧光参数的影响 [J]. 安徽农业科学, 2008, 36 (31): 13536-13538.

[38] 李鹏民, 高辉远, Reto J. Strasser. 快速叶绿素荧光诱导动力学分析在光合作用研究中的应用 [J]. 植物生理与分子生物学学报, 2005, 31 (6): 559-566.

[39] 李清河, 赵英铭, 刘建锋. 乌兰布和沙漠东北部不同起源的 5 种沙生灌木的光合及生长特性 [J]. 林业科学研究, 2008, 21 (3): 357-361.

[40] 李卫华, 张承烈. 泡泡刺叶磷酸烯醇式丙酮酸羧化酶季节性聚态变化 [J]. 植物生态学报, 2000, 24 (3) 284-288.

[41] 李怡, 刘发民, 宋耀选, 等. 柽柳叶片光合速率日变化特征的研究 [J]. 安徽农业科学, 2008, 36 (18): 7559-7560, 7563.

[42] 李志军, 罗青红, 韩路, 等. 干旱胁迫对胡杨和灰叶胡杨光合作用及叶绿素荧光特性的影响 [J]. 干旱区研究, 2009, 26 (1): 45-52.

[43] 刘庚山, 郭安红. 任三学, 等. 不同覆盖对夏玉米叶片光合和水分利用效率日变化的影响 [J]. 水土保持学报, 2004, 18 (20): 152-155.

[44] 刘家琼, 蒲锦春, 刘新民. 我国沙漠中部地区主要不同生态类型植物的水分关系和旱生结构比较研究 [J]. 植物学报, 1987, 29 (6): 662-675.

[45] 刘玉冰, 张腾国, 李新荣, 等. 红砂 (*Reaumuria soongorica*) 忍耐极度干旱的保护机制: 叶片脱落和茎中蔗糖累积 [J]. 中国科学 (C 辑: 生命科学), 2006, 36 (4): 328-333.

[46] 刘宇锋, 萧浪涛, 童建华, 等. 直线双曲线模型在光合光响应曲线数据分析中的应用 [J]. 中国农学通报, 2005, 21 (8): 76-79.

[47] 罗树伟, 郭春会, 张国庆. 神木与杨凌地区长柄扁桃光合与生物学特性比较 [J]. 干旱地区农业研究, 2009, 27 (5): 196-202.

[48] 马成仓, 高玉葆, 郭宏宇, 等. 小叶锦鸡儿、中间锦鸡儿和柠条锦鸡儿地理渐变性Ⅱ. 光合特性和水分代谢特性 (英文) [J]. 植物学报, 2003, 45 (10): 1228-1237.

[49] 马全林,王继和,张盹明.濒危植物绵刺光合的生理生态学特征[J].西北植物学报,1999,19(6):165-170.

[50] 马剑英,周邦才,夏敦胜,等.荒漠植物红砂叶绿素和脯氨酸累积与环境因子的相关分析[J].西北植物学报,2007,27(4):0769-0775.

[51] 马小卫.长柄扁桃（Amygdalus pedunculata）抗旱机制研究[D].杨凌：西北农林科技大学硕士学位论文,2006.

[52] 孟国花,高静,范海.不同浓度INH对海滨锦葵光呼吸与光合特性的影响[J]现代农业科技,2012(4):39-41.

[53] 米海莉,许兴,李树华,等.水分胁迫对牛心朴子、甘草叶片色素、可溶性糖、淀粉含量及碳氮比的影响[J].西北植物学报,2004,24(10):1816-1821.

[54] 牛书丽,蒋高明,高雷明,等.内蒙古浑善达克沙地97种植物的光合生理特征[J].植物生态学报,2003,27(3):318-324.

[55] 牛书丽,蒋高明,李永庚.C_3与C_4植物的环境调控[J].生态学报,2004,24(2):308-314.

[56] 钱莲文,张新时,杨智杰,等.几种光合作用光响应典型模型的比较研究[J].武汉植物学研究,2009,27(2):197-203.

[57] 史典义,刘忠香,金危危.植物叶绿素合成、分解代谢及信号调控[J].遗传,2009,31(7):698-704.

[58] 石兰馨,王邦锡,黄久常.水分胁迫时小麦叶片光合放氧过程的影响[J].兰州大学学报,1991,27(4):132-136.

[59] 石莎,冯金朝,邹学勇.腾格里沙漠南缘2种沙地灌木植物的光合特征[J].云南大学学报（自然科学版）,2007,29(5):519-524.

[60] 石松利,王迎春,周红兵,等.濒危种四合木与其近缘种霸王水分关系参数和光合特性的比较[J].生态学报,2012,32(4):1163-1173.

[61] 宋维民,周海燕,贾荣亮,等.土壤逐渐干旱对4种荒漠植物光合作用和海藻糖含量的影响[J].中国沙漠,2008,28(3):449-454.

[62] 苏培玺,解婷婷,周紫鹃.我国荒漠植被中C_4植物种类分布及其与气候的关系[J].中国沙漠,2011,31(2):267-277.

[63] 苏培玺,严巧娣.C_4荒漠植物梭梭和沙拐枣在不同水分条件下的光合作用特征[J]生态学报,2006,26(1):75-82.

[64] 苏培玺,严巧嫡,张立新,等.荒漠植物梭梭和沙拐枣光合作用、蒸腾作用及水分利用效率特征[J].西北植物学报,2003,23(1):11-17.

[65] 孙景宽,张文辉,陆兆华,等.干旱胁迫下沙枣和孩儿拳头叶绿素荧光特性研究[J].植物研究,2009,29(2):216-223.

[66] 孙丽君,吕光辉,田幼华,等.不同土壤水分条件下荒漠植物白麻光合生理特性的比较[J].新疆农业科学,2011,48(4):755-760.

[67] 谭会娟,周海燕,李新荣,等.珍稀濒危植物半日花光合作用日动态变化的初步研究[J].中国沙漠,2005,25(2):262-267.

[68] 王爱民,祖元刚.大兴安岭不同演替阶段白桦种群光合生理生态特征[J].吉林农业大学学报,2005,27(2):190-193.

[69] 王炜军,林健巧,李明启.高等植物乙醇酸氧化酶与黄素单核苷酸的松弛结合[J].植物学报,2000,43(3):239-243.

[70] 王晨,井忠平,张维经.CAM植物在光阶段初期CO_2同化的途径[J].西北植物学报,1990,10(4):262-268.

[71] 汪耀富,韩锦峰,林学梧.烤烟生长前期对干旱胁迫的生理生化响应研究[J].作物学报,1996,22(1):117-121.

[72] 尉秋实,李得禄,赵明,等.土壤水分胁迫下沙漠葳的光合生理特征[J].西北植物学报,2007,27(12):2531-2539.

[73] 魏爱丽,王志敏,陈斌,等.土壤干旱对小麦绿色器官光合电子传递和光合磷酸化活力的影响[J].作物学报,2004,30(5):487-490.

[74] 魏爱丽,王志敏,翟志席,等.土壤干旱对小麦旗叶和穗器官C_4光合酶活性的影响[J].中国农业科学,2003,36(5):508-512.

[75] 温达志,周国逸,张德强,等.四种禾本科牧草植物蒸腾速率与水分利用效率的比较[J].热带亚热带植物学报,2000,(S1):67-76.

[76] 伍维模,李志军,罗青红,等.土壤水分胁迫对胡杨、灰叶胡杨光合作用-光响应特性的影响[J].林业科学,2007,43(5):30-35.

[77] 小岛睦男.大豆の光合成能力の品种间差异とその安定性[J].日本作物学会纪事,1968,(37):667-674.

[78] 肖春旺,周广胜.毛乌素沙地中间锦鸡儿幼苗生长、气体交换和叶绿素荧光对模拟降水量变化的响应[J].应用生态学报,2001,12(5):692-696.

[79] 薛崧,汪沛洪,许大全,等.水分胁迫对冬小麦CO_2同化作用的影响[J].植物生理学报,1992,18:1-7.

[80] 许大全.光合作用效率及其调节,见陈晓亚,汤章城.植物生理与分子生物学(第三版)[M].北京:高等教育出版社,2007:211.

[81] 许大全.光合作用测定及研究中一些值得注意的问题[J].植物生理学通讯,2006,42(6):1163-1167.

[82] 许大全.光合作用效率[M].上海:上海科学技术出版社,2002:29-109.

[83] 许大全,徐宝基.气孔限制在植物叶片光合诱导中的作用[J].植物生理学报,1989,15(3):275-280.

[84] 许大全,张玉忠,张荣铣.植物光合作用的光抑制[J].植物生理学通讯,1992,28(4):237-2431.

[85] 许大全,张玉忠,张荣铣.植物光合作用的光抑制[J].植物生理学通讯,1992,28(4):237-243.

[86] 许良政.Hill反应及其意义[J].生物学杂志,1995(6):29-31.

[87] 徐杰.乙醇酸氧化酶研究进展[J].华南师范大学学报(自然科学版),2002,3:106-111.

[88] 徐莉. 新疆阜康地区重要荒漠植物自然种群生态遗传学研究 [D]. 西安: 西北大学博士学位论文, 2003: 5.

[89] 闫海龙, 梁少民, 张希明, 等. 塔克拉玛干沙漠特有灌木光合作用对生境中特殊温度、湿度及辐射变化的响应 [J]. 科学通报, 2008, 53 (增刊): 74-81.

[90] 闫海龙, 张希明, 许浩, 等. 塔里木沙漠公路防护林植物沙拐枣气体交换特性对干旱胁迫的响应 [J]. 中国沙漠, 2007, 27 (3): 460-465.

[91] 闫海龙, 梁少民, 张希明, 等. 塔克拉玛干沙漠特有灌木光合作用对生境中特殊温度、湿度及辐射变化的响应 [J]. 科学通报, 2008, 53 (增刊Ⅱ): 74-81.

[92] 杨礼锐, 陈木楚. 植物抗逆性与光呼吸作用之间的关系 [J]. 植物学通报, 1991, 8 (1), 43-47.

[93] 尹建庭, 翟明普. 土壤水分对 107 杨幼苗光合特性影响的研究 [J]. 西北林学院学报, 2007, 22 (4): 5-8.

[94] 严巧娣, 苏培玺, 高松. 干旱程度对 C_3 植物红砂和 C_4 植物珍珠光合生理参数的影响 [J]. 中国沙漠, 2012, 32 (2): 364-371.

[95] 张守仁. 叶绿素荧光动力学参数的意义及讨论 [J]. 植物学通报, 1999, 16 (4): 444-448.

[96] 张维经. CAM 植物光合作用碳代谢途径的调控 [J]. 植物生理生化进展, 1982 (1): 68-74.

[97] 张维经. CAM 途径和调节 [J]. 植物生理学通讯, 1986 (2): 7-11.

[98] 张维经, 尉亚辉, 毛宗渊. 水分胁迫下露花光合型的转变 [J]. 植物生理学报, 1987, 13 (2): 217-221.

[99] 赵红洋, 李玉霖, 王新源, 等. 科尔沁沙地 52 种植物叶片性状变异特征研究 [J]. 中国沙漠, 2010, 30 (6): 1292-1298.

[100] 种培芳, 李毅, 苏世平. 荒漠植物红砂叶绿素荧光参数日变化及其与环境因子的关系 [J]. 中国沙漠, 2010, 30 (3): 539-545.

[101] 周朝彬, 宋于洋, 王炳举, 等. 干旱胁迫对胡杨光合和叶绿素荧光参数的影响 [J]. 西北林学院学报, 2009, 24 (4): 5-9.

[102] 周广业, 王宏凯. 光呼吸抑制剂亚硫酸氢钠的增产效果研究 [J]. 土壤肥料, 2000 (6): 35-38.

[103] 周海燕, 李新荣. 极端条件下几种锦鸡儿属灌木的生理特性 [J]. 中国沙漠, 2005, 25 (2): 182-190.

[104] 周生荟, 刘玉冰, 谭会娟, 等. 荒漠植物红砂在持续干旱胁迫下的光保护机制研究 [J]. 中国沙漠, 2010, 30 (1): 69-73.

[105] 朱鹏, 刘文芳, 肖翊华. 杂交水稻苗期叶绿体 Hill 反应活性研究 [J]. 武汉植物学研究, 1987, 5 (3): 151-160.

[106] 朱学艺, 王锁民, 张承烈. 河西走廊不同生态型芦苇对干旱和盐渍胁迫的响应调节 [J]. 植物生理通讯, 2003, 39 (4): 371-376.

[107] 朱艳艳, 贺康宁, 唐道锋, 等. 不同土壤水分条件下白榆的光响应研究 [J]. 水土保持研究, 2007, 14 (2): 92-94.

[108] Baker, N. R. A possible role for photosystem II in environmental pertur bations of photosynthesis [J]. *Physiologica planta*, 1991, 81: 563-570.

[109] Beale SI. Green genes gleaned [J]. *Trends Plant Science*, 2005, 10 (7): 309-312.

[110] Bernard Genty, Jean-Marie Briantais, Neil R. Baker. The relationship between the quantum yield of photosynthetic electron transport and quenching of chlorophyll fluorescence [J]. *Biochimica et Biophysica Acta*, 1989, 990: 87-92.

[111] Bjorkman O, B Demmig Adms. In: Schulze E D, Caldwell MM (eds), Ecophysiology of Photosynthesis [M]. Berlin: Springer, 1994, 17-47.

[112] Bjokman O, Demming B. Photon *Yield* of O_2 evolution and chlorophyll fluorescence characteristics at 77K among vascular plants of diverse origins [J]. *Planta*, 1987, 170: 489-504.

[113] Bilger W, Björkman O. Role of the xanthophyll cycle in photoprotection elucidated by measurements of light-induced absorbance changes, fluorescence and photosynthesis in leaves of *Hedera canariensis* [J]. *Photosynth. Research*, 1990, 25: 173-85.

[114] Casper B B, Forseth I N, Wait D A. A stage-based study of drought response in *Cryptantha flava* (Boraginaceae): Gas exchange, water use efficiency, and whole plant performance [J]. *American Journal Botany*, 2006, 93 (7): 978-987.

[115] Cowan IR, Lange OL, Green TGA. Carbon dioxide exchange in lichens: determination of transport and carboxylation characteristics [J]. *Planta*, 1992, 187: 282-294.

[116] Demmig-Adams B, Adams WW. Xanthophyll cycle and light stress in nature: uniform response to excess direct sunlight among higher plant species [J]. *Planta*, 1996, 198: 460-470.

[117] Demmig-Adams, Adams III WW. Photoprotection and other responses of plants to high light stress [J]. *Annual Review of Plant Physiology and Plant Morecular Biology*, 1992, 43: 599-626.

[118] Farquhar G D, Sharkey T D. Stomatal conductance and photosynthesis [J]. *Annual Reviews of Plant Physiolgy*, 1982, 33: 317-345.

[119] Filella I, Liusia J, Piol J. Leaf gas exchange and the fluorescence of *Phillgra latifolia*, *Pistacia lentiscus* and *Quercus ilexsamplings* in severe drought and high temperature conditions [J]. *Environmental and Experimental Botany*, 1998, 39: 213-219.

[120] Goedhcer J C. Fluorescence in relation to photosynthesis [J]. *Annual Reviews of Plant Physiolgy*, 1972, 23: 87-112.

[121] Giles K L, Beardsell M F, Cohen D. Cellular and ultrastructural changes in mesophyll and bundle sheath cells of maize in response to water stress [J]. *Plant Physiology*, 1974, 54: 208-212.

[122] Gong J R, Zhao A F, Huang Y M, et al. Water relations, gas exchange, photochemical efficiency, and peroxidative stress of four plant species in the Heihe drainage basin of northern China [J]. *Photosynthetica*, 2006, 44 (3): 355-364.

[123] Guralnick LT, Rorabaugh PA, Hanscom Z. Seasonal shifts of photosynthesis in *Portvlacaria afra* (L.) Jacq. [J]. *Plant Physiology*, 1984, 76: 643-646.

[124] Hai-Bo Zhang, Da-Quan Xu. Different mechanisms for photosystem II reversible down-regulation in

pumpkin and soybean leaves under saturating irradiance [J]. *Photosynthetica*, 2003, 41 (2): 177-184.

[125] Hans Lambers, F. Stuart Chapin, Thijs L. Pons. 张国平, 周伟军译. 植物生理生态学 [M]. 杭州: 浙江大学出版社, 2003.

[126] Heiko Härtel, Heiko Lokstein. Relationship between quenching of maximum and dark-level chlorophyll fluorescence in vivo: dependence on Photosystem II antenna size [J]. *Biochim Biophys Acta*, 1995, 1228: 91-94.

[127] Heitholt J J. Water use efficiency and dry matter distribution in nitrogen and water-stressed winter wheat [J]. *Agronomy Journal*, 1989, 81: 464-469.

[128] Houghton JT, Jenkins GJ, Ephraums JJ. The IPCC scientific assessment [M]. Cambridge: Cambridge University Press, 1990.

[129] Johanna W. and W. Larcher. Dependence of CO_2 gas exchange and acid metabolism of the alpine CAM plant *Sempervivum montanum* on temperature and light [J]. *Oecologia*, 1981, 50: 88-93.

[130] Karabourniotis G, Manetas Y, Gavalas NA. Photoregulation of phosphoenol pyruvate carboxylase in *Salsola soda* L. and other C_4 plants [J]. *Plant physiology*. 1983, 73: 735-739.

[131] Kiyoshi Tanaka, Noriaki Kondo and Kiyoshi Sugahara. Accumulation of hydrogen peroxide in chloroplasts of SO_2-fumigated spinach leaves [J]. *Plant and Cell Physiology*, 1982, 23 (6): 999-1007.

[132] Kluge M., Ting IP. Crassulacean acid Metabolism [M]. Berlin: Springerverlag, 1979.

[133] Kozaki A, Takeka G. Photorespiration protects C_3 plants from photooxidation [J]. *Nature*, 1996, 384, 557-560.

[134] Kra Sharkey T D. Photosynthesis in intact leaves of C_3 plants: physics, physiology and rate limitations [J]. *Botanical Review*, 1985, 51 (1): 53-105.

[135] Krause G H, and Weis E. Chlorophyll fluorescence and photosynthesis: the basics [J]. *Annual Review of Plant Physiology and Plant Molecular Biology*, 1991, 42: 313-349.

[136] Kusaba M, Ito H, Morita R, *et al*. Rice non-yellow coloring1 is involved in light-harvesting complex II and grana degradation during leaf senescence [J]. *Plant Cell*, 2007, 19 (4): 1362-1375.

[137] Jensen M E. Water consumption by agricultural plant. In: Kozlowski T, Water deficit and plant growth [M]. New York: Academic Press, 1976.

[138] Larcher 编著, 翟志席, 郭玉海, 马永泽, 柏长青译. 植物生态生理学（第5版）[M]. 北京: 中国农业大学出版社, 1997: 78.

[139] Moreno-Sotomayor A, Weiss A, Paparozzi E T, Arkebauer T J. Stability of leaf anatomy and light response curves of field grown maize as a function of age and nitrogen status [J]. *Journal of Plant Physiology*, 2002, 159: 819-826.

[140] Ogren E, Evans J R. Photoinhibition in situ in six species of *Eucalyptus* [J]. *Australian Journal of Plant Physiology*, 1992, 19 (3) 223-232

[141] Osmond C. B. Crassulacean acid metabolism: a curiosity in context [J]. *Annual Review of Plant Physiology*, 1978, 29: 379-414.

[142] Osmond C. B., Allaway W. G. Pathways of CO_2 fixation in the cam plant kalanchoe daigremontiana. i

patterns of $^{14}CO_2$ fixation in the light [J]. *Australian Journal of Plant Physiology*, 1974, 1: 503-512.

[143] Osmond C. B., Hotlum J. A. M. In Hatch M. D. and Boardman N. K. *eds*. The biochemistry of Plant [M]. Academic press, 1981: 283-328.

[144] Randall S. Albertea and J. Philip Thornbe. Water stress effects on the content and organization of chlorophyll in mesophyll and bundle sheath chloroplasts of Maize [J]. *Plant Physiology*, 1977, 59: 351-353.

[145] Reuveni J, Gale J, Zeroni M. Differentiating day from night effects of high ambient CO_2 on the gas exchange and growth of *Xanthinm strumarium* L. exposed to salinity stress [J]. *Annals Botany*, 1997, 79: 191-196.

[146] Rouhi V, Samson R, Lemeur R, *et al*. Photosynthetic gas exchange characteristics in three different almond species during drought stress and subsequent recovery [J]. *Environmental and Experimental Botany*, 2007, 59 (2): 117-129.

[147] Schrieber U, Neubauer C. O_2^- dependent electron flow, membrane energization and the mechanism of nonphotochemical quenching of chlorophyll fluorescence [J]. *Photosynthesis Research*, 1990, 25: 279-293.

[148] Shang guan Z P, Shao M A, Dyckmans J, . Nitrogen nutrition and water stress effects on leaf photosynthetic gas exchange and water use efficiency in winter wheat [J]. *Environmental and Experimental Botany*, 2000, 44: 141-149.

[149] Sharkey T D. Photosynthesis in intake leaves of C_3 plants: physics, physiology and rate limitations [J]. *Botanical Review*, 1985, 51: 53-105.

[150] Szarek S. R., Johnson H. B. and TingI. P. Drought adaptation in *Opuntia basilaris* Significance of recycling carbon through Crassulacean acid metabolism [J]. *Plant Physiology*, 1973, 52: 539-541.

[151] Szarek SR, Ting IP. The occurrence of Crassulacean acid metabolism among plants [J]. *Photosynthetica*, 1977, 11: 330-342.

[152] Szarek SR, Ting IP. Seasonal patterns of acid and gas exchange in Opuntia basilaris [J]. *Plant Physiology*, 1974, 54: 76-81.

[153] Treichel S, Bauer P. Unterschiedliche. NaCl-abdangigkeit des tangesperiodischen CO_2-Gaswechsels bei einigen balisch wachsenden pflanzen [J]. *Occologia*, 1974, 17: 87-93.

[154] Ulrich Schreiber, Tsuyoshi Endo, Hualing Mi andKozi Asada. Quenching analysis of chlorophyll fluorescence by the saturation Pulse Method: Particular Aspects relating to the Study of Eukaryotic Algae and Cyanobacteria [J]. *Plant Cell Physiology*, 1995, 36 (5): 873-882.

[155] Van Kooten O, Snel B J F H. The use of chlorophyll fluorescence nomenclature in plant stress physiology [J] *Photosynthesis Research*, 1990, 25 : 147-150.

[156] Voznesenskaya E V, Franceschi V R, Kiirats O, *et al*. Kranz anatomy is not essential for terrestrial C4 plant photosynthesis [J]. *Nature*, 2001, 414: 543-546.

[157] Willstätter R, Stoll A. Untersuchungen über die assimilation der kohlensäure: Sieben abhandlungen [M]. Berlin: Springer-Verlag, 1918.

[158] Winter K, Smith J A C. Crassulacean acid metabolism [M]. New York: Springer, 1996: 2-10.

[159] Zhang J, Davies W J. Control of stomatal behavior by abscisic acid which apparently originates in roots [J]. *Journal of Experimental Botany*, 1987, 38: 1 174-1 181.

[160] Zhao CH M, Wang G X. Effects of drought stress on photoprotection in *Ammopiptanthus mongolicus* leaves [J]. *Acta Botanica Sinica*, 2002, 44 (11): 1309-1313.

第4章　蒙古扁桃的代谢特征

植物生命体系是一个动态的、多因素综合调控的复杂体系，在从基因到性状的生物信息传递链中，机体需要不断调节自身复杂的代谢网络来维持系统内部以及与外界环境的正常动态平衡。DNA、mRNA以及蛋白质的存在为生物过程的发生提供了物质基础，而代谢物质和代谢表型所反映的是已经发生了的生物学事件，是基因型与环境共同作用的综合结果，是生物体系生理和生化功能状态的直接体现（滕中秋等，2011）。新陈代谢是生物的最基本特征，是生物与非生物的根本区别，是生物生长、发育、繁殖、遗传、进化的基础。新陈代谢是生物物质与能量的过程，因此它决定了生物从环境中吸收的所有物质和能量资源，并支配着物质和能量在生物体内的分配。新陈代谢速率决定了几乎所有生物活动的速率（Brown J. H., et al, 2004）。从代谢组学的观点来讲，至少有3种类型的代谢产物对植物应答环境应力过程是十分重要的：①与植物适应环境有关的因子，如抗氧化因子；②细胞中由于生物或非生物胁迫的影响产生的代谢产物，它们是由于植物生长状态下代谢平衡受到干扰而产生的；③信号转导因子，这些化合物与代谢平衡的转导有关。目前，我国荒漠植物代谢水平的研究多数集中在抗氧化代谢、渗透物质代谢、呼吸代谢、氮代谢等传统的物质代谢水平的研究上，而次生物质代谢、植物代谢组等新兴研究领域在荒漠植物中不多见。

4.1　蒙古扁桃的氮代谢

氮代谢是植物体内最基本的物质代谢之一，也是参与地球化学循环的重要组成部分。无机氮被吸收还原后，在植物体内经运输、合成、转化及再循环等各种生理活动过程后，与蛋白质代谢共同构成其生命活动的基本过程。毫无疑问，研究氮代谢生理生化过程及其环境调节机制是揭示植物生命活动过程机制的关键（许振柱，周广胜，2004）。

4.1.1 蒙古扁桃的硝酸还原酶

硝酸盐是多数陆生植物氮素的主要来源，植物每年经硝酸盐同化的氮素达 $10×10^{10}$ t。植物氮代谢的调控主要是通过对硝酸还原酶（nitrate reductase，NR；EC 1.6.6.1/2）的调控来实现的。以硝酸还原酶为中心的调控系统是最原始、最基本的氮代谢调控系统。氮代谢在硝酸还原酶水平上的调控包括硝酸还原酶的合成、降解调控和硝酸还原酶活性的调控（刘丽等，2004）。同时，硝态氮作为一个信号，刺激植物碳代谢和氮代谢的协调变化（Scheible et al，1997；Vogel et al，1991）。

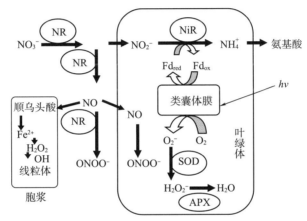

图 4.1 植物硝酸还原酶催化亚硝酸单电子还原合成 NO 的调节机制和生理功能模式（引自沈文飚，2003）

Fig. 4.1 Regulatory mechanisms and physiological function mode of nitrate reductase catalysis single-electron reduction nitrite to NO

硝酸盐还原与碳代谢密切相关，估计光合作用能量的 25% 用于硝酸盐还原（Solomonson L. P.，Barber M. J.，1990）。光合碳代谢与 NO_2^- 同化都发生在叶绿体内，二者都消耗来自碳同化和光合及电子传递链的有机碳和能量。研究表明，在某些组织中氮代谢甚至可消耗掉光合作用能量的 55%（宋建民等，1998）。另外，在高等植物硝酸还原酶还具有 NO 合成酶催化活性，以 NADH 作为电子供体，催化亚硝酸盐的单电子还原合成 NO。NO_3^- 是硝酸还原酶的 NO 合成酶催化活性的竞争性抑制剂（$Ki=50μmol·L^{-1}$）（沈文飚，2003）。业已证明，NO 是植物第二信使物质，可激活各种抗病防卫基因的表达（Klessig DF et al，2000），并具有诱导气孔关闭（Mata C. G. & Lamattina L.，2001）、促进种子萌发、幼苗去黄化以及抑制下胚轴伸长等光形态建成（Beligni M. V. & Lamattina L.，2000），缓解各种胁迫下的活性氧伤害（Beligni M. V. & Lamattina L.，

1999；阮海华等，1993）等多种生理功能。

硝酸还原酶是一种诱导酶（Tang 等，1967；Notton 等，1971）。植物组织吸收硝酸盐后 2h，酶活性就能提高 2~3 倍（Minder 等 1969）。硝酸还原酶活性受光、温度、水分、二氧化碳，钼和硝酸盐浓度等条件的影响（Kannangara 等，1987，Morrilla 等，1973）。在植物体中含叶绿素较多的组织，硝酸还原酶的活性也较高（Beevers，1969）。基因分析研究证明，硝酸根本身就是植物吸收硝酸根和诱导氮代谢的正信号，而其代谢产物铵、合成产物谷氨酸和谷氨酰胺是负信号（许振柱，周广胜，2004）。硝酸还原酶作为一种诱导酶，其半衰期比较短。当将诱导过的植株放到不利的条件下或者将诱导物（NO_3^-）从植株培养环境中去除时，硝酸还原酶的活力会迅速下降、甚至丧失。例如，玉米（Zea mays）叶片硝酸还原酶活力的半衰期是 4h，玉米根的是 2~3h，大麦（Hordeum vulgare）叶片的是 9~12h，而 Aspergillus nidulans 的则仅是 1.25h（Schrader 等，1968；Oaks 等，1972；Travis 等，1969；Cove，1966）。Okamoto 等（1991）、Cannons 等（1994）发现，当剔除抑制因子，加入诱导因子时，硝酸还原酶 mRNA 可以在 5 min 内合成出来，而当重新加入抑制因子后，新合成的硝酸还原酶 mRNA 很快发生降解。从 20 世纪 70 年代开始，人们在多种植物中分离得到硝酸还原酶钝化蛋白（nitrate reductase-inactivating proteins）（Wallace 1973，1974，1975；Walls 等，1978；Yamaya 等，1976，1977，1978 和 1980；Kadam 等，1974；Jolly 等，1978；Sherrader 等，1979；Sorger 等，1978；何文竹等，1982）。进一步实验证明，硝酸还原酶钝化蛋白是硝酸还原酶的蛋白水解酶（何文竹等，1983）。

盆栽实验表明，蒙古扁桃幼苗硝酸还原酶活性相对比较高，为 $11.02\mu g \cdot h^{-1} \cdot g^{-1}$ DW。张杰等（2005）对采自不同地区 8 份材料测定结果表明，蒙古栎（Quercus mongolicus）硝酸还原酶活性在 $0.890\mu g \cdot g^{-1} \cdot h^{-1} \sim 1.835\mu g \cdot g^{-1} \cdot h^{-1}$ 之间，且不同种源之间差异显著，其硝酸还原酶的活性与叶绿素含量呈正相关。闫桂琴等（2004）分析结果表明，濒危植物翅果油树（Elaeagnus mollis）不同种群硝酸还原酶活性在 $205.15\mu g \cdot h^{-1} \cdot g^{-1}FW \sim 49.17\mu g \cdot h^{-1} \cdot g^{-1}FW$。大豆（Glycine max）只有叶片才可以检测到硝酸还原酶活性，而其根和茎检测不到硝酸还原酶活性。在整个生育期，大豆苗期硝酸还原酶活性（$992.6 nmolNO_2^- \cdot 30min^{-1} \cdot g^{-1}FW$），之后呈逐步减退之势。不同大豆品种之间差异显著（李豪喆，1986）。张慧茹等（2002）对宁夏植物园羊柴（Hedysarum leave）、胡枝子（Lespedeza bicolor）、柠条（Caragana korshinskii）、沙打旺（Astragalus adsurgens）和紫花苜蓿（Medicago sativa）等 5 种豆科抗旱牧草营养期的叶、茎、木质部中硝酸还原酶活性进行测定结果表明，在营养期，同一牧草的不同部位其硝酸还原酶活性有一定差异，叶>茎>木质部；不同牧草的硝酸还原酶活性也存在显著差异，其大到小的顺序是羊柴>紫花苜蓿>沙打旺>柠条>胡枝子。

干旱胁迫对蒙古扁桃幼苗硝酸还原酶活性有显著的影响（图 4.2）。随着土壤干旱胁迫的逐步加剧，蒙古扁桃幼苗硝酸还原酶活性变化趋势是先增后降。当叶水势由正常供水的 -0.74MPa 下降至 -1.85MPa（第 3 天）时，蒙古扁桃幼苗硝酸还原酶活性逐渐增加到最高值，达 11.02μg·h^{-1}·g^{-1}·DW，比对照增加 45.00%。叶水势继续下降时，硝酸还原酶活性开始缓慢降低，到了土壤干旱胁迫的第 8 天，叶水势下降到 -3.16MPa 时硝酸还原酶活性降至 6.26μg·g^{-1}·DW·h^{-1}，比对照下降了 17.63%。周海燕（2002）对科尔沁沙地种建群植物冷蒿（Artemisia frigida）和差巴嘎蒿（A. halodendron）分析显示，在正常供水条件下其硝酸还原酶活性分别为 3.45μg·h^{-1}·g^{-1}DW 和 3.23μg·h^{-1}·g^{-1}DW，而遭受土壤干旱胁迫处理后其硝酸还原酶活性分别为 1.04μg·h^{-1}·g^{-1}DW 和 1.34μg·h^{-1}·g^{-1}DW。Hsiao（1973）的报告指出，水分胁迫显著地降低了硝酸还原酶的活性，中度胁迫仅 1d 便使硝酸还原酶活性降低 20%，严重或长时间的胁迫降低 50% 或更多，但此过程是可逆的，复水后 24h 便能恢复到其对照水平。

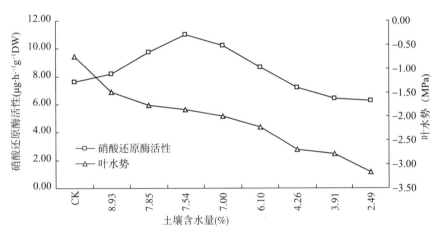

图 4.2　干旱胁迫对蒙古扁桃幼苗叶片硝酸还原酶活性的影响

Fig. 4.2　Effect of drought stress on nitrate reductase activity in the leaves of P. mongolica seedlings

水分胁迫使植物体内硝酸还原酶活性下降的机理尚缺乏统一的认识。Morilla 等（1973）认为硝酸还原酶活性的下降与水分胁迫下蛋白质合成能力的减弱有关；Sinha 和 Nicholas（1981）认为，硝酸还原酶活性的下降是酶失活的缘故；但 Shaner 和 Boyer（1981）则认为是由于水分胁迫降低了硝酸还原酶的诱导底物——NO_3^- 向叶片运输的通量（flux）所致。另外，由于硝酸还原酶半衰期仅有几个小时，因此其基因表达、翻译、硝酸还原酶 mRNA 的稳定性及硝酸还原酶蛋白的磷酸化与脱磷酸化修饰等过程的每一个环节受干旱胁迫的影响，均会影响硝酸还原酶活性。

4.1.2 蒙古扁桃氨基酸代谢

氨基酸作为蛋白质组成成分和有些植物激素（吲哚乙酸、乙烯、多胺、系统素）、有些次生代谢产物（生物碱）等细胞重要组分生物合成的前体物质，在植物代谢网络中占据着极其重要的地位。许多氨基酸是蛋白质周转和其他一系列重要代谢的调节控制因子，可以直接调节控制植物代谢趋向和水平，并通过调控植物基因表达，影响着植物整个生长发育过程。另外，谷氨酰胺和天冬酰胺作为植物体内氮素贮存形式、运输形式和解毒形式，在植物氮代谢中桥梁和纽带的作用。有些可溶性氨基酸，尤其是脯氨酸是植物重要的渗透调节物质和抗氧化物质，与植物逆境适应密切相关。氨基酸含量过低或各种氨基酸的相对比例不均衡，都会影响植物的正常生长发育和繁衍（王荫长，2004）。

4.1.2.1 蒙古扁桃游离氨基酸代谢

氨基酸作为细胞重要组成成分和活性物质，其代谢对环境变化极其敏感。图 4.3 是蒙古扁桃幼苗游离氨基酸含量及其对干旱胁迫的响应。随着土壤干旱胁迫的加剧，蒙古扁桃幼苗游离氨基酸含量缓慢增加，当土壤含水量降至 7.46%，引起叶水势降至 -2.00 MPa（第 5 天）时游离氨基酸含量达到最高值 6.73 mg·g^{-1} DW，比对照（3.96 mg·g^{-1} DW）增加 0.7 倍。然后游离氨基酸的含量开始缓慢减少。复水 3d 后蒙古扁桃幼苗游离氨基酸含量进一步下降到 4.61 mg·g^{-1}·DW。

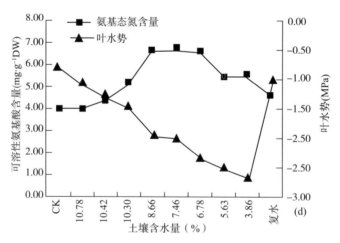

图 4.3 干旱胁迫对蒙古扁桃幼苗叶片游离氨基酸积累的影响

Fig. 4.3 Effect of drought stress on free amino acid accumulation in the leaves of *P. mongolica* seedlings

张金林等（2004）以阿拉善荒漠区生长的多浆旱生植物梭梭（*Haloxylon ammodendron*）和霸王（*Zygophyllum xanthoxylum*）及少浆旱生植物白沙蒿（*Artemisia sphaerocephala*）和柠条（*Caragana korshinskii*）和中旱生植物沙蓬（*Agriophyllum squarrosum*）和绵蓬（*Corispermum mongolicum*）为材料，对其游离氨基酸成分及游离脯氨酸的分布特征进行了比较研究。结果表明（表4.1），游离氨基酸在植物体内分布特点是，叶片游离氨基酸总量最高，其次是茎，根的总游离氨基酸含量最低。不同植物主要氨基酸组成不相同，同一植物的不同部位主要氨基酸组成也不尽相同。少浆旱生植物体内大量积聚游离脯氨酸，其整株中的游离脯氨酸是中旱生植物的6.0~16.0倍，是多浆旱生植物的1.8~25.0倍。白沙蒿植株的根到茎、茎到叶，总游离氨基酸含量以2.0倍和5.7倍的增幅增加，其中游离脯氨酸含量增加最明显，增幅达3.0倍和10.5倍。柠条植株也表现出同样的趋势。可见，大量积累游离氨基酸，特别是游离脯氨酸是少浆旱生植物适应干旱荒漠生境的重要机制。从根到茎、由茎到叶，中旱生植物沙米和绵蓬与多浆旱生植物梭梭和霸王总游离氨基酸含量增幅都并不十分显著；二者中的游离脯氨酸积累不占主导地位。故中旱生植物和多浆旱生植物并不主要依靠积累脯氨酸来调节渗透势确保水分的供应。

表4.1 几种阿拉善荒漠植物游离氨基酸含量及分布特征（mmol·100g^{-1}·DW）

Tab. 4.1 Free amino acids content and distribution characteristics of some desert plants in Alaxia

测试植物	梭梭			霸王			白沙蒿			柠条			沙米			绵蓬		
	根	茎	叶	根	茎	叶	根	茎	叶	根	茎	叶	根	茎	叶	根	茎	叶
总量含量	1.37	1.89	3.35	3.26	3.43	5.33	0.57	1.13	6.41	3.42	8.79	8.85	5.42	6.86	10.8	2.26	5.39	7.34
最高含量	Ile	Ile	Ala	Arg	Arg	Pro	Pro	Pro	Pro	Ser	Pro	Pro	Ile	Ile	Ile	Ser	Thr	Thr
	0.26	0.62	0.79	1.37	1.34	1.35	0.10	0.31	3.27	0.94	5.29	4.23	1.86	1.88	2.04	0.41	0.62	0.88
比例（%）	19.1	33.0	23.7	42.1	39.0	25.3	18.0	27.6	50.9	27.4	60.2	47.8	34.3	27.4	18.9	18.0	11.4	12.0
Pro（%）	10.2	4.80	6.21	14.7	25.2	25.3	17.9	27.6	50.9	27.4	60.2	47.8	4.80	3.92	2.30	2.34	4.12	4.73

注：从张金林等（2004）实验数据摘录

4.1.2.2 蒙古扁桃脯氨酸代谢

自从Kemble和Macpherson（1954）首先在受旱萎蔫的黑麦草（*Lolium perenne*）叶片中发现脯氨酸大量积累现象以来，在多种植物中发现干旱、盐碱胁迫等引起脯氨酸的大量积累。实验证明，脯氨酸是植物主要的渗透调节物质（Hanson等，1977）。脯氨酸是天然氨基酸中溶解度最高的一种（1623g脯氨酸·L^{-1}·H$_2$O），是细胞质中重要的渗透调节剂（osmotica）和防脱水剂（anti-dehydrator），游离脯氨酸在细胞内的积累对于降低细胞内溶质的渗透势、均衡原生质体内外的渗透强度、维持细胞内酶正常的结构和构象、减少细胞内可溶性蛋白的沉淀等都具有重要的意义。并且高浓度下对细胞无毒性，也不影响细胞的酸碱平衡。脯氨酸是既富含能量、又富含氮的化合物，是逆境条件下植物体内氮和能量的一种贮存库（Lehmann S. et al.，2010）。脯氨酸是多种自由基的清除剂，通过专一的螯合单线态氧和羟自由基，减轻胁迫所造成的氧伤害（Smirnoff，1993），还可以通过激活植物体内过氧化物酶（POD）、过氧化氢酶（CAT）、超氧化物岐化酶（SOD）、多酚氧化酶（PPO）等的活性来清除活性氧（Kishor et al.，2005；韩晓玲，2006）。越来越多的研究表明，脯氨酸在稳定生物膜的完整性、维持蛋白质（包括酶）的高级结构、参与蛋白质的折叠等生理生化过程中发挥着重要的作用（Székely G. 等，2008；Schapire A. L. 等，2009；Lehmann S.，2010）。由于脯氨酸在蛋白质的折叠、成熟和变性蛋白的清除等生理过程中所起的作用类似于分子伴侣，如热激蛋白（HSP）所以有人称脯氨酸为小分子量分子伴侣（Trovato 等，2008）。游离脯氨酸的分配对植物的自我保护起着重要的作用，各组织中脯氨酸含量的多少，直接关系到其抗逆性的强弱。说明，脯氨酸在植物逆境适应中的作用是多方位的。Iyers 等（1998）发现，脯氨酸代谢中间产物如 $\triangle^1$-二氢吡咯-5-羧酸（P5C）及其类似物，可诱导水稻细胞中 salT 和 dhn4 等渗透调节基因的高效表达。Nanjo 等（1999）在脯氨酸合成酶活性降低的转基因拟南芥中发现，脯氨酸还可以诱导盐胁迫应答渗调蛋白的合成。

土壤干旱胁迫对蒙古扁桃幼苗脯氨酸含量的影响如图 4.4 所示。从图 4.4 可看出，在正常供水情况下，蒙古扁桃幼苗游离脯氨酸含量为 0.131 mg·g^{-1}DW，占可溶性氨基酸总量的 3.3%。随着土壤含水量逐渐减少，蒙古扁桃幼苗叶水势逐步下降，而其脯氨酸含量迅速增加。当土壤含水量降至 3.96%，叶水势下降到 -2.78 MPa 时，蒙古扁桃幼苗游离脯氨酸含量增加到最高值，达 1.96 mg·g^{-1}DW，占可溶性氨基酸总量的 29.1%，比对照组的 0.13 mg·g^{-1}DW 增加 14.2 倍。复水 3d 后脯氨酸含量恢复到正常水分条件（CK）的水平。蒙古扁桃幼苗根系的脯氨酸含量变化如图 4.5 所示。在正常水分状况下，蒙古扁桃幼苗根系脯氨酸含量较少（0.15 mg·g^{-1}DW），但是随着土壤含水量逐渐降低和蒙古扁桃幼苗植物水势下降

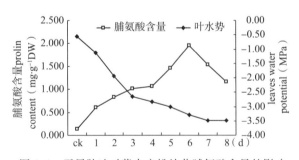

图 4.4　干旱胁迫对蒙古扁桃幼苗脯氨酸含量的影响

Fig. 4.4　Effect of drought stress on proline content of P. mongolica seedling

（由正常条件下的-0.55MPa下降到-3.49MPa），蒙古扁桃幼苗根系游离脯氨酸从干旱处理第1天开始呈明显上升趋势，干旱处理的第5天脯氨酸含量达到高峰，其含量高达 2.63mg·g^{-1}DW，较正常水分条件下的净增加 16.44 倍，第 5~7 天脯氨酸逐渐下降，从第 7 天开始趋于平稳。复水 3d 后脯氨酸含量恢复到初始干旱处理的水平。以上实验中充分再现了植物渗透调节的三大特性。即，

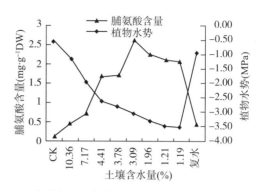

图 4.5　干旱胁迫对蒙古扁桃幼苗根系脯氨酸含量的影响

Fig. 4.5　Effect of drought stress on proline content in P. mongolica seedling roots

渗透调节的暂时性。如果在缺水的土壤中充分灌水，干旱中积累的渗透调节物将会消失。渗透调节的可逆转性。已建立的渗透调节作用复水后能消失，而再受胁迫时仍能建立渗透调节作用。其三，渗透调节的幅度的有限性。如果水分亏缺非常严重，例如叶子的水势达到-2.0MPa时，渗透作用反而降低。

图 4.6 是金丽萍（2009）对包头市萨拉齐九峰山（北纬 40°33′14″、东经 109°53′60″、海拔 1 500m）蒙古扁桃自然居群和呼和浩特市树木园人工栽培蒙古扁桃叶片脯氨酸含量测定结果。从图 4.6 可以看出，不管是野生蒙古扁桃，还是人工栽培蒙古扁桃，在自然水分状况下，其游离脯氨酸含量均很低，只有 0.1mg·g^{-1}FW 左右。而随着遭受土壤干旱胁迫时间的延长，两种生境蒙古扁桃叶片脯氨酸含量逐渐增加。土壤干旱胁迫处理第 5 天，第 10 天和第 15 天时，萨拉齐样点蒙古扁桃叶片脯氨酸含量分别比对照升高了 42.09%、162.22% 和 230.44%，而树木园样点的蒙古扁桃叶片脯氨酸含量分别比对照升高了 36.81%、142.84% 和 232.50%，与对照的差异均达到极显著水平（$P<0.01$）。

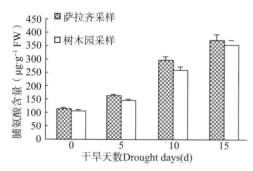

图 4.6　干旱胁迫对不同生境蒙古扁桃叶片脯氨酸含量的影响

Fig. 4.6　Effect of drought stress on proline content of P. mongolica in defferent habitat

李景平等（2005）对阿拉善荒漠区 3 种多浆旱生植物地上部位和地下部位游离脯氨酸含量测定结果是，刺蓬（Cornulaca alaschanica）为 0.226mg·g^{-1}FW 和 0.189 mg·g^{-1}FW、红砂（Reaumuria soongorica）为 0.246mg·g^{-1}FW 和 0.352mg·g^{-1}FW

和白刺（*Nitraria sibirica*）为 2.353mg·g⁻¹FW 和 2.037mg·g⁻¹FW。马剑英等（2007）对荒漠植物红砂（*Reaumuria soongorica*）的 21 个不同居群分析结果表明，荒漠植物红砂脯氨酸含量在 0.131~1.469mg·g⁻¹FW 之间，平均为 0.610mg·g⁻¹FW，其脯氨酸含量高低与叶片含水量和土壤含水量呈显著负相关，与土壤可溶性盐分含量呈显著正相关。杨九艳等（2005）对锦鸡儿属旱生植物树锦鸡儿（*Caragana arborescens*）、甘蒙锦鸡儿（*C. opulens*）、中间锦鸡儿（*C. intermedia*）、柠条锦鸡儿（*C. korshinskii*）和荒漠锦鸡儿（*C. roborovskyi*）的测定结果表明，在较干旱的 5 月份有明显的积累游离脯氨酸现象，分别为 212.06μg·g⁻¹ FW、160.95μg·g⁻¹ FW、246.73μg·g⁻¹ FW、84.59μg·g⁻¹ FW 和 144.03μg·g⁻¹ FW，而在较湿润的 8 月份，分别降至 67.30μg·g⁻¹ FW、82.59μg·g⁻¹ FW、99.27μg·g⁻¹ FW、96.45μg·g⁻¹ FW 和 89.55μg·g⁻¹ FW。图 4.7 是刘建新和赵国林对生长于甘肃省会宁县的多裂骆驼蓬（*Peganum multisectum*）分别进行轻度（田间持水量为 60%~65%）、中度（田间持水量为 45%~50%）和重度（田间持水量为 30%~35%）土壤干旱胁迫处理后测定的脯氨酸含量变化。从图 4.7 可以看出，随胁迫强度的增加和胁迫时间的延长，各处理脯氨酸含量逐渐增加，到 60 d 时出现高峰，然后下降。高峰时的含量分别是初始时的约 3 倍、4 倍和 5 倍。韩蕊莲等（2003）将盆栽 2 年生沙棘（*Hippophae rhamnoides*）长时间进行轻度（田间持水量 60%~65%）、中度（田间持水量 45%~55%）和重度（田间持水量 30%~35%）土壤干旱胁迫处理，结果发现，随着胁迫时间的延长，沙棘苗游离脯氨酸含量逐渐增加，到胁迫处理 75d 时达高峰，分别达到 2.1mg·g⁻¹FW、1.2 mg·g⁻¹FW 和 0.6 mg·g⁻¹FW，比初始值增加了 7.0 倍、7.5 倍和 3.75 倍，在可溶性氨基酸总量的比例分别达到 70%、60% 和 50%。以上实验结果说明，脯氨酸是荒漠植物的有效渗透调节物质之一。

植物脯氨酸合成、累积及代谢是一个受非生物胁迫和细胞内脯氨酸浓度高度调控的生理生化过程。在高等植物中，脯氨酸合成存在两条途径，一条是由谷氨酸（Glu）合成脯氨酸；另一条途径是由鸟氨酸（Orn）合成脯氨酸。现已证明，在正常环境条件下，脯氨酸趋向于通过鸟氨酸途径合成；而在胁迫条件下，则是通过谷氨酸合成。Δ^1-吡咯啉-5-羧酸合成酶（Δ^1- pyrroline-5-carboxylate synthetase，P5CS；EC 2.7.2.11/ 1.2.1.4）和脯氨酸脱氢酶（proline dehydrogenase, ProDH, EC

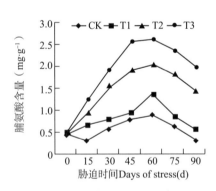

图 4.7 土壤干旱胁迫对多裂骆驼蓬脯氨酸含量的影响

Fig. 4.7 Effect of soil drought stress on proline content of *P. multisectum* leaves

T1：轻度干旱，T2：中度干旱，T3：重度干旱（引自刘建新等，2005）

1.5.99.8）是脯氨酸合成和降解的关键酶。脯氨酸作为一种反馈调节物质，抑制△¹-吡咯啉-5-羧酸合成酶的基因表达，而诱导了脯氨酸脱氢酶的基因表达。在胁迫条件下，△¹-吡咯啉-5-羧酸合成酶基因的表达活性超强，而脯氨酸脱氢酶基因的表达活性却受到抑制（李玲等，2003）。Cao等（2009）通过分析寒冷条件下将我国温带荒漠常绿灌木沙冬青（*Ammopiptanthus mongolicum*）差异表达条带克隆并获得 *AmP5cs* 基因。

陈托兄（2006）在研究盐生植物假苇拂子茅（*Calamagrostis pseudophragmites*）、苦豆子（*Sophora alopecuroides*）和盐地碱蓬（*Suaeda salsa*）整株水平游离脯氨酸的分配时发现，游离脯氨酸多集中于代谢旺盛的光合器官和生殖器官，其脯氨酸的含量是其他部位的数倍到数十倍，在盐逆境下植物优先保护其光合器官和生殖器官。荒漠植被生境普遍是极端干旱，而且往往还伴随有盐碱胁迫。因此，渗透调节对其根系吸收水分和维持体内水分平衡，尤其是维持代谢旺盛部位水分平衡是至关重要的。此外，Szabados 和 Savoure（2009）发现，植物在正常的生长发育过程中的不同阶段，特别是营养生长向生殖生长的转变时期，在不同的组织或器官中，都发现有脯氨酸的明显积累，以此作为生长发育信号，促进细胞的分裂与分化，诱导花原基的形成，以及促进胚胎发育等过程。

4.1.3　蒙古扁桃蛋白质代谢

蛋白质尤其是逆境诱导蛋白（stress induced proteins）是植物环境适应中的研究热点领域之一。逆境蛋白的形成具有广泛性和普遍性，它既可以在植物不同生长阶段或不同器官中产生，也可以存在于植物不同组织中。Salekdeh 等（2002）发现，在干旱胁迫下，水稻（*Oryza sativa*）有 40 多个蛋白质的丰度受到影响，鉴定了其中 16 个蛋白，并揭示了 S-like RNase 的同源物、肌动蛋白解聚因子、RubisCO 活化酶和异黄酮还原酶类似蛋白，分别暗示了水稻 4 种新的响应干旱胁迫机制。Hajheidari 等（2005）利用蛋白质组学方法研究大田生长的甜菜（*Beta vulgaris*）对干旱胁迫的响应，发现有 79 个蛋白质的丰度显著受到干旱胁迫的影响，其中 8 个是干旱胁迫诱导产生的蛋白、44 个是干旱负调蛋白、27 个是干旱正调蛋白。干旱诱导蛋白（drought induced proteins）的形成是植物抵御干旱胁迫的主动保护机制（李丽芳等，2004）。这些逆境诱导蛋白通过履行增强植物耐脱水、渗透调节、调节水分运输、保护细胞结构、分子伴侣的作用来维持体内水分平衡、保护细胞结构和逆境修复等途径增强植物抗逆性以外，还通过以转录因子形式和以代谢酶的形式调控基因表达和参与代谢反应的形式影响环境适应性。遭受长时间极端环境胁迫情况下，荒漠植物细胞膜透性也大量增加，在这种情况下，小分子量渗透调节物质的作用显得很微薄，而包括逆境诱导蛋白在内的一些生物大分子变得更加重要。

4.1.3.1 蒙古扁桃可溶性蛋白质

在多种逆境胁迫下，植物体内正常的蛋白质合成受到抑制，但是往往会有一些被诱导出的新蛋白出现，使原有蛋白质的含量增加，引起细胞蛋白质的质和量上的变化（李妮亚等，1988）。在逆境胁迫下，植物体内可溶性蛋白含量变化已经被用来评价植物适应性的指标（白景文等，2005；康俊梅等，2005）。

土壤干旱胁迫对蒙古扁桃幼苗可溶性蛋白质含量的影响如图4.8所示。随着土壤含水量下降，蒙古扁桃幼苗可溶性蛋白含量就开始迅速下降，当幼苗叶水势达 -1.34 MPa（第3天）时，其可溶性蛋白含量下降到最低点，达 28.49 mg·g^{-1} DW，比对照的 59.79 mg·g^{-1} DW 下降 52.35%。当叶水势下降到 -1.69 MPa（第4天）时，蒙古扁桃幼苗可溶性蛋白含量又开始缓慢增加，当叶水势达 -2.48 MPa（第5天）时达到 48.68 mg·g^{-1} DW，但仍然比正常水分条件下（CK）的含量低 18.59%。当土壤干旱胁迫进一步加剧时（第6天，叶水势下降到 -2.68 MPa），蒙古扁桃幼苗可溶性蛋白含量趋于平稳。

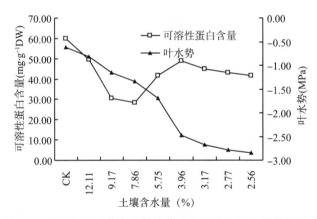

图 4.8　干旱胁迫对蒙古扁桃幼苗叶片可溶性蛋白积累的影响

Fig. 4.8　Effect of drought stress on soluble protein accumulation in the leaves of *P. mongolica* seedlings

杨九艳等（2005）对鄂尔多斯高原5种锦鸡儿属（*Caragana* L.）植物分析发现，锦鸡儿属不同种可溶性蛋白含量差异显著，从 5~8 月份其含量均呈下降趋势。李京等（2010）研究哈尔滨杨树叶片中可溶性蛋白质含量的季节变化时发现，品种迎春5号杨（*Populus*×Zhonglin Sanbei1'）不同种杨树叶片中可溶性蛋白质含量的季节变化趋势总体上是呈现出先上升后下降的趋势，而品种银中杨（*Populus alba*×*berolinensis*）可溶性蛋白质含量随季节的变化是先减少，到9月末显著升高，随后又突然下降。对此作者认为，由于不同种杨树环境适应策略不同，其可溶性蛋白质含量消长趋势不同。

研究发现，在水分胁迫下植物诱导生成 LEA 蛋白等一些可溶性蛋白质，在其渗透调节，耐脱水中发挥重要作用（白永琴和杨青川，2009）。LEA 蛋白（late embriogenesis abundant protein，LEA）是生物体中广泛存在的一类亲水性干旱诱导蛋白家族，具有水分亏缺时保护膜系统及其他生物大分子免受破坏的功能（杨天旭等，2006）。用编码大麦 LEA 蛋白的 HVA1 基因转化水稻，使转基因水稻具有更强的抗缺水（water deficit）和耐盐能力（Xu et al.，1996）。研究结果表明，大麦 HVA1 基因在水稻肌动蛋白 Act1 启动子引导下，在转基因水稻根和叶片组织大量积累 HVA1 蛋白。转基因植株形态与对照植株（经转化步骤）相同且均表现正常，说明 HVA1 蛋白对水稻植株的生长和发育没有危害作用。结果还显示，处于同一发育时期的转基因植株叶片发生萎蔫的时间要比对照晚 1~2 d，而且萎蔫程度要比对照植株低。此外，转基因植株生长速率比对照植株高。在土壤盐渍逆境条件下，转基因植株长势明显优于对照植株（苏金和朱汝财，2001）。证明，干旱诱导蛋白质是植物耐旱性的分子基础。

4.1.3.2 蒙古扁桃蛋白水解酶

在植物细胞的可溶性蛋白中，有相当一部分是包括蛋白水解酶在内的具有特异性作用的调节代谢的酶（周婵等，2009）。蛋白水解酶（proteinase）对生命是必不可少的，蛋白水解酶不仅在蛋白水解过程中起重要作用，而且与蛋白修饰、降解及生物的应急反映密切相关，在生物的生长、发育、抗逆和生殖过程中有重要作用（Hilt W.，Wolf D. H.，1992）。

干旱胁迫对蒙古扁桃蛋白酶活性的影响如图 4.9 所示。随着土壤含水量下降蒙古扁桃幼苗蛋白酶活性缓慢增加，当叶水势下降到 -2.48MPa（第 5 天）时，蛋白酶活性达到最高点，即 544.68μg·g^{-1}·h^{-1}，比正常供水条件（CK）的 236.09μg·g^{-1}·h^{-1} 增加 119.35%。之后随着叶水势的逐渐下降，蛋白酶活性下降到一定程度后趋于稳定。

水分胁迫使多种植物的水解酶类活力增强，并因此损害植物正常代谢过程，重则会导致植物的衰败或死亡。目前，干旱胁迫对蛋白质酶水解酶活性的影响方面，在农作物中研究比较多。水分胁迫使小麦叶片的蛋白酶和核酸酶活性升高（覃凤云等，2004）。任东涛等（1997）研究水分胁迫对春小麦旗叶生长前期蛋白质代谢影响的结果表明，水分亏缺抑制了蛋白质合成活性，同时提高蛋白酶活性。认为这与水分亏缺时优先供给幼嫩叶片，致使幼叶不受严重水分胁迫有关。在旗叶生长后期，供水条件下蛋白水解酶活性下降，而水分胁迫下蛋白质水解酶活性继续增高，说明水分胁迫在后期促使大麦（Hordeum vulgare）旗叶过早衰老，而供水延缓了这一过程。吴小平等（1994）的研究也表明，在渗透胁迫下，小麦（Triticum aestivum）叶片的水溶性及非水溶性蛋白含量降低，与此同时蛋白水解酶活性升高，认为蛋白水解酶在渗透胁迫下蛋白质含量下降过程中起一定作用。小麦叶片的蛋白水解酶主要是巯基蛋白水解酶类，

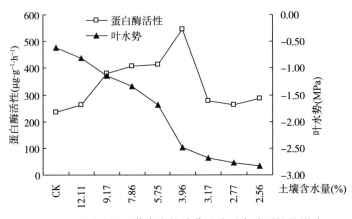

图 4.9 干旱胁迫对蒙古扁桃幼苗叶片蛋白酶活性的影响

Fig. 4.9 Effect of drought stress on proteinase activities in the leaves of P. mongolica seedlings

且在渗透胁迫下,其活性增强。

蒙古扁桃幼苗叶片蛋白酶活性的消长趋势与其可溶性蛋白质含量的变化相反,表明蛋白酶在蒙古扁桃幼苗可溶性蛋白质含量的变化过程中起一定的作用。蒙古扁桃蛋白酶活性在土壤干旱初期大幅增加,这可能有利于进行渗透调节和蛋白质的转换、干旱诱导蛋白质的形成。但土壤干旱的进一步加剧并没有引起蒙古扁桃幼苗蛋白酶活性的进一步提高,反而下降,并趋于稳定。这个特性对防止蛋白质大分子的大幅度降解,引起发生不可逆损伤是具有积极意义的。这也是旱生的荒漠植物区别于农作物的一大特征。

4.1.4 蒙古扁桃全氮含量

氮是陆地生态系统中植物生长的主要限制性资源(王绍强和于贵瑞, 2008; Niklas, 2006)。植物叶片氮、磷元素的化学计量特征对于认识陆地生态系统空间格局变化规律、未来变化趋势的预测以及对全球变化的响应具有重要意义。研究荒漠化植物与土壤的全碳、全氮、全磷及 C/N 和 C/P 比值对了解荒漠区植物与土壤的关系有着重要的作用,也有利于加强荒漠生态系统的保护,不仅关系到区域生态—生活—生产承载力,同时对周边地区也会产生积极的影响。植物的 C/N 比值和 C/P 比值反映植物生长速度并与可以体现植物氮、磷利用效率,是植物生命过程的重要维持者和调节者,同时也是枯枝落叶分解速率的调节因素之一(Sterner R. W. 等, 2002; Agren G. I., 2004; Vitousek P. M., 1982; Aerts R. & Chapin F. S., 2000)。若 C/N 比值很大,则在其矿化作用的最初阶段,微生物的同化量会超过矿化作用所提供的有效氮量,可能使植物缺氮的现象更为严重;若 C/N 值很小,则在其矿化作用之始就能供应给植物所需的有效氮量，可以缓解植物缺氮现象（周志宇，2004）。植物的 N/P 是反映环境中养分制约的重要指标。当 N/P < 14 时，群落水平上的植物生长主要受 N 限制；而 N/P >16 时，植物生长主要受 P 限制（Koerselman W. 等，1996；Güsewell S.，2004；Gsewell S.，2004）。据测定，陆生植物平均 N 含量和 P 含量分别是：黄土高原落叶乔木的为 26.0mg·g^{-1}和 1.68mg·g^{-1}（任书杰等，2007），中国东部南北样带落叶木本的为 21.1 mg·g^{-1}和 1.6 mg·g^{-1}（郑淑霞和上官周平，2006），全国落叶树的为 22.2 mg·g^{-1}和 1.3 mg·g^{-1}（Han W. X. 等，2005）和全球陆生植物的为 20.6 mg·g^{-1}（Elser J. J. 等，2000）。

研究显示，干旱荒漠环境植物叶片平均氮含量相对较高。中国科学院寒区旱区环境与工程研究所李玉霖等（2010）研究表明，我国北方典型荒漠及荒漠化地区 214 种植物叶片氮含量的平均值为（24.45±8.1）mg·g^{-1}，磷含量平均值为（1.74±0.88）mg·g^{-1}，N/P 比平均值为（15.77 ± 7.5）mg·g^{-1}。与全球、全国以及区域尺度的研究结果相比，北方典型荒漠及荒漠化地区 214 种植物叶片氮含量显著高于其他研究中植物叶片氮含量（$P< 0.01$），但是叶片 N/P 无显著差异。Skujins（1981）报道的干旱荒漠区植物叶片氮含量平均值为> 30 mg·g^{-1}。Killingbeck 等（1996）通过研究不同干旱荒漠区域 78 种植物叶片氮含量发现，叶片氮含量的平均值为 22.0 mg·g^{-1}，小于 30 mg·g^{-1}。

图 4.10 是盆栽蒙古扁桃幼苗全氮含量及干旱胁迫对其全氮含量的影响。从图 4.10 看出，蒙古扁桃幼苗全氮含量在 20.5~14.3 mg·g^{-1}，平均值为 16.9 mg·g^{-1}，明显低于以上平均值，可能与植株年龄及生活环境有关。一定程度的干旱胁迫会增加蒙古扁桃幼苗全氮含量。在土壤干旱胁迫处理的第 1~5 天，蒙古扁桃幼苗叶水势由 -0.81MPa 降至 -2.48MPa，而其叶片全氮含量初始的 14.6 mg·g^{-1}缓慢增加至 20.5 mg·g^{-1}，比对

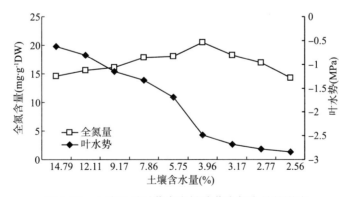

图 4.10 土壤干旱对蒙古扁桃幼苗全氮含量的影响

Fig. 4.10 Effect of drought stress on accumulation of total N in the leaves of *P. mongolica* seedlings

照（CK）增加40.41%。从第6天开始随着土壤干旱胁迫的进一步加剧，蒙古扁桃幼苗叶片全氮含量缓慢降低。当到第7天和第8天叶水势分别降至-2.78MPa和-2.84MPa时，蒙古扁桃幼苗全氮含量分别达到16.9 mg·g^{-1}和14.3 mg·g^{-1}，未进一步大幅度下降，而保持一个相对稳定的水平。

表4.2是阿拉善左旗敖龙敖包和乌兰腺吉蒙古扁桃自然居群叶片N、P分析结果。两地氮含量分别为33.83 mg·g^{-1}DW和39.67 mg·g^{-1}DW，乌兰腺吉蒙古扁桃叶片含氮量明显高于前者，高出5.84 mg·g^{-1}DW。

表4.2 阿拉善荒漠区蒙古扁桃叶片养分含量分析（mg·g^{-1}DW）

Tab 4.2 Leaves nutrient content of *P. mongolica* in Alaxia desert area（mg·g^{-1}DW）

叶片	灰分含量（%）	N	P	N∶P
敖龙敖包	6.22	33.83	2.96	11.43
乌兰腺吉	7.16	39.67	2.82	14.07

乌云娜等（2011）利用半微量凯氏定氮法与总有机碳分析仪法对阿拉善吉兰泰荒漠地区梭梭林地主要植物种群梭梭（*Haloxylon ammodendron*）、白刺（*Nitraria tangutorum*）、盐爪爪（*Kalidium foliatum*）和土壤样品碳氮含量测定结果表明，植物的碳、氮质量分数分别在9.1～11.4mg·g^{-1}和2.20～2.26mg·g^{-1}。而其土壤碳、氮质量分数分别为1.6～2.5mg·g^{-1}和5.57～7.71mg·g^{-1}，二者的比值在1.6～2.5。土壤中对植物的营养供应和植物对氮素营养的吸收达到动态平衡。在该研究区自然条件下，耐干旱、耐瘠薄物种可以正常生长，而其他物种均不宜生长。

银晓瑞（2008）对内蒙古典型草原、荒漠草原、草原化荒漠和典型荒漠以及典型草原区不同恢复演替阶段群落的土壤养分动态及空间格局，植物养分及其化学计量比时空动态，植物与土壤养分相关性等进行测定和分析表明，沿水分递减梯度，4个植被类型区0～30cm土壤有机质、全氮和速效磷呈递减趋势。土壤速效氮和全磷含量趋势不明显；与中国和全球相比，内蒙古草原区植物叶的总有机碳最高，荒漠区的最低；草原区植物叶N高于中国和全球水平，荒漠区接近中国和全球水平；草原与荒漠植物叶P均低于全球水平，但略高于全国水平。

对采自四子王旗、赛汉塔拉、二连、阿拉善左旗等内蒙古荒漠草原短花针茅（*Stipa breviflora*）、无芒隐子草（*Cleistogenes songorica*）、糙隐子草（*Cleistogenes squarrosa*）、沙竹（*Psammochloa villosa*）、芨芨草（*Achnatherum splendens*）等37种植物分析表明，其平均氮量为21.6 mg·g^{-1}，都低于草甸草原与典型草原植物含氮量（黄德华，陈佐忠，1989）。自然界生物气候带的分异不仅给予土壤类型及其理化性质和形态特征以及生物群落的种类组成以深刻影响，同时对这些生物种的元素化学组成以巨大影响。内蒙古东部的草甸草原、典型草原植物含氮量的平均水平高于西部荒漠草原植物含氮量的平均水平。而灰分含量恰恰相反，越是东部的典型草原与草甸草原植物内灰分含量的平均水平越低。在典型草原区，低灰分植物是指灰分含量<9.0%的那些植物，而在荒漠草区，低灰分含量则是指灰分含量<11.0%的那些植物，二者具有不同的范围。与之相反，在典型草原区<2.2%的含氮量植物为低氮植物，而在荒漠草原区是指<1.5%的含氮量植物为低氮植物。

4.1.5 蒙古扁桃干旱诱导蛋白质

在逆境条件下植物可以通过改变其基因表达和相关代谢活动来适应，探讨植物基因和蛋白表达谱的变化就成为植物逆境响应机制研究中的重要内容。蛋白质表达谱反映了植物细胞和组织的实际状态，是植物基因表达和最终代谢的关键环节（徐刚，姚银安，2009）。研究表明，在水分亏缺造成植物的各种损伤出现之前，植物就对水分胁迫做出包括基因表达在内的适应性调节反应，这是植物自身的保护性选择。因此，对干旱诱导蛋白的研究也成为解释植物适应干旱逆境基因表达机制的热点。实验证明，热激蛋白、盐胁迫蛋白、抗病性蛋白和厌氧蛋白、干旱诱导蛋白等在胁迫因子诱导蛋白在抗胁迫中有着重要作用，使得逆境诱导植物产生的特异性蛋白研究日益受到重视（Agrawal G. K.等，2002；Amme S.等，2006；Chen R. Z.等，2002；Chitteti B.等，2007；Ferreira S.等，2006；Hajheidari M.等，2005）。

将蒙古扁桃幼苗进行土壤干旱胁迫处理后，对其叶片可溶性蛋白质组分进行电泳分析结果表明，干旱胁迫处理第2天、第3天，处理组相对分子质量为65 210~21 610间蛋白带逐渐变浅。从第4天开始，相对分子质量为25 110带加深，并且出现了相对分子质量为36 210的新蛋白带。到第5~8天，相对分子质量为36 210和25 110蛋白带染色逐渐变深。如果这些新出现的蛋白带是干旱诱导蛋白，则应该被外源ABA诱导。为此，将正常水分状态下的蒙古扁桃幼苗用10mmol·L^{-1} ABA叶面喷施处理，并分别在处理后12h、24h、48h对叶片蛋白质组分进行电泳分析。结果表明，用外源ABA处理12h后就出现了相对分子质量为36 210的蛋白新带，并相对分子质量为25 110蛋白带量也增加了（图4.11）。证明相对分子质量为36 210的蛋白带属于干旱诱导蛋白。

Perez ME & Gidekel M.（1996）将不同水稻（*Oryza sativa*）品种用10% PEG模拟干旱胁迫处理发现，Sinloa品种根部有13种多肽发生变化，其中8种相对分子质量为13 000~67 000多肽合成提高，相对分子质量21 000~52 000的5种多肽合成降低；在IR10120中，有7种多肽（Mr从22 000到67 000）合成提高，而相对分子质量分别为40 000、15 000、81 000和43 000的4种多肽合成降低。而耐旱的Chia2pas品种仅有相对分子质量分别为60 000、62 000、16 000和13 000的4种多肽合成升高，未引起

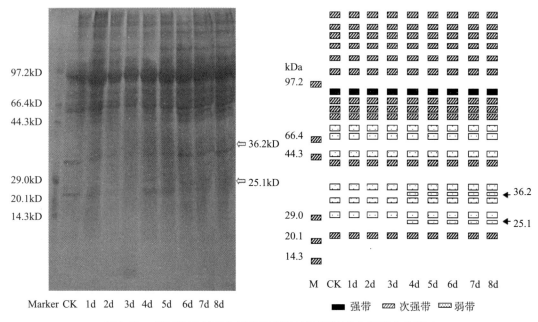

图 4.11 干旱胁迫对蒙古扁桃幼苗叶片可溶性蛋白质组分的影响

Fig. 4.11 Effect of drought stress on the soluble protein composition in the leaves of *P. mongolca* seedlings

任何多肽合成的降低。Salekdeh 等（2002）研究水稻（*Oryza sativa*）品种 cv CT9993 和 cv IR62266 在干旱胁迫以及复水后的蛋白质组分变化。对叶片提取物进行电泳获得 1 000 多个蛋白点，经分析发现有 42 个蛋白点的丰富度在干旱胁迫下发生明显变化；复水 10 d 以后，所有蛋白的丰富度与对照组的完全或接近。利用质谱法鉴定了 16 个与干旱胁迫相关的蛋白质，包括一个肌动蛋白解聚因子，一个类 S 的 RNase 同族体与干旱胁迫相关，但是它缺少两个 RNase 组氨酸活性位点。此项研究共揭露出 4 种与干旱相关的最新机制：类 S 的 RNase 同族体上游调节因子、肌动蛋白解聚因子、核酮糖-1,5-二磷酸羧化酶/加氧酶和异黄酮类还原酶蛋白，为干旱胁迫下水稻的蛋白质组研究提供有价值的参考依据。

蒙古扁桃幼苗遭遇连续的干旱胁迫，失去大部分的水分，其叶水势降至-3.5MPa以下，并多数叶片脱落情况下，复水还能够复活，具有一定的改良复苏植物特性。改良复苏植物（resurrection plant）能耐旱的关键在于它们在失水时能迅速表达一系列与耐旱相关的蛋白。以复苏植物作为研究植物耐旱机制有利之处，在于它们的相关基因的表达与发育的相关性小，这些基因在它们的愈伤组织中也能表达。目前，国外已从复苏植物中克隆出较多与耐旱相关的基因。国内也有北京大学生命科学院林忠平教授领导的课题组，从厚叶旋蒴苣苔（*Boea crassifolia*）中克隆出一个与植物耐旱有关的基因，并将其转入烟草细胞，经检测带有此基因的烟草植株，耐旱性明显增强（唐先兵等，2001）。

干旱诱导蛋白按其功能可分为两大类：第一大类是功能蛋白，其在细胞内直接发挥保护作用，主要包括离子通道蛋白、LEA（late embriogenesis abundant proteins）蛋白、渗调蛋白、代谢酶类等；另一大类是调节蛋白，其参与水分胁迫的信号转导或基因的表达调控，间接起保护作用，主要包括蛋白激酶、磷脂酶C、磷脂酶D、G蛋白、钙调素、转录因子和一些信号因子等（颜华等，2002）。根据干旱诱导蛋白基因表达的信号途径与脱落酸（ABA）的关系，可将干旱诱导蛋白分为3类：第一类是只能被干旱诱导；第二类是既能被干旱诱导，又能被ABA诱导；第三类是只能被ABA诱导（刘娥娥等，2001）。分析这些ABA应答基因的启动子，发现了一些保守的ABA应达元件。Yamaguchi Shinozaki（1989）等对水稻4个 $rab16$ 基因的启动子序列进行比较，发现保守序列GTACGTGGC是ABA作用的顺式调控元件。大麦ABA诱导基因 Em 启动子中的保守元件CACGTGGC和CACGTGCC也作为顺式作用元件参与ABA调节基因的表达（Vasil I等，1986）。拟南芥的干旱诱导基因也通过ABA介导，其启动子区—67 bp处有一短序列是ABA应答所必需的（Iwasak K.，1995）。

4.2 蒙古扁桃呼吸代谢

植物是一个开放系统，从热力学上来讲，它在物质上与能量上既有输入又有输出。植物之所以能维持一定形态及不停地自我更新，就是依靠这种不断地与外界进行的物质和能量的交换。这样的物质和能量的开放系统就是新陈代谢。新陈代谢简单地说包括同化作用和异化作用。最重要的同化作用是光合作用，最重要的异化作用是呼吸代谢（薛应龙，1980）。

呼吸作用集物质代谢与能量代谢为一体，构成了植物代谢的中心，一方面通过呼吸作用为植物生长发育提供能量，另一方面又通过消耗光合作用产生的碳素营养来带动整个植株的代谢。植物呼吸作用产生的中间产物是合成蛋白质、脂肪和核酸等重要有机物的原料，因此呼吸作用直接影响植物体内各种物质的合成与转化。当呼吸强度和呼吸途径发生改变时，代谢中间产物的数量和种类也随之改变，从而引起一系列其他物质的代谢和生理过程，最终将破坏正常的代谢过程及植物的生长发育（李志霞等，2011）。我国著名植物生理学家汤佩松（1979）指出，"呼吸代谢的多条途径在时间和空间上的不同强度和速度的搭配，构成了生物体的代谢类型。作为一种基本的生理功能，代谢类型被基因通过酶来控制，而代谢类型的改变又调节生长发育等其他生理功能"。

CO_2 是呼吸作用的主要产物，也是大气3大温室气体（CO_2、CH_4 和 N_2O）组成之一。近年来，全球变化生态学的日益兴起，人们在密切关注大气 CO_2 浓度升高而带来的巨大影响的同时，也对陆地生态系统碳素循环过程与特征进行着越来越深入的探讨（任军，2009）。土壤是全球 CO_2 最大的碳汇，每年碳储量为 $1.394×10^{18}g$。作为全球碳循环的重要组成部分，土壤呼吸是陆地生态系统碳素循环的主要环节，而且已经成为陆地生态系统向大气中释放 CO_2 最大的源（Ekblad 等，2005）。而根系呼吸（root respiration）是地下碳库的重要通量之一，根系呼吸占土壤呼吸总量的 10%～90%。林木根呼吸每年所消耗的呼吸底物占林木总光合作用产物的 50% 左右（Lambers et al，1996）。在森林地下碳库碳预算及确定森林地下碳库是碳源或碳汇上起着关键性作用，其动态变化将对森林生态系统乃至全球碳平衡产生深远影响，弄清影响根呼吸（树干呼吸，stem respiration）变化的内外因素以及根呼吸导致的生态系统碳变化，是构建森林生态系统碳循环模型所必不可少的环节，也可为揭示森林生态系统对减缓大气 CO_2 浓度变化的作用提供科学依据，引起科学家们的普遍关注（马玉娥等，2007；杨玉盛等，2004）。

林木根呼吸有明显的季节变化，一般生长季节较高，休眠季节较低（Zogg et al，1996）。而根呼吸的昼夜变化有些学者认为较明显（Morén & Lindroth，2000），有些则认为不明显（Widén & Majdi，2001）。根呼吸时空变化方面的信息对精确估计根呼吸对森林碳平衡的贡献非常有用（Stoyan et al．，2000）。Widén 和 Majdi（2001）发现欧洲赤松（*Pinus sylvestris*）-云杉（*Picea asperata*）混交林中细根呼吸在 7 月上旬达最高峰（$4.7\mu mol·m^{-3}·s^{-1}$）后下降，5 月根呼吸对土壤呼吸的贡献为 33%～62%，10 月则降低到 12%～16%；但细根呼吸未出现明显的昼夜变化。而 Vose 和 Ryan（2002）发现白松（*Pinus strobus*）细根呼吸除在秋初较大外（$1.64\mu mol·m^{-3}·s^{-1}$），一年中细根呼吸几乎保持恒定（$0.78～0.99\mu mol·m^{-3}·s^{-1}$）；但粗根呼吸则是早春高（$1.5\mu mol·m^{-3}·s^{-1}$），晚秋低（$0.3\mu mol·m^{-3}·s^{-1}$）。Ryan 等（1997）发现寒温带森林根呼吸早春最大，秋末最小。根呼吸因土壤深度而异，Pregitzer 等（1998）发现表层土（0～10cm）中糖槭（*Acer saccharum*）根（$\phi<0.5mm$）呼吸速率比深层的高 40%。Uchida 等（1998）发现黑云杉（*Picea mariana*）根呼吸对土壤呼吸的贡献在 L、LF、A 和 E 层分别为 6%、80%、43% 和 0。Flanagan 和 Van（1977）亦发现黑云杉的根呼吸对土壤呼吸的贡献在 L 层和 H 层分别为 80% 和 90%。东北地区兴安落叶松（*Larix gmelinii*）幼林落叶松的树干呼吸速率变化范围是 $1.99～6.15\mu mol·m^{-2}·s^{-1}$，成熟林呼吸速率化范围是 $1.52～3.38\mu mol·m^{-2}·s^{-1}$（姜丽芬等，2003），树干呼吸的日变化为：从 6:00 开始随着温度的上升，其树干呼吸速率急剧增加，12:00 左右达到峰值，随后逐渐减小，4:00 左右（气温最高）达到最小值，其后逐渐增加，呈"双峰"曲线形。

王森等（2008）测定了长白山红松针阔叶混交林主要树种红松（*Pinus koraiensis*）、蒙古栎（*Quercus mongolicus*）、水曲柳（*Fraxinus mandshurica*）和紫椴（*Tilia amurensis*）

的树干呼吸，结果表明，4个树种的树干呼吸速率季节变化呈单峰曲线形，日变化均为"S"形曲线形，其树干呼吸速率平均值分别为 2.55μmol·m^{-2}·s^{-1}、3.64μmol·m^{-2}·s^{-1}、3.00μmol·m^{-2}·s^{-1}和2.04μmol·m^{-2}·s^{-1}，其树干呼吸 Q_{10} 值在 2.24~2.91 之间变化。树干呼吸"午休"现象与树干温度有密切关系，也与树木的生理活动（如光合作用和蒸腾作用等）状况有关，也可能与树木的内部结构（细胞间 CO_2 浓度和气孔导度等）相关（肖复明等，2005）。与森林根呼吸、树干呼吸研究相比，我国对旱区植物，尤其荒漠植物个体、种群呼吸作用与环境关系的研究寥寥无几，需要亟待加强研究。

4.2.1 蒙古扁桃呼吸代谢对环境温度的响应

王晓霞等（2009）利用美国产 CSC4100 型多池差示扫描量热仪（multicell differential scanning calormieter）研究表明，盆栽蒙古扁桃幼苗及其近缘种长柄扁桃（*Amygdalus pedunculata*）呼吸速率随环境温度的增高而增加，最适温度分别为25℃和24℃，此时其呼吸速率分别为0.05μmol·s^{-1}·mg^{-1}·DW 和 0.06μmol·s^{-1}·mg^{-1}·DW，之后随温度的进一步升高其呼吸速率随温度的升高而逐步下降，但在25℃~35℃之间保持较高的呼吸速率（图4.12）。为了确定底物碳转化效率随温度变化状况，他们以代谢热释放率（Rq）为横坐标变量，以 CO_2 产出率（R_{CO_2}）为纵坐标变量作散点图，对代谢热释放率和 CO_2 产出率测定结果进行线性拟合。结果表明，蒙古扁桃和长柄扁桃代谢热释放率（Rq）和 CO_2 产出率（R_{CO_2}）呈线性正相关，其拟合方程和相关系数（R^2）分别为 $y = 0.0037629x - 0.0043254$，$R^2 = 0.9953$ 和 $y = 0.0037658x - 0.0011355$，$R^2 = 0.9922$，证明其转化效率 ε 不受温度的影响。从实验数据可以看出，蒙古扁桃和长柄扁桃的生长温度范围非常接近，蒙古扁桃比长柄扁桃更适合在相对较温暖的环境中

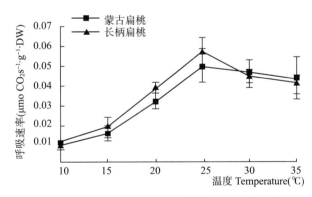

图4.12 蒙古扁桃和长柄扁桃幼苗呼吸速率对温度的响应曲线（引自王红霞等，2009）

Fig. 4.12 The response of respiration rate to temperature of *P. mongolica* and *Amygdalus pedunculata* seedlings

生长。适宜蒙古扁桃生长的温度范围在 14~34℃，生长适宜温度约为 25℃；适宜长柄扁桃生长的温度范围在 13~33℃，适宜生长温度约为 24℃。在区系地理分布上，蒙古扁桃分布东界大体上是长柄扁桃的分布西界。说明，物种代谢最适温度与该物种的区系地理分布是有联系的。

4.2.2 蒙古扁桃种子发芽期间呼吸代谢变化

种子发芽阶段是种子植物的异养阶段，如何有效地利用有限的营养物质，尽快建立自养体系是涉及物种生存与繁衍的重大问题。在成熟脱水种子中，细胞内结构脱分化、代谢作用处于"关闭"状态。种子萌发过程是从吸胀开始的。在吸胀萌发过程中，种子在代谢、细胞原生质体结构和形态上都发生了一系列重大变化。随着种子含水量的增加，其代谢强度急剧提高，原生质体结构特别是膜结构不断完善，代谢途径尤其是呼吸途径也相应地发生更替。（Pammenter & Berjak，1999；Kermode & Finch-Savage，2002），呼吸速率随含水量的增加而提高（Vertucci，1993）。张少英等（1999）发现，呼吸代谢的变化直接影响着种子萌发和幼苗生长。1967 年，Kollëfel 根据豌豆种子吸水过程中吸氧模式图认为，其呼吸过程可以分为四个时期：第一个时期，呼吸迅速升高，此阶段线粒体内的柠檬酸循环及电子传递链的酶系统活化，呼吸商略大于 1；第二个时期，呼吸停滞期，此时子叶已为水所饱和，预存的酶系统均已活化，呼吸商值升高至 3.0 以上，表示细胞发生了无氧呼吸；第三个时期，出现第二次呼吸高峰，一方面是由于胚根穿破种皮，增加氧的供应，另一方面是由于生长的胚轴细胞合成新的线粒体与呼吸酶系统，此时的呼吸商下降至 1 左右，表明以碳水化合物的有氧呼吸占优势；第四个时期，随着储存物质的耗尽，子叶的解体，呼吸作用显著降低。可是有些植物种子在吸水后对氧的吸收不出现停滞期，如野燕麦（*Avena fatua*）（傅家瑞，1985）。

4.2.2.1 蒙古扁桃种子发芽期间呼吸速率与呼吸商的变化

呼吸商（respiratory quotient，RQ）是反映呼吸作用中底物类型以及供给生物合成的呼吸能量使用情况的一个有用指标（Hans Lambers 等，2003）。利用 Warburg 微量呼吸计测定实验结果表明，在正常水分条件（CK）下蒙古扁桃种子萌发初期吸收氧气呼吸速率较低，只有 75.08 $O_2\mu l \cdot g^{-1} FW \cdot h^{-1}$。发芽第 3 天，胚根露出时吸收氧气呼吸速率快速增加，增至 126.30 $O_2\mu l \cdot g^{-1} FW \cdot h^{-1}$。发芽第 7 天，呼吸速率进一步增至 296.33 $O_2\mu l \cdot g^{-1} FW \cdot h^{-1}$，达到高峰。从发芽第 8 天开始呼吸吸氧速率趋于下降（斯琴图雅，2007）。因种子在暗处萌发，没有发生光合作用，表明种子储存物质基本耗尽（图 4.12）。

由图 4.13 可知，伴随着蒙古扁桃种子发芽，其呼吸商（RQ）也发生剧烈的变化。发芽第 1 天呼吸商值小于 1.0，随后呼吸商值逐渐升高，第 4 天达到高峰，接近于 2.0。

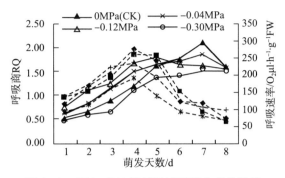

图 4.13 PEG-6000 渗透胁迫下蒙古扁桃种子
萌发过程中呼吸速率和呼吸商的变化

Fig. 4.13 Variety of respiratory rate and respiratory quotient in seed gernination of *P. mongolica* under PEG-6000 osmotic stress

注：实线表示呼吸速率，虚线表示呼吸商

表明种子发芽初期进行无氧呼吸，随后呼吸吸氧速率加快，呼吸商值呈下降趋势，逐步转向有氧呼吸。众所周知，呼吸商与呼吸底物性质及氧气供应状态有密切关系。蒙古扁桃种子属油料种子，在发芽 1~4d，种子可溶性糖含量较低，从发芽第 4 天开始可溶性糖含量明显增加（斯琴巴特尔等，2007）。由此可推知，发芽第 4 天开始呼吸商下降，一方面与有氧呼吸恢复有关，另一方面与种子所含脂肪向可溶性糖转变有关。

干旱缺水是影响荒漠植物种子萌发的首要外界条件。将蒙古扁桃种子分别用 -0.04MPa（5%）、-0.12MPa（8%）和 -0.30MPa（12%）PEG-6000 溶液进行渗透胁迫处理，研究干旱胁迫对其种子萌发过程中的呼吸代谢的影响。由图 4.13 可知，轻度渗透势胁迫处理（-0.04MPa 和 -0.12MPa 的 PEG-6000 溶液处理），对蒙古扁桃种子发芽期间的呼吸代谢有一定的促进作用，但与对照差异不显著（$P>0.05$），而当渗透胁迫强度增至 -0.30MPa 时，明显抑制蒙古扁桃种子发芽期间的呼吸速率，与对照差异达到极显著水平（$P<0.01$）。在常温下种子吸涨过程进行得过快，都会造成种子的损伤，以致种子活力下降，影响到田间出苗率和幼苗的健壮生长，这种现象称为吸涨伤害。

图 4.14 是采自阿拉善左旗不同生境蒙古扁桃种子发芽期间的呼吸速率变化。其中羊啃食种子是指，羊采食蒙古扁桃幼果，再进行反刍时吐出来的种子。其种子成熟度没有自然成熟的好。同样，发芽第 1 天，采自敖隆敖包、乌兰腺吉的蒙古扁桃种子及羊啃食蒙古扁桃种子呼吸速率均较低，呼吸速率分别为 $22.4\mu l \cdot g^{-1} \cdot h^{-1}$ FW、$34.85\mu l \cdot g^{-1} \cdot h^{-1}$ FW、$15.92\mu l \cdot g^{-1} \cdot h^{-1}$ FW。随着发芽时间的推移，呼吸速率均逐渐上升。发芽第 4 天，3 种种子呼吸速率均出现小高峰，分别达到 $320.04\mu l \cdot g^{-1} \cdot h^{-1}$ FW、$301.24\mu l \cdot g^{-1} \cdot h^{-1}$ FW、$221.06\mu l \cdot g^{-1} \cdot h^{-1}$ FW。发芽第 5 天呼吸速率有所下降

之后直线上升，到发芽第 8 天，呼吸速率均上升到 520μl·g^{-1}·h^{-1}FW 以上，分别为 529.61μl·g^{-1}·h^{-1}FW、622.3μl·g^{-1}·h^{-1}FW、578.55μl·g^{-1}·h^{-1}FW，比发芽初期分别增加 23.64 倍、17.86 倍和 36.34 倍。总体上，羊啃食种子呼吸速率略低于其他种子。在发芽初期，蒙古扁桃种子呼吸商较高，发芽当天采自敖隆敖包、乌兰腺吉的蒙古扁桃种子呼吸商分别为 1.88，1.77 和 1.47。从发芽第 2 天开始呼吸商降到 1.0 以下。到发芽第 8 天已下降到 0.51 和 0.32。

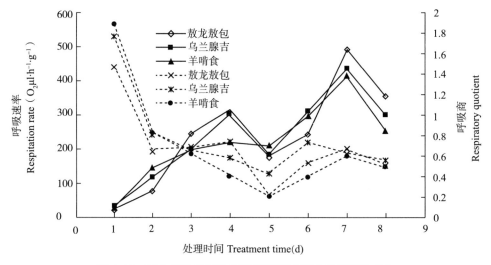

图 4.14 蒙古扁桃种子发芽期间呼吸速率及呼吸商的变化

Fig. 4.14 Respiratory rate and respiratory quotient variety of *P. mongolica* during seed germination

注：实线表示呼吸速率，虚线表示呼吸商

刘祖祺等（1994）认为，在干旱胁迫处理的初期，植物组织呼吸强度往往具有一个跃升现象。李勤报等（1986）对小麦（*Triticum aestivum*）叶片的研究也发现，轻度和中度水分胁迫时呼吸作用增强的现象，并认为这些可部分归于氧化磷酸化解偶联，其呼吸途径中糖酵解途径运行程度上升，增强的呼吸主要通过三羧酸循环，线粒体呼吸中通过细胞色素主链的电子流量增加。电镜观察表明，风干绿豆（*Phaseolus radiatus*）种子的子叶线粒体仅仅是一些小囊泡。随着子叶吸涨度的增加，线粒体内膜逐渐形成而达到完整化的程度。吸涨 4h 的子叶线粒体，开始有内膜峭出现；吸涨 12h，线粒体体积增大，内膜嵴增多充满整个线粒体衬质空间。与结构完整化的同时，线粒体氧化磷酸化功能相伴随出现，吸涨 2h 和 4h 测不出磷氧比值（ADP/O）和呼吸控制比（respiratory control ratio，RCR）；6h 后 ADP/O 达到 0.60，呼吸控制比（RCR）近于 2.0；24h 时 ADP/O=1.5，呼吸控制比（RCR）=3.5。位于线粒体内膜的细胞色素氧化酶，吸涨 3h 活性达到最高（2.54△OD·mg^{-1}蛋白·min^{-1}），继续吸涨酶活性处于稳定状态。位于线粒体内膜内侧的 ATP 酶，其活性随吸涨度而增加。表明二者的组装可能是不同步的（沈全光等，1985）。说明，种子发芽期间呼吸变化包含着深刻的结构和功能的转型。

4.2.2.2 蒙古扁桃种子萌发期间呼吸底物代谢途径变化

呼吸底物代谢途径的多样性是植物环境适应性策略的重要组成之一。氟化钠（NaF）能抑制糖酵解途径（glycolysis，EMP 途径）的烯醇化酶（enolase）的活性（沈同等，1980），能被氟化钠抑制的呼吸速率可以代表糖酵解途径的运行速率。蒙古扁桃种子萌发早期受氟化钠抑制的呼吸占总呼吸的比例都比较高。随着种子萌发进程，糖酵解途径运行速率逐渐上升，但糖酵解途径在总呼吸中所占的比例逐渐下降（图 4.15）。这一结果与呼吸商结果所反映的结果是一致的。经 -0.04MPa（5% PEG）、-0.12MPa（8% PEG）和 -0.30MPa（12% PEG）渗透胁迫胁迫处理后，只有渗透胁迫 -0.30MPa 处理能够使糖酵解途径运行速率明显下降，与对照和 -0.04MPa 和 -0.12MPa PEG-6000 溶液渗透胁迫处理组差异均达到显著性水平（$P<0.05$）。与线粒体呼吸不同，糖酵解途径发生在细胞基质里，对线粒体发育的依赖性低，在种子吸涨过程中发生早，对种子发芽早期物质转化、能量供应及有氧呼吸本身的恢复过程中发挥着重要作用。但是，近年来在动物细胞中发现，参与糖酵解的酶并不是相互无关的散布在细胞质中，而是形成一个超分子复合物，并松散的结合在线粒体的外被膜上，这种复合物形成可能有利于糖酵解过程的高效运行（武维华，2004）。这也许是在种子萌发期间糖酵解途径运行速率逐步变快的原因之一。

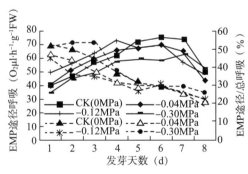

图 4.15 干旱胁迫对蒙古扁桃种子萌发过程中糖酵解（EMP）途径的影响

Fig. 4.15 Effect of drought stress on EMP pathway in seed germination of *P. mongolica*

注：实线表示呼吸速率，虚线表示百分比例

丙二酸（malonic acid）是三羧酸循环（tricarboxylic acid cycle，TCAC）中琥珀酸脱氢酶的竞争性抑制剂，以鉴别三羧酸循环参与呼吸的比例。从图 4.16 可看出，在蒙

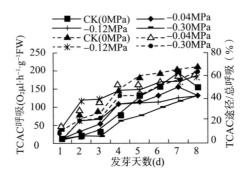

图 4.16 干旱胁迫对蒙古扁桃种子萌发过程中三羧酸循环（TCAC）的影响

Fig. 4.16 Effect of drought stress on tricarboxylic acid cycle in seed germination of P. mongolica

注：实线表示呼吸速率，虚线表示百分比例

古扁桃种子萌发初期，三羧酸循环在总呼吸中所占比例只有 13.69%，随后逐步增加，到萌发第 7 天时，完全转化为有氧呼吸。发芽第 1~4 天，用 -0.04MPa（5%）和 -0.12MPa（8%）PEG-6000 溶液渗透胁迫处理组的三羧酸循环呼吸速率较对照高，此后胁迫处理组的三羧酸循环呼吸速率比对照变低，但与对照组的差异不显著（$P>0.05$），而 -0.30MPa（12%）PEG-6000 溶液渗透胁迫处理组的三羧酸循环呼吸速率总的趋势还是随发芽天数的延长而其比例在增高，但一直都比对照低，而且与对照和 -0.04MPa（5%）和 -0.12MPa（8%）PEG-6000 溶液渗透胁迫处理组差异均达到极显著（$P<0.01$）。在萌发早期尚存在一定比例的不受氟化钠和丙二酸抑制的非 EMP-TCA 呼吸途径，随后有所下降。

用抑制剂磷酸三钠（Na_3PO_4）抑制磷酸戊糖途径（pentose phosphate pathway, PPP）关键酶 6-磷酸葡萄糖酸脱氢酶的结果（图 4.17）表明，在蒙古扁桃种子萌发过程中磷酸戊糖途径呼吸速率逐渐上升。同样，-0.04MPa 和 -0.12MPa 的 PEG-6000 溶液渗透胁迫处理后，种子萌发早期磷酸戊糖途径呼吸速率较对照高，而后期逐渐减低。而用 -0.30MPa 的 PEG-6000 溶液渗透胁迫处理组磷酸戊糖途径呼吸速率都低于对照。磷酸戊糖途径在总呼吸速率中所占比例随着种子萌发进程而缓慢上升。在发芽第 1~4 天用 -0.04MPa 和 -0.12MPa 处理的磷酸戊糖途径占的比例比对照偏高，但差异不显著（$P>0.05$），此后随着胁迫时间的延长而又较对照变低；而用 -0.30MPa 胁迫处理组的磷酸戊糖途径在整个发芽过程中都比对照低，而且与其余 3 个处理组的差异达到显著性水平（$P<0.05$）。

综上结果，蒙古扁桃种子萌发早期，呼吸途径以糖酵解途径为主，表明无氧呼吸占优势，逐步过渡到有氧呼吸。磷酸戊糖途径比例逐渐增加。这与种子的快速发芽和其旺盛的合成代谢是相对应的。实验结果表明，蒙古扁桃种子萌发过程中渗透胁迫对

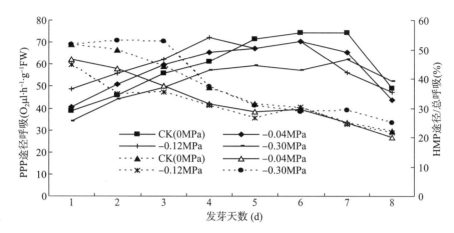

图 4.17 干旱胁迫对蒙古扁桃种子萌发过程中戊糖磷酸（PPP）途径的影响

Fig. 4.17 Effect of drought stress on hexose monophosphate pathway in seed germination of P. mongolica

注：实线表示呼吸速率，虚线表示百分比例

磷酸戊糖途径具有明显的促进作用。同时，对糖酵解-三羧酸循环途径也有不同程度的促进作用（图 4.18）。这与何若夫（1985）对油茶（*Camellia oleifera*）种子萌发过程中

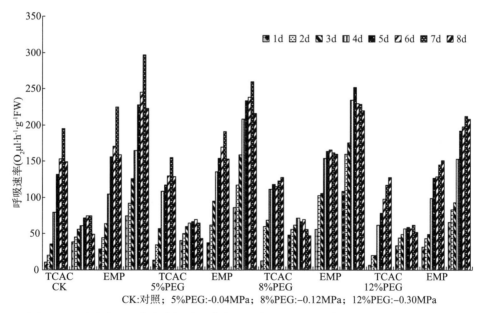

图 4.18 干旱胁迫下蒙古扁桃种子萌发过程中的总呼吸速率与底物氧化途径的变化

Fig. 4.18 Changes of the total respiration and substrate oxidizing pathway during seed germination of P. mongolica under drought stress

呼吸代谢中的研究结果基本一致。在油料种子发芽过程其呼吸底物由脂肪向糖的转换问题。在多数油料种子中油脂通过脂肪酸β-氧化及乙醛酸循环的途径（薛应龙，1987）转变为糖，而在有些油料种子中油脂还通过糖异生作用转变为糖（Lincoln Taiz & Eduardo Zeiger，2009）。

4.2.2.3 蒙古扁桃种子萌发期间呼吸电子传递途径变化

呼吸电子传递途径的多样性是植物呼吸代谢多样性的重要组成部分，也是植物对逆境适应的重要方式之一。高等植物线粒体主要具有两条呼吸电子传递途径，即细胞色素途径（cytochrome pathway，CP）和交替途径（alternative pathway，AP）。其中细胞色素途径是高等植物呼吸电子传递主链，与植物能量代谢相偶联，而交替途径是一条从泛醌库开始分支并以交替氧化酶（alternative oxidase，AOX）为末端氧化酶的电子传递途径，又叫抗氰途径（cyanide-resistant pathway）。自从 Genevios 在 1929 年最早观察到植物具有抗氰呼吸以来，大量实验表明，在高等植物和微生物中普遍存在着抗氰呼吸，并且发现这是植物自身适应外界环境变化的一种调节机制（周功克等，2000）。在呼吸链电子传递的多条途径中，以细胞色素氧化酶为末端氧化酶的电子传递链能量转化效率最高，另一条对氰化物不敏感的交替途径与植物的种子萌发过程中有一定积极作用（Yentur，1976）。薛应龙（1987）等研究表明，种子在萌发早期或吸涨过程中表现出抗氰呼吸。

KCN 和水杨基氧肟酸（salicyl hydroxamic acid，SHAM）分别是细胞色素途径末端氧化酶—细胞色素氧化酶和抗氰交替途径末端氧化酶—交替氧化酶的特异性抑制剂，可以用来研究区别这两条途径在总呼吸中所起的作用。根据 Theologis 和 Laties（1978）提出的呼吸参数测定公式：

$$V_t = \rho V_{alt} + \rho' V_{cyt} + V_{res}$$

在该式中：总呼吸活性（V_t）：用 Clark 型氧电极在无呼吸抑制剂时测得；剩余呼吸（V_{res}）：加入 KCN 和 SHAM 测得；交替途径容量（V_{alt}）：仅加入 KCN 时的呼吸速率减去 V_{res} 求得；交替途径实际运行速率（ρV_{alt}）：V_t 减去仅加入 SHAM 的呼吸速率；细胞色素主路速率（ρV_{cyt}）：仅加入 SHAM 时的呼吸速率减去 V_{res} 求得；交替途径对总呼吸的贡献（$\rho V_{alt}/V_t$）：交替途径运行速率（ρV_{alt}）除以总呼吸（V_t）求得。其中，交替途径容量（V_{alt}）是指细胞色素途径被完全抑制时，植物组织通过交替途径传递呼吸电子流的最大能力，它代表着组织中交替途径运行的最大潜力，其大小主要决定于植物组织中的交替氧化酶的水平（Day D. A. 等，1995）。在特定的生理条件下，V_{alt} 的变化势必会影响到交替途径实际运行速率（ρV_{alt}）（周功克等，2000）。大量研究表明，植物组织中 V_{alt} 的存在并不意味着它将全部运行，具体运行程度常与植物的内外生理状态及其抗氰呼吸的生理功能密切相关（周功克等，2000）。利用稳定同位素实验显示，交替途径在所有呼吸作用中所占比例可达40%以上（Hans Lambers 等，2003）。

表4.3表明，在单独使用10mmol·L^{-1}KCN 溶液的条件下，发芽第1天呼吸受抑制率为39.68%，发芽第4天呼吸抑制率下降到34.47%，发芽第7天呼吸受抑制率增加到56.29%，随后趋于平缓。单独使用1mmol·L^{-1}的 SHAM 溶液的条件下，发芽第1天呼吸抑制率为32.34%，发芽第2天呼吸抑制率下降到25.34%，随后呼吸受抑制的程度变化不大，到发芽第8天呼吸抑制率为27.98%。以上结果均表明，在蒙古扁桃种子萌发期间，呼吸电子传递途径在不断发生变化，开始存在较大比例的对氰化物不敏感的抗氰呼吸，以后对氰化物敏感的细胞色素系统呼吸链占优势。

表4.3 水分胁迫下 KCN 和 SHAM 对蒙古扁桃种子萌发期间的呼吸抑制效应
Tab 4.3 The inhibiting effects of KCN and SHAM on the respiration in seed germination of *P. mongolica* under water stress

萌发天数（d）	PEG-6000 胁迫（MPa）	相对呼吸（占对照%）及呼吸速率（$O_2\mu l·g^{-1}FW·h^{-1}$）			
		CK（H_2O）	KCN	SHAM	KCN+SHAM
1	CK	100 (104.82)	60.32 (63.23)	67.66 (70.92)	16.90 (17.71)
	-0.04	100 (111.71)	60.99 (68.13)	67.45 (75.35)	26.33 (29.41)
	-0.12	100 (118.08)	54.72 (64.61)	72.67 (85.81)	24.69 (29.15)
	-0.30	100 (94.91)	59.04 (56.04)	70.09 (66.52)	19.40 (18.41)
2	CK	100 (110.82)	63.29 (70.14)	74.66 (82.74)	22.23 (24.63)
	-0.04	100 (115.74)	67.66 (78.31)	70.36 (81.43)	24.47 (28.32)
	-0.12	100 (142.76)	57.54 (82.14)	77.17 (110.17)	27.12 (38.72)
	-0.30	100 (102.12)	60.24 (61.52)	77.63 (79.28)	14.33 (14.63)
3	CK	100 (13432)	59.69 (80.18)	74.56 (100.15)	18.33 (24.62)
	-0.04	100 (142.76)	67.69 (96.64)	75.13 (107.25)	21.11 (30.13)
	-0.12	100 (15638)	54.29 (84.91)	73.74 (115.31)	23.17 (36.23)
	-0.30	100 (120.07	58.67 (70.45)	77.70 C 93.29	15.34 (18.42)
4	CK	100 (129.14)	65.53 (84.63)	76.24 098.46)	19.06 (24.61)
	-0.04	100 (152.52)	62.36 (96.63)	75.82 (115.64)	22.92 (34.95)
	-0.12	100 (187.91)	56.54 (106.25)	74.52 (140.04)	23.10 (43.41)
	-0.30	100 (125.16)	5721 (71.61)	80.54 (100.81)	20.79 (26.02)
5	CK	100 (177.30)	56.51 (100.19)	76.06 (134.85)	21.11 (37.42)
	-0.04	100 (187.13)	60.55 (112.31)	72.39 (135.47)	23.16 (42.34)
	-0.12	100 (198.63)	60.44 (120.05)	76.18 (151.31)	26.05 (51.74)
	-0.30	100 (164.23)	54.05 (88.78)	79.11 (129.92)	22.44 (36.85)
6	CK	100 (200.03)	57.62 (115.27)	77.75 (155.51)	18.22 (36.45)
	-0.04	100 (190.14)	65.23 (124.02)	69.24 (131.66)	21.31 (40.51)
	-0.12	100 (178.25)	73.01 (130.14)	72.50 (129.23)	20.60 (36.72)
	-0.30	100 (161.35)	61.31 (98.93)	75.84 (122.37)	20.04 (32.34)

续表

萌发天数（d）	PEG-6000 胁迫（MPa）	相对呼吸（占对照%）及呼吸速率（$O_2 \mu l \cdot g^{-1} FW \cdot h^{-1}$）			
		CK（H_2O）	KCN	SHAM	KCN+SHAM
7	CK	100（191.51）	43.71（83.71）	74.01（141.74）	17.97（34.42）
	-0.04	100（172.24）	60.04（103.42）	68.81（118.52）	23.23（40.01）
	-0.12	100（133.91）	77.73（104.09）	71.04（95.14）	22.07（29.56）
	-0.30	100（114.92）	62.78（72.15）	75.03（86.23）	22.12（25.42）
8	CK	100（160.02）	44.97（71.96）	72.02（115.25）	17.27（27.64）
	-0.04	100（141.09）	65.78（92.81）	70.32（99.22）	25.64（36.18）
	-0.12	100（121.53）	62.23（75.64）	66.87（81.27）	19.85（24.12）
	-0.30	100（102.03）	59.24（60.45）	72.75（74.22）	19.22（19.61）

如图 4.19 所示，蒙古扁桃种子发芽期间的 V_{alt} 和 ρV_{alt} 均表现为先上升后下降趋势，并 V_{alt} 远大于 ρV_{alt}，说明交替呼吸在蒙古扁桃种子发芽期间发挥重要作用。干旱胁迫处理对蒙古扁桃种子发芽过程中抗氰呼吸均有不同程度的激活作用。例如，发芽第8天在正常水分供应状况下呼吸受 KCN 和 SHAM 的抑制率分别为 55.03% 和 27.97%，但经 5%（-0.04MPa）、8%（-0.12MPa）和 12%（-0.30MPa）PEG-6000 模拟干旱胁迫处理后，其呼吸受 KCN 和 SHAM 的抑制率分别为 34.22% 和 29.68%、37.76% 和 33.12% 以及 40.76% 和 27.25%，即 KCN 对蒙古扁桃种子萌发期间的呼吸抑制大于 SHAM 所抑制的呼吸，说明这时候交替抗氰途径所占的比例较小，种子以细胞色素途

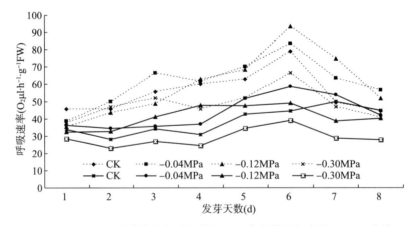

图 4.19 水分胁迫对蒙古扁桃种子萌发过程中交替途径容量（V_{alt}，虚线）及交替途径实际运行活性（ρV_{alt}，实线）的影响

Fig. 4.19 Effects of water stress on alternative pathway capacity （V_{alt}, dashed lines） and its activity （ρV_{alt}, real lines） in seed germination of P. mongolica

径为主(图 4.19)。这与张年辉等(2001)的研究结果相似,即水分胁迫初期流经交替途径的电子流量增多,而流向细胞色素主路的电子流减少,但随着胁迫时间的延长,交替途径的贡献降低,细胞色素主路的贡献增加。对此他们认为,可能是由于部分电子流转移了轨道,即单独使用 KCN 时,在抑制细胞色素途径运行的同时,迫使部分细胞色素途径的电子转向了抗氰途径,即增加了电子流经抗氰途径的流量。

由于植物线粒体的 2 条电子传递链-交替途径与细胞色素主路共用一个泛醌库,因而它们与 V_t(总呼吸速率)的比值可以反映电子流在 2 条呼吸途径中的分配比例(张年辉等,2001)。从图 4.20 看出,在种子发芽的第 1~4 天,细胞色素主路对总呼吸的贡献($\rho'V_{cyt}/V_t$)由 50.77% 缓慢上升到 57.19%,在随后的 2d 内基本保持不变,发芽第 6 天后又开始缓慢下降。与 $\rho'V_{cyt}/V_t$ 比值的变化趋势相反,发芽的初期(1~4d)$\rho V_{alt}/V_t$ 的比例逐渐下降,发芽第 4~6 天比值基本保持不变,第 6 天后缓慢上升并后期趋于平稳。受干旱胁迫处理后,整个发芽过程中 2 条途径的变化趋势与正常水分条件下的很相似,只是轻度干旱胁迫处理会增加抗氰呼吸在总呼吸中所占的比例,而降低细胞色素主路活性。例如,发芽第 7 天在正常水分状况下 $\rho V_{alt}/V_t$ 和 $\rho'V_{cyt}/V_t$ 分别为 25.99% 和 56.04%,但经 -0.04MPa(5%)、-0.12MPa(8%)和 -0.30MPa(12%)PEG-6000 模拟干旱胁迫处理后,其比值分别变为 31.19% 和 45.58%,28.95% 和 48.97%,24.97% 和 52.91%。表明,轻度胁迫使种子发芽期间的抗氰呼吸增加,但随

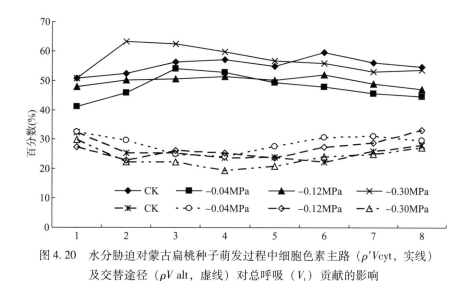

图 4.20 水分胁迫对蒙古扁桃种子萌发过程中细胞色素主路($\rho'V$cyt,实线)
及交替途径(ρV alt,虚线)对总呼吸(V_t)贡献的影响

Fig. 4.20 Effects of water stress on the contributions of cytochrome ($\rho'V$cyt,) and alternative pathway (ρV alt) to total respiratory rate (V_t) in seed germination of P. mongolica

着胁迫强度的增加,交替途径的贡献降低,而细胞色素主路的贡献增加。以上结果说明,水分胁迫在影响2条呼吸途径运行速率的同时,还改变了电子流量在2条途径的分配比例,使得流经交替途径的电子流增加,而流向细胞色素途径的电子流减少。但值得注意的是,在整个胁迫处理过程中,细胞色素主路活性($\rho'V_{cyt}$)及其在总呼吸所占比例($\rho'V_{cyt}/V_t$)始终高于交替途径实际运行量及其所占比例($\rho V_{alt}/V_t$),说明细胞色素途径仍是发芽期间种子线粒体电子传递的主要途径(图4.21)。

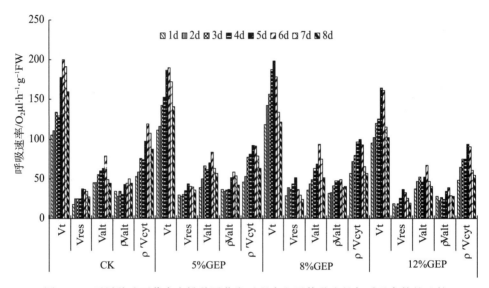

图4.21 干旱胁迫下蒙古扁桃种子萌发过程中电子传递途径各呼吸参数的比较

Fig. 4.21 Comparison of respiratory parameters of electron transport pathway in seed germination of *P. mongolica* under drought stress

注:CK:对照;5% PEG:-0.04MPa;8% PEG:-0.12MPa;12% PEG:-0.30MPa

种子萌发是快速生长过程,需要大量的呼吸代谢中间产物和代谢能量,需要以高通量呼吸代谢来支撑。当底物水平增加时,呼吸速率可能会超过代谢能量需求,在这种情况下,交替呼吸途径变得活跃。即,当呼吸链组分 CoQ 库相对处于氧化状态,即(Q_{red}/Q_{ox})水平低时,细胞色素途径呈线性增加。相反,CoQ 库处于 30%~40% 呈还原状态时,交替途径才表现出来,然后交替途径快速增加(Dry 等,1989)。交替氧化酶(alternative oxidase)是交替途径的末端氧化酶。交替氧化酶是定位于线粒体内膜中的跨膜蛋白,以二聚体形式(相对分子质量为 65 000)存在,每个交替氧化酶单体位于线粒体基质一侧的 N-末端 Cys-78 残基参与了交替氧化酶二聚体的形成。当这两个氨基酸残基被氧化形成二硫键时,交替氧化酶处于低活性状态,而被还原时处于高活性状态(李弛峻,2001)。交替氧化酶属双铁羧基蛋白(di-iron carboxylate protein),Fe^{2+}

是其活性中心的金属。此外，有氧呼吸中间产物丙酮酸和异柠檬酸是交替氧化酶的正效应变构因子，而柠檬酸积累提高了编码交替氧化酶基因的表达能力（Hans Lambers 等，2003）。据此，Lambers（1997）提出"能量溢流假说"认为："交替途径只是在呼吸底物高浓度时才运行，是一种碳水化合物代谢的粗放控制形式"。当组织受环境胁迫，细胞色素途径的电子传递受损时，交替途径作为电子分流形式，可以防止超氧化物和过氧化氢等活性氧的大量生成（Hans Lambers 等，2003）。

4.3 蒙古扁桃活性氧代谢

4.3.1 植物体内活性氧的生成及其生理功能

活性氧（reactive oxygen species，ROS）是需氧生物细胞的代谢副产物，是有高度化学活性的几种含氧分子的总称，包括超氧化阴离子（O_2^-），羟基自由基（$\cdot OH$），单线态氧（$^1O_2$），过氧化氢（H_2O_2）等。其实，氧分子反应能力是很微弱的，因而毒性并非由氧分子本身引起，而是源于氧分子许多还原中间产物具有的毒性。基态氧分子是顺磁性的，即两个不配对电子分别占据角动量量子数相同的 2 个轨道，自旋方向相同。所以态的多重性是 3：总自旋：$S = (+1/2) + (+1/2) = 1$，$2S+1 = 3$，为三线态氧。氧分子如插入一对电子，就将出现同一轨道占据两个自旋方向相平行电子的禁戒状态。据据 Pauli 不相容法则，这是不可能的。氧分子在还原成水时能发生一系列的单电子还原反应，产生超氧阴离子自由基（O_2^-）、过氧化氢（H_2O_2）、羟自由基（$\cdot OH$）等活性氧类的中间产物：

$$O_2 \xrightarrow{+e^-} O_2^- \xrightarrow{+e^-+H} H_2O_2 \xrightarrow{+e^-+H} \cdot OH + H_2O \xrightarrow{+e^-+H} 2H_2O$$

或者氧分子吸收能量，引起一个电子激发，从三线态跃迁到激发态。这时两个电子的自旋方向相反，态的多重性为 1：总自旋：$S = (+1/2) + (-1/2) = 0$，$2S+1 = 1$，故称为单线态氧（singlet oxygen），也属活性氧的一种（陈由强和黄羌维，1987）。

活性氧之间在一定条件下可以相互转变。超氧阴离子是一种重要的活性氧，它由氧分子接受一个电子而形成。O_2^- 在水溶液中易发生歧化反应生成 H_2O_2。与 O_2^- 不同，H_2O_2 不是自由基，而是一种更稳定的分子。H_2O_2 如果得不到及时清除，它可透过细胞膜，若膜外有 Fe^{2+} 或者 Cu^+ 等金属离子存在时，通过 Fenton 反应 $[Fe^{2+}(Cu^+) + H_2O_2 \rightarrow Fe^{3+}(Cu^{2+}) + OH^- + \cdot OH]$ 可生成 $\cdot OH$。$\cdot OH$ 是化学性质最活泼的活性氧，具有很强的氧化作用，其寿命极短，可与周围的生物分子反应，产生不同反应性的二级自由基。

正常生长条件下，细胞内活性氧的产生量很小，在正常光合作用中，每毫克叶绿素每小时在叶绿体内产生大约 150~250μmol·L^{-1} 的 H_2O_2（Asada K.，1994），可叶绿体中的 H_2O_2 稳定在 0.5μmol·S^{-1}。许多生物或非生物胁迫可以导致活性氧水平的提高至 240~720μmolO$_2^-$·S^{-1}。在细胞内具有高度氧化活性或强烈电子传递作用的细胞器或部位都可以产生活性氧，如叶绿体、线粒体和微粒体。植物细胞内一般经由下列 6 种方式产生活性氧：①叶绿体内的 Mehler 反应和天线色素在 CO_2 固定受到限制的条件下产生活性氧，如干旱、盐害、高温以及这些因素与强光的共同作用等；②在 C_3 植物中限制 CO_2 供应可以激活光呼吸途径，经由过氧化物酶体中的乙醛酸氧化酶催化下产生 H_2O_2；③在微粒体脂肪酸氧化过程中，H_2O_2 作为脂肪酸的副产物产生；④电子传递受到抑制条件下，电子传递链的过度还原是产生 O_2^- 的重要来源；线粒体的电子漏是生物体活性氧的重要来源（曾昭惠等，1995）。线粒体呼吸链在传递电子过程中并不是所有的电子都沿着呼吸链传递体顺次运行，最终在细胞色素 C 氧化酶上，以 4 个电子还原 O_2 生成两分子水，而是在传递过程中有部分单电子"漏出"，直接对分子氧进行单电子还原形成超氧阴离子（O_2^-），此现象称为"电子漏"（electron leakage）（刘树森等，1995）。参与线粒体呼吸代谢的 O_2 约 1%~2% 转变为 O_2^-。每天每个线粒体可产生 10^7 个 O_2^-；（5）质膜 NADPH 氧化酶在活性氧信号传递中发挥重要作用，它可以将分子氧还原生成 O_2^-；（6）pH-依赖的细胞壁过氧化物酶、草酸氧化酶和胺氧化酶可以在质外体中产生活性氧（徐新娟，2007）。在所有的生物中，绿色植物细胞中的氧浓度最高，如叶细胞中的氧浓度可达 250μmol·L^{-1}，因而更易遭受逆境所致的氧化胁迫，导致细胞氧化胁变（Mishra N. P. 等，1993）。

活性氧对生命具有双重作用，在正常生理条件下，可以增强植物抗病性，诱导气孔关闭，促进次生壁的分化，活性氧还是细胞内重要的信号分子，其中过氧化氢在介导植物体对生物和非生物胁迫响应中起一种信号分子作用；在逆境条件下，活性氧在植物体内累积，当机体不能及时清除时，就会对机体产生毒害作用，通过影响酶活性、蛋白质的合成、RNA 的结构变化，启动膜脂过氧化等对细胞产生伤害。因此，活性氧被看作是受到胁迫的细胞内的指示剂和细胞胁迫响应信号转导途径中的第二信使，并处于严密的控制之下。

近年来，有关活性氧信号传导的研究取得了长足的进展。活性氧在许多细胞生命活动中作为第二信使参与多种因子细胞生物学效应的启动。活性氧分子的化学性质活泼，容易引发氧化还原反应。它通过氧化还原反应与靶分子非共价结合或对靶分子的磷酸化或去磷酸化修饰，引起靶分子空间结构和活性的变化来传递信号。例如，它可通过激活细胞中的转录因子，从而启动某些基因的表达；它也可引起细胞内某些蛋白激酶活性变化，从而激发一系列磷酸化、去磷酸化反应的信号传递过程（吴顺和萧浪涛，2003）。

随着活性氧生物学研究的日益深入,活性氧的更多生理功能被发现。植物细胞周期受活性氧的负调控。Reichheld 等（1999）发现氧化胁迫能引起烟草（*Nicotiana tabacum*）细胞周期停止,抑制 A 型细胞周期蛋白的表达及周期素依赖蛋白激酶（cyclin dependent protein kinase,CDK）活性,并能激活抗性基因。因此他们认为细胞分裂停止与 CDK 活性、细胞周期基因表达受抑制和抗性基因的激活有关。而一旦胁迫解除或受到诱导,停在 G1 或 G2 期的细胞能重新进入细胞周期。植物这种在逆境下减少细胞分裂的能力,不仅能使植物自身保存能量用以对抗逆境,而且可以减少遗传物质的复制,从而降低遗传损伤的风险。

细胞编程性死亡（programmed cell death,PCD）是植物本身基因的调控之下有序进行的生命周期中的必要程序。植物处于逆境时,引发活性氧的迸发（oxidative burst）,这种增强活性氧能启动防御反应的信号传导途径和抗性相关基因的表达。例如,$5 mmol \cdot L^{-1}$ 的外源 H_2O_2 就能激发拟南芥悬浮细胞中与 PCD 有关的 mRNA 和蛋白质的合成,导致细胞活力下降并且死亡,而且外源 H_2O_2 浓度越高,细胞活力下降越显著,死亡率越高（Desikan R. 等,1998）。

此外,活性氧与植物细胞壁的形成和发育,植物细胞的形态建成、与植物中的其它信号分子相互作用,或作为其他信号分子的次级信使,从而形成一个信号转导反应网络,在植物的多种生理反应,特别是抗性反应中发挥作用（田敏等,2005）。

4.3.2 植物体内活性氧清除系统

植物体内活性氧清除系统包括酶促清除系统与非酶促清除系统。植物体内参与抗氧化保护反应的酶类主要有超氧化物歧化酶（superoxide dismutase,SODs;E. C1.15.1.1）、过氧化氢酶（catalase,CAT;E. C1.11.1.6）、抗坏血酸—过氧化物酶（ascorbate peroxidase,APX;EC1.11.1.11）、脱氢抗坏血酸还原酶（dehydroascorbate reductase,DHAR）、单脱氢抗坏血酸还原酶（monodehydroascorbate reductase,MDHAR）、谷胱甘肽还原酶（glutathione reductase,GR;EC 1.8.1.7;EC. 1.6.4.2）和非特异性过氧化物酶（nonspecific peroxidase,POD;E. C1.11.1.7）等。其中 SODs 是抵御活性氧自由基介导的氧化损伤的第一道防线。可通过 Haber-Weiss 反应（$O_2^- + H_2O_2 \to O_2 + OH^- + \cdot OH$）清除植物体内多余的超氧阴离子,是保护酶体系中的关键酶（赵丽英等,2005）。

$$O_2^- + O_2^- + 2H^+ \xrightarrow{SOD} H_2O_2 + O_2$$

过氧化氢酶和抗坏血酸—谷胱甘肽循环（Halliwell-Asada 途径）在 H_2O_2 清除中起重要作用,虽然它们的特性和要求不同,但有效功能类似。过氧化氢酶不要求还原力,反应速度快,但对 H_2O_2 亲和力低,所以仅清除大量的 H_2O_2。而抗坏血酸—过氧化物酶以抗坏血酸为还原剂，对 H_2O_2 亲和力极高，在许多特殊的部位清除少量的 H_2O_2（殷奎德等，2003）。

$$2\text{ 抗坏血酸} + H_2O_2 \xrightarrow{APX} 2\text{ 单脱氢抗坏血酸} + 2H_2O$$

保护酶系统的协调作用能有效地清除自由基，防御着膜脂发生过氧化，从而使细胞膜免受其伤害，可作为植物的抗旱性的生理指标（Bowler C.，1992；武宝干等，1985）。

清除H_2O_2的Halliwell-Asada途径（①AsA-POD；②MDHAR；③GR）

SOD 是防止氧化胁迫的关键酶，催化 O_2^- 形成 H_2O_2 和 O_2，防止 $\cdot OH$ 的形成，大大地降低了活性氧对细胞的毒害作用。SOD 是金属酶，根据辅基部位结合的金属离子的差异，SOD 可分为 Cu/Zn-SOD、Mn-SOD 和 Fe-SOD 三种类型。其中 Cu/Zn-SOD 为二聚体蓝绿色蛋白质，每个亚基各含一个铜和一个锌，不含色氨酸，含有较多的 β-折叠（45%以上），$Mr = 16\,000$，是 3 种超氧化物歧化酶中含量最丰富的一类，主要存在于叶绿体、细胞质和过氧化物酶体中；Fe-SOD 呈黄褐色，二聚体，每个亚基各含一个铁，属 α-螺旋结构，$Mr = 20\,000$，主要存在于原核生物和高等植物的叶绿体基质中；Mn-SOD 呈紫红色，来自原核细胞的由两个亚基组成，为二聚体，来自真核细胞的由 4 个亚基组成，为四聚体，为 α-螺旋，$Mr = 20\,000$，主要存在于原核细胞和真核细胞的线粒体（邹国林等，1991；郭中满等，1991）。当非生物环境条件导致活性氧形成增加时，SOD 的表达增加（班兆军等，2012）。

POD 的作用具有双重性，一方面 POD 可在逆境或衰老初期表达，清除 H_2O_2，表现为保护效应，为细胞活性氧保护酶系统的成员之一。另一方面，POD 也可在逆境或衰老后期表达，参与活性氧的生成、叶绿素的降解，并能引发膜脂过氧化作用，表现为伤害效应，是植物体衰老到一定阶段的产物，甚至可作为衰老指标（赵丽英等，2005）。

CAT 是含有血红素的四聚体酶，催化 $2H_2O_2 \rightarrow O_2 + 2H_2O$ 的生化反应，可专一清除 H_2O_2，保护细胞，避免因 H_2O_2 累积而产生的伤害。但 CAT 定位于线粒体、过氧化物体与乙醛酸循环体中，叶绿体中 H_2O_2 的清除是通过 Halliwell-Asada 途径进行的，抗坏血酸—过氧化物酶和谷胱甘肽还原酶在这一途径中起着重要作用。水分胁迫下 CAT 活性的下降，一方面可能是由于 H_2O_2 的积累使其失活，另一方面可能是发生了光失活。通过 ^{35}S-Met 标记实验证实，CAT 为一光失活酶，其酶活力的维持依赖于光下连续合成

CAT 蛋白，但其光修复对外界因素却是异常敏感。另外，O_2^- 和 H_2O_2 一起与 CAT 反应形成复合物或分别与 CAT 反应形成复合物，这些钝化形式能抑制 CAT 活力（Asada K.，1999）。

SOD 与抗坏血酸—过氧化物酶或 CAT 活性的平衡对于细胞内超氧化物阴离子及过氧化氢浓度的稳定具有重要作用。这种平衡与金属离子的捕获机制一起被认为在防止依赖于金属离子的 Haber-Weiss 或 Fenton 反应机制的 $\cdot OH$ 的形成中起重要作用（图 4.22）。

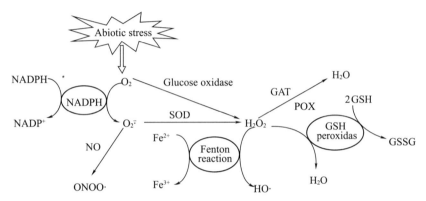

图 4.22 非生物胁迫下活性氧（ROS）产生和清除（引自班兆军等，2012）
Fig. 4.22 ROS generation and scavenging under abiotic stress

植物体内活性氧的非酶促清除系统主要由一些小分子物质组成，主要是指 α-生育酚（维生素 E）、抗坏血酸（维生素 C）、类胡萝卜素、脯氨酸及谷胱甘肽、半胱氨酸等一些含巯基的低分子化合物。它们可通过多条途径直接或间接地淬灭活性氧自由基。其中，抗坏血酸、谷胱甘肽是植物体内丰富的抗氧化物质，叶绿体基质中抗坏血酸的含量可高达 $50 mmol \cdot L^{-1}$，谷胱甘肽浓度为 $10 mmol \cdot L^{-1}$，或更高，能更有效的清除 H_2O_2。

氧化胁迫防御的另一条有效途径是避免活性氧的产生，在活性氧产生的位置来阻止和减少它的产生，对成功避免活性氧对细胞的伤害尤为重要（Navrot N.，2007）。其中，交替氧化途径在控制活性氧的形成和清除方面具有重要作用。胁迫过程引起细胞色素 C 途径堵塞，而交替氧化途径通过交替氧化酶直接从泛醌库接受电子，传给分子氧，从细胞色素途径分流电子，保持电子流通、阻止泛醌库的过度还原，同时维持泛醌库在一个较高的氧化状态（Maxwell D. P.，et al，1999）。因此，该调控途径不同程度的减小了活性氧产生的机率。交替氧化酶不仅在细胞色素途径饱和时起到电子溢流作用，而且当泛醌库达到一定还原状态时也起到一种特殊的调节和保护作用

(Vanletrbwrghe G. C. et al, 1997)。

4.3.3 蒙古扁桃保护酶

由于抗氧化保护系统受环境因子的制约，因此在环境影响下，绿色植物体内由活性氧所造成的氧化胁迫是一种普遍现象（Bowler C.，等，1992）。荒漠区是集干旱、高温、强光、低温和盐碱化、多风沙等多种恶劣因素的恶劣生态环境，而这些非生物胁迫都可诱发植物体内活性氧的产生。因此，抗氧化胁迫能力是荒漠植物的环境适应性生理机制的重要方面。植物体内活性氧的酶促清除系统的活性在水分胁迫下的变化依胁迫处理方式、强度及植物材料等不同而异。

用3%PEG-6000进行渗透胁迫处理3d后对蒙古扁桃幼苗保护酶及丙二醛含量的影响见表4.4。从表4.4可以看出，受渗透胁迫处理后，蒙古扁桃幼苗SOD和POD活性分别比对照增加1.88和2.46倍，而CAT活性降低了11.25%，丙二醛含量增加了21.13%。经过渗透胁迫处理以后，尽管蒙古扁桃幼苗SOD和POD活性提高，增强了自由基清除能力，但是丙二醛含量增加证明，渗透胁迫处理导致了蒙古扁桃幼苗细胞膜不饱和脂肪酸发生了过氧化降解。

表4.4 3%PEG-6000渗透胁迫处理对蒙古扁桃幼苗保护酶活性及其丙二醛含量的影响

Tab. 4.4 Effect of 3%PEG-6000 osmotic stress on protective enzymes activity and MDA content in *P. mongolica* seedlings

处理	保护酶活性			丙二醛含量
	SOD	POD	CAT	MDA content
	$U·g^{-1}FW·h^{-1}$	$\triangle OD·mg^{-1}·min^{-1}FW$	$H_2O_2 mg·g^{-1}·min^{-1}$	$\mu mol·g^-FW$
对照组	157.43	0.0048	101.48	28.4
3% PEG-6000	296.68	0.0118	90.06	34.4

魏钰等（2012）比较研究了低温胁迫对蒙古扁桃及其近缘种长柄扁桃（*Amygdalus pedunculata*）、矮扁桃（*A. nana*）、榆叶梅（*A. triloba*）、美新（*A. communis* "Mission"）、唐古特扁桃（*A. tangutica*）的保护酶活性的影响。当温度由5℃以每小时5℃的速度递降到-40℃，并分别在-15、-20、-25、-30、-35和-40℃测定了相对电导率、丙二醛含量及SOD和POD活性变化，发现蒙古扁桃SOD和POD活性均呈先增后降的趋势，其峰值分别为$120U·g^{-1}·min^{-1}$（-30℃）和$20\mu g·g^{-1}·min^{-1}$（-35℃），相对电导率和丙二醛含量在所研究的6种植物中增幅最小、其半致死温度（LD_{50}/℃）最低，为-35.17℃，耐寒性最强。经低温胁迫处理后的枝条恢复生长后的萌芽率实验也证实，蒙古扁桃的耐寒性最强。

佟永兴（2011）将盆栽蒙古扁桃幼苗在每隔7d复水情况下，间断地土壤干旱胁迫处理28d，发现在此其间叶相对含水量由79.75%降至55.38%，降幅为30.61%，丙二醛含量增加了83.50%，而其SOD和POD活性在处理21d内呈递增趋势，之后缓慢下降，其峰值比对照分别增加了55.39%和238.33%，差异均达到极显著水平（$P<0.01$）。

在以上3种不同的胁迫处理过程中，蒙古扁桃保护酶的响应机制基本相同，即胁迫处理初期其SOD和POD活性增加，再随着胁迫强度和时间的递增，其活性逐步下降。

米海莉等（2003）用不同浓度的聚乙二醇-6000（PEG-6000）模拟干旱胁迫处理牛心朴子（*Cynanchum komarovii*）幼苗时发现，在胁迫强度较大的条件下，处理一定时间后，超氧化物歧化酶（superoxide dismutase，SOD）活性先升后降，过氧化氢酶（catalase，CAT）和过氧化物酶（peroxidase，POD）活性先平稳后升高，而丙二醛的含量逐渐升高。高岩等（1999）报道，在干旱胁迫下，绵刺（*Potaninia mongolica*）体内的丙二醛含量与超氧化物歧化酶活性呈负相关关系（$R^2 = -0.9422$），而过氧化氢酶的活性在渗透胁迫达到-2.5MPa之前随胁迫强度的增大而逐渐增强。崔素霞等（2000）研究沙拐枣（*Calligonum mongolicum*）和泡泡刺（*Nitraria sphaerocarpa*）的保护酶活性随季节变化时发现，超氧化物歧化酶活性在3个生长季节均较高，而过氧化氢酶和过氧化物酶活性除在9月较高外，5~7月活力较低，出现酶活力失衡的现象。周红兵等（2011）将阿拉善荒漠区强旱生植物四合木（*Tetraena mongolica*）及其近缘种霸王（*Zygophyllum xanthoxylum*）幼苗用PEG-6000溶液渗透胁迫处理，将胁迫强度按每隔2d递增5%的速度增强至30%发现，随着渗透胁迫强度的增加，四合木和霸王幼苗的丙二醛含量逐渐升高；四合木超氧化物歧化酶、过氧化氢酶和过氧化物酶、抗坏血酸-过氧化物酶和谷胱甘肽还原酶活性以及抗氧化剂抗坏血酸和谷胱甘肽含量均呈先升后降的趋势。而霸王抗坏血酸-过氧化物酶和谷胱甘肽还原酶活性及抗氧化剂抗坏血酸和谷胱甘肽含量呈上升趋势。超氧化物歧化酶、过氧化氢酶和过氧化物酶活性呈先升后降的趋势，且霸王出现峰值时所需PEG-6000浓度均高于四合木。同等强度的PEG-6000渗透胁迫处理下，四合木体内丙二醛积累量所指示的膜脂过氧化程度高于霸王，抗氧化酶活性和抗氧化剂含量均分别高于霸王。研究表明，霸王幼苗体内各种抗氧化酶活性和抗氧化剂含量增加的阈值要高于四合木，能忍耐的渗透胁迫的阈值大于四合木，耐旱性强于四合木。相同程度的干旱胁迫下霸王的耐受性强于四合木。龚吉蕊等（2004）研究发现，不同荒漠植物对干旱胁迫的应激方式不同，在清除体内H_2O_2过程中，在沙拐枣（*Calligonum mongolicum*）体内抗氧化剂谷胱甘肽起主要作用，抗氧化酶系统起辅助作用，而在梭梭（*Haloxylon ammodendron*）体内过氧化氢酶起主要作用，沙枣（*Elaeagnus angustifolia*）体内抗坏血酸—过氧化物酶起主要作用。

膜脂过氧化作用是一个复杂的过程，可认为来自于非酶促反应和酶促反应引起。酶促脂质过氧化是指脂氧酶和环脂氧酶催化的脂质过氧化反应，而非酶促是由于不饱和脂质的双键受氧（特别是活性氧）攻击所致。活性氧中的·OH 能直接启动膜脂过氧化的自由基链式反应，其产生的脂质过氧化物继续分解形成低级氧化产物如丙二醛（malonic dialdehyde，MDA）等。丙二醛对细胞质膜和细胞中的许多生物功能分子均有很强的破坏作用。它能与膜上的蛋白质氨基酸残基或核酸反应生成 Shiff 碱，降低膜的稳定性，加大膜透性，促进膜的渗漏，使细胞器膜的结构、功能紊乱，严重时导致细胞死亡。因此，丙二醛的增加既是细胞质膜受损的结果，也是伤害的原因之一。实验证实，渗透胁迫、干旱胁迫及低温胁迫均引起蒙古扁桃丙二醛含量的增加，表明这些逆境胁迫都引发氧化胁迫，引发膜脂过氧化。

4.3.4　蒙古扁桃的活性氧非酶促清除系统

4.3.4.1　干旱胁迫对蒙古扁桃幼苗谷胱甘肽含量的影响

谷胱甘肽（glutathione，GSH）是植物体内含量比较丰富的抗氧化物质之一，在叶绿体基质中 GSH 浓度可达 $10mmol \cdot L^{-1}$ 或更高，主要以还原状态存在，大豆叶绿体中其含量大约占 70%，而豌豆叶绿体中含量可达 90%（Joo J. H.，et al，2001）。GSH 的水平随植物生长状态、年龄以及生长环境的不同而不同。一般说来，逆境下还原型 GSH 含量升高。还原性谷胱甘肽不仅可以作为谷胱甘肽过氧化物酶（GR）的底物，通过 Halliwell-抗坏血酸的反应清除 H_2O_2，也可以直接清除活性氧。并通过调节膜蛋白中巯基与二硫键的比率，对细胞膜起保护作用，参加叶绿体中抗坏血酸、谷胱甘肽循环，清除 H_2O_2。同时，当植物遭受干旱胁迫，谷胱甘肽作为 SO_2 的贮藏形式，回收、贮存某些含硫蛋白或化合物的分解产生的 SO_2（赵丽英等，2005）。

土壤干旱胁迫对蒙古扁桃幼苗叶片和根系谷胱甘肽含量的影响如图 4.23 所示。从图 4.23 看出，随着土壤干旱胁迫的逐步加重，蒙古扁桃幼苗叶片和根系谷胱甘肽含量分别由正常水分供应状况的 $41.34mg \cdot g^{-1}DW$ 和 $32.254mg \cdot g^{-1}DW$ 逐步降低，到土壤干旱胁迫处理第 4 天幼苗水势下降到 $-1.69MPa$ 时，其谷胱甘肽含量分别 $17.14 mg \cdot g^{-1}DW$ 和 $16.36mg \cdot g^{-1}DW$，达到最低点。从土壤干旱胁迫处理的第 5 天开始，蒙古扁桃幼苗谷胱甘肽含量缓慢增加，到处理第 8 天（此时叶水势为 $-2.84MPa$）时分别反弹到 $24.94 mg \cdot g^{-1}DW$ 和 $24.63 mg \cdot g^{-1}DW$。GSH 是以自身的氧化而参与活性氧清除反应的。GSH 含量下降意味着它有效参与了自由基清除反应。

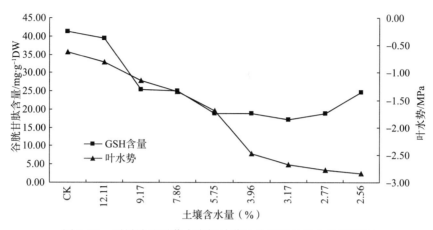

图 4.23　干旱胁迫对蒙古扁桃幼苗叶片谷胱甘肽含量的影响

Fig. 4.23　Effect of drought stress on glutathione content in the leaves of *P. mongolica* seedlings

4.3.4.2　干旱胁迫对蒙古扁桃幼苗抗坏血酸含量的影响

抗坏血酸（ascorbic acid，ASA）是广泛存在于植物光合组织中的一种重要的抗氧化剂。抗坏血酸可以在抗坏血酸氧化酶（ascorbate oxidase）的催化下被氧化成单脱氢抗坏血酸（MDHA），不仅可以在 Halliwell-Asada 循环中作为 APX 的底物，还可以作为抗氧化剂直接清除活性氧，在减少膜脂过氧化，保护细胞膜透性方面有重要作用。在清除活性氧过程中，抗坏血酸被氧化成单脱氢抗坏血酸，而还原型谷胱甘肽作为还原剂参与抗坏血酸的再生，产生的氧化型谷胱甘肽可以通过谷胱甘肽还原酶得到还原。而抗坏血酸则在 α-生育酚和玉米黄质的再生循环中充当还原剂（赵丽坤等，2002）。

抗坏血酸可还原 O_2^-，清除 $\cdot OH$，淬灭 $^1O_2$，歧化 H_2O_2，还可再生维生素 E（王娟和李德全，2002）。逆境胁迫下抗坏血酸含量下降，可直接导致植株清除活性氧能力的降低，并阻碍了 Halliwell-Asada 循环的高速运转。由于抗坏血酸具有多种抗氧化功能，因此认为抗坏血酸水平的降低可作为植物抗氧化能力总体衰退的指标（Pignocchic 等，2003）。

干旱胁迫对蒙古扁桃幼苗地上部分和地下部分抗坏血酸含量的影响如图 4.24 所示。在正常水分条件下，蒙古扁桃幼苗抗坏血酸含量比较低，根系和叶片为抗坏血酸含量分别为 0.51mg·g^{-1}DW 和 0.23mg·g^{-1}DW。随着土壤含水量的逐渐减少，其抗坏血酸含量迅速增加。到土壤干旱胁迫胁迫处理第 4 天，土壤含水量和叶水势下分别降到 5.75% 和 -1.69MPa 时，抗坏血酸含量达到最高峰，分别达到 4.80 mg·g^{-1}DW 和 1.90 mg·g^{-1}DW，较对照抗坏血酸含量增加 9.38 倍和 7.26 倍。之后，随着土壤含水量的进一步减少，蒙古扁桃幼苗抗坏血酸含量开始迅速降低，到土壤干旱胁迫胁迫第 7

天，土壤含水量和叶水势分别下降到 2.77% 和 -2.78MPa 时，根系抗坏血酸含量趋于平稳，而叶片抗坏血酸含量继续下降最终又回到初始的水平。

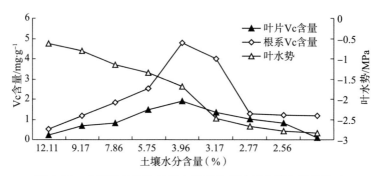

图 4.24　土壤干旱胁迫对蒙古扁桃幼苗抗坏血酸含量的影响

Fig. 4.24　Effect of drought stress on ascorbic acid content of *P. mongolica* seedlings

据报道，植物组织都能合成抗坏血酸，浓度能够达到毫摩尔级。通常在光合细胞和分生组织（某些水果）中含量更高。叶肉细胞大约有 20%~40% 的抗坏血酸存在于叶绿体中，其中抗坏血酸的浓度高达 50mml·L^{-1}（Foyer CH 等，2005）。在本实验中根组织抗坏血酸含量是叶组织的 2 倍左右。说明，不同植物体抗坏血酸分布不完全一样。

抗坏血酸作为重要的抗氧化剂，在干旱胁迫下其含量的变化在不同植物中不尽相同。Zhang 和 Kirkham 研究表明（1996），在干旱胁迫中、后期，高粱抗坏血酸含量高，认为是与抗坏血酸-POD 活性大幅度下降，抗坏血酸代替抗坏血酸-POD 清除 H_2O_2 有关。王娟等（2002）研究表明，在不同程度水分胁迫下玉米根系抗坏血酸含量持续下降，认为水分胁迫下玉米叶片抗坏血酸含量下降是玉米幼苗抗旱性的较好指标之一。Sgherri CLM 等（1994）认为，水分胁迫下抗坏血酸含量下降可能是抗坏血酸氧化酶活性升高的结果。

从以上实验结果可看出，随着土壤含水量的降低，GSH 和抗坏血酸在蒙古扁桃幼苗抗氧化胁迫中的作用是相互协同的。从含量来看，干旱胁迫处理第 1~4 天幼苗 GSH 含量逐渐降低，而抗坏血酸含量上升；而胁迫第 5 天之后，GSH 含量上升，而其抗坏血酸含量呈下降趋势。表明胁迫处理初期，以 GSH 为主的抗氧化系统起作用，而严重干旱胁迫下以抗坏血酸为主的抗氧化系统起作用。有研究表明（王娟等，2002），GSH 和抗坏血酸之间存在协同作用和再生关系，其表现在抗坏血酸可再生维生素 E，GSH 可将双脱氢抗坏血酸（DHA）还原为抗坏血酸。

研究表明，由于逆境胁迫强度、时间及植物种或品种的不同，氧化胁迫触发的方式是不相同的。徐俊森等（2000）研究表明，在中度水分胁迫下，木麻黄（*Casuarina equisetifolia*）叶片 O_2^- 产生速率稍微增大，而在大强度的水分胁迫下，其 O_2^- 产生速率急剧增大。而陈由强等（2000）研究表明，芒果（*Mangifera indica*）幼叶 O_2^- 产生速率随胁迫强度的增加而迅速增加，到中度水分胁迫时达到最大值，而后 O_2^- 的产速率却有所缓解。陶宗娅等（1999）将小麦幼苗用 PEG-6000 溶液渗透胁迫处理发现，当渗透胁迫强度由-2.0MPa 递增至-4.0MPa 时，其叶片的 H_2O_2 含量由 $1.6\mu mol \cdot mg^{-1}$ protein 增至 $1.9\mu mol \cdot mg^{-1}$ protein，而 O_2^- 含量由 $24nmol \cdot mg^{-1}$ protein 增至 $28nmol \cdot mg^{-1}$ protein。另外，在水分胁迫的不同阶段，活性氧的产生种类也是不同的。在芒果水分胁迫的前阶段（0~4d），H_2O_2 生成加强，而后阶段（4~20d）则 O_2^- 和 $^1O_2$ 生成加强（贾虎森，1998）。这也导致了，植物抗氧化系统应对方式的不同。植物对活性氧的清除过程中，保护酶和抗氧化剂反应比较复杂，不同的植物，不同时期表现不同的规律。但一般而言，抗性强的植物较抗性弱的植物抗氧化剂含量和抗氧化酶活性维持较高水平，前者比后者对水分胁迫反应更灵敏，活性氧清除体系之间表现得更协调。

由于活性氧的积累总是导致氧化胁迫，O_2^- 和其他活性氧的产生通常是有害的。然而，在光合期间，活性氧的产生和清除以一种协调的方式进行有利于电子传递的调节（Asada K., 1992；Asada K., 1997）。在荒漠区，干旱缺水、高温、高辐射等逆境并发，极易引发荒漠植物气孔限制、直接抑制卡尔文循环（Calvin cycle）中酶的活性，而干旱对光合电子传递的影响相对较小，细胞处于过量的高能环境中，引发绿色组织的 Mehler 反应和光呼吸的加剧，导致大量 O_2^- 和 H_2O_2 等活性氧的积累。叶绿体中 H_2O_2 的清除，专一地依赖于抗坏血酸—过氧化物酶，其中抗坏血酸的再生离不开 Halliwell-Asada 途径的谷胱甘肽还原酶、DHAR 和 DHA、GSH（图 4.22）。因此，叶绿体中积累的抗坏血酸可解除 H_2O_2 毒害，同时防止了抑制酶的活化，产生更多的自由基，有利于光合作用同化力（ATP 和 NADPH）的生成（吴志华等，2004）。

自从 Fridovich（1976）提出生物自由基伤害学说以来，尽管国内外不少学者从不同的角度对水分胁迫下活性氧自由基代谢进行了大量研究，但仍是冰山一角，还应逐渐向以下几个方面开展研究（王群等，2004）：①水分胁迫下，活性氧自由基的产生不可避免，但它除了会对植物造成伤害以外，是否还有其他的作用，还有待于进一步的研究；②从分子生物学方面着手，研究活性氧代谢的分子生物学机理；③研究植物体内自由基清除系统对活性氧自由基的综合清除作用，以及各自由基清除物质在清除自由基过程中的相互关系；④进一步加强活性氧自由基代谢的应用研究，尽快研制出适用于农业生产的高效自由基清除剂。以减轻活性氧在水分胁迫中对植物的伤害，从而提高植物的抗旱能力。

参考文献

[1] 白景文,罗承德,李西,等.两种野生岩生植物的抗旱适应性研究 [J].四川农业大学学报,2005,23(3):290-294.

[2] 班兆军,关军锋,李莉,等.非生物胁迫下植物体内活性氧产生和抗氧化机制的研究概述 [J].中国果菜,2012(5):40-47.

[3] 傅爱根,罗广华,王爱国.绿豆线粒体呼吸链在不同电子传递途径中的电子漏 [J].热带亚热带植物学报,2000,8(2):97-103.

[4] 陈托兄,张金林,陆妮,等.不同类型抗盐植物整株水平游离脯氨酸的分配 [J].草业学报,2006,15(1):36-41.

[5] 陈由强,黄羌维.植物体内单线态氧的产生及其淬灭 [J].植物生理学通讯,1987(6):1-8.

[6] 陈由强,朱锦懋,叶冰莹.水分胁迫对芒果($Mangifera\ indica$ L.)幼叶细胞活性氧伤害的影响 [J].生命科学研究,2000,4(1):60-64.

[7] 崔素霞,王蔚,陈国仓,等.两种沙生植物内源激素、叶绿体膜脂肪酸组成和膜脂抗氧化系统的季节变化 [J].植物生态学报,2000,24(1):96-101.

[8] 傅家瑞编著.种子生理 [M].北京:科学出版社,1985:86-88.

[9] 高岩,刘国厚,王均喜,等.渗透胁迫对绵刺($Potaninia\ mongolica$)嫩枝保护酶活性的影响 [J].干旱区资源与环境,1999,13(3):89-92.

[10] 龚吉蕊,赵爱芬,张立新,等.干旱胁迫下几种荒漠植物抗氧化能力的比较研究 [J].西北植物学报,2004,24(9):1 570-1 577.

[11] 郭中满,苟仕金,殷礼.超氧物歧化酶研究进展 [J].中国兽医科技,1991,24(4):45-47.

[12] 韩蕊莲,李丽霞,梁宗锁.干旱胁迫下沙棘叶片细胞膜透性与渗透调节物质研究 [J].西北植物学报,2003,23(1):23-27.

[13] 韩晓玲.小冠花抗L-羟基脯氨酸(Hyp)变异系离体筛选及其耐盐性研究 [D].西安:西北大学,2006.

[14] 何若夫.油茶种子萌发时呼吸作用的初步研究 [J].广西农学院学报,1985,(1):105-109.

[15] 何文竹,张德颐,汤玉玮.硝酸还原酶的研究-Ⅲ.硝酸还原酶钝化蛋白的专一性及其对硝酸还原酶的水解作用 [J].植物生理学报,1983,9(2):151-156.

[16] 何文竹,赵文恩,汤玉玮.硝酸还原酶的研究(Ⅰ).小麦叶片硝酸还原酶-钝化蛋白的分离和特性 [J].植物生理学报,1982,(8):59-66.

[17] 侯夫云,张立明,王庆美,等.植物耐非生物胁迫的分子机制 [J].分子植物育种,2006,26(6):158-161.

[18] 黄德华,陈佐忠.内蒙古荒漠草原37种植物氮与灰分含量的特征 [J].植物学通报,1989,6(3):174-177.

[19] 贾虎森,潘秋红,蔡世英.水分胁迫下油梨幼苗活性氧代谢对光合作用的影响 [J].热带作物学报,2001,22(1):48-52.

[20] 姜丽芬,石福臣,祖元刚,等.不同年龄兴安落叶松树干呼吸及其与环境因子关系的研究[J].植物研究,2003,23(3):296-301.

[21] 康俊梅,杨青川,樊奋成.干旱对苜蓿叶片可溶性蛋白的影响[J].草地学报,2005,13(3):199-202.

[22] 李弛峻.植物抗氰呼吸与交替氧化酶表达的关系[D].成都:四川大学硕士学位论文,2001.

[23] 李豪喆.大豆叶片硝酸还原酶活力的研究[J].植物生理学通讯,1986(4):30-32.

[24] 李京,王伟功,于文喜,等.杨树叶片中可溶性蛋白质含量的季节变化[J].林业科技,2010,35(3):14-15.

[25] 李景平,杨鑫光,傅华,等.阿拉善荒漠区3种旱生植物体内主要渗透调节物质的含量和分配特征[J].草业科学,2005,22(19):35-38.

[26] 李丽芳,罗晓芳,王华芳.植物抗旱基因工程研究进展[J].西北林学院学报,2004,19(3):53-57.

[27] 李玲,余光辉,曾富华.水分胁迫下植物脯氨酸累积的分子机理[J].华南师范大学学报(自然科学版),2003,(1):126-134.

[28] 李妮亚,高俊凤,汪沛洪.小麦幼苗水分胁迫诱导蛋白的特征[J].植物生理学报,1988,14(1):65-71.

[29] 李勤报,梁厚果.水分胁迫下小麦幼苗呼吸代谢的改变[J].植物生理学学报,1986,12:379-387.

[30] 李志霞,秦嗣军,吕德国,等.植物根系呼吸代谢及影响根系呼吸的环境因子研究进展[J].植物生理学报,2011,47(10):957-966.

[31] 刘娥娥,汪沛洪,郭振飞.植物的干旱诱导蛋白[J].植物生理学通讯,2001,37(2):155-160.

[32] 刘丽,甘志军,王宪泽.植物氮代谢硝酸还原酶水平调控机制的研究进展[J].西北植物学报,2004,24(7):1 355-1 361.

[33] 刘树森,焦选茂,王孝铭,等.线粒体呼吸链电子漏与质子漏的相互作用-电子漏引起质子漏[J].中国科学(B辑),1995,25:596-603.

[34] 刘祖祺,张石城.植物抗性生理学[M].北京:中国农业大学出版社,1994.

[35] 马剑英,周邦才,夏敦胜,等.荒漠植物红砂叶绿素和脯氨酸累积与环境因子的相关分析[J].西北植物学报,2007,27(4):769-775.

[36] 马玉娥,项文化,雷丕锋.林木树干呼吸变化及其影响因素研究进展[J].植物生态学报,2007,31(3)403-412.

[37] 米海莉,许兴,李树华,等.干旱胁迫下牛心朴子幼苗相对含水量、质膜透性及保护酶活性变化[J].西北植物学报,2003,23(11):1 871-1 876.

[38] 任军.水曲柳根系呼吸特性及其对土壤氮素反应机理研究[D].北京:北京林业大学,2009.

[39] 任书杰,于贵瑞,陶波,等.中国东部南北样带654种植物叶片氮和磷的化学计量学特征研究[J].环境科学,2007,28(12):2 665-2 673.

[40] 阮海华,沈文飚,叶茂炳,等.一氧化氮对盐胁迫下小麦叶片氧化损伤的保护效应[J].科学

通报，2001，46（23）：1993-1997.

[41] 沈全光，刘存德，李守全，等. 绿豆子叶吸涨过程中线粒体发育的研究［J］. 植物学报，1985，27（5）：482-488.

[42] 沈同，王镜岩，赵邦悌主编. 生物化学［M］. 北京：人民教育出版社，1980.

[43] 沈文飚. 硝酸还原酶也是植物体内的 NO 合成酶［J］. 植物生理学通讯，2003，39（2）：168-170.

[44] 斯琴巴特尔，满良. 蒙古扁桃种子萌发生理研究［J］. 广西植物，2002，22（6）：564-566.

[45] 斯琴图雅. 土壤干旱胁迫对蒙古扁桃种子及根系生理活动的影响［D］. 呼和浩特：内蒙古师范大学，2007.

[46] 宋建民，田纪春，赵世杰. 植物光合作用碳代谢与氮代谢关系及其调节［J］. 植物生理学通讯，1998，34（3）：230-238.

[47] 苏金，朱汝财. 渗透胁迫调节的转基因表达对植物抗旱耐盐性的影响［J］. 植物学通报，2001，18（2）：129-136.

[48] 汤佩松. 高等植物呼吸代谢途径的调节和代谢生理功能间的相互制约［J］. 植物学报，1979，21（2）：93-106.

[49] 唐先兵，吴贤婷，刘沛. 植物耐旱与基因工程［J］. 植物杂志，2001（2）：3-4.

[50] 陶宗娅，邹琦，彭涛. 水杨酸在小麦幼苗渗透胁迫中的作用［J］. 西北植物学报，1999，19（2）：296-302.

[51] 滕中秋，付卉青，贾少华，等. 植物应答非生物胁迫的代谢组学研究进展［J］. 植物生态学报，2011，35（1）：110-118.

[52] 田敏，饶龙兵，李纪元. 植物细胞中的活性氧及其生理作用［J］. 植物生理学通讯，2005，41（2）：235-241.

[53] 佟永兴. 水分胁迫对李属四种植物抗旱生理指标及新根解剖结构的影响［D］. 呼和浩特：内蒙古农业大学硕士学位论文，2011.

[54] 王娟，李德全. 水分胁迫下植物体内的抗氧化剂及其作用［J］. 生物学通报，2002，37（10）：22-23.

[55] 王淼，武耀祥，武静莲. 长白山红松针阔叶混交林主要树种树干呼吸速率［J］. 应用生态学报，2008，19（5）：956-960.

[56] 王群，尹飞，李潮海. 水分胁迫下植物体内活性氧自由基代谢研究进展［J］. 河南农业科学，2004（10）：25-28.

[57] 王绍强，于贵瑞. 生态系统碳氮磷元素的生态化学计量学特征［J］. 生态学报，2008，28（8）：3 937-3 947.

[58] 王晓霞，余伟莅，李钢铁，等. 温度对蒙古扁桃及柄扁桃呼吸代谢的影响［J］. 安徽农业科学，2009，37（4）：1 434-1 436.

[59] 王荫长. 昆虫生物化学［M］. 北京：中国农业出版社，2004.

[60] 魏钰，郭春会，张国庆，等. 我国几个扁桃种抗寒性的研究［J］. 西北农林科技大学学报（自然科学版），2012，40（6）：99-106.

[61] 武宝干，GlennW. Todd. 小麦幼苗中超氧物歧化酶活性与幼苗脱水忍耐力相关性的研究 [J]. 植物学报，1985，27（2）：152-160.

[62] 武维华主编. 植物生理学 [M]. 北京：科学出版社，2004：180.

[63] 乌云娜，蒙仕康，张凤杰，等. 阿拉善荒漠区主要灌木林碳氮含量的变化分析 [J]. 大连民族学院学报，2011，13（1）：5-8.

[64] 吴顺，萧浪涛. 植物体内活性氧代谢及其信号传导 [J]. 湖南农业大学学报（自然科学版），2003，29（9）：450-456.

[65] 吴志华，曾富华，马生健，等. 水分胁迫下植物活性氧代谢研究进展（综述Ⅱ）[J]. 亚热带植物科学，2004，33（3）：78-80.

[66] 肖复明，汪思龙，杜天真，等. 湖南会同林区杉木人工林呼吸量测定 [J]. 生态学报，2005，25（10）：2514-2518.

[67] 谢宗铭，董永梅，陈受宜. 高等植物非生物胁迫适应分子生理机制 [J]. 安徽农业科学，2008，36（19）：7 996-7 999.

[68] 徐刚，姚银安. 蛋白质组学在研究植物响应逆境机理上的应用 [J]. 广西植物，2009，29（3）：372-376.

[69] 徐俊森，杨细明，郑天汉，等. 干旱胁迫对木麻黄小枝细胞膜伤害机理的研究 [J]. 防护林科技，2000（专刊1）：36-39.

[70] 徐新娟. 植物体内活性氧代谢及功能研究进展 [J]. 河南科技学院学报（自然科学版），2007，35（2）：10-12.

[71] 许振柱，周广胜. 植物氮代谢及其环境调节研究进展 [J]. 应用生态学报，2004，15（3）：511-516.

[72] 薛应龙. 呼吸代谢的生理意义及其调控问题 [A]. 植物生理学专题讲座 [M]. 北京：科学出版社，1987：210-243.

[73] 薛应龙. 呼吸代谢的生理意义及调控问题 [J]. 植物生理学通讯，1980（1）：60-72.

[74] 颜华，贾良辉，王根轩. 植物水分胁迫诱导蛋白的研究进展 [J]. 生命的化学，2002，22（2）：165-168.

[75] 闫桂琴，张俊彦，李秀梅. 濒危植物翅果油树种群的叶绿素和硝酸还原酶活性的研究 [J]. 西北植物学报，2004，24（6）：1 047-1 051.

[76] 杨九艳，杨劼，杨明博，等. 5种锦鸡儿属植物渗透调节物质的变化 [J]. 内蒙古大学学报（自然科学版），2005，36（6）：677-682.

[77] 杨天旭，汪耀富，宋亚旭，等. 逆境胁迫下植物LEA蛋白的研究进展 [J]. 干旱地区农业研究，2006，24（6）：120-124.

[78] 杨玉盛，董彬，谢锦升，等. 林木根呼吸及测定方法进展 [J]. 植物生态学报，2004，28（3）：426~434.

[79] 殷奎德，马连菊，刘世强. 逆境条件下植物活性氧（AOS）的研究进展 [J]. 沈阳农业大学学报，2003，34（2）：147-149.

[80] 银晓瑞. 草原和荒漠植物养分时空动态与化学计量学研究 [D]. 呼和浩特：内蒙古大

学, 2008.

[81] 曾昭惠, 张宗玉. 自由基对线粒体 DNA 的氧化损伤与衰老 [J]. 生物化学与生物物理进展, 1995, 22 (5): 429-432.

[82] 张慧茹, 郑蕊, 杨晓琴. 宁夏区内抗旱牧草硝酸还原酶活力的比较研究 [J]. 宁夏大学学报 (自然科学版), 2002, 23 (3): 278-280.

[83] 张杰, 杨传平, 邹学忠, 等. 蒙古栎硝酸还原酶活性、叶绿素及可溶性蛋白含量与生长性状的关系 [J]. 东北林业大学学报, 2005, 33 (4): 4-5.

[84] 张金林, 陈托兄, 王锁民. 阿拉善荒漠区几种抗旱植物游离氨基酸和游离脯氨酸的分布特征 [J]. 中国沙漠, 2004, 24 (4): 493-499.

[85] 张年辉, 韦振泉, 何军贤, 等. 小麦幼苗叶片抗氰呼吸对轻度水分胁迫的响应 [J]. 西北植物学报, 2001, 21 (1): 21-25.

[86] 赵丽坤, 廖祥儒, 蒋继志. 活性氧与植物系统获得抗病性研究进展 [J]. 河北农业大学学报, 2002, 25 (增刊): 173-176.

[87] 张少英, 邵世勤, 王瑞刚, 等. 甜菜种子活力与呼吸代谢的关系 [J]. 中国糖料, 1999 (4): 4-7.

[88] 赵丽英, 邓西平, 山仑. 活性氧清除系统对干旱胁迫的响应机制 [J]. 西北植物学报, 2005, 25 (2): 413-418.

[89] 周婵, 邹志远, 杨允菲. 盐碱胁迫对羊草可溶性蛋白质含量的影响 [J]. 东北师范大学学报 (自然科学版), 2009, 41 (3): 94-96.

[90] 周功克, 李红玉, 文江祁, 等. 低温胁迫下甘肃黄花烟草愈伤组织的抗氰呼吸 [J]. 植物学报, 2000, 42 (7): 679-683.

[91] 周海燕. 中国东北科尔沁沙地两种建群植物的抗旱机理 [J]. 植物研究, 2002, 22 (1): 51-55.

[92] 周红兵, 王迎春, 石松利, 等. 四合木和霸王幼苗抗氧化系统对干旱胁迫的响应差异 [J]. 西北植物学报, 2011, 31 (6): 1 188-1 194.

[93] 周志宇. 阿拉善不同密度白沙蒿人工种群生长、繁殖与土壤水分的关系 [J]. 生态学报, 2004, 24 (5): 895-899.

[94] 郑淑霞, 上官周平. 黄土高原地区植物叶片养分组成的空间分布格局 [J]. 自然科学进展, 2006, 16 (8): 965-973.

[95] 邹国林, 裘名宜, 朱彤. 超氧化物歧化酶研究的历史、现状及应用前景 [J]. 氨基酸杂志, 1991, (3): 28-32.

[96] Aerts R. Nutrient absorption from senescing leaves of perennials: are there general patterns? [J]. *Journal of Ecology*, 1996, 84 (4): 597-608.

[97] Aerts R, Chapin F S III. The mineral nutrition of wild plants revisited: A reevaluation of processes and patterns [J]. *Advances in Ecological Research*, 2000, 30: 1-67.

[98] Agrawal GK, Rakwal R, Yonekura M, et al. Proteome analysis of differentially displayed proteins as a tool for investigating ozone stress in rice (*Oryza sativa*) seedlings [J]. *Proteomics*, 2002,

2: 947-959.
- [99] Agren G I. The C: N: P stoichiometry of autotrophs-theory and observations [J]. *Ecology Letters*, 2004, 7 (3): 185-191.
- [100] Amme S, Matros A, Schlesier B, et al. Proteome analysis of cold stress response in *Arabidopsis thaliana* using DIGE-technology [J]. *Journal of Experimental Botany*, 2006, 57: 1537-1546.
- [101] Asada K. Ascorbate peroxidase-ahydrogen peroxide-scavenging enzyme in plants [J]. *Physiol Plant*, 1992, 85: 235-241.
- [102] Asada K. Molecular properties of ascorbate peroxidase - a hydrogen peroxide- scavenging enzyme in plants [J]. *Physiologia Plantarum*, 1992, 85 (2): 235-241.
- [103] Asada K. The role of ascorbate peroxidase and monodehydroascorbate reductase in H_2O_2 scavenging in plants [J]. *Cold Spring Harbor Monograph Archive*, 1997, 185: 715-735.
- [104] Asada K. The water - water cycle in chloroplasts: scavenging of active oxygens and dissipation of excessphotons [J]. *Annual Review of Plant Physiology and Plant Molecular Biology*, 1999, 50: 601-639.
- [105] Beevers L., Hageman R. H. Nitrate reduction in higher plants [J]. *Annual. Review of Plant Physiology*, 1969, 20: 495-522.
- [106] Beligni MV, Lamattina L. Nitric oxide stimulates seed germination and de-etiolation, and inhibits hypocotyl elongation, three light - inducible responses in plants [J]. *Planta*, 2000, 210 (2): 215-221.
- [107] Beligni MV, Lamattina L. Nitric oxide protects against cellular damage produced by methylviologen herbicides in potato plants [J]. *Nitric Oxide*, 1999, 3 (3): 199-208.
- [108] Bowler C, Montagu M. V., Inzé D. Superoxide dismutase and stress tolerance [J]. *Annual Review of Plant Physiology and Plant Molecular Biology*, 1992, 43: 83-116.
- [109] Brown J H, Gillooly J F, Allen A P, et al. Toward a metabolic theory of ecology [J]. *Ecology*, 2004, 85: 1 771-1 789.
- [110] Cannons A C, Pendl Eton L C. Possible role for mRNA stability in the ammonium controlled regulation of nitrate reductase expression [J]. *Biochemistry of Journal*, 1994, 297: 561-565.
- [111] Cao P X, Song J, Zhou C J, et al. Characterization of multiple cold induced genes from *Ammopiptanthus mongolicus* and functional analyses of gene *AmEBP*1 [J]. *Plant Molecula Biology*, 2009, 69 (5): 529-539.
- [112] Cavaleri MA, Oberbauer SF, Ryan MG. Foliar and ecosystem respiration in an old-growth tropical rain forest [J]. *Plant Cell and Environment*, 2008, 31: 473-83.
- [113] Chen RZ, Weng QM, Huang Z, et al. Analysis of resistance related proteins in rice against brown planthopper by two mensional electrophoresis [J]. *Acta Botanica Sinica*, 2002, 44 (4): 427-432.
- [114] Chitteti BR, Peng Z. Proteome and phosphoproteome differential expression under salinity stress in rice (*Oryza sativa*) roots [J]. *Journal of Proteome Research*, 2007, 6 (5): 1 718-1 727.
- [115] Criddle R. S., Hansen LD. Calormietric methods for analysis of plant metabolism [M]. Kempr

[116] Daks, A., Wallace, W., Stevens, P. Synthesis and turnover of nitrate reductase in corn roots [J]. *Plant Physiology*, 1972, 50: 649-654.

[117] Day D A, Whelan J, Millar A H, et al. Regulation of alternative oxidase in plants and fungi [J]. *Funcgetional Plant Physiology*, 1995, 22: 497-509.

[118] Delauney A J, Hu C A A, Kavi Kishor P B. Cloning of ornithine δ-Aminotransferase cDNA from Vigna aconitifolia by Trans-complementation in *Escherchia coli* and regulation of proline biosynthesis [J]. *Journal of Biologcal Chemistry*, 1993, 268 (25): 18 673-18 678.

[119] Desikan R, Reynolds A, Hancock JT, et al. Harpin and hydrogen peroxide both initiate programmed cell death but have differential effects on defence gene expression in *Arabidopsis* suspension cultures [J]. *Journal of Biologcal Chemistry*, 1998, 330: 115-120.

[120] Dry I. B., Moore A, L., Day D. A., et al. Regulation of alternative pathway activity in plant mitochondria: Nonlinear relationship between electron flux and the redox poise of the quinone pool [J]. *Archives of Biochemistry and Biophysics*, 1989, 273: 148-157.

[121] Ferreira S, Hjerno K, Larsen M, et al. Proteome profiling of *Populus euphratica* upon heat stress [J]. *Annuals of Botany*, 2006, 98: 361-377.

[122] Flanagan P. W. & C. K. Van. Microbial biomass, respiration and nutrient cycling in a black spruce taiga ecosystem [J]. *Ecological Bulletin*, 1977, 25: 261-273.

[123] Foyer CH, Noctor G. Redox homeostasis and antioxidant signaling: A metabolic interface between stress perception and physiological responses [J]. *Plant Cell*, 2005, 17: 1 866-1 875.

[124] Fridovich I. Free Radical in Biology [M]. New York: Academic Press, 1976.

[125] Finch-Savage WE, Grange RI, Hendry GAF, et al. Embryo water status and loss of viability during desiccation in the recalcitrant seed species *Quercus robur* L. [A]. In Côme D. Corbineau F. (eds). Fourth international workshop on seeds and applied aspects of seed biology [M]. Paris: Asfis: 723-730.

[126] Ekblad A, Bostrsme B, Holm A, et al. Forest soil respiration rate and $\delta^{13}C$ is regulated by recent above ground weather conditions [J]. *Oecologia*, 2005, 143: 136-142.

[127] Elser J J, Fagan W F, Denno R F, et al. Nutritional constraints in terrestrial and freshwater food webs [J]. *Nature*, 2000, 408: 578-580.

[128] Genevois ML. Sur la fermentation et sur la respiration chez les végétaux chlorophylliens [J]. *Revue Génétique Botanique*, 1929, 41: 252-271.

[129] Gh. Hosseini Salekdeh, Joel Siopongco, Leonard J. Wade1, et al. Proteomic analysis of rice leaves during drought stress and recovery [J]. *Proteomics*, 2002, 2: 1 131-1 145.

[130] Gsewell S. N : P ratios in terrestrial plants: Variation and functional significance [J]. *New Phytologist*, 2004, 164: 243-266.

[131] Güsewell S. N : P ratios in terrestrial plants: Variation and functional significance [J]. New

Phytologist, 2004, 164 (2): 243-266.

[132] Hajheidari M, Abdollahian-Noghabi M, Askari H, *et al*. Proteome analysis of sugar beet leaves under drought stress [J]. *Proteomics*, 2005, 5: 950-960.

[133] Han W X, Fang J Y, Guo D L, *et al*. Leaf nitrogen and phosphorus stoichiometry across 753 terrestrial plant species in China [J]. *New Phytologist*, 2005, 168 (2): 377-385.

[134] Hanson AD, Nelsen CE, Everson EH. Evaluation of free proline accumulation as an index of drought resistance using two contrasting barley cultivars [J]. *Crop Science*, 1977, 17: 720-726.

[135] Hans Lambers, F. Stuart Chapin, Thijs L. Pons 著, 张国平, 周伟军译. 植物生理生态学 [M]. 杭州: 浙江大学出版社, 2003.

[136] Heuer B., Plaut Z., and Federma E. Nitrate and Nitrite reduction in wheat leaves as affected by different types of water stress [J]. *Physiologia Plantarum*, 1979, 46: 318-323.

[137] Hilt W, Wolf D H. Stress-induced proteolysis in Yeast [J]. *Molecular Microbiology*, 1992, 6: 2 437-2 442

[138] Hsiao TC.. Plant response to water stress [J]. *Annual Review of Plant Physiology*, 1973, 24: 519-570.

[139] Iyer S, Caplan A. Products of proline catabolism can induce osmotically regulated genes in rice [J]. *Plant Physiology*, 1998, 116: 203-211.

[140] Joo JH, Bae YS, Lee JS. Role of auxin-induced reactive oxygen species in root gravitropism [J]. *Plant physiology*, 2001, 126: 1 055-1 060.

[141] Kannangara C. G., Woolhouse H. W. The role of carbon dioxide, light and nitrate in the synthesis and degradation of nitrate reductase in leaves of Perilla frutescens [J]. *New Phytologist*, 1967, 66: 553-561.

[142] Kemple A R, Macpherson H T. Liberation of amino acid in perennial rye grass during witting [J]. *Biochemical Journal*, 1954, 58: 45-49.

[143] Killingbeck K T, Whitford W G. High foliar nitrogen in desert shrubs: An important ecosystem trait or defective desert doctrine [J]. *Ecology*, 1996, 77 (6): 1 728-1 737.

[144] Kishor K. P. B., Sangam S., Amrutha R. N., *et al*. Regulation of proline biosynthesis, degradation, uptake and transport in higher plants: Its implications in plant growth and abiotic stress tolerance [J]. *Current Science*, 2005, 88 (3): 424-438.

[145] Klessig DF, Durner J, Noad R. *et al*. Nitric oxide and salicylic acid signaling in plant defense [J]. *Proceedings of the National Academy of Science of the United States of America*, 2000, 97 (16): 8 849-8 855.

[146] Koerselman W, Meuleman A F M. The vegetation N : P ratio: A new tool to detect the nature of nutrient limitation [J]. *Journal of Applied Ecology*, 1996, 33 (6): 1 441-1 450.

[147] Lambers H. Respiration and the alternative oxidase. In: A molecular approach to primary metabolism in plants, C. H. Foyer & P. Quick (*eds*) [M]. London: Taylor and Francis: 295-309.

[148] Lambers H., I. Stulen & A. Werf. Carbon use in root respiration as affected by elevated atmospheric

CO_2 [J]. *Plant and Soil*, 1996, 187: 251-263.

[149] Lehmann S, Funk D, Szabados L, *et al.* Proline metabolism and transport in plant development [J]. *Amino Acids*, 2010, 39 (4): 949-962.

[150] Lincoln Taiz, Eduardo Zeiger 编著. 宋纯鹏, 王学路, 等译. 植物生理学（第四版）[M]. 北京: 科学出版社, 2009: 209.

[151] Mata CG, Lamattina L. Nitric oxide induces stomatal closure and enhances the adaptive plant responses against drought stress [J]. *Plant Physiology*, 2001, 126: 1196-1204.

[152] Maxwell D P, Wang Y, Mclntosh L. The alternative oxidase lowers mitochondrial reactive oxygen production in plant cells [J]. *Proceedings of the National Academy of Science of the United States of America*, 1999, 96: 8 271-8 276.

[153] Mishra N P, Mishra R K, Singhal G S. Changes in the activities of anti-oxidation enzyme during exposure of intact wheat leaves to strong visible light at different temperatures in the presence of protein synthesis inhibitors [J]. *Plant Physiology*, 1993, 102: 903.

[154] Morén, A. S. & A. Lindroth. CO_2 exchange at the floor of a boreal forest [J]. *Agriculture Forest Meteorology*, 2000, 101: 1-14.

[155] Morilla C. A. , Boyer, J. S. , and Hageman, R. H. Nitrate reductase activity and polyribosomal content of corn (*Zea mays* L.) having low leaf water potentials [J]. *Plant Physiology*, 1973, 51: 817-824.

[156] Nanjo T, Kobayashi M, Yoshiba Y, *et al*. Biological functions of proline in morphogenesis and osmotolerance revealed in antisense transgenic *Arabidopsis thaliana* [J]. *The Plant Journal*, 1999, 18: 185-193.

[157] Navrot N, Rouhier N, Gelhaye E, *et al* . Reactive oxygen species generation and antioxidant systems in plant mitochondria [J]. *Physiologia Plantarum*, 2007, 129: 185-195.

[158] Niklas K J. Plant allometry, leaf nitrogen and phosphorus stoichiometry, and interspecific trends in annual growth rates [J]. *Annuals of Botany*, 2006, 97 (2): 155-163.

[159] Notton B. A. , Hewitt E. J. In corporation of radio active molybdenum into protein during nitrate reductase formation and effect of molybdenum on nitrate reductase and diaphorase activities of spinach (*Spinacea oleracea* L.) [J]. *Plant and Cell Physiology*, 1971, 12: 465-477.

[160] Okamoto P M, FU Y H, Marzluf G A. Nit-3, the structural gene of nitrate reductase in Neurospora crassa: nucleotide sequence and regulation of mRNA synthesis and turnover [J]. *Molecular and General Genetics*, 1991, 227: 213-223.

[161] Pammenter NW, Berjak P. A review of recalcitrant seed physiology in relation to desiccation-tolerance mechanism [J]. *Seed Science Research*, 1999, 9: 13-37.

[162] Perez ME, Gidekel M. Effects of water stress on plant growth and root proteins in three cultivars of rice (*Oryza sativa*) with different levels of drought tolerance [J]. *Physiologia Plantarum*, 1996, 96: 284-290.

[163] Pignocchi C. , Fletcher J M. Wilkinson J E. The function of ascorbate oxidase in tobacco [J]. *Plant*

Physiology, 2003, 132: 1631-1641.

[164] Plaut Z. Nitrate reductase activity in wheat seedlings during exposure to and recovery from water stress and salinity [J]. *Physiologia Plantarum*, 1974, 30: 212-217.

[165] Reichheld JP., Vernoux T., Lardon F., *et al*. Specific checkpoints regulate plant cell cycle progression in response to oxidative stress [J]. *The Plant Journal*, 1999, 17: 647-656.

[166] Ryan M. G. , M. G. Lavigne & S. T. Gower. Annual carbon cost of autotrophic respiration in boreal forest ecosystems in relation to species and climate [J]. *Journal of Geophysical Research*, 1997, 102: 871-883.

[167] Salekdeh G H, Siopongco J, Wade L J, *et al*. Proteomic analysis of rice leaves during drought stress and recovery [J]. *Proteomics*, 2002, 2 (9): 1 131-1 145.

[168] Scheible W. R. , Gonzalez-Fontes A. , Lauerer M. , *et al*. Nitrate acts as a signal to induce organic acid metabolism and repress starch metabolism in tobacco [J]. *Plant Cell*, 1997, 9 (5): 783-798.

[169] Schrader L, E. , Ritenour G. l. , Hageman R. L. Some characteristics of nitrate reductase from higher plants [J]. *Plant Physiology*, 1968, 43: 930-940.

[170] Schapire AL, Valpuesta V, Botella MA. Plasmamembrane repair in plants [J]. *Trends in Plant Science*, 2009, 14 (12): 645-652.

[171] Sgherri CLM, Loggini B, Puliga S, *et al*. Antioxidant system in *Sporobolus stapfianus*: Changes in response to desiccation and rehydration [J]. *Phytochemistry*, 1994, 35 (3): 561-565.

[172] Shaner D. L. and Boyer J. S. Nitrate reductase activity in maize (*Zea mays* L.) leaves. I. Regulation by nitrate flux at low leaf water potential [J]. *Plant Physiology*. 1976, 58: 505-509.

[173] Sherrader J. H. , Kennedy J. A. , Dolling M. J. In vitro stability of nitrate reductase from wheat leaves (III) [J]. *Plant Physiology*, 1979, 64: 640-645.

[174] Sherrader J. H. , Kennedy J. A. , Dolling M. J. In vitro stability of nitrate reductase from wheat leaves [J]. *Plant Physiology*, 1979, 64: 439-444.

[175] Skujins J. Nitrogen cycling in arid ecosystems [A]. In: Clark FE, Rosswall T (eds) . Terrestrial nitrogen cycles, Ecological Bulletin [C]. *Stockholm*, 1981. 477-491.

[176] Smirnoff N. The role of active oxygen in the response of plants to water deficit and desiccation [J]. *New Phytologist*, 1993, 125: 27-31.

[177] Sinha S. K. , Nicholas D. J. D. Nitrate reductase. In Paleg L. G. , Aspinall D. The physiology and bio-chemistry of drought resistance in plants [M]. Sydney: Academic Press, 1981: 145-169.

[178] Solomonson L. P. , Barber MJ. Assimilatory nitrate reductase: functional properties and regulation [J]. *Annual Review Plant Physiology and Plant Molecular Biology*, 1990, 41 : 223-225.

[179] Sorger G. J, Premakumar, Gooden D. Demonstration in vitro of two intracellular inactivators of nitrate reductase from Neurospara [J]. *Biochimica et Biophysica Acta*, 1978, 540: 33-47.

[180] Sterner R W, Elser J J. Ecological stoichiometry: The biology of elements from molecules to the biosphere [M]. Princeton: Princeton University Press, 2002.

[181] Stoyan H. , H. De Polli, S. Böhm, *et al*. Spatial heterogeneity of soil respiration and related properties

at the plant scale [J]. *Plant and Soil*, 2000, 222: 203-214.

[182] Susflak B, Cheng W X, Johnson D W, et al. Lateral diffusion and atmospheric CO_2 mixing compromise estimates of rhizosphere respiration in a forest soil [J]. *Canadian Journal of Forest Research*, 2002, 32: 1 005-1 015.

[183] Szabados L, Savouré A. Proline: a multifunctional amino acid [J]. *Trends in Plant Science*, 2009, 15 (2): 89-97.

[184] Székely G, Ábrahám E, CséplöÁ, et al. Duplicated P5CS genes of Arabidopsis play distinct roles in stress regulation and developmental control of proline biosynthesis [J]. *The Plant Journal*, 2008, 53 (1): 11-28.

[185] T. Iwasaki K, Yanmaguchi-Shinozaki, Shinozaki K. Identification of a cis- regulatory of a gene in-*Arabidopsis thaliana* whose induction by dehydration is mediated by abscisic acid and requires protein synthesis [J]. *Molecular and General Genet*, 1995, 247: 391- 398.

[186] Tang Pei-su. (汤佩松), Wu Hiang-yu (吴相钰). Adaptive formation of nitrate reductase in rice seedlings [J]. *Nature*, 1957, 179: 1 355-1 356.

[187] Theologis A, Laties G G. Relative contribution of cytochrome-mediated and cyanide-resistant electron transport in fresh and aged potato slices [J]. *Plant Physiol*, 1978, 62: 232- 237.

[188] Travis R. L., Jardan, W. R., Huffaker, R. C. Evidence for an inactivating system of nitrate reductase in Hordeum vulgare L. during darkness that requires protein synthesis [J]. *Plant Physiology*, 1969, 44: 1 150-1 156.

[189] Trovato M, Mattioli R, Costantino P. Multiple roles of proline in plant stress tolerance and development [J]. *Rendicnti Lincei*, 2008, 19 (4): 325-346.

[190] Uchida, M., T. Nakatsubo, T. Horikoshi & K. Nakane. Contribution of micro_ organisms to the carbon dynamics in black spruce (*Picea mariana*) forest soil in Canada [J]. *Ecological Research*, 1998, 13: 17-26.

[191] Vanlerberghe G C, Mcintosh L. Alternative oxidase: From gene to function [J]. *Annual Review Plant Physiology and Plant Molecula Biology*, 1997, 48: 703-734.

[192] Vasil I, Vasil V. Regeneration in cereals and other grass species [A]. Vasil I K. Cell culture and somatic cell genetics of plants [M]. Orlando Florda USA: Acedemic press, 1986.

[193] Verbruggen N, Hermans C. Proline accumulation in plants: a review [J]. *Amino acids*, 2008, 35 (4): 753-759.

[194] Vitousek P M. Nutrient cycling and nutrient use efficiency [J]. *American Naturalist*, 1982, 119 (4): 553-572.

[195] Vetucci CW. Towards a unified hypothesis and seed aging [A]. In Côme D. Corbineau F. (eds). Fourth international workshop on seeds: Applied aspects of seed biology [M]. Paris: Asfis, 1993: 739-746.

[196] Vogel, C. S., Dawson, J. O. Nitrate reductase activity, nitrogenase activity and photosynthesis of black alder exposed to chilling temperatures [J]. *Physiological Plant*, 1991, 82: 551-558.

[197] Vose J. M. & M. G. Ryan. Seasonal respiration of foliage, fine roots, and woody tissues in relation to growth, tissue N, and photosynthesis [J]. *Global Change Biology*, 2002, 8: 164-175.

[198] Wallace W. Purification and properties of a nitrate reductase inactivating enzyme [J]. *Biochimica et Biophysica Acta*, 1974, 341: 265-276.

[199] Wallace W. Effects of a nitrate reductase inactivating enzyme and NAD (P) H on the nitrate reductase from higher plants and Neurospora [J]. *Biochimica et Biophysica Acta (BBA) -Enzymology*, 1975, 377: 239-250.

[200] Wallace W. A nitrate reductase inactivating enzyme from the maize root [J]. *Plant Physiologyl*, 1973, 52: 197-201.

[201] Walls S., Sorger G. J., Gooden D., Klein V. The regulation of the decay of nitrate reductase. Evidence for the existence of at least two mechanisms of decay [J]. *Biochimica et Biophysica Acta*, 1978, 540: 24-32.

[202] Widén B. & H. Majdi. Soil CO_2 efflux and root respiration at three sites in a mixed pine and spruce forest: seasonal and diurnal variation [J]. *Canadian Journal of Forest Research*, 2001. 31: 786-796.

[203] Xu D P, Duan XL, Wang B Y. Expression of a late embryogenesis abundant protein gene, on a purified nitrate reductase from Chlorella vulgaris [J]. *Plant Physiology*, 1980, 65: 146-150.

[204] Yamaguchi - Shinozaki K, Mundy J, Chua N H. Four tightly linked*rab* genes are differentially expressed in rice [J]. *Plant Molecular Biology*, 1989, 14: 29- 39.

[205] Yamaya T., Ohira, K. Nitrate reductase inactivating factor from rice cells in suspension culture [J]. *Plant and Cell Physiology*, 1976, 17: 633-641.

[206] Yamaya T., Ohira K. Purification and properties of a nitrate reductase inactivating factor from rice cells in suspension culture [J]. *Plant Cell Physiology*, 1977, 18: 915-925.

[207] Yamaya T., Ohira K. Nitrate reductase inactivating factor from rice seedlings [J]. *Plant Cell Physiology*, 1978, 19: 211-220.

[208] Yamaya T., Oaks A., Boesel I. L. Characteristics of nitrate reductase-inactivating proteins obtained from corn roots and rice cell cultures [J]. *Plant Physiology*, 1980, 65: 141-145.

[209] Yamaya T. L., Solomoson L. P., Oaks A. Action of corn and rice inactivating protein HVA1, from barley confers tolerance to water deficit and salt stress in transgenic rice [J]. *Plant Physiology*, 1996, 110: 249-257.

[210] Yentur S., Leopold A. C. Respiratory transition during seed germination [J]. *Plant Physiology*, 1976, 57: 274-276.

[211] Zhang J, Kirkham MB. Antioxidant responses to drought in sunflower and sorghum seedlings [J]. *New Phytologist*, 1996, 132: 361-367.

[212] Zogg G. P., D. R. Zak, A. J. Burton & K. S. Pregitzer. Fine root respiration in northern hardwood forests in relation to temperature and nitrogen availability [J]. *Tree Physiology*, 1996, 16: 719 ~ 725.

第 5 章 蒙古扁桃的生长生理生态

植物是自然选择的产物。自然选择产生了特性多样的基因型，使之能在一定的环境下生长（Hans Lambers 等，2003）。植物生长是许多生理过程相互作用，与环境协调的结果。然而，在植物整个生长发育阶段中，不同阶段个体进行光合作用的能力不同，可利用的光合产物有限，生长、繁殖和防御等各种功能对有限的资源始终存在着竞争问题，即有限资源如何分配的问题，而植物必须权衡这些功能间的资源分配（Sutherland S & Vickery J R K，1988；Cheplick G P，1995；张大勇，2000）。因此，植物生长也可认为是这种不同功能间权衡资源分配的综合结果。荒漠植物具有错综复杂的生理生态学适应机制，以确保在特定的荒漠环境中生存和发展（Gutterman Y，1993）。

5.1 蒙古扁桃种子生理生态

种子是开花植物进行有性繁殖的必然结果，也是植物繁衍种族、扩展分布区域、增加遗传变异、提高对多变环境适应能力的主要途径。因而，种子在开花植物的生活史中不仅处于承上启下的关键阶段，也为其适应异质的生境提供了丰富的遗传基础。种子阶段是有性繁殖植物个体一生中唯一有移动能力的阶段，因此对于植物种群的分布格局、种群动态及种群的调控等方面均有重要意义（Haper，1977；Heydecker，1973；Steven，1991）。此外，种子能否顺利萌发是植物完成种群扩散、占领新的分布区、更新种群的极为关键的一环（张景光等，2005）。在植物的生活周期中，种子阶段是最能忍受不利环境因素的阶段，种子对环境的适应能力是植物对环境适应性最好的体现（吴玲等，2005）。多数荒漠植物主要通过种子繁殖，因此种子萌发阶段是荒漠植物生命周期的关键阶段，其萌发能力往往影响着荒漠植物种群的分布范围（王磊等，2008；李雪华等，2006），其种子生理生态在荒漠植物生活史中占据着及其重要的地位。

5.1.1 蒙古扁桃种子大小与形态

在自然选择和进化的双重压力下,物种为了延续后代,适应地产生了不同大小的种子。种子的传播、扩散、萌发、幼苗的生存、定居、建成以及种群分布格局皆与种子大小密切联系。在植物的诸多性状中,种子大小处于中心地位,是植物生活史中的一个核心特征(Fenner M. &Thompson K., 2005; Westoby M., et al, 1992)。因此,种子在大小上的变异是植物在自然环境选择和遗传上的一种进化行为(武高林等,2006)。与大粒种子植物相比,小粒种子植物有更大的多度范围,有更广泛的空间占有量,出现的年份更多(Guo Q等,2000)。在植物众多的生活史对策中,种子大小变异是一个重要的选择焦点(Fenner M, 1985; Harper JL等, 1970)。

种子大小代表着母体给予后代的投资,由于它与种子数量、幼苗存活有密切关系,进而影响到植物适合度的大小。种子大小一般与种子数量呈负相关,即产生数量较多的小种子或者数量较少的大种子,其结果是小种子具有较强的拓殖能力,而大种子产生出较大的幼苗,对资源缺少(光和营养)和面临的各种危害(干旱和部分损伤)具有潜在的忍受力,因此在竞争中占优势(Leishman等,2000)。

蒙古扁桃种子呈宽扁卵圆形,浅棕褐色,其大小及千粒重因采集时间和生境的不同有一定的差异。巴彦淖尔市磴口县(2003)蒙古扁桃自然居种子千粒重为(179±20)g,阿拉善盟阿拉善左旗乌兰腺吉蒙古扁桃种群(2012)种子千粒重为136.01g,阿拉善左旗吉兰泰蒙古扁桃种群(2012)种子千粒重为155.59g。甘肃祁连山国家级自然保护区蒙古扁桃种群种子长9.53mm,宽5.30~5.39mm,厚3.83~3.95mm,单粒重0.087~0.097g,千粒重87.0~97.0g(刘建泉等,2010)。邹林林(2009)对包头鹿沟地区不同海拔梯度生长的野生蒙古扁桃种群种子籽粒大小进行统计表明(图5.1),

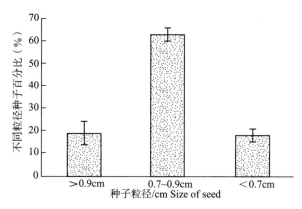

图 5.1 蒙古扁桃种子粒径组成(引自邹林林,2009)

Fig. 5.1 Seed diameter composition of *P. mongolica*

直径大于 0.9cm 的种子（含内果皮）数量占种子雨的 19%，直径 0.7～0.9cm 的种子数量占种子雨总数的 63%，直径小于 0.7cm 的种子数量占种子雨的 18%，未发育成熟的瘪壳果实直径小于 0.7cm。

张颖娟等对采自内蒙古西鄂尔多斯优势种霸王（*Zygophyllum xanthoxylum*）、沙冬青（*Ammopiptanthus mongolicus*）、蒙古扁桃（*P. mongolica*）和长叶红砂（*Reaumuria trigyna*）种子大小测定结果如表 5.1。

表 5.1　西鄂尔多斯 4 种优势植物种子大小及发芽率

Tab 5.1　Seed size and germination of 4 species dominant plants in West Ordos

物种名	科名	生活型	大小（mm）	千粒重（g）	生活力（%）	萌发率（%）
霸王	蒺藜科	灌木	9.91×3.34	20.39±0.15	90.0	92±0.03
长叶红砂	柽柳科	小灌木	8.34×5.66	29.39±0.74	95.0	94±0.04
沙冬青	豆科	灌木	6.99×6.05	41.83±1.47	91.0	87±0.05
蒙古扁桃	蔷薇科	灌木	9.51×6.62	178.97±5.86	93.0	89±0.02

引自张颖娟等，2010

马骥等（2003）对中国西北部荒漠中 16 科 40 属 64 种、3 变种 1 亚种、91 个地方居群的种子大小测量结果表明，其种子大小在 1.00～2.00mm 之间的有 6 个种、2.00～3.00mm 之间的有个 19 种、3.00～4.00mm 之间的有 13 个种、4.00～5.00mm 之间的有 19 个种、5.00～6.00mm 之间的有 4 个种、6.00～7.00mm 之间的有 2 个种、7.00～8.00mm 之间的有个 1 种、8.00mm 以上的 1 个种，种子大小在 2.00～5.00mm 之间的种在被测 64 种中占 79.69%，其中霸王（*Zygophyllum xanthoxylum*）种子籽粒最大，为 8.44mm×2.51mm，柠条（*Caragana korshinskii*）其次，为 3.85mm×2.41 mm，刺山柑（*Capparis spinosa*）种子籽粒最小，只有 1.64 mm×1.28 mm。

从以上数据可以看出，不论是就其大小，还是就其千粒重，蒙古扁桃种子在西部荒漠植物种子中属于大粒种子。通常，大种子产生较大的幼苗，而且在幼苗定植时期，大种子植物在适应环境方面比小种子植物表现好。大种子植物可以适应多种大范围的危险，如与定植植物的竞争（Reader R. J.，1993）、缺光（Leishman M. R. & Westoby M.，1994）、落叶（Armstrong D. P. & Westoby M.，1994）、营养缺乏（Jurado E.，Westoby M.）、沙埋（Weller S. G.，1985）、抗旱（Leishman M. R.，Westoby M.，1994）和抗损坏等。大种子植物可提高幼苗的存活和生长能力（Dalling J. W. *et al*，1997）。另外，就荒漠植物、沙地植物而言，种子重量又是沙埋响应、幼苗生长和根状态的较好的指示者。对荒漠植物红砂（*Reaumuria soongorica*）、泡泡刺（*Nitraria sphaerocarpa*）、花棒（*Hedysarum scoparium*）、白刺（*Nitraria tangutorum*）和沙拐枣

(*Calligonum mongolicum*) 的研究表明（李秋艳和赵文智，2006），种子重量与幼苗的绝对生长率、相对生长率正相关。相对生长率与单位叶速率（Unit leaf rate, ULR；单位时间单位叶面积上幼苗重量的增加）和叶面积干重比显著正相关。然而，正由于蒙古扁桃种子籽粒大，成为了人类和鼠类采食的美味佳肴，严重影响蒙古扁桃土壤种子库的库容。对阿拉善左旗栾井滩蒙古扁桃群落观察结果表明，蒙古扁桃成熟落地种子被鼠类啃食比较严重，有些植株周围落地种子几乎全部被掏空，就剩空外壳。形成刺果、带有硬壳，甚至毒性的果实是植物防止动物取食的生态策略（Bawa，1989；Doust, et al.，1988）。

种子大小变异是一种数量性状，在自然植被同一群落类型中，种子大小变异达 3~5 个数量级（Janzen D H，1977）。种子大小变异，即种子质量变化，可从 4 个层面上去理解：一是特定植被类型中物种间的变化，二是同一物种不同种群间的变化，三是同一种群不同个体间的变化，四是同一个体产生的不同种子之间的变化。个体间种子大小变异既受遗传的控制，又受环境的影响（张世挺等，2003）。遗传控制来自细胞核遗传（孟德尔遗传）、细胞质遗传和胚乳核遗传（有胚乳种子）3 个方面。环境因素指植物个体发育所处的环境条件。细胞质遗传、胚乳核遗传和环境因素又称为母性影响（Roach D A & Wulff R D，1987）。

种子自身结构及环境因素对种子萌发有重要作用，影响到荒漠植被的形成及演替（张勇等，2005）。所谓种子形态特征是指种子的形状、附属物和表面结构等形态特征（Hendry GAE & Grime J. P.，1993）。而种子微形态特征不仅表达了一定量的较为稳定的遗传信息，而且与种子的传播、生活力的保证以及萌发对环境信号的感知等密切相关。荒漠植物种子微形态结构又因其生境的特殊性而表达了生态适应性与系统演化方面丰富的信息资料，受到进化植物学家和生态学家的共同重视，成为当前植物生态学领域中研究的一个重要方面（马骥等，2003）。应用扫描电镜对中国西北部荒漠中 16 科 40 属 64 种、3 变种 1 亚种、91 个地方居群的种子微形态结构进行研究表明，荒漠植物种子微形态结构在不同分类等级上表现出丰富的多样性，种子表面纹饰可分为 13 种基本类型。植物亲缘关系、系统演化、时间、空间等诸多因子对种子性状均可产生不同程度的影响。荒漠植物种子微形态结构与生理功能及生态环境间存在一定的内在联系。

蒙古扁桃的果为核果，由单雌蕊发育而成，包括外果皮、中果皮、内果皮及种子 4 个部分。外果皮极薄，由子房表皮和表皮下的几层细胞发育形成；中果皮肉质，相对较发达；内果皮的细胞经木质化后，成为坚硬的核，包在种子外面。蒙古扁桃的果实成熟后，外果皮和中果皮开裂，露出核及其包含的种子（即植物学意义的种子，含内果皮）。蒙古扁桃核果宽卵形，稍扁，内含种子 1 粒，带内果皮的蒙古扁桃种子呈卵形，种皮淡褐色，革质光滑，种子长 1.344~1.389cm，宽 0.872~0.922cm，厚 0.711~

0.740cm，单粒重 0.364~0.419g；除去内果皮的蒙古扁桃种子呈卵形，种皮黄褐色，有纵向条纹，种子长 0.953cm，宽 0.530~0.539cm，厚 0.383~0.395cm，单粒重 0.087~0.097g。单粒种子的内果皮平均重量为（0.282±0.008）g（刘建泉等，2010）。蒙古扁桃种子属大粒种子，其种子的扩散能力受种子重量和大小的影响。如，甘肃祁连山国家级自然保护区的蒙古扁桃多生长在山坡岩石缝隙中，种子成熟脱落后只能沿山坡向下小范围的散落（刘建泉等，2010）。山羊喜食蒙古扁桃幼果，对其种子的传播有一定的促进作用。在阿拉善左旗吉兰泰观察到，羊采食蒙古扁桃幼果后，由于坚硬的内果皮阻止了山羊的咬碎和消化吸收，所以山羊在进行反刍时将带硬壳种子吐出。因此，在蒙古扁桃结果期羊圈里密密麻麻的蒙古扁桃种子。但这时蒙古扁桃千粒重只有 102.56g，只有当年成熟种子千粒重的 76.32%。

5.1.2 蒙古扁桃种子化学成分

现代植物化学分类学（phytochemotaxonomy）显示，植物化学成分是植物系统演化的产物，具有较为显著的科属特征，可以从分子水平上展示植物的分类和植物界的演化规律。随着研究工作的深入，从植物次生代谢产物作为化学分类的重要依据，逐步扩充到将初级代谢产物和一些大分子化合物如蛋白质、DNA、RNA、脂肪酸及多糖类作为分类依据。如，Breuer B.（1987）测量和比较了山茱萸科（Cornaceae）的 *Aucuba* Thunb. 和 *Griselina* 两属及安息香科（Styracaceae）的 *Halesia* ellisex 和 *Styrax* L. 属的脂肪酸组成（脂肪酸种类及比例）发现，它们间的区别与形态学和解剖学相一致，脂肪酸组成仍是分类学很好的依据。施苏华等人（1992）对裸子植物进行了 rRNA 序列的分析，揭示了银杏（*Ginkgo biloba*）与其他裸子植物的系统关系。孙晋科（2008）利用 RAPD 和 ISSR 技术对野生扁桃及 56 个栽培扁桃品种的 DNA 进行分析，进而探讨这些物种之间的亲缘关系及遗传多样性发现，唐古特扁桃（*Amygdalus tangutica*）、长柄扁桃（*Amygdalus pedunculata*）和蒙古扁桃归为一类，亲缘关系更接近。

与此同时，随着胚胎发育后期丰富蛋白（late embryogenesis abundant protein，LEA 蛋白）、热激蛋白（heat shock proteins，HSPs）等逆境蛋白质的相继发现，蛋白质组分与种子耐脱水性（张宏一和朱志华，2004）及种子活力之间的关系（刘军等，2001）越来越引起人们的关注。李淑娴等（1996）测定结果表明，湿地松（*Pinus elliottii*）蛋白质含量与田间成苗率呈显著正相关。方升佐等（1998）以 6 个青檀（*Pteroceltis tatarinowii*）种源种子为材料，测定各种源种子营养成分含量与种子活力的关系。结果表明，种子中的蛋白质、可溶性糖、淀粉及粗脂肪含量与种子活力的高低密切相关，复相关系数达 0.8223，且以蛋白质含量影响最大，淀粉和粗脂肪含量次之，可溶性糖含量影响最小。因此，种子化学组分的分析测定不仅有助于了解植物系统演化地位，而且对植物环境适应性及资源开发利用均具有积极意义。然而，目前我国荒漠种子化学成分分析多从植物资源开发利用角度出发,而将种子化学成分与其植物自身的生存对策、系统演化联系研究并不多见,这将是我们今后亟待加强研究的问题。

蒙古扁桃是木本油料植物,其种子粗脂肪含量为 46.4%~51.2%。其油脂在室温下以液态存在,呈淡黄色。蒙古扁桃种子油脂脂肪酸组成种类较少,均为含偶数碳原子的脂肪酸,脂肪酸纯度较高。富含不饱和脂肪酸,其含量约占总油脂的 96.99%,其中油酸为主要不饱和脂肪酸,含量占总油脂的 65.65%,其次为亚油酸,含量占总油脂的 31.34%。饱和脂肪酸含量较低,只占总油脂的 3.01%,其中棕榈酸含量为 2.38%、硬脂酸含量为 0.63%。油酸是所有脂肪酸中分布最广,并且大多数植物,尤其是蔷薇科植物种子油的主要组成脂肪酸(陈洁,2004)。罗湘宁等(1997)分析测定了青海境内蔷薇科(Rosaceae)蔷薇属(*Rosa* L.)、李属(*Prunus* L.)和苹果属(*Malus* Mill.)3 个属的 10 种植物种子脂肪酸组成及含量,发现所测植物种子油脂中主要含有十八碳不饱和脂肪酸。其中油酸在李属植物种子油脂中含量最高,亚油酸在蔷薇属和苹果属的植物种子油脂中含量最高。此外,蔷薇属还含有较多的亚麻酸。蒙古扁桃种仁脂肪含量及其脂肪酸组成与其近缘种长柄扁桃(*Amygdalus pedunculata*)(李聪等,2010;李冰,2010)和扁桃(*Amygdalus communis*)(张凤云等,1997)种仁油脂组成具有高度的相似性(表 5.2)。实验数据也验证了蔷薇科李属(桃属)植物亚麻酸含量为微量的观点(陈其秀等,2000)。

亚油酸属于多烯类不饱和脂肪酸,是人体内不能合成的必需脂肪酸的一种,它通过二十碳五烯酸(eicosapentaenoic acid,EPA)途径可以生成 γ-亚麻酸,并最终生成前列腺素,从而参与调节人体的各种基本生理过程(Amira A. et al.,2009)。亚油酸在大脑的信息传递中具有重要作用,它可使脑细胞活化,对脑功能发挥起到重要作用,它还能阻止脑血栓的形成,对人体血脂代谢也具有重要作用。因此可起到预防脑血栓和脑溢血,防止皮肤细胞代谢紊乱和皮肤干燥成鳞屑肥厚等病变(何新霞等,1995)。医学研究证明,不饱和脂肪酸可使胆固醇酯化,促进胆固醇和胆汁酸的排出,降低血中胆固醇含量,从而降低血清胆固醇水平,防治动脉粥样硬化(陈其秀等,2000)。

表 5.2 蒙古扁桃及其近缘种种子油脂组成比较(%)

Tab 5.2 Comparative on the seed oil composition of *P. mongolica* and its relative species(%)

脂肪酸名称	蒙古扁桃	扁桃	长柄扁桃
粗脂肪	46.6~51.17	55.16	46.9~54.10
不饱和脂肪酸	96.99	91.78	98.1
棕榈酸(16:0)	2.38	7.03	19.0
硬脂酸(18:0)	0.63	1.19	0.63
油酸(18:1△9c)	65.65	71.21	66.5
亚油酸(18:2△9c,12c)	31.34	19.88	29.2

续表

脂肪酸名称	蒙古扁桃	扁桃	长柄扁桃
棕榈油酸（16：1△9c）	-	0.69	0.4
亚麻酸（18：3△9c，12c，15c）	-	-	0.8
花生烯酸（20：1△11c）	-	-	0.4
芥酸（22：1△13c）	-	-	0.8

从表5.3可看出，蒙古扁桃种子油脂酸价、过氧化值，碘价分别为0.588mg·g^{-1}、0.231%、80.019gI_2·100g^{-1}。由酸价计算出的游离脂肪酸含平均为0.294%。从碘值可知蒙古扁桃种子油不饱和脂肪酸含量较高，这与实际测到的不饱和脂肪酸含量达97%的实验结果相吻合。与李华（1999）等测出的各种油脂碘价中与花生油的碘价（92.37）接近，并且二者不饱和脂肪酸均为二烯不饱和脂肪酸。豆油、棉籽油、葵花子油、玉米胚芽油过氧化值为0.5%~0.6%，而蒙古扁桃种仁油脂过氧化值只有0.23%，其油脂好于以上几种植物油。

表5.3　蒙古扁桃种仁油脂特性分析
Tab. 5.3　Analysis on seeds oil characteristic of *P. mongolica*

指标	平均值	变异数（%）
酸价（mg·g^{-1}）	0.59±0.02	2.68
过氧化值（%）	0.23±0.01	2.62
碘价（gI_2·100g^{-1}）	80.01±0.63	0.78

*注：以上每个数值均为8次测定值

在植物种子中油脂是还原性碳的重要储存形式。与糖类物质相比，脂类分子是由还原性更高的碳组成，生物体完全氧化1g油脂（含大约40kJ的能量）比氧化1g淀粉（含大约15.9kJ的能量）产生多得多的ATP。与此相对应，油脂类的生物合成也就需要更多的能量（Lincoln Taiz等，2009）。另外，在各类植物种子中，油料种子萌发所需的水量是最低的。大粒、油料种子的形成是蒙古扁桃母体给予后代的高额投资，为恶劣的荒漠环境中定植、出苗、繁衍后代所采取的另一生存对策。

木本油料植物的发展趋势和所获得的经济效益，已经引起了国内外人们极大兴趣和注意，认为大力发展木本油料树种，是广辟新油源，解决植物油类不足，增加国民经济收入，满足多种用途的一个带有根本性的问题。木本油料植物抗逆性强，不占用耕地，可一次种植多年收获；而且种子含油率高，营养丰富，无污染，大多数种类有天然的抗癌、抗血管硬化等保健作用，是集油、果、药、材、绿化、观赏、防护、水土保持为一体的多功能树种，被广泛关注，已经被一些发展中国家大力开发作为生物柴油的原料来源（Azam M M，et al，2005）。我国尚有近 $1\times10^8\,\mathrm{hm}^2$ 宜林荒山荒地、盐碱地、沙地以及矿山、油田复垦地等不适宜农耕的土地，大都适宜培育特定的能源林油料树种。

我国是世界上将油脂植物作为食用原料最早的国家之一。早在公元 1637 年，宋应星所著《天公开物》一书中就详尽地记载了从植物中提取油脂的原始方法（明·宋应星，1637）。明朝嘉靖年间徐光启在《农政全书》中就已倡导以高山种植木本油料替代草本油料，从而腾出农田用于种植粮食作物（徐光启，1610）。我国现代油脂植物的研究，起步于 20 世纪 70 年代后期。1978 年后，我国科学家们在全国范围内开展野外调查和室内化学分析研究工作，全面地总结了我国油脂植物的分布、资源和开发利用情况。1987 年 3 月出版了《中国油脂植物》一书，对植物的开发利用研究提供了新的资料。根据中国科学院等十多个单位调查的结果，已查明的我国能源油料植物（种子植物）种类为 151 科 697 属 1 553 种，占全国种子植物的 5%，主要分布在大戟科（Euphorbiaceae）、樟科（Lauraceae）、卫矛科（Celastraceae）、豆科（Leguminosae）、菊科（Compositae）、唇形科（Lamiaceae）等。种子含油量在 40% 以上的植物有 154 种（中国油脂植物编写委员会，1987）。不仅有许多具有特殊食疗价值和特殊工业用途的大宗野生木本油料树种，还有大量的野生资源有待发掘和开发利用。就地域分布而言，以秦岭、太行山为界线，则油脂植物南北分布比例大致为 3∶1。北方的种数虽少，但分布很广；木本与草本比例大致为 3∶1。木本油脂植物较多，但大多数是热带或亚热带起源，分布范围有限（傅登祺和黄宏文，2006），尤其对我国荒漠区油料植物的收集非常有限。

在利用野生木本油料植物资源修复采矿塌陷区，治理沙漠地区和黄土丘陵沟壑区，发展地方经济方面，陕西省榆林地区做出了很好的表率。他们将该地区乡土树种长柄扁桃（Prunus pedunculata）作为这一地区加强资源保护和开发与研究紧密结合起来，在采种育苗、旱栽技术、产业研究、技术推广、丰产栽培、产品转化等方面与科研院所进行合作，到目前，已完成了从育苗到大面积栽植，从单一的油料到生物柴油的转化，以及其他围绕长柄扁桃的副产品等产业链的深入研究与开发，取得了一定的生产和科研成果。2011 年经国家林业局批复在榆林发展百万亩长柄扁桃基地建设项目，并在建设资金，科技支持等方面给予一定的倾斜。省委把长柄扁桃纳入重点区域建设，在任务安排上予以保证，榆林市以及项目建设有关县（区）自筹资金，加大对基地建设资金投入，到目前，榆林市在荒沙地共完成基地建设 $1.3\times10^4\,\mathrm{hm}^2$（蔡建东和刘东林，2012；杨涛等，2013）。陕西省神木县更是将建设百万亩长柄扁桃木本油料林基地作为该县煤炭资源枯竭之后的后续 3 项 "百年战略" 支撑产业之一。

开发利用木本油料植物资源的优势与必要性可归纳为以下几点：

（1）木本植物油脂是集营养、保健于一体的天然无公害有机食品。

（2）木本油料是生物质能源、医药、皮革、纺织、化妆和油漆等工业的重要原料。

（3）发展木本油料生产是满足日益增长的市场需求的必然要求。

（4）大量种植木本油料植物可以绿化荒山、荒地，提高森林覆盖率，调节气候，保持水土，改善农业生产条件，促进农作物稳产高产。而且，木本油料植物一次种植，多年收益。从种植到结果，一般只需五六年的时间，而受益期长达数十年，如果土坡条件好，加强培育管理，有些木本油料植物的受益期可达百年以上。

（5）木本油料植物根系发达，抗灾能力强，生产比较稳定。

（6）种植木本油料植物投资小，用工少，收益高。

（7）内蒙古是我国，乃至全世界荒漠化、沙化严重的地区之一，截至2009年，内蒙古荒漠化土地面积仍有 $61.77 \times 10^4 km^2$，占自治区总土地面积52.2%；沙化土地总面积 $41.47 \times 10^4 km^2$，占自治区总土地面积35.1%。另外内蒙古是我国主要能源基地之一，全国5大露天煤矿中4个在内蒙古（霍林河、伊敏河、元宝山、准格尔），还有大量的大型金属矿区，环境治理、土地复垦任务异常艰巨，需要大量的环境适应性、开发利用价值高的乡土树种；种植乡土油料树种，不仅可以治理环境，而且可以发展经济，提高民生。

（8）面对新一轮生物能源国际竞争，发展生物质能源的瓶颈依然是植物资源，亟待寻求开发利用价值高的新能源植物。发展木本油料生产是应对能源危机、环境危机的有效途径。

（9）发展沙产业是我国著名科学家钱学森院士提出的战略构思，但我们目前依然处在观望状态，若不尽早行动将会错失良机，处于被动地位。

我国目前食用油缺口很大，国家每年需用大量的外汇进口食用油。与此同时，随着人民生活水平的逐步提高，我国城乡居民食用植物油的比例逐渐增加。据《中国食物与营养发展纲要》，2000年我国家庭消费食用植物油为 $1.038 \times 10^7 t$，而到2010年民家庭消费植物油达到 $1.4 \times 10^7 t$，年均消费增长量 $0.436 \times 10^7 t$，年递增3.05%。其中90以上都是来源于草本油料作物。由于木本食用油营养价值远高于草本食用油，食用油料林资源的市场需求量比任何其他经济林产品都旺盛（张华新等，2006）。由此可见，蒙古扁桃作为优质的木本油料植物资源，开发利用的潜力巨大。

蛋白质含量及氨基酸组成是衡量植物种子营养价值的另一个重要指标之一。用凯氏（Micro-Kjeldahl）定氮法测出的蒙古扁桃种子粗蛋白质含量为25.54%，而用氨基酸自动分析仪测出的总蛋白质含量是25.98%，变异系数为只有1.21%。

表5.4中将蒙古扁桃及其近缘种长柄扁桃和扁种子氨基酸含量做了比较。3个物种种子氨基酸组分含量都比较相近，都含有8种人体必需氨基酸，谷氨酸含量最高，在总氨基酸含量中所占比例分别是：蒙古扁桃24.97%、长柄扁桃19.38%、扁桃23.05%。在3个物种中变异系数最大的氨基酸是色氨酸，蒙古扁桃、长柄扁桃和扁桃

种子色氨酸含量比值为 1∶2.45∶8.15。

表 5.4 蒙古扁桃及其近缘种种子氨基酸含量（g·100g^{-1}）

Tab. 5.4 Content of amino acid in *P. mongolica* and its relative species seeds（g·100g^{-1}）

人体必需氨基酸（essential amino acid）				人体非必需氨基酸（nonessential amino acid）			
组成	蒙古扁桃	长柄扁桃	扁桃	组成	蒙古扁桃	长柄扁桃	扁桃
异亮氨酸	1.060	0.823	0.848	天冬氨酸	2.595	2.316	2.578
亮氨酸	1.801	1.520	1.612	丝氨酸	0.940	0.933	0.755
缬氨酸	1.169	1.071	1.463	谷氨酸	6.441	4.588	5.631
蛋氨酸	0.468	0.302	0.071	甘氨酸	1.210	1.179	1.319
苏氨酸	0.654	0.600	0.638	丙氨酸	0.986	1.048	1.169
苯丙氨酸	1.775	1.173	1.184	胱氨酸	0.466	0.215	0.429
赖氨酸	0.600	0.691	0.408	酪氨酸	1.178	0.751	0.587
色氨酸	0.074	0.181	0.603	组氨酸	0.498	0.552	0.465
				精氨酸	2.365	2.105	2.463
				脯氨酸	0.636	1.139	1.906
总量	7.601	6.361	6.827	总量	17.315	17.315	17.302

食物中蛋白质的必需氨基酸含量接近鸡蛋蛋白质的必需氨基酸含量及组成配比，则营养价值愈高（刘志诚，1962）。同时，各种氨基酸在有机体内具有一定的生物撷抗作用，因此要求氨基酸的供给保持一定的比例平衡。现已明确，精氨酸与赖氨酸的比例接近 1∶1，亮氨酸与赖氨酸的比例小于 14.6，异亮氨酸与亮氨酸的比例小于 1∶3 为比较理想的类型（刘兴亚等，1986）。以鸡蛋蛋白质为模式蛋白质，利用模糊识别法计算出的蒙古扁桃种子蛋白质氨基酸贴近度为 $\mu=0.876$。贴近度越高说明该种物质与人体所需的氨基酸的比例越近，氨基酸结构合理。蒙古扁桃种子氨基酸组成中精氨酸与赖氨酸比值为 3.05∶1，亮氨酸与赖氨酸比值为 3.00∶1，异亮氨酸与亮氨酸比值为 1∶1.79。在蒙古扁桃种子中性氨基酸含量最高（47.79%），其次为酸性氨基酸（34.78%），碱性氨基酸最少（13.33%）。蒙古扁桃种子必需氨基酸总量与非必需氨基酸总量比值（E/N）为 0.439，必需氨基酸总量与总氨基酸比值（E/T）为 0.305（秀敏，2005）。

蒙古扁桃种仁元素含量分别是 Ca 8.22mg·g^{-1}、Mg 3.06mg·g^{-1}、Fe 149.61μg·g^{-1}、Mn 8.90μg·g^{-1}、Zn 43.57μg·g^{-1}、Cu 11.17μg·g^{-1}（钮树芳等，2012）。王娅丽等（2012）对银川植物园种植的 8 年生的蒙古扁桃、长柄扁桃和四川扁桃种仁元素组成分析结果如表 5.5。尽管 3 个物种亲缘关系较近，而且生长在同一环境，但其种仁元素组成有差异。蒙古扁桃必需矿质元素含量依次为 Mg>Ca>P>K>Na>Fe>Zn>Mn>Cu，长柄扁桃矿质元素含量依次为 Ca>Mg>P>K>Na>Fe>Zn>Mn>Cu，四川扁桃矿质元素含量顺序为 Mg>P>Ca>K>Na>Fe>Zn>Mn>Cu。3 个物种种仁有害矿质元素含量 As、Hg、Pb、Cd 等有毒元素含量甚微。3 种植物中对于人体必需的组氨酸含量分别为 0.65%、0.70%、0.61%，远远高于一般果蔬中组氨酸的含量。

表 5.5 蒙古扁桃及其近缘种种仁元素含量比较

Tab. 5.5 Comparative on elements content of *P. mongolica* and its relative species

物种	微量元素（mg·kg^{-1}）				常量元素（g·kg^{-1}）					有毒元素（μg·kg^{-1}）			
	Zn	Mn	Cu	Fe	Ca	Mg	K	Na	P	As	Hg	Pb	Cd
蒙古扁桃	62.3	14.2	12.0	74.0	6.5	9.82	5.6	0.16	5.68	2.8	4.2	140.0	3.1
四川扁桃	69.5	16.4	11.4	74.2	5.4	10.9	5.3	0.12	7.02	3.5	4.4	99.0	1.6
长柄扁桃	47.6	11.7	5.2	10.4	8.8	7.36	5.2	0.18	4.80	42.0	5.5	120.0	5.0

引自王娅丽等，2012

类黄酮类化合物是植物常见化学组分之一，从不同植物分离到 2 000 多种类黄酮（仲铭锦和苏志尧，1995）。由于其化学性质稳定、便于分离鉴定、并具有广谱药理作用而引起植物系统学、植物药理学研究者们的青睐。蒙古扁桃种仁中总黄酮含量为 1.44 %（石松利等，2012）。

杨国勤等（1992）对 10 种郁李仁甲醇提取物进行薄层色谱分析发现（图 5.2），蒙古扁桃种仁含苦杏仁苷（prunuside，R_f=0.21，含量为 1.55%），而不含郁李仁苷 A（amygdalin A，R_f=0.28）和郁李仁苷 B（amygdalin B，R_f=0.41）。尽管作者将被测 10 个物种作为郁李仁，归类于李属（*Prunus* L.）进行分析，但实验结果表明，在《中国植物志》中隶属于樱桃属（*Cerasus* Mill.）的欧李（*Cerasus humilis*）、毛叶欧李（*C. dictyoneura*）、郁李（*C. japonica*）、长梗郁李（*C. japonica* var. Nakau）和麦李（*C. glandulosa*）等 5 种郁李仁含李仁苷 A（Amygdalin A）和郁李仁苷 B（Amygdalin B）。其可溶性蛋白聚丙烯酰胺凝胶电泳实验进一步验证，以上 5 个种具有相同的带谱。种仁化学组分再次鲜明地折射出物种系统演化的历史足迹，这 5 个物种可能原本就不属于李属（*Prunus* L.）。

第5章 蒙古扁桃的生长生理生态

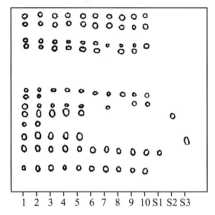

图5.2 对10种郁李仁甲醇提取物的薄层分离色谱图谱（引自杨国勤等，1992）

Fig. 5.2 The thin-layer chromatography on methanol extraction of 10 species *Semen pruni* seeds

样品编号：1. 欧李 *C. humilis*，2. 毛叶欧李 *C. dictyoneura*，3. 郁李 *C. japonica*，4. 长梗郁李 *C. japonica* var. Nakau，5. 麦李 *C. glandulosa*，6. 毛樱桃 *P. tomentosa*，7. 蒙古扁桃 *P. monglica*，8. 榆叶梅 *P. triloba*，9. 长柄扁桃 *P. pedunculata*，10. 中国李 *P. salicina*

S1：苦杏仁甙（Prunuside），S2：郁李仁甙A（Amygdalin A），S3：郁李仁甙B（Amygdalin B）

霍琳等（2009）收集了河北、吉林、辽宁、内蒙古、河南和宁夏等地11批不同种的郁李仁样品，并利用高效液相色谱法对其中的苦杏仁苷含量进行了测定，结果如表5.6。

表5.6 郁李仁样品中苦杏仁苷的含量（$n=2$）

Tab. 5.6 Content of amygdalin in *Semen pruni* samples

物种 species	来源 origins	含量 content（%）
欧李（*C. humilis*）	黑龙江	4.47
	辽 宁	4.25
	内蒙古	4.10
	河 南	3.28
	吉 林	3.57
	吉 林	4.82
	宁 夏	3.50
郁李（*C. japonica*）	河 北	2.94
	深 圳	2.48
	内蒙古	1.88
长柄扁桃（*P. pedunculata*）	河 北	3.27

引自霍琳等，2009

5.1.3　蒙古扁桃种子休眠特性

种子休眠是植物适应生境的重要特征之一，对确保植物在严酷生境中生存繁衍具有重要意义（袭伟等，2007）。种子休眠实质上是种子在时间上的散布，从而将植物种子萌发过程分布在多个季节和时段，其在植物生活史中所起的作用是在环境条件不适合幼苗建成和发育时阻止或延迟萌发，减少子代的风险（Fenner M.，1985）。Freas 等（Freas K. E. & Kemp P. R.，1983）指出，在多变的荒漠环境中，植物群落的成功建成取决于种子在合适的条件下萌发，在不利的环境中休眠。Cohen 指出（1968），种子萌发的异质性在时间上把萌发过程中可能的危险分散开了。

种子萌发通常需要经过吸水膨胀、营养物质转化和细胞分裂生长等一系列生理变化过程。种子形态结构、外被物和种子含水量等因素都可能因为影响上述过程而对种子萌发产生抑制或促进作用（赵晓英等，2005）。蒙古扁桃种子属硬实种子（hard seed），坚硬的内果皮是抑制蒙古扁桃种子发芽的第一道防线（图 5.3）。研究表明（斯琴巴特尔等，2002；刘建泉等，2010），带内果皮蒙古扁桃种子发芽率低，且发芽时间推迟。带内果皮的蒙古扁桃种子，播后第 17～18 天发芽数量最多。用不同温度的水浸泡蒙古扁桃种子 72h 的不同处理对其种子发芽的影响差异不大。播种后第 11～14 天，不带内果皮种子发芽数量达到最大，比带内果皮种子的发芽高峰明显提前。聂素梅等实验证明（2005），带内果皮蒙古扁桃种子砂培第 10 天开始发芽，发芽持续时间为 30d。一定时间浸种处理对带内果皮蒙古扁桃种子发芽具有明显的促进作用。如，未浸种处理种子发芽率为 60%，而经 1d、3d 和 7d 浸种处理后发芽率分别达 69%、60% 和 15%。蒙古扁桃在播种前用 30℃ 温水浸种 1d，比未浸种发芽率提高 9%，出苗提前 2～3d，而且整齐。

硬实可使种子不透水、不透气或机械限制而休眠。可通过擦破种皮或果皮，浓硫酸浸泡、低温或辐射处理而破除。除去硬实种皮或使种皮破裂，种子即可迅速吸水而萌发。图 5.3 是将带内果皮和去内果皮蒙古扁桃种子分别用 30℃、50℃ 和 70℃ 水浸泡 72h 期间吸水量的变化（刘建泉等，2010）。从图 5.4 可以看出，带内果皮种子的吸水过程略为缓慢，吸水量稳定增长，在吸水 72 h 时仍然能够吸水；种子吸水量随处理水温的增高而增大。在水温 30℃ 时的吸水量低于水温为 50℃ 和 70℃ 时的吸水量，在 50℃ 时吸水最大；水温 30℃ 时的吸水速度低于水温 50℃ 和 70℃ 时的水平。用 50℃ 和 70℃ 水温浸泡种子吸水在 3 h 左右达到相同的吸水量，随后用 50℃ 水温浸泡种子的吸水量又高于 70℃ 水温浸泡种子吸水。即 50℃ 温水浸泡处理可以有效地提高带内果皮种子的吸水量和吸水速度（图 5.4a）。不带内果皮种子在浸泡 9 h 之内，种子吸水后的质量随水温增高而增大，30℃ 水温浸泡吸水最慢，70℃ 水温浸泡吸水最快，约 9h 时吸水量接近一致，种子在吸水 9 h 后基本达到饱和，以后种子吸水量很小；30℃ 温水浸泡种子吸

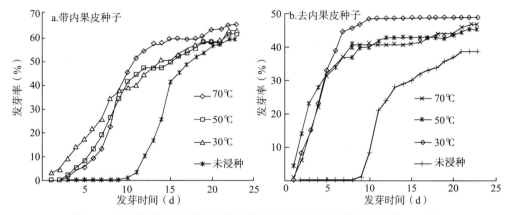

图 5.3 不同浸种处理蒙古扁桃种子的发芽过程（引自刘建泉等，2010）

Fig. 5.3 Effect of soaking treatment on seed germination of P. mongolica

水量低于用 50℃ 和 70℃ 温水浸泡种子的吸水量。不带内果皮种子经过 9h 温水浸泡处理后基本达到饱和，此时的吸水量为 6.3%（图 5.4b）。说明，蒙古扁桃种子外面的坚硬内果皮透水性良好。

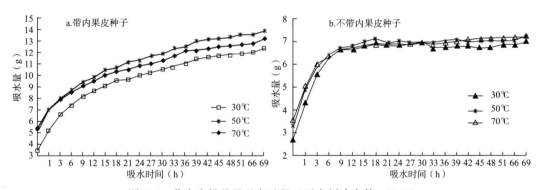

图 5.4 蒙古扁桃种子吸水过程（引自刘建泉等，2010）

Fig. 5.4 Absorption water of P. mongolica seeds

坚硬的种皮有利于种子在很长时期内保持较强的活力（杨期和等，2006）。因此，硬实种子是构成永久性土壤种子库（persistent soil seed bank）的重要成分，在植被更新，植被恢复中起着重要作用（Ferrandis et al., 1999）。硬实的形成在一定程度上还可抵御病菌危害和动物采食，有利于减少种子群的损失，即使被动物采食也不易被消化而被动物所传播（Nik & Parbery，1977）。硬实种子在成熟后的不同时期内，由于外界环境条件（低温、变温、土壤湿度变化和微生物活动等）的影响而逐渐改变种皮透性，使得同一批种子入土之后，由于透性的差异，出现不整齐萌发，从而保证在同一批种子总有一部分能在适宜的条件下萌发出苗，这有利于种族的生存和传播。

阻止蒙古扁桃种子发芽的第二道防线是其种皮所含发芽抑制物。斯琴巴特尔等（2002）实验结果表明，带种皮的种子萌发率为60%~66%，而去种皮的种子萌发率高达98%。蒙古扁桃种皮水提取物对小麦种子发芽具有明显的抑制作用。说明，蒙古扁桃种皮含某种水溶性发芽抑制物，可被充足的雨水冲刷而萌发。另外，蒙古扁桃种仁含苦杏仁苷，经酶水解后，除形成有抑制作用的苯甲醛外，还会产生抑制效果更强的HCN（孙佳等，2012），可能对蒙古扁桃种子发芽产生抑制作用。

由萌发抑制物引起种子休眠现象在荒漠植物中是比较普遍的。如，霸王（*Zygophyllum xanthoxylum*）果翅含萌发抑制物，具有完整果翅的霸王种子萌发率为零；剥去果翅后霸王种子萌发率最高达91%，果翅刺破后其发芽率为40%（余进德等，2009）。梭梭（*Haloxylon ammodendron*）和白梭梭（*Haloxylon persicum*）果翅抑制物对其秋天新成熟的种子萌发有显著的抑制作用（萌发率<50%），使种子处于强迫休眠状态。随着贮藏时间的推移其抑制作用逐渐降低，到翌年春天（4月）这种抑制作用已完全解除（魏岩和王习勇，2006）。长柄扁桃（*Prunus pedunculata*）内果皮和果肉中含抑制物，对小麦幼苗生长具有明显的抑制作用（安瑞丽和方海涛，2010）。于卓等（1998）对红皮沙拐枣（*Calligonum rubicundum*）、白皮沙拐枣（*Calligonum leucocladum*）和蒙古沙拐枣（*Calligonum mongolicum*）种子休眠原因的研究表明，3种沙拐枣的种皮和种子的胚乳中均含有水溶性萌发抑制物，并认为这可能是它们种子休眠程度深、萌发率低于10%的主要原因。

萌发抑制剂的化学成分因植物而异。多数是一些低分子量的有机物，如具挥发性的氰氢酸（HCN）、氨（NH_3）、乙烯及芥子油（mustard oil）等；醛类化合物类的柠檬醛（citral）、苯甲醛和肉桂醛（cinnamaldehyde）；酚类化合物类的水杨酸（salicylic acid）、肉桂酸（cinnamic acid）、阿魏酸（ferulic acid）；生物碱类的咖啡碱（caffeine）和古柯碱（cocaine）；有机酸类的柠檬酸、酒石酸、醋酸、丁烯酸、水苹果酸；不饱和内酯类的香豆素（coumarin）、山梨酸（sorbic acid，别名花楸酸）以及脱落酸等（郑光华等，1990）。各类抑制物在种子内形成并诱发种子休眠。萌发抑制剂的存在有其生态学意义。生长在荒漠中的植物，在充分降雨后，淋洗掉抑制物质，种子立即发芽并利用尚湿润的环境条件完成生活周期。某些植物种子淋溶出来的抑制物，可以抑制周围的其他植物种子萌发，而使自身在生存竞争中占据优势（衣伟等，2007）。休眠虽然减少了在适宜季节存活的种群大小，从而也就降低了种子库中种子数量的增加，可是保证了不利生长季节种群的延续，也就是说在不可预测的、严酷的生境中避免了物种的灭绝（张景光，2005）。

5.1.4 蒙古扁桃种子活力

种子活力（seed vigor）是表示植物种子在自然条件下发芽能力甚至其幼苗生长势的生理指标。种子活力在种子发育中形成，通常在生理成熟期达到高峰（Abdul Baki, 1980）。它是衡量种子质量的一个重要指标（A. Dell'Aquila，1994）。种子活力主要决定于遗传性以及种子发育成熟程度（陶嘉龄和郑光华，1991）。遗传性决定种子活力强度的可能性，发育程度决定种子活力程度表现的现实性。由于种子活力是一项综合性指标，因此靠单一活力测定指标判定其总活力水平或健壮度是不科学的（方玉梅和宋明，2006）。自1953年国际种子检验协会（International Seed Testing Association，ISTA）设立种子活力委员会以来，世界各国都把种子活力作为研究重点。

利用TTC（Triphenyltetrazolium chloride，氯化三苯基四氮唑）法测定结果表明，蒙古扁桃种子活力为53.12±4.80 mgTTC·g^{-1}。而经5%、8%和12% PEG-6000（聚乙二醇-6000）溶液渗透胁迫处理3d后，蒙古扁桃种子活力比对照分别下降了11.49%, 12.62%, 17.14%，胁迫强度越大种子活力下降越严重，12% PEG处理组与对照差异达到显著差异水平（$P<0.05$）（秀敏，2005）。用不同浓度PEG-6000溶液渗透处理3d后蒙古扁桃种子活力不但没有改善反而下降，可能与长时间浸泡造成厌氧胁迫有关，也可能与油料种子吸涨作用特性有关。因此，在蒙古扁桃栽培管理中控制好水分是确保出苗，幼苗健康生长的重要因素。

5.1.5 蒙古扁桃种子萌发过程中的物质转化

风干种子代谢处于相对静止状态，吸水膨胀恢复代谢，动员种子贮藏物质是种子萌发的基础。在含油脂较多的油料种子萌发过程中，首先在脂肪酶的作用下，贮藏的脂肪水解成脂肪酸和甘油。蒙古扁桃种子主要贮藏物质是脂肪，因此其萌发过程中游离脂肪酸含量的变化从一个侧面能够反映着其种子萌发过程中的物质代谢特性。

蒙古扁桃种子萌发过程中游离脂肪酸含量变化如图5.5所示。从图5.5可以看出，在正常水分状况下蒙古扁桃种子游离脂肪酸含量从发芽第1天到第7天连续增长，从发芽第8天开始游离脂肪酸含量下降，表明种子贮藏脂

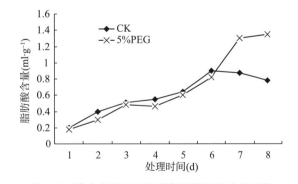

图5.5 蒙古扁桃种子发芽期间脂肪酸含量变化
Fig. 5.5 Variation of fatty acid content during seed germination of *P. mongolica*

肪分解基本完成。但是经 5% PEG-6000 渗透胁迫处理后，从发芽第 1 天到第 8 天连续增加，但在发芽过程中其游离脂肪酸含量均低于对照组，证明渗透胁迫处理对蒙古扁桃种子萌发过程中脂肪的分解具有一定的抑制作用。脂肪酶是脂肪分解代谢中第一个参与反应的酶，对脂肪的转化速率起着调控的作用。脂肪酶首先识别并攻击脂肪酸链中的酯基，并导致脂肪水解反应的发生（Huang A. H. C., 1984）。脂肪酶的系统名称为甘油三酰酯水解酶（EC, 3.1.1.3），作用于甘油酰基。这类酶的活性包括两个方面，专一性水解甘油酯键，释放更少酯键的甘油酯或甘油以及脂肪酸，而在无水或少量水体系中催化水解的逆反应，即酯化反应（许建军和张颖, 2002）。蒙古扁桃种子萌发第 1 天至第 3 天的脂肪酶活性变化如图 5.6。在正常水分状况条件下蒙古扁桃种子脂肪酶活性开始较低，到发芽第 3 天脂肪酶活性增加了 3 倍。然而用 5% PEG-6000、8% PEG-6000 渗透胁迫处理后脂肪酶活性均受到不同程度的抑制，与对照组的差异均达到极显著水平（$P < 0.01$）。这一结果与蒙古扁桃种子萌发过程中游离脂肪酸含量变化是一致的。袁伟伟等（2010）研究表明，宁油 16 号油菜（Brassica campestris）种子播种后 3d，脂肪酶活性很小，苗相对生长速率缓慢；随着油菜苗的不断生长，其脂肪酶活性不断增加，当播种后第 6 天，脂肪酶活性达到最高，而此时苗相对生长速率也达到最高；播种 6d 后，脂肪酶活性不断下降，苗的相对生长速率也变小。脂肪酶活性的变化与苗相对生长速率的动态变化相一致。相关分析显示，脂肪酶活性与苗相对生长速率的相关系数为 0.924，两者之间呈极显著正相关关系。

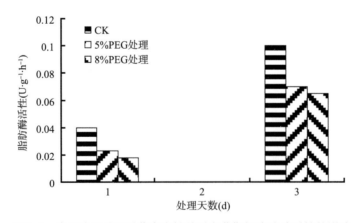

图 5.6　渗透胁迫处理对蒙古扁桃种子发芽期间脂肪酶活性的影响

Fig. 5.6　Effect of osmotic stress on lipid enzyme activity of *P. mongolica* during seed germination

蒙古扁桃种子萌发过程中的可溶性糖含量变化如表 5.7 所示。蒙古扁桃风干种子可溶性糖含量较低。在正常水分条件下，发芽 1~4d 的蒙古扁桃种子可溶性糖含量变化不太明显，从发芽第 4 天开始可溶性糖含量明显增加，是由于脂肪分解产生的游离

脂肪酸经脂肪酸 β-氧化，再经乙醛酸循环转变为糖所引起的（王发春等，2000）。发芽第 7 天对照组可溶性糖含量达到最高峰，随后开始下降。这一变化趋势与游离脂肪酸含量变化趋势是一致的。经 5%PEG-6000 处理后，发芽最初 4d 的可溶性糖含量变化趋势与对照组基本相同，只是从发芽第 5 天开始种子可溶性糖含量明显低于对照组，到发芽第 8 天对照组种子可溶性糖含量开始下降时，处理组种子可溶性糖含量仍在上升。说明在干旱胁迫条件下，脂肪酸转变为糖的过程被推迟了。蒙古扁桃种子萌发过程中还原糖含量变化如表 5.7。从表 5.7 可以看到，蒙古扁桃种子萌发过程中还原糖含量变化趋势与其可溶性糖含量变化规律基本一致。从发芽的第 1 天到第 4 天还原糖含量变化不大，从第 4 天开始明显增加，对照组在发芽第 7 天出现峰值，随后下降。5%PEG-6000 处理组一直到发芽第 6 天种子还原糖含量没有明显变化，从发芽第 7 天开始明显增加出现峰值，随后缓慢下降。油茶（Camellia oleifera）是一种木本油料植物，在其发过程中，贮藏在子叶中的脂肪含量减少了 73%，而碳水化合物的含量增加到 34.25%（史忠礼，1978）。蓖麻（Ricinus communis）种子播种后初始 15d 由于土壤温度低，种子不吸水，物质代谢处于相对平稳状态。当种子开始吸水时立即启动脂肪的降解，脂肪含量下降说明，在油料种子萌发期间，脂肪的降解先于其他物质转化过程（张玉霞等，1996）。

表 5.7 蒙古扁桃种子萌发过程中可溶性糖和还原性糖含量的变化

Tab. 5.7 Content of soluble sugar and reducing sugar in *P. mongolica* durindg seed germination

处理天数（d）	溶性糖含量（%）			还原糖含量测定（%）		
	CK	5%PEG	8%PEG	CK	5%PEG	8%PEG
1	0.9396	0.9230	0.9609	0.0481	0.0450	0.0474
2	0.9230	0.9393	0.9361	0.0455	0.0489	0.0468
3	0.9242	0.9331	0.9022	0.0650	0.0494	0.0568
4	0.8900	0.8729	0.8687	0.0525	0.0518	0.0488
5	2.0843	1.3163	2.2638	0.1072	0.0591	0.0835
6	2.2179	2.0020	1.9832	0.1122	0.0568	0.0707
7	2.4173	2.2757	1.3415	0.1421	0.1046	0.0502
8	1.8624	2.2436	2.2157	0.0687	0.0986	0.1036

蒙古扁桃属生氰植物（cyanogenic plants），种仁含生氰的苦杏仁苷。在正常条件下，生氰糖苷和其水解酶（β-葡萄糖苷酶或羟氰裂解酶）在空间上是隔离的，因此生氰糖苷水解的量极少，释放出 HCN 的量不足以使细胞本身受到伤害。但当生氰植物的组织因干旱、霜冻或食草动物咀嚼而遭破坏时，生氰糖苷和其水解酶就混合在一起而

大量水解，释放出较高浓度的HCN（刘建卫等，1984）。氰化物可抑制细胞色素氧化酶的活性，可抑制线粒体呼吸电子传递链，导致采食山羊中毒。植物可以通过抗氰呼吸抵抗内源氰化物（梁五生等，1997）。在蒙古扁桃种子萌发过程中氢氰酸含量的变化如图5.7所示。从图5.7可看出，在发芽的第1~5天氢氰酸含量迅速上升到最高水平，其含量达1.44μmol·g^{-1}DW，此后其含量缓慢下降，从发芽的第7天开始趋于平稳。表明在蒙古扁桃种子萌发过程生氰效应明显。渗透胁迫处理对蒙古扁桃种子发芽过程中氰化物的形成有一定的促进作用。例如，发芽第1天在正常水分条件下蒙古扁桃种子内产生的氢氰酸含量为0.72μmol·g^{-1}DW，但经-0.04MPa（5%）、-0.12MPa（8%）和-0.30MPa（12%）PEG-6000渗透胁迫处理后，其种子内含量分别增至1.04、0.79和0.78μmol·g^{-1}DW，比对照显著增加。方差分析结果显示，渗透胁迫处理组与对照组差异均达到极显著水平（$P<0.01$）。证明，渗透胁迫处理促进蒙古扁桃种子萌发过程中氢氰酸的生成，尤其是在轻度干旱胁迫下蒙古扁桃种子萌发过程中释放的氢氰酸比较多，但随着干旱胁迫强度的加强氢氰酸含量又呈下降趋势。

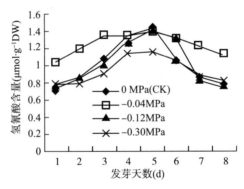

图5.7 干旱胁迫下蒙古扁桃种子萌发过程中氢氰酸含量的变化

Fig. 5.7 Drought stress on hydrocyanic acid content during seed germination of *P. mongolica*

5.1.6 蒙古扁桃种子萌发进程

种子萌发是种子的胚从相对静止状态变为生理活跃状态，并长成营自养生活的幼苗的过程。因此，种子萌发是植物生长周期的转折点，也是植物适应环境变化以保持自身繁衍的重要特性。种子萌发直接关系着物种繁殖以及种群维持、扩展和恢复等生态过程（刘志民等，2003；王宗灵等，1998；吴征镒，1995；郑光华等，1990），也直接影响着植被的分布、动态和多样性等（Thompson K.，1992）。种子萌发阶段是荒漠植物生命周期的关键阶段，其萌发能力往往影响着植物种群的分布格局（吴玲等，2005）。荒漠植物种子特殊的萌发机制确保了在合适的时间与地点下种子的萌发与幼苗的生长发育（张勇等，2005）。种子在荒漠环境的萌发策略是旱生荒漠植物生存对策的一个重要方面。

荒漠野外条件下蒙古扁桃种子发芽率只有30.8%（李爱平等，2004）。在砂培条件下，蒙古扁桃带内果皮种子第10天开始发芽，发芽持续时间为30d。30℃温水浸种1d，发芽率可提高15%，出苗提前2~3d，且出苗整齐（聂素梅等，2005）。去掉内果皮，用自来水冲洗12h处理，并在18℃沙培条件下，蒙古扁桃种子发芽指数第3天达到高峰，发芽率达55.0%左右，表现出"突发式"发芽特性。而在相同条件下，蒙古扁桃近缘种长柄扁桃（*Prunus peduculata*）种子发芽表现出"暂进式"发芽特性，发芽指数高峰不显著（图5.8）（邹林林等，2008）。刚从野外采集蒙古扁桃种子，经去内果皮、流水冲洗处理后其发芽率在短时间内可达到95%。

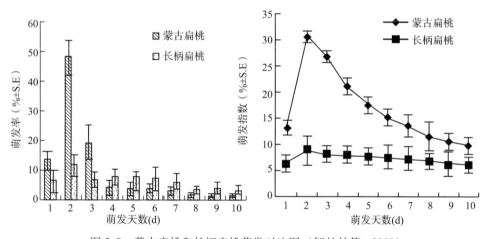

图5.8 蒙古扁桃和长柄扁桃萌发对比图（邹林林等，2008）

Fig. 5.8 Comparation on seed germination of *P. mongolica* and *P. peduculata*

种子的萌发类型可以归为三类，即冒险型、机会型和稳定型（张景光，2005）。冒险型的主要特点是，萌发开始后的很短时间内，绝大多数的种子萌发。稳定型的主要特点是萌发过程是持续的、稳定的。这种萌发类型尽管能保证在任何一种环境中都有部分幼苗存活，但也有相当一部分幼苗在环境突然恶化时死亡，造成资源浪费。因而，稳定型的种子适合度并不高。机会型的种子萌发是间歇的，两次萌发发生的中间有一个长时间的静止。尽管机会型的种子萌发率并不高，但它可以保留部分有活力的种子，等待合适的萌发条件。带内果皮蒙古扁桃种子萌发特性属于稳定型的，而去内果皮以后转化为冒险型的。

Happer（1970）指出，冬天休眠的种子，在单一环境因子（如土壤温度的升高）的诱导下迅速破除休眠而萌发，是一种冒险行为。因为尽管地温升高是春天到来的标志,但暂时地温的升高后有可能有致命的霜冻。Freas 等(Freas K. E. & Kemp P. R.,1983)也指出,在多变环境中,对单个环境因子的反应后迅速萌发,很有可能导致地方性的灭绝。坚硬的内果皮和发芽抑制物的存在避免了蒙古扁桃种子的"冒险型"发芽的弊端,使得其在适时、事宜环境中发芽,确保种群的更新与繁衍。

5.1.7 影响蒙古扁桃种子萌发的外界因素

种子萌发特性及与生态因子关系的研究是种子生理生态学的重要内容。影响种子萌发的外部生态环境因子包括水分、温度、光照、氧气、化学物质、土壤因子、生物因素等方面。

沙埋和风蚀是干旱区,尤其是荒漠区植物分布的两个重要的选择压力,是影响种子萌发、幼苗出土和存活的关键因子(Maun M A,1985)。沙埋显著改变了植物正常的生长条件,包括湿度、温度、光照和土壤通气状况等物理因素以及植物—土壤微环境,如果沙埋没有超过一种植物特有的忍耐限度,就可以促进该植物的生长,但是随着沙埋深度的增加,这种正效应开始下降,并逐渐变成负效应。其中,沙埋对植物种子萌发,尤其是幼苗出土有重要影响(朱雅娟等,2006)。表 5.8 是沙埋对籽粒大小不同的 4 种荒漠灌木霸王(*Zygophyllum xanthoxylum*)、沙冬青(*Ammopiptanthus mongolica*)、长叶红砂(*Reaumuria trigyna*)和蒙古扁桃种子萌发率及出苗率的影响(引自张颖娟和王玉山,2010)。实验结果表明,浅层沙埋有利于种子萌发和幼苗出土,随沙埋深度增大,种子的萌发率降低。4 种植物千粒重大小依次为蒙古扁桃、沙冬青、长叶红砂、霸王,幼苗均为子叶出土型,而出土的排序为霸王、蒙古扁桃、沙冬青、长叶红砂。千粒重最小的霸王出苗率最大,千粒重最大的蒙古扁桃出苗率次之。这表明,除种子大小与幼苗出土能力相关外,种子结构、外形等也对幼苗出土能力有重大影响。霸王种子呈肾形,种皮薄,蒙古扁桃种子扁宽卵形,包在内果皮内,长叶红砂种子矩圆形,种皮被长而密的绒毛,沙冬青种子球状,种皮较厚,出苗方式均是种子作为胚芽被顶出地面,而所受土壤压力不同,因而出苗能力与种子大小不一定正相关。

表 5.8 不同沙埋处理对 4 种荒漠灌木的萌发和出苗的影响(%)

Tab. 5.8 Effect of different sand-burying depths on seed germination and emergence of four desert shrub species

物种	项目	沙埋深度					
		1 cm	2 cm	3 cm	5 cm	7 cm	10 cm
霸王	发芽	86.7±0.4a	92.7±0.7a	90.7±5.8a	89.3±9.7a	4.0±6.0a	835.0±7.1b
	出苗	83.5±0.8b	91.2±0.0a	87.4±7.5b	85.1±9.0b	82.3±7.7b	22.1±6.11c
沙冬青	发芽	75.7±3.5a	66.0±5.1ab	63.0±15.5ab	58.3±2.9b	53.0±2.3b	27.5±5.8c
	出苗	73.4±2.9a	64.9±2.4b	57.2±7.2b	53.1±1.6b	26.8±1.8c	12.1±4.0c

第5章 蒙古扁桃的生长生理生态

续表

物种	项目	沙埋深度					
		1 cm	2 cm	3 cm	5 cm	7 cm	10 cm
长叶红砂	发芽	83.3±2.4a	72.0±3.5b	64.0±4.6b	38.0±1.2c	31.3±0.7d	20.7±3.5d
	出苗	81.2±3.1a	65.0±3.1b	60.7±4.1b	33.3±1.3c	1.4±1.3d	0.0d
蒙古扁桃	发芽	87.6±0.5a	85.2±1.0a	73.5±3.1b	68.4±5.4b	56.2±6.3c	22.3±7.6d
	出苗	84.1±0.5a	80.3±1.2a	69.1±3.58b	51.6±5.7c	31.4±7.5c	0.0d

注：同行不同字母表示各处理间差异显著（$P<0.05$）（引自张颖娟和王玉山，2010）

李秋艳和赵文智（2006）对黑河流域中游荒漠绿洲边缘优势种红砂（*Reaumuria soongorica*）、泡泡刺（*Nitraria sphaerocarpa*）、花棒（*Hedysarum scoparium*）、白刺（*Nitraria tangutorum*）和沙拐枣（*Calligonum mongolicum*）的幼苗出土及生长对沙埋深度的响应研究表明，每种植物的出苗率都随着沙埋深度的增加而降低。红砂种子的最佳沙埋深度应为0~1cm，3cm已是出苗和存活的最大沙埋深度；泡泡刺、花棒和白刺（*Nitraria tangutorum*）种子的最佳深埋深度为0~3cm；沙拐枣在0~8cm各个深度都有出苗现象，且出苗率没有显著差异，但8cm深度的出苗率只有4%，最佳沙埋深度约为5cm。除红砂外，各物种幼苗的生长高度受沙埋深度的影响显著，在同一时间，幼苗的最大生长高度并不在0cm表层。泡泡刺、花棒和白刺在0~3cm的沙埋深度的幼苗生长高度大于5~8cm沙埋深度的生长高度，但沙拐枣幼苗在5cm深度的生长高度最大。5种荒漠植物幼苗的生物量受沙埋深度的影响不显著。在同一沙埋深度下，红砂的绝对高度生长率明显低于其余4种植物，沙拐枣的绝对高度生长率高于其余4种植物幼苗；5种植物的相对高度生长率对沙埋深度的响应并不敏感。绝对高度生长率与相对高度生长率并不能预示幼苗存活成功率。

水分是种子萌发的第一决定因素，萌发是从种子吸涨吸水开始的。吸涨程度决定于种子化学成分、种皮或果皮对水分的透性以及环境中水分的有效性。种子萌发需水的多少，取决于种子自身的生理状况及生态习性。如许多休眠种子需要一定时间的淋洗。对荒漠植物而言，干旱是荒漠环境主要的胁迫因子，对水分响应的敏感程度决定着植物对水分利用的效率，从而决定着其植株生物量的增加、繁殖过程的完成及幼苗的形态建成等诸多生物学特性（斯琴高娃等，2005）。贺慧等研究发现（2008），荒漠锦鸡儿（*Caragana roborovskyi*）、多裂骆驼蓬（*Peganum multisectum*）、霸王（*Zygophyllum xanthoxylon*）、苦豆子（*Sophora alopecuroides*）、红砂（*Reaumuria soongorica*）等5种荒漠植物在萌发过程中吸水量有显著性的差异，种子吸涨过程中其与吸涨时间呈正相关，与吸水速率呈负相关。

将去内果皮蒙古扁桃种子用不同温度温水浸泡期间种子吸水率变化如图5.9。在初始吸涨吸水期间蒙古扁桃种子吸水率很快，可达27.6%，之后吸水率迅速下降，12h

吸水率基本达到饱和状态。不同温度水浸泡，对蒙古扁桃种子吸水率影响差异不很显著（刘建泉等，2010）。说明，蒙古扁桃种子可以在短时间内吸收大量水分，满足种子萌发水分需求。

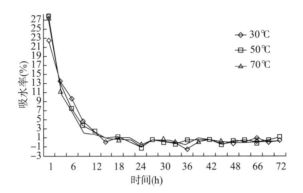

图 5.9　不同温度热水浸泡对蒙古扁桃种子吸水率（不带内果皮）的影响（引自刘建泉等，2010）

Fig. 5.9　Effect of soaking with different temperature water on absorption water rate of *P. mongolica* seeds (no endocarp)

图 5.10 是土壤含水量对西鄂尔多斯优势植物蒙古扁桃、霸王（*Zygophyllum xanthoxylum*）、沙冬青（*Ammopiptanthus mongolicus*）和长叶红砂（*Reaumuria trigyna*）种子

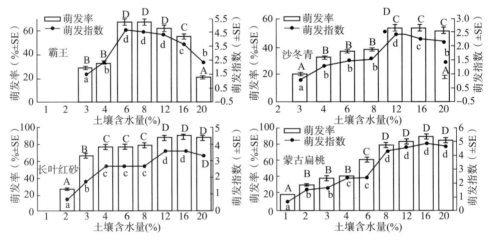

图 5.10　土壤含水量对 4 种荒漠植物种子发芽率和发芽指数的影响（引自张颖娟和王玉山，2010）

Fig. 5.10　Effect of soil water content on seed germination rate and germination index of 4 species desert plants

注：图中不同大小写字母分别表示萌发率和萌发指数的多重比较结果

萌发的影响。当土壤含水量低时，各被测植物种子发芽率随土壤含水量的增加而增加。种子发芽最适土壤含水量分别为蒙古扁桃为8.0%、霸王为6.0%、沙冬青为12.0%、长叶红砂为12.0%。在被测试各物种中只有蒙古扁桃种子在1.0%土壤含水量中可以萌发（20.0%），在土壤含水量为16.0%时达到最大发芽率，达89.0%，此时发芽率与土壤含水量为8.0%时的发芽率差异不显著（$P>0.05$）。

4种植物种子萌发所需的不同土壤含水量要求，反映了植物对各自生境的适应。能够适应土壤含水量较低的霸王在荒漠区广泛分布，与其特有的种子萌发机制有关。沙冬青种子在12%的土壤含水量下也只有50%左右的萌发率，因而在河槽低地、沟谷等水分较高的地段生长良好，但分布受到限制；在含水量为3%的土壤中长叶红砂种子萌发率可达60%以上，蒙古扁桃种子发芽率也在40%左右。一场降雨后，有活力的种子同时萌发，而随后的干旱可能导致其中的大部分个体死亡。长叶红砂和蒙古扁桃这样的萌发策略不利于幼苗应对荒漠环境中水分的变化。由于幼苗不能适应荒漠水分的变化，很难完成定植，野外调查也发现实生苗很少，无法进行种群补员和扩展，因而分布范围局限。而霸王种子则能在不同时间的降雨后分批萌发，减少了大部分幼苗同时受害的危险，较容易实现种群更新和扩展，其种子萌发策略有利于霸王在荒漠地区广泛分布（张颖娟和王玉山，2010）。

去内果皮蒙古扁桃种子在17℃下发芽率为78%，日平均发芽率为5.3%，发芽高峰值为13.4%，而20℃下发芽率为60%，日平均发芽率为6.0%，发芽高峰值为16.3%。表明蒙古扁桃种子萌发适宜温度较低。这与蒙古扁桃生长物候期是相对应的。

植物种不同，种子萌发最适温度不同，即使为同一植物种，因产地不同而最适萌发温度不同。采收于内蒙古吉兰泰梭梭（Haloxylon ammodendron）种子萌发最适温度为25℃，甚至在60℃条件下发芽率高达64%（张树新等，1995）。而采收于中国科学院吐鲁番沙漠植物园的种子萌发最适温度为10℃（黄振英等，2001）。白毛锦鸡儿（Caragana licentiana）和甘蒙锦鸡儿（Caragana opulens）是甘肃定西本地物种，其中白毛锦鸡儿多生长在海拔1 500~2 000m的山坡草地或沟谷，在定西主要生长在阳坡、半阳坡的较高部位，这些生境中地面温度相对较高；甘蒙锦鸡儿生于海拔900~1 400m的黄土坡麓、沟壑，在定西主要生长于阴坡和半阴坡，这种生境的地面温度相对较低。而中间锦鸡儿（Caragana intermedia）是引种栽培的外来物种，在甘肃定西自然更新能力很差。赵晓英等（2005）对以上3个物种种子发芽温度进行比较研究表明，白毛锦鸡儿种子萌发的速度缓慢，且有4.0%的硬实种子，种子适宜萌发的温度为10~30℃，萌发最适温度为20℃，5℃时种子不萌发；甘蒙锦鸡儿萌发的速度快，无硬实种子，萌发最适温度为10~20℃，在5℃和30℃时萌发率显著低于其他温度下的萌发率；中间锦鸡儿种子在高温下萌发快速，萌发最适温度为15~30℃，5℃下的萌发率为8.5%。作者认为，白毛锦鸡儿这种萌发机制确保了大部分种子在温度较高、雨水较充足的夏秋季萌发，增大幼苗存活机会；甘蒙锦鸡儿的这种萌发机制确保其在阴凉环境中大部分种子在合适季节萌发，并避免在高温干旱的夏季萌发；中间锦鸡儿在原产地落种时正值地温高，温差大的夏季，适应沙地环境发芽。

以上3种锦鸡儿种子对土壤水分含量的响应也有所不同。在土壤水分含量10.0%时各物种种子萌发率最高，土壤水分含量1.25%~10.0%，表现出土壤水分含量越大，萌发率越高。从10.0%~20.0%，表现出土壤水分含量越大，萌发率越低。甘蒙锦鸡儿种子在土壤水分含量为1.25%和2.5%时萌发率很低，只有1.0%。而白毛锦鸡儿在土壤水分1.25%时萌发率达11.0%，在2.5%时萌发率达75.0%。中间锦鸡儿种子在土壤水分含量为1.25%时不能萌发，在2.5%时有15.0%萌发。

分别用光照及 $50\mu g \cdot ml^{-1}$ NAA、$50\mu g \cdot ml^{-1}$ 6-BA、2% PEG-6000、0.5% $NaHCO_3$、0.1% NaCl、0.2% NaCl 浸种处理8h对蒙古扁桃种子发芽均具有促进作用，而用 $50\mu g \cdot ml^{-1}$ 6-BA 浸种处理8h对蒙古扁桃种子发芽具有抑制作用（表5.9）（斯琴巴特尔，满良，2002）。

表5.9 外界因素对蒙古扁桃种子萌发的影响

Tab. 5.9 Effect of different treatment on seed germination of *P. mongolica*

种子处理	发芽率（%）	发芽指数	高峰值	日平均发芽率（%）	发芽值	平均发芽天数（d）
带内果皮	66	4.1	28.3	96.2	3.4	1.7
去内果皮	60	33.3	16.3	97.8	6.0	3.0
17℃发芽	78	20.8	13.4	71.0	5.3	2.6
20℃发芽	60	33.3	16.3	97.8	6.0	3.0
光照	86	18.7	42.0	491.4	11.7	2.9
暗处理	60	33.3	16.3	97.8	6.0	3.0
$50\mu g \cdot ml^{-1}$ NAA, 8h	64	16.2	24.0	261.6	10.9	2.8
$50\mu g \cdot ml^{-1}$ 6-BA, 8h	4.4	7.14	6.3	3.6	6.3	3.7
2% PEG-6000, 8h	70	7.8	7.0	35.7	5.1	6.9
0.5% $NaHCO_3$, 8h	70	12.5	14.5	169.7	11.7	3.8
0.1% NaCl, 8h	86	13.7	18.0	189.0	10.5	4.0
0.2% NaCl, 8h	80	5.4	12.7	76.2	6.0	3.9

对阿拉善荒漠优势种梭梭（*Haloxylon ammodendron*）、红砂（*Reaumurica soongorica*）、驼绒藜（*Ceratoides latens*）和碱蓬（*Suaeda glauca*）的研究表明，种子的萌发和生长均随PEG-6000溶液渗透势降低而下降，其萌发的最低渗透势阈值分别为

−3.0MPa、−2.1MPa、−2.1MPa 和 −1.5MPa；随 NaCl 溶液浓度的升高而降低，其萌发的耐盐极限值分别为 1.8、0.6、0.9 和 0.5mol·L^{-1}（杨景宁，2007）。一般认为，种子渗透调节处理可调节种子吸水进程，缓解吸涨伤害，使种子本身的细胞膜和细胞器得到充分的恢复和修复，并使种子内在物质的动员、转化和合成能力增强，从而达到促进种子萌发、齐苗及增强幼苗生长势的效果（方玉梅，宋明，2006）。如，Woodstock 等（1981）研究表明，在种子吸涨时，添加 PEG 可以防止种子吸涨过速造成的质膜损伤。马国英等（1991）表明，用 10% PEG-6000 溶液处理促使人工老化和自然老化的杂交稻（*Oryza sativa*）种子活力都有明显提高。王飞等（1998）用 PEG 处理杜梨（*Pyrus betuleafolia*）种子可以提高各老化种子的活力。聂素梅实验表明（2005），30℃温水浸泡 1d、3d、7d 处理蒙古扁桃种子发芽率分别为 69%、64% 和 7%。

种子耐盐性的实质是种子萌发过程中对盐分造成的渗透与离子效应的综合适应，而盐分类型和温度等生态因子则通过改变盐溶液渗透效应与离子效应的大小来影响种子耐盐性（阎顺国等，1996）。

5.2 蒙古扁桃生长生理生态

植物生命的实质是终生生长（Walter Larcher，1997）。然而，自然环境是变化的，荒漠则是一种典型的多变环境。荒漠的特点是干旱少雨，温度、湿度和降水的时间变异率大，空间分布的异质性程度高。这种严酷多变的生境条件对植物的生长、生存极为不利；有限的降水直接影响着植物的生长、繁殖、初级生产力以及物种的空间分布和丰富度等。然而长期的生物进化过程也选择出了一些适应于在此生境中生存的植物，并以此组成了虽然很稀疏但十分珍贵的荒漠植被。按照进化生态学理论，一定的植物之所以能在特定的生境中持续存在，是因为这些植物通过自然选择在进化中形成了适应极端干旱环境的生活史对策。荒漠中水分是影响植物生长与生存的主要限制因子，荒漠植物的适应特征都与水资源，尤其与天然降水的利用有关（张景光等，2005）。

5.2.1 蒙古扁桃地上部分的生长

蒙古扁桃属喜阳树种，生于荒漠和荒漠草原区的荒地、丘陵、石质坡地、山前洪积平原及干河床等地，常沿着径流线呈窄带状生长。在水分及土壤条件较好的地区生长，结果及天然更新良好。蒙古扁桃株高 1~2m，根系发达，主根发达，深达 1.0m 以上，侧根根幅大于冠幅。

蒙古扁桃当年生幼苗地上部分生长缓慢，高 30~40cm，第 2 年生长加快，为 70~90cm，第 3 年后生长显著增快，为 100~150cm。实生苗一般第 4 年即可开花结实。在条件好的半固定沙地上，20 年生蒙古扁桃地径可达 15cm。

蒙古扁桃地径与苗高生长趋势基本相似，苗高、地径生长从4月上旬随气温升高显著加快。苗高生长从4月上旬至6月下旬随气温及地温的上升而不断增高，到6月末气温到达苗木生长所需最适温度时，苗高也到达生长的顶峰。之后，生长减缓，8月中旬停止生长，顶芽形成，进入硬化期，11月下旬枯黄。8月下旬果实成熟并脱落，进入漫长的果后营养期。在温带木本植物中，根生长的最低极限温度是相当低的，在2～5℃之间。因此，在抽芽之前根就开始生长，并且直至晚秋仍继续生长，这是不足为奇的（Walter Larcher，1997）。

严子柱等（2007）对甘肃省民勤沙生植物园引种圃定植17年的蒙古扁桃进行连续9年的观察测定表明，蒙古扁桃年高生长变化存在一次线形关系（图5.11），其生长趋势符合直线方程：$y = 18.918x - 0.7806$（$R^2 = 0.9915$）。说明，蒙古扁桃在人工栽培的条件下，其年高生长量基本上是一定的，外界环境因子对其高生长影响不是很大。

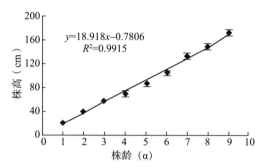

图 5.11 蒙古扁桃株高与株龄的关系
（引自严子柱等，2009）

Fig. 5.11 The relationship between plant height and plan age of P. mongolica

蒙古扁桃平均地径年变化呈直线趋势（图5.12），其方程为：$y = 0.2756x + 0.3486$（$R^2 = 0.992$）。从 R^2 值来看，其实测值与模拟值的拟合程度达到了极显著水平（$P < 0.01$），这说明蒙古扁桃地径（粗）生长较稳定，年生长量基本稳定，变化幅度不大。从年变化量差值 $\triangle y = 0.2756$ 的理论值来看，蒙古扁桃属于慢生树种，其年平均粗生长不足3mm。

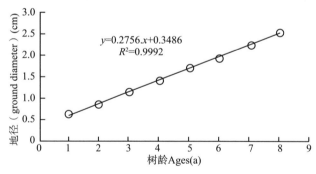

图 5.12 蒙古扁桃地径年变化（引自严子柱等，2007）

Fig. 5.12 The yearly changes of ground diameter of P. mongolica

第5章 蒙古扁桃的生长生理生态

蒙古扁桃定植 3 年后，其冠幅逐年递增，其递增规律符合指数方程：$y = 50.371e^{0.2527x}$（$R^2 = 0.9899$）（图 5.13）。

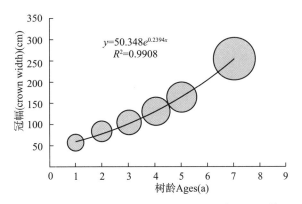

图 5.13　蒙古扁桃株龄与冠幅的相互关系（引自严子柱等，2007）
Fig. 5.13　Relationship between plant age and crown width of P. mongolica

蒙古扁桃根系纵向和横向生长趋势相似，都符合指数函数曲线（图 5.14），其方程分别是：$y = 12.914e^{0.7358x}$（$R^2 = 0.9715$）和 $y = 17.126e^{0.6918x}$（$R^2 = 0.9654$）。但纵向生长落后于横向生长，说明蒙古扁桃侧根生长优于主根，即其根系分布以侧根为主，主根次之。

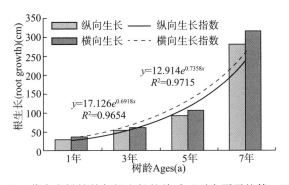

图 5.14　蒙古扁桃株龄与根生长的关系（引自严子柱等，2007）
Fig. 5.14　Relationship between plant age and root growth of P. mongolica

王克仁等（2010）对甘肃祁连山国家级自然保护区龙首山自然保护站野生蒙古扁桃灌丛观察表明，蒙古扁桃灌丛平均高 5.78~67.07cm，平均地径 0.98~2.21cm，平均冠幅 6.65~109.17cm，5 月上中旬展叶，当年生枝开始生长，7~8 月进入生长高峰期，9 月停止生长，枝长度的年生长量 2cm 左右，直径生长量约 2.5~1.5mm，年生长量极小。对调查数据用 Pearson 相关系数进行相关分析表明（表5.10），株高和地径与冠幅有极显著的相关性，与结实量的相关性不显著；地径和冠幅与结实量的相关性不显著；冠幅与结实量有显著的相关性。结实量不受株高、地径大小的显著影响，受冠幅的显著影响，并与其他因素有关。

表 5.10 蒙古扁桃生长与结实率的相关性
Tab. 5.10 Corelation between growth and setting percentage of P. mongolica

指标	株高（cm）	地径（cm）	冠幅（cm）	结实量（粒·株$^{-1}$）
株高（cm）	1.0000			
地径（cm）	0.6367	1.0000		
冠幅（cm）	0.5207	0.2895	1.0000	
结实量（粒/株）	0.2779	0.1465	0.3508	1.0000

注：临界值 $t_{0.05}$ = 0.3557，$t_{0.01}$ = 0.4563

据杨开恩等（2011）在甘肃祁连山国家级自然保护区东大河自然保护站对人工栽培蒙古扁桃实生苗生长观察发现，当幼苗出现3片真叶时的平均高度为0.25cm，30~40d 时每隔10d 的高生长量出现第1个高峰，达到20.0cm，随后下降，50~60d 时降低至2.0cm，70~80d 后出现第2个高峰，达到20.0cm，随后逐渐停止生长，累计苗高生长过程符合多项式方程，$y = 0.0032x^2 + 0.833x - 5.7381$，$R^2 = 0.9748$（图5.15）。

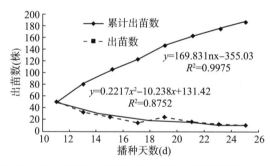

图 5.15 蒙古扁桃出苗随时间的变化（杨开恩等，2011）
Fig. 5.15 Variation on setting during growthing time of P. mongolica

5.2.2 蒙古扁桃根系生长对土壤水分的响应

干旱荒漠区植物生长对地下水有很强的依赖性（Rodriguez Iturbe I., 2000; Zhong H. P., et al, 2002），地下水埋深直接影响着与植被生长关系密切的土壤水分和养分动态，是决定荒漠区植被分布、生长、种群演替以及荒漠绿洲存亡的主导因子（Zhao

W. Z., et al, 2003; Fan Z. L., 2004)。因此,根系的生长发育过程是植物适应环境变化的自我调节过程,这种自我调节作用是与环境因子的变化分不开的(Motzor, 1993)。对于荒漠植物而言,在诸多环境因子当中土壤水分状况对其根系的影响是极其重要的,其根系对土壤干旱胁迫的适应性策略是荒漠植物对荒漠极端环境适应性的重要方面。植物根系对干旱的反映,应有利于在干旱条件下吸收尽可能多的水分、以供给本身和植物其他部分的需要(刘祖祺等,1994)。

盆栽实验表明(图5.16),在土壤水分正常情况下,蒙古扁桃幼苗增加侧根数目,扩大横向吸水面积,获取更多的水分。而在轻度土壤干旱情况下,蒙古扁桃幼苗根系表现出良好的正向水性,根系生长明显变快。因为土壤表层干燥、下层湿润时,促进根系向下生长寻求水源,通过自动调节来增加根量,可以减轻干旱胁迫对地上部分生长的抑制程度。

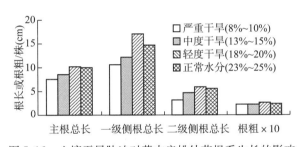

图5.16 土壤干旱胁迫对蒙古扁桃幼苗根系生长的影响

Fig. 5.16 Effect of soil drought stress on roots growth of *P. mongolica* seedlings

当严重干旱(即土壤水分含量为8%~10%)时,蒙古扁桃幼苗根系生长严重受阻,主根长度、一级侧根长度、二级侧根长度及根粗度都比较小。随着土壤含水量的增加,各级根系长度和根粗度逐渐增加,当轻度干旱(即土壤含水量达到18%~20%)时,各级根系长度和根粗度都达到最大水平;但土壤含水量进一步提高达23%~25%时,根长和根粗又逐渐降低。与主根生长不同,较高的土壤含水量适宜于次生根的产生。当土壤含水量为23%~25%(正常水分供应)时,一级侧根数达12条/株,长度为11.10cm,二级侧根数目为12条/株。当土壤相对含水量低于20%时,次级根数目显著减少。当土壤相对含水量为18%~20%、13%~15%和8%~10%时,一级侧根的数目分别比对照减少57.94%、60.75%和62.62%,二级侧根的数目也分别比对照减少57.64%、65.28%和66.67%,差异均达极显著水平($P<0.01$)。栽培过程中若土壤水分稍多,蒙古扁桃很容易烂根死掉。这也是蒙古扁桃为什么在地理分布上局限在荒漠地带的原因之一。大量的野外考察证明,树木根系的垂直分布特征除了受物种遗传特性的影响外,在很大程度上还受立地条件的影响(Jackson R. B., 1996;李鹏等,2001)。

研究证明，根系的支持作用是由大根完成的，而吸收作用则是由细根完成的，且植物生长所需要的92%的矿质营养和75%的水分是由细根吸收的（单建平等，1992；李鹏等，2002）。蒙古扁桃幼苗根系体积、根系比表面积和活性吸收面积对土壤水分的响应研究表明（图5.17），经轻度干旱胁迫处理后，蒙古扁桃根系体积最大，同时，活跃吸收面积在总吸收面积中所占比率也有所增加。经中度和严重干旱胁迫处理后根系体积和活性吸收面积显著低于轻度干旱胁迫处理过的根系体积和活性吸收面积。其中中度和严重干旱胁迫处理后根系体积分别比轻度干旱处理的减小34.16%和39.23%，而根系活性吸收面积也分别下降了11.78%和17.45%，差异均达极显著水平（$P<0.01$）。

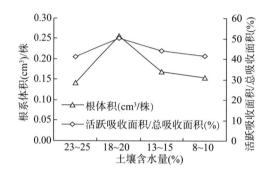

图5.17 土壤干旱胁迫对蒙古扁桃幼苗根系体积和活性吸收面积的影响

Fig. 5.17 Effect of soil drought stress on the roots volume and active absorption area of P. mongolica

根系比表面积与土壤水分含量关系研究表明（图5.18），在轻度干旱胁迫处理条件

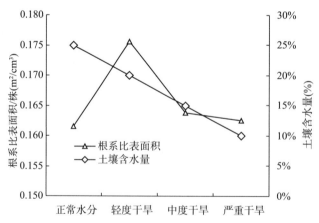

图5.18 不同梯度干旱胁迫下的蒙古扁桃幼苗根系比表面积和土壤含水量的关系

Fig. 5.18 The relation of the roots specific surface area and soil water of P. mongolica under different soil drought stress

下，蒙古扁桃幼苗根系比表面积最大，而增加土壤含水量或进一步缺水形成中度干旱胁迫和严重干旱胁迫条件下其根系比表面积明显减小。方差分析结果显示，轻度干旱胁迫下的根系比表面积与其正常水分条件、中度干旱以及重度干旱胁迫处理均达到差异极显著水平（$P<0.01$）。

根系体积的增加主要通过根系生长和侧根数目的增加来实现。实验结果显示，在轻度干旱胁迫下蒙古扁桃幼苗根系体积增加最大，活跃吸收面积在总吸收面积中所占比率也最高，表明根系生长对根系体积增量的贡献大于侧根数目的增加。根系比表面积可以反映单位体积根系活性吸收面积大小。表明，轻度的土壤干旱不仅促进根系生长，而且可以扩大根系有效吸收面积。Sharma 等（1983）观察到，比较干旱的土壤条件能促进小麦（*Triticum aestivum*）根系伸长，植株可以更完全地利用土壤水分。山仑、陈培元编著的《旱地农作物生理生态基础》中提到，在严重水分胁迫条件下，小麦（*Triticum aestivum*）根系活性吸收面积显著降低，随着土壤含水量的增加，根系活性吸收面积也增大，当土壤相对含水量达 54%~57% 时，根系活性吸收面积最大。但随着土壤含水量的进一步增加，活性吸收面积又趋于下降。但蒙古扁桃作为荒漠植物其根系适宜生长的土壤水分含量更低。

不同土壤水分不仅影响根系发育及形态结构，还会改变植株器官的生长进程，特别是根冠比（root top ratio，R/T）。根冠比值高的说明根的机能活性强，反之则弱。根冠比是在环境因素作用下，经过植物体内许多基本变化过程及自我适应、自我调节后最终表现出的综合指标（李鲁华等，2001）。从图 5.19 可看出，在正常水分条件下，蒙古扁桃幼苗根冠比值较低，经干旱胁迫处理后，根冠比明显升高，但随着胁迫程度的进一步加剧这个比值又呈下降趋势。干旱胁迫对蒙古扁桃幼苗根表面积/叶面积比值的影响趋势与根冠比的变化基本一致，而且下降幅度较根冠比值还大。这表明在轻度

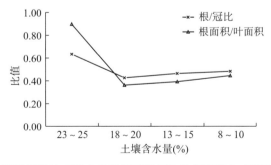

图 5.19 土壤干旱胁迫对蒙古扁桃根系根冠比和根面积和叶面积比值的影响

Fig. 5.19 Effect of soil drought stress on the root–top ratio and root area–leaf area ratio of *P. mongolica*

干旱条件（土壤水分含量为13%~15%）下，蒙古扁桃根系从土壤中所获得的水分，首先是维持其自身生长发育的需要，因而表现为根系受害较地上部轻，根冠比增大，根面积也大，但随干旱程度的进一步加强，根系生长亦严重受到抑制，特别是严重的水分胁迫（土壤水分含量低于8%）造成根系过早衰亡。Smucker等（1992）指出，在水分胁迫下，光合产物优先分配给根系，根冠比加大；反之，则根冠比减小。冯广龙（1997）研究指出，水分胁迫下，根冠比（R/T）增大。

徐彩霞利用盆栽实验对黄土高原主要造林树种对土壤干旱响应机制研究表明（2009），不同树种苗木根系生长对土壤干旱的响应不一。刺槐（*Robinia pseudoacacia*）苗木根系的生物量随水分胁迫程度增加表现为下降的趋势，其中在重度干旱胁迫下其根系生物量最小，较对照减少了25.06%；侧柏（*Platycladus orientalis*）、油松（*Pinus tabulaeformis*）和山杏（*Armeniaca sibirica*）苗木根系生物量随胁迫程度增加表现为增加的趋势，其中，侧柏、油松均在重度干旱胁迫下的根系生物量达到最大，侧柏较对照增加了132.47%，油松较对照增加了24.51%；山杏根系生物量则在中度干旱时达最大值，较对照增加了37.14%，随着胁迫的进一步加剧，其根系生物量呈现下降的趋势，但仍较对照增加了19.80%。对细根总长度、表面积、体积值的测量表明，油松总体呈减少的趋势，刺槐先缓慢增加后急剧下降，而侧柏、山杏先升后降。

植物根系是土壤水分的直接吸收利用者，当土壤水分胁迫时，植物根系首先感应并迅速发出信号，使整个植株对水分胁迫做出反应，同时根系形态结构，化学成分的数量和生物质量也发生相应变化，并影响地上部分的形态建成和产量。而干旱逆境下，根系的吸水能力很大程度上又依赖于根系对干旱胁迫的适应性生长调节变化能力。在低水势条件下，植物的叶、茎生长很快被抑制，但是根却继续伸长。由于根的伸长有利于作物从土壤中吸收水分，所以这种根、茎对干旱逆境的不同反映通常认为是植物对干旱条件的适应性（朱维琴等，2002）。干旱胁迫下，植物形态结构变化有利于水分吸收和传导，从而提高水分利用效率；同时，生物量向根部的分配增加，叶面积/边材面积比发生变化，这种生物量分配转移提高了根和茎向叶片输水能力，从而防止木质部导管的气穴现象（段宝利等，2005）。

5.3 蒙古扁桃的组织培养及植株再生

利用植物组织培养快速繁殖珍稀优良品种，是植物组织培养技术在生产中最见成效、应用最广的领域。通过组织培养进行无性系繁殖（简称微繁殖）需要的时间短，空间小。因此，从单株开始有可能很快繁殖大量植株（Razdan, M. K., 2006）。生长模式不确定的维管束植物在叶腋有次生分生组织，能生长成枝梢。茎芽外植体培养在含有细胞分裂素的培养基上，侧枝及早发育，增殖形成二次丛生枝和三次丛生枝。这

第5章 蒙古扁桃的生长生理生态

些丛生枝组织培养苗分开，继代培养到新鲜培养基上，则将依次形成类似的丛生枝。只要基本养分组成适合则丛生枝正常生长，这个重复生长过程就可以无限地继续下去。4~8周一次的微繁殖周期，可以获得大约5~10倍的增殖速率，一年内无性繁殖水平可以达到$1.0 \times 10^5 \sim 30.0 \times 10^5$株组培苗，令人瞠目结舌（Mantell S. H. 等，1985）。

利用组织培养方法对珍稀濒危植物进行快繁研究，不仅可以克服种子繁殖中存在的诸多问题，而且可以克服常规无性繁殖速度慢、繁殖率低的缺点。加上组织培养不受季节、气候等因素的制约，节省土地，速度快，质量高，技术密集，便于集约化管理和工厂化生产的优点。因此，将植物组织培养技术应用于珍稀濒危植物的快速繁殖，对保护珍稀濒危树种的种质资源，丰富园林植物多样性，缓解国内优质木材和园林绿化植物供应紧张的状况，都具有重要的理论意义和实际应用价值。早在20世纪30年代我国植物生理学先驱者李继侗在清华大学所作的银杏胚胎离体培养的研究，为我国奠定了植物组织培养研究的基础。据吴安湘等统计（2006），截至2006年，对23种二级以上国家重点保护珍稀濒危植物进行组织培养研究，其中包括四合木（*Tetraena mongolica*）、半日花（*Helianthemum songoricum*）、裸果木（*Gymnocarpos przewalskii*）等荒漠植物。

蒙古扁桃是国务院环境保护委员会于1984年公布的（国环字 [1984] 第002号）我国第一批《珍稀濒危保护植物名录》所收录的354种珍稀濒危植物之一（国务院环境保护委员会，1984）。国家环境保护局和中国科学院植物研究所对《珍稀濒危保护植物名录》进一步调整和补充，于1987年编写出版了《中国珍稀濒危保护植物名录植物（第一册）》，共收录389种，其中国家一级重点保护植物8种，二级重点保护植物有160种，三级重点保护的221种，蒙古扁桃被列为三级重点保护植物（国家环境保护局，中国科学院植物研究所，1987）。中国科学院寒区旱区环境与工程研究所的陶玲等（2001）对中国珍稀濒危荒漠植物保护等级进行定量研究，蒙古扁桃的保护等级被列为二级，即濒危（vulnerable）等级。蒙古扁桃主要以种子繁殖，在生产上难以使用分蘖、嫁接或者埋条、埋根等常规方法进行繁殖，硬枝扦插成活率仅为5%~8%，嫩枝扦插成活率可达到53%（赵越，2006）。

大多数珍稀濒危植物或多或少存在生殖障碍，或者在其生长的天然群落中受到其他植物的"排挤"，其自我更新的能力较弱，或者由于原有植被受到人为破坏而失去了适生的生境，从而导致种群数量和种群内个体的锐减。因此，珍稀濒危植物的人工繁育研究一直受到人们的高度重视（吴小巧等，2004）。蒙古扁桃是先叶开花植物，由于其花期风沙大，家畜啃食严重，自然繁殖困难，出苗率低且死亡率高，加之其为当地良好薪材和冬春季家畜喜食饲料，滥伐破坏严重，导致蒙古扁桃资源越来越少，分布范围日趋缩小，趋于濒危。为使干旱、半干旱地区的优良林木遗传资源得到有效利用，丰富防沙治沙优良种植材料，开展蒙古扁桃组织培养快速繁殖技术研究就成了当务之急（吴建华等，2010）。

5.3.1 愈伤组织的诱导和继代培养

愈伤组织诱导提高增殖率是应用组织培养技术扩大繁殖的主要途径之一。斯琴巴特尔等（2002）将蒙古扁桃实生苗叶片和茎尖外植体接种于 MS 培养基上培养首次获得再生植株。选择合适的外植体是蒙古扁桃组织培养获得再生植株的关键。实验证明，芽或带芽的茎段是理想的外植体。盆栽实生苗长到 3cm 高时，切取地上部分，用自来水冲洗 4~5min，用 0.1% $HgCl_2$ 消毒 8min，用无菌水冲洗几次，在超净工作台上按无菌操作要求分别切取茎尖、叶片和茎切段作外植体，接种于不同培养基上。

蒙古扁桃愈伤组织诱导可以选择 MS 培养基作为基本培养基，附加 30g·L^{-1} 蔗糖，0.8% 琼脂粉，pH 为 5.8。各阶段在 MS 培养基上添加的激素种类及浓度如表 5.11。

表 5.11 植物生长调节剂对蒙古扁桃组织分化的影响（mg·L^{-1}）
Tab. 5.11 Effect of plant growth regulators on tissue differentiation of *P. mongolica*

编号 Number	愈伤组织培养基		分化培养基		生根培养基
	NAA	6-BA	NAA	6-BA	IBA
1	0.2	4.0	0.0	1.0	0.3
2	0.2	2.0	0.0	0.8	0.4
3	0.2	0.8	0.1	1.0	0.5
4	0.2	0.4	0.1	2.0	0.6

将外植体培养于光照培养箱里。白天温度为 25℃±0.2℃，光照强度为 500μmol·m^{-2}·s^{-1}，光照时间为 14h，夜间温度为 20℃±0.2℃。每瓶接入 2~3 个外植体。将蒙古扁桃的叶、茎尖和茎切段外植体接种于 4 种不同的愈伤组织诱导培养基上，并根据愈伤组织诱导率和长势筛选适宜的愈伤组织诱导培养基。实验结果表明，在 1 号培养基上叶片外植体培养 7d 后在叶脉处长出黄色愈伤组织，但不继续生长，颜色逐渐变褐；茎尖和茎切段在 1 号培养基上无反应，表明 1 号培养基激素比率不适宜。在 2 号培养基上可以从叶片外植体诱导出绿色愈伤组织，诱导率在 65% 左右；茎切段愈伤组织诱导率较高，为 78.3%。在 3 号培养基上茎切段长出结构致密的绿色愈伤组织，诱导率可达 85%，生长也很快，培养 21d 几乎长满了全瓶；叶片外植体也可以长出绿色愈伤组织，但诱导率较低；茎尖可以直接长成芽苗，但不分枝，培养 21d，高度为 2cm 左右。在 4 号愈伤组织诱导培养基上，茎段只有伸长生长，不诱导形成愈伤组织。已经诱导形成的愈伤组织均可以在 4 号愈伤组织培养基上继续生长，每培养 2 周转换 1 次培养基。愈伤组织经几代培养以后仍能保留原有的分化能力。从以上结果看出，蒙古

扁桃茎切段较其他外植体容易形成愈伤组织。培养基中生长素浓度大于 0.2 mg·L^{-1}、细胞分裂素浓度大于 2mg·L^{-1} 和小于 0.5mg·L^{-1} 都不诱导形成愈伤组织。

5.3.2 芽的诱导与丛生苗的生长

有效地诱导出不定芽是组织培养扩大繁殖的根本所在。将蒙古扁桃茎尖接种于表 5.11 的 2 号和 3 号分化培养基上后，茎尖伸长生长的同时，外植体基部切口处长出有限的愈伤组织并分化出许多不定芽，不久长成为丛生苗。其中含 0.8mg·L^{-1} 6-BA 的分化培养基上长势最好，培养 21d，可以长到 2cm 以上（图 5.20）。将组织紧密、绿色的愈伤组织转移至表 5.11 的 1 号、2 号和 3 号分化培养基上均可以诱导形成不定芽。培养 7d 后出现明显突起并发亮，培养 21d 芽分化形成并长出幼叶，培养 42d 幼苗长到 1.5 cm 左右。在一块直径为 0.5 cm 的愈伤组织上可以分化出 4~6 个不定芽。在 2 号分化培养基上芽诱导率可达 82%。

图 5.20　蒙古扁桃增殖试管苗

Fig 5.20　The regenerated plantled of *P. mongolica*

一般认为，利用愈伤组织培养物用作微繁殖的材料，似乎价值低，因为利用愈伤组织培养进行组培苗微繁殖中最严重缺点是，由于培养时间的延长，愈伤组织原初再生能力可能下降，而且愈伤组织细胞遗传不稳定（Razdan M. K.，2006）。

耿军等（2007）用 10cm 高实生苗长度约 1cm 的单芽茎段作外植体，分别接种在含 6-BA 0.5 mg·L^{-1} + NAA 0.1 mg·L^{-1}、6-BA 1.0 mg·L^{-1} + NAA 0.1 mg·L^{-1}、6-BA 1.0 mg·L^{-1} + NAA 0.2 mg·L^{-1}、6-BA 2.0 mg·L^{-1} + NAA 0.2 mg·L^{-1} 的 MS 增殖培养基上，研究其不定芽发生率，结果如表 5.12。单独添加 6-BA 或不同浓度的 6-BA 与 NAA 组合的 MS 培养基都能诱导腋芽萌发，但腋芽萌发率存在显著或极显著差异。在 MS+6-BA 1.0 mg·L^{-1} + NAA 0.2mg·L^{-1} 组合培养基的腋芽萌发率最高，达到 72.2%，极显著高于其他处理。无生长素及 NAA 0.1 mg·L^{-1} 处理间无显著差异。当 6-BA 和 NAA 的浓度都高于 2.0 mg·L^{-1} 后，腋芽萌发率为 62.1%，显著高于无生长素及 NAA 0.1mg·L^{-1} 处理，而显著低于 6-BA 1.0 mg·L^{-1} + NAA 2.0mg·L^{-1} 处理。蒙古扁桃茎段在 6-BA 2.0 mg·L^{-1} + NAA 0.2 mg·L^{-1} 的 MS 增殖培养基上增殖率最高，平均每个茎段可增殖 2.37 个芽，极显著高于其他处理。综合考虑培养效果，蒙古扁桃的增殖培养基以 MS+ 6-BA 2.0 mg·L^{-1} + NAA 0.2 mg·L^{-1} 为好。

表5.12 植物生长调节剂配比对蒙古扁桃茎段外植体增殖的影响

Tab. 5.12 Effect of different combination of plant growth regulators on multiplication of *P. mongolica* explant

编号	处理（mg·L^{-1}）		外植体接种数	不定芽诱导率（%）	增殖率（抽梢数/株）
	6-BA	NAA			
1	0.5	0.0	90	52.8b cB	1.33bB
2	0.5	0.1	90	48.9 cB	1.14cB
3	1.0	0.1	90	47.9 cB	1.16cB
4	1.0	0.2	90	72.2aA	1.33bB
5	2.0	0.2	90	62.1bAB	2.37aA

引自耿军等，2007

5.3.3 诱导生根与移栽

和其他木本植物组织培养一样，蒙古扁桃组织培养微繁殖中诱导生根是难度较大的环节。当丛生苗长到2cm高时，单株切下转到生根培养基上。实验表明，表5.11中的3号生根培养基，即1/2 MS 培养基附加 IBA 0.5mg·L^{-1}、15g·L^{-1}蔗糖和0.7%琼脂粉培养基对生根最有利，培养7d即可诱导产生白色根原基，培养14d明显长出4~6条幼根，培养21d幼根长到3cm且很粗壮，诱导生根率达86%以上。生根培养基1和2都能诱导生根，但根生长较慢；4号生根培养基不能诱导生根。将不开瓶的生根苗放在散射自然光下练苗7~10d后取出，洗干净基部的培养基，移栽于洗净并用高温消毒过的珍珠岩中，盖上塑料薄膜，保持湿度90%以上，温度20~28℃，1周后通风透气，20d后开始抽生新叶，成活率可达70%以上。蒙古扁桃作为荒漠植物，适应于贫瘠土壤环境。因此生根培养基营养元素含量不宜高，可选择1/2 MS 培养基或1/4MS 培养基。

耿军等（2007）对蒙古扁桃单芽茎段无性系丛生芽诱导生根实验表明（表5.13），1/2MS+ IBA1.0 mg·L^{-1}培养基生根率最高，达到40%，极显著高于其他处理；平均生根数也最多，每株3.5条，显著高于其他处理；平均根长为2.09 cm，低于无IBA的处

表5.13 不同浓度吲哚丁酸（IBA）对蒙古扁桃嫩梢诱导生根的影响

Tab. 5.13 Effect of different concentrations IBA on induce rooting of *P. mongolica*

编号	IBA（mg·L^{-1}）	接种嫩梢数	生根梢数	生根率（%）	平均根数	平均根长（cm）
1	0.0	90	9	11.1cB	1.3bcA	3.15aA
2	0.5	90	18	20bcB	2.58bA	1.58
3	1.0	90	36	40aA	3.5aA	2.09
4	1.5	90	27	30.7bB	2.3bA	1.84 bA

引自耿军等，2007

理，差异显著，但与其他处理相比差异不显著。无 IBA 时平均根长值最大，为3.15 cm，显著高于其他处理。

外植体的选择是影响组培苗繁殖的主要因子之一。取自新生长器官的外植体，比取自成熟区的外植体更容易再生。随着每年成熟季节的来临，特别在多年生木本植物中，外植体的离体再生潜能降低（Razdan M. K.，2006）。

宁夏种苗生物工程国家重点实验室吴建华等（2010）将苗高 3～5cm 蒙古扁桃实生苗单芽茎段接种于培养基 MS + 6-BA 0.80 mg·L^{-1} + IAA 1.20 mg·L^{-1}上，进行光照培养。待腋芽伸长出后，切取腋芽，接种于愈伤组织诱导培养基 MS+6-BA1.00 mg·L^{-1}+NAA0.10 mg·L^{-1}，培养 20～25d 后基部膨大形成愈伤组织，10～12d 后形成丛生不定芽；将培养物转到分化培养基 MS + 6-BA 0.80 mg·L^{-1} + IAA 1.50 mg·L^{-1} + NAA 0.05 mg·L^{-1}上，培养 20～25d，基部开始膨大，芽点突起，10d 后愈伤组织分化出苗。将分化的芽苗接种转接到分化培养基上，进行继代培养 15～20d 后便长出大量的丛生芽，平均分化系数达 4.5 以上，继代周期 25d。生长健壮的丛生苗转接到生根培养基 1/2MS+IBA 0.50mg·L^{-1}上，培养 10～12d 后开始生根，株高 2.0～2.5cm，试管苗基部长出 2～3 条辐射状根，生根率达 85% 以上。

然而，滕鹤等（2008）用苗龄 1 个月、苗高 15cm 的蒙古扁桃实生苗的去腋芽茎切段作外植体，探讨不同浓度梯度 6-BA 和 NAA 两种激素配比（表 5.14 和表 5.15）对蒙古扁桃组织培养的影响。实验结果表明，在这些不同培养基上只长出愈伤组织，并在 6-BA 和 NAA 浓度均在 0.7mg·L^{-1}时愈伤组织形成率可达 87%。对此作者认为，外植体不同，实验条件不同是实验未能诱导出再生植株的主要原因。

表 5.14 不同生长调节剂配比对蒙古扁桃愈伤组织发生率的影响（%）

Tab. 5.14 Effect of different plant growth regulators ratio on the callus induced rate of *P. mongolica*

处理 Treatment		NAA (mg·L^{-1})						
	0.00	0.05	0.10	0.20	0.40	0.80	2.00	4.00
6-BA (mg·L^{-1}) 0.00	0	0	0	0	0	7	0	0
0.10	0	0	7	0	20	67	27	0
0.20	0	0	0	13	33	53	33	17
0.40	0	0	7	26	37	67	37	27
0.80	0	0	13	20	53	70	60	34
2.00	0	0	13	23	33	56	33	20
4.00	0	0	0	0	13	0	0	7

引自滕鹤等，2008

在很大程度上，培养基成分制约着离体培养植物的组织生长和形态发生。虽然植物组织培养对营养的基本需求类似于完整植株，但事实上，在实验室的条件下不同物种之间，培养组织最适生长所需要营养成分变化很大。此外，培养基中植物生长物质的种类、浓度及比例是组织生长、分化和器官发生的决定性因素。

表 5.15 不同生长调节剂配比对蒙古扁桃愈伤组织发生率的影响（%）
Tab. 5.15 Effect of different plant growth regulators ratio on the callus induced rate of *P. mongolica*

处理 Treatment		NAA (mg·L^{-1})						
		0.50	0.60	0.70	0.80	0.90	1.00	1.20	1.40
6 - BA (mg·L^{-1})	0.50	47	60	73	67	60	57	50	43
	0.60	63	70	77	73	67	63	57	57
	0.70	70	80	87	77	77	73	70	67
	0.80	67	77	83	73	77	70	67	63
	0.90	63	73	77	67	63	63	60	60
	1.00	57	67	70	67	63	60	57	53
	1.20	53	60	67	63	60	57	53	50
	1.40	50	53	60	57	57	53	50	47
	1.80	43	47	53	50	50	47	43	40

樊荣等（2009）对蒙古扁桃愈伤组织褐化问题进行研究结果表明，随着培养时间的延长，愈伤组织多酚氧化酶酶活性不断下降，而总酚含量不断增加。说明随着细胞的老化，酚类物质不断积累。因此，在蒙古扁桃组织培养过程中取外植体的苗龄不宜大，并需及时转培养基。

环境的不断变化使许多植物种类面临着灭绝的危险，如何挽救这些植物，已成为世人关注的问题。种质资源的保存是一项耗资、费时的巨大工程，需要占用大面积的土地。通过组织培养可以最大限度地减少用于保存原种所需的土地面积。在一个约3m×3m×5m 房间里的培养架上所放置的培养瓶，即可保存几十亿个植株（李浚明，1992）。而植物组织培养结合超低温保存技术，可以给植物种质保存带来一次大的飞跃。因为保存1个细胞就相当于保存1粒种子，但所占据空间仅为原来的几万分之一，而且在-193℃的液氮中可以长时间保存，不像种子那样需要经常更新。实践证明，通过组织培养的方法可以使一部分濒危的植物种类得到延续和保存。如果再结合超低温保存技术，就可以使这些植物得到较为永久性地保存。对大多数普通植物来说，用组织培养的方法保存其种质材料，也具有十分重要的意义。用组织培养技术保存植物种质资源不受气候、土壤、病虫害影响，节省土地和人力资源，该技术尤其适用于无性繁殖植物和珍稀植物种质资源的保存。据统计，1 个 0.28m³ 的普通冰箱可存放 2 000 支试管，而容纳相同数量的苹果植株则需要 60 000 m² 土地（梁称福，2005）。在含高浓度山梨醇或甘露醇的培养基上预培养 2d 的愈伤组织，用 10% 二甲基亚砜（dimethyl sulfoxide，DMSO）和 0.5mol·L⁻¹ 山梨醇（sorbitol）作为冰冻保护剂，降温后投入液氮中保存 1d，细胞相对存活率可达 60% 以上。经高浓度冰冻保护剂处理的无菌干燥后的胚，超低温保存后再接种于培养基上，可产生再生植株。

目前对半日花（*Helianthemum songoricum*）（慈忠玲等，1995；何丽君，2000；李晶等，2003）、新疆沙冬青（*Ammopiptanthus nanus*）（蔡超，2008）、内蒙野丁香（*Leptodermis ordosica*）（胡云等，2007）、四合木（*Tetraena mongolica*）（何丽君，2001）、沙冬青（*Ammopiptanthus mongolicus*）（蒋志荣等，1996；蒋志荣等，1997；慈忠玲等，1999）、长柄扁桃（*Amygdalus pedunculata*）（吴恩岐等，2006；孙占育，2007）、裸果木（*Gymnocarpos przewalskii*）（汪之波等，2004）、红砂（*Reaumuria soongorica*）和沙拐枣（*Calligonum mongolicum*）（苏世平，2008）、柠条锦鸡儿（*Caragana korshinskii*）（宋俊双等，2007；邵玲玲，2008）、白刺（*Nitraria tangutorum*）（张红晓等，2004）、胡杨（*Populus euphratica*）（孙雪新等，1993；汪志军，等，1997；蒲秀琴，2011）等荒漠植物进行组织培养获得植株再生。

5.4 蒙古扁桃的栽培

目前国内外对受到威胁或已经濒危的野生植物物种保护主要采取就地保护（in situ conservation）与迁地保护（ex situ conservation）两种措施。就地保护，即建立自然保护区是保护珍稀濒危野生植物的最佳手段（崔国发，2004）。我国已建立了 140 多个植物园（树木园），占地约 24 000hm²，担负着中国稀有、濒危植物迁地保护及研究的任务。植物园中收集、栽培了约 23 000 余种的中国区系植物，占全国种类的 65%，其中属于中国野生分布的 13 000 种；国家第一批保护的 389 种稀有、濒危植物中已有 332 种被迁地保护，占总数的 85.3%，分布在 48 个植物园中（吴小巧等，2004）。截至 2012 年 1 月，我国共建立各类国家级自然保护区 363 处，内蒙古拥有国家级自然保护区 23 处，其中内蒙古贺兰山国家级自然保护区，内蒙古额济纳胡杨林国家级自然保护区，内蒙古大青山国家级自然保护区，内蒙古西鄂尔多斯国家级自然保护区、内蒙古乌拉特梭梭林—蒙古野驴国家级自然保护区是蒙古扁桃集中分布区。蒙古扁桃生境的进一步恶化局势得到缓解。

特有种和珍稀濒危物种的迁地保护是全球生物多样性保护战略中十分重要的一个环节（Brian & Nigel，1993）。所谓植物迁地保护是指把植物的个体、器官、组织等部分移到它们的自然生境之外进行保护，它已经成为全球生物多样性保护行动计划的一个重要组成部分。为了避免珍稀濒危植物在现有脆弱的生态系统中受到灭顶之灾,将它们迁移到一个更加安全、更加有利于其生长繁育的场所进行栽培、繁育和开展相关研究,是人类抢救珍稀濒危植物的重要措施之一。通过人工授粉、嫁接、分株、扦插、组织培养,或对一些种子休眠期很长的物种通过人工调控等措施,解决它们繁殖困难的问题。到目前为止,我国已经成功地繁育了珙桐(Davidia involucrata)、金花茶(Camellia chrysantha)、银杉(Cathaya argyrophylla)、秃杉(Taiwania flousiana)、天目铁木(Ostrya rehderiana)、百山祖冷杉(Abies beshanzuensis)等100多种珍稀濒危植物,有些种类已拥有较大的人工种群,并得到广泛引种栽培(吴小巧等,2004)。

然而,不同学者对迁地保护持有不同意见,认为迁地保护是在栖息地生境破碎成斑块状,或者原有生境不复存在的条件下,或者当物种数目下降到极低水平时所采取的措施。迁地保护目的是当种群数量达到一定数量时放归自然,建立自然状态下可生存种群。因此,在未明确濒危机理条件下,不应鼓励将野生种群或个体无目的地进行人工栽培。无论是迁地保护还是就地保护,一般应采取先保护后解救的策略(张文辉等,2002)。

由于蒙古扁桃抗寒、耐旱、适应性强、适宜在瘠薄的土壤条件下生长,在干旱、半干旱地区均有分布,喜光、耐庇荫的特点,并具有一定的经济价值和观赏价值,越来越受到造林者的青睐。在干旱荒漠地带蒙古扁桃比其他造林树种的成活率高,适应性强,生长条件要求低,适宜进行大面积播种造林、移植造林。近年来,出于防沙治沙、节水型城市绿化等不同的目的,将蒙古扁桃人工栽培取得可喜成果。另外,人工栽培对蒙古扁桃种质资源的保护、扩大分布区、异地保护均具有积极意义。

在生态习性上,蒙古扁桃要求≥10℃年积温为3 000~3 700℃,对水分要求较低,在年降水量50mm的地区即能生长,能忍受严酷的大陆性气候。蒙古扁桃对立地条件要求不苛刻,常生长在栗钙土型石质土与碳酸盐灰褐土,土层薄,石砾含量多的条件下就可以生长成林。蒙古扁桃还有改良土壤作用,在低海拔地带多生长在石质陡坡,初经发育或未经发育的粗骨土或土壤母质土上。蒙古扁桃更适宜本地生长,其裸根苗木、籽种价格相对比其他树种低40~120倍,具有推广种植价值。由于蒙古扁桃生物学特性和生理特征完全和干旱地区自然条件相适应,造林成本较低,具有社会效益、经济效益、生态效益相统一的特点。蒙古扁桃也可以作为造林的先锋树种进行大范围推广。

包头市林业工作站等单位在大青山南麓的河东乡壕赖沟两侧试验栽植蒙古扁桃籽种80hm^2,在110国道南黄泥沟至阿善沟段栽植蒙古扁桃裸根苗46.7hm^2。通过两年试验发现,种子直播成活率达85%,裸根苗成活率达到90%以上(李树阁等,2003)。甘肃祁连山国家级自然保护区东大河自然保护站,在海拔2 300~3 400m的西大河苗圃和三岔苗圃开展了蒙古扁桃育苗试验。结果表明,播种后11d出苗,13~21d达到出苗高峰，出苗率达40%。青海省野生植物研究所从内蒙古引进蒙古扁桃，在西宁进行播种，出苗率为31.5%，成活率为98.7%，经过一年越冬后观察无冻害，无干梢，与同期相播的唐古特扁桃（*Prunus tangutica*）和山毛桃（*P. davidiana*）相比，有较强的抗寒性和春季抗风干性，2年生苗即可进行造林，造林成活率为84.6%。造林后第4年即可开花，第5年正常结果，造林5年后的株高可达1.8m，其抗盐碱性优于山杏（*P. sibirica*），能在含盐量为0.2%的土壤及pH为8.5的土壤中正常生长（赵越，2006）。

5.4.1 蒙古扁桃种子育苗

整地和做床：育苗前一年秋季进行深翻整地，实施栽植穴状整地，破坏土面圆形与坡面的断面水平或稍向内倾斜，规格为直径1m。入冬后灌足冬水，可采用高床、平床和大田育苗。春季地表温度达到5℃，土壤解冻20~30cm时即可做床。做床前均匀施入腐熟的有机肥1~2kg·m^{-2}，做成宽0.8~1.0m的平床或宽0.8~1.0m、高10~15cm的高床；大田育苗时，可将育苗地做成2m×（4~6）m的畦，以方便育苗地的管理。

土壤消毒：用3%硫酸亚铁（$FeSO_4·7H_2O$）溶液喷洒土壤，9~10L·m^{-2}，防治苗枯病、缩叶病和缺铁引起的黄化病。

种子处理方法：为促进种子提早发芽，缩短种子在土壤中的时间，保证幼苗出土整齐，播种前要对种子进行处理。一般包括净种、消毒、浸种、催芽、拌种等环节。种植头一年冬季进行冬藏处理，以使种子破壳而出，为春季造林提供基础；春季播种前7~10d左右处理种子。利用筛选先进行精选种子，选出大粒种子。为预防种子发生病虫害，需要进行消毒，用1.0%~2.0%生石灰水浸种12h或用1.0%~2.0%高锰酸钾溶液5~10min，用清水冲洗干净，在室内阴干。用40~60℃水浸种催芽，1份种子3份水，而且要随倒种子随搅拌，使水温在5min以内降到45℃以下。如高于45℃时应兑凉水，待水温自然冷却后浸泡24h，捞出后按种子与沙土比为1:3的比例混合均匀，并保持30%~40%的湿度，在18~25℃的条件下层积催芽。为防止种子发热，每天至少翻动一次，待50%左右的种子内果皮开裂或25%~35%的种子露白后即可播种。

造林密度：株行距按照造林设计要求为2m×3m，每公顷播种量7.5kg·hm^{-2}。待苗床土壤松散时，按照10cm×25cm的株行距进行穴播，每穴2粒种子；也可采用条播，开深2~3cm的沟将催芽后的种子按5cm的距离均匀点入沟内，沟距为25cm。覆土2~3cm后稍镇压，再覆盖2~5cm的麦草保湿、保温，待苗基本出齐后揭草浇水。

造林方法：是在局部整地的造林地上，按照株行距进行刨坑，播深4cm，然后坐水点种，种子按量放入坑内，用脚或手镇压、踏实。

播种时间：播种可分为春播和秋播。春播在土壤解冻后，一般在 4~5 月进行，播种时采用催芽后的种子。秋播在入秋后进行，宜早不宜迟，10 月 1 日前后播种，播种时采用消毒后的种子，不进行催芽（杨开恩等，2011）。

鼠害防治：由于蒙古扁桃籽种含脂肪、含油量高，常常成为老鼠的食物，所以在造林地防治鼠害至关重要。采取化学防治的方法，砷酸铅、砷酸钙、乐果等拌种，撒于鼠洞周围或经常出没的地方，进行防鼠（李树阁等，2003）。

5.4.2 蒙古扁桃裸根苗造林

利用裸根苗（bare-rooted seedling）造林具有重量小，起苗易，栽工省，包装，运输，储藏都比较方便等优点，是目前植苗造林中应用最广泛应用的造林技术之一。杨万仁等（2005）在贺兰山东麓干旱砾石滩上利用裸根苗法将蒙古扁桃造林时选择 3 月中下旬进行。实施穴状整地，对坡地最好沿等高线挖直径 50~60cm、深 50cm 的坑，每个坑栽植 3~4 棵裸根苗。每个坑的株行距 2m×3m，每亩栽植 330~440 棵。栽植表面需要下陷 10cm 左右，以便积水、挡风。栽植后立即浇水，栽植头一个月每 6~7d 浇足水，待第二个月后可 15~20d 浇 1 次水，栽植第一年大约浇水 8~10 次，成活率达到 85% 以上。

裸根苗植苗造林成活率的高低主要取决于苗木质量、苗木本身水分损失情况以及栽植方法正确与否。一般来说，使用木质化程度高，苗茎粗壮较矮，顶芽饱满，无病虫害，无机械损伤，根系发达，特别是侧根、须根较多的苗木造林成活率高。苗木保护主要是采取有效措施减少苗木水分损失，保持苗木体内水分平衡。适当深栽是抗旱造林行之有效的措施之一。

5.4.3 蒙古扁桃营养袋育苗造林

营养袋（nutrition-bag）育苗造林对濒危植物育苗繁殖是比较实用的栽培技术之一。因为，营养袋育苗是浸种催芽后具有发芽能力的种子播入营养袋中，避免了种子的浪费，节约用种量 30%~50%；其次，营养袋育苗有利于培养壮苗。营养袋中装的是按一定比例配置的营养丰富、养分全面的土壤，有利于苗壮、苗全；三是，抗旱保苗。集中育苗，管理方便，幼苗可以在人工控制的优良环境中苗壮生长；四是，育苗长势均衡一致。移栽时保障一次全苗，避免直播因缺窝苗数不足的影响，并可根据苗长势分级处理，分别对不同苗情分别管理；五是，营养袋育苗可实现定向密植。

为延长育苗时间，可以在塑料大棚进行营养袋育苗。营养袋直径 20~25cm，长 35~40cm，按沙砾土壤土 3∶1 比例装袋后，进行土壤消毒。每袋点种 2~3 粒经过处理的种子，经过 30~40d 后开始出苗，生长高达到 20~30cm 时，待到 7~8 月开始进行雨季造林。造林时进行穴状整地,对坡地最好沿等高线挖直径 30~40cm、深 40cm 的坑,每个坑栽植 1 个营养袋。按照造林设计要求,株行距 2m×3m,每亩栽植 110 个营养袋。栽植表面需要下陷 10cm 左右。蒙古扁桃营养袋育苗造林成活率达到 90%(杨万仁等,2005)。

梅曙光等(2011)在宁夏采用营养杯育苗技术栽培蒙古扁桃。大田育苗将平整好的圃地作成 6m×10m 的畦,播前灌足底水,待能够播种时,及时播种。用条播方法,行距 25~30cm,开沟深 4~6cm,株距 10~12cm,覆土厚 3~4cm,播后稍加镇压。营养杯育苗在 11 月上旬,将经过浸种处理的种子点播在 13cm×13cm 的营养杯内,每个营养杯播 2 粒种子,然后放入低温温室内过冬。早春 2 月在温棚内用上述同样的播种方法进行营养杯育苗。播种量:大田育苗播种量 450~600 kg·hm^{-2}。营养杯育苗为 100 粒·m^{-2} 种子,播种量为 375~450 kg·hm^{-2}。播种季节:秋季育苗必须在立冬后,约在 11 月上旬至中旬播种。营养杯育苗播种时间根据情况而定,时间幅度较大。春季育苗在大地开冻后即可播种,一般在 3 月中旬至 4 月上旬,时间越早越好。营养杯育苗,根据需要在 5 月以前均可。

在实际生产实践中可借鉴以下技术要点(鲁喜荣,2006):

混合肥营养土配方:将磷酸二铵和复合肥按 1:1 混合均匀(混合肥)。每池取 1.0~1.2 m^3 阳土、5kg 混合肥、200g 杀虫药、200g 杀菌药、腐熟的农家肥 20 kg(鸡粪最好),搅拌均匀。把配好的营养土装进营养袋中,边装边震实,装土不宜过满,一般离袋口 1~2 cm 即可。然后将营养袋在池内排放整齐,直立紧靠,四周配土,以防营养袋倾倒。

可选择蜂窝塑料薄膜容器、普通聚乙烯塑料袋和报纸自制式作为蒙古扁桃育苗的营养袋。

蜂窝塑料薄膜容器:袋上下开口,册展开长度 119cm,每册宽度 30cm,每册行数 10 行,每行个数 33 个,每册容器 330 个,占地面积 0.357m^2,每平方米可育苗 600 袋,每袋育苗 3~5 株。幼苗生长良好,袋苗成本 0.05 元。由于是整册组合体,一次可将几十个到几百个容器袋固定在苗床上,同时进行装土、播种、覆土等工作,与单杯容器相比,装播工效高 10 倍以上。不足之处是运载过程中,颠簸松动易将袋中营养土漏掉伤根。

普通塑料薄膜袋:袋底部封口但两角开口,单袋不成册,可以任意摆放。每平方米育苗 350 袋,每袋育苗 5~10 株。幼苗生长良好,袋苗成本 0.47 元。优点是起苗方便,运载过程中,营养袋中土块完整。

用旧报纸自制营养袋:一张旧报纸可以做 4 个袋,口径 4.5cm,高度 14.0cm。袋成本低,但在起苗、运输过程中易破损,只适宜在林地就近育苗、移栽使用。

5.4.4 蒙古扁桃扦插育苗

扦插（cutting）也称插条，是一种培育植物的常用繁殖方法。可以剪取植物的茎、叶、根、芽等（在园艺上称插穗），或插入土中、沙中，或浸泡在水中，等到生根后就可栽种，使之成为独立的新植株。不同植物扦插时对条件有不同需求。了解和顺应它们的需求，才能获得更高的繁殖成功率。

剪取 5~10 cm 半木质化的蒙古扁桃枝条，留叶 1~2 片，用 50mg·kg^{-1} ABT-6 号生根粉浸泡 4h，直插或斜插入苗床，入土深度为插穗的 1/3。扦插后要遮荫，适时喷水，保持苗床湿润，20~30d 即可生根（黄菊兰等，2010）。生根是扦插能否成功的重要环节。蒙古扁桃作为荒漠植物，扦插生根要求基质通气性良好。选择不含未腐熟的有机质、盐类的通气良好质地疏松的基质。常用的有河沙、蛭石、珍珠岩、素沙土、草炭土、腐苔藓、砻糠灰和锯末等。无论哪种基质都应干净、颗粒均匀、中等大小，插床内基质一般不要铺得太厚，否则不利于基质温度提高，影响生根。

下切口可切成平口、斜口、双斜面等。在比较干旱的条件下，斜切口的插穗比平切口的成活率高。制穗应注意事项：①落叶树种的扦插，上端的第一个芽必须保护好，以利提高插穗成活率和苗木生长量。需带顶芽的长绿树种，要保护好顶芽；②插穗上端切口，应距第一芽 1~2cm，在干旱地区更为重要；③插穗的下切口要平滑，防止切口劈伤；④对于常绿树种的叶子，应尽量保留，因为叶子制造营养物质和生长素，促进生根。如果为了防止插穗失水过多，可将插穗下部枝叶除掉，除掉的数量约占插穗全长的 1/3~2/5；⑤为防止插穗失水，截制插穗应在背阴处。截制后要用水浸泡及时收集贮存。为提高生根率和扦插成活率，对扦插的插穗要进行如下适当处理（侯元凯，2003）：

（1）浸水处理。用休眠枝作插穗的枝条扦插前要用清水浸泡 15~24h，使其充分吸水，以补充插穗内流失的水分，恢复细胞的膨压和活力。

（2）清毒与防腐处理。插穗不干净，插穗切面分生组织细胞易失去生命力，插壤易带菌，这些因素都能使插穗遭受病菌的侵害，引起插穗发病腐烂。通常用 300 倍波尔多液浸泡插穗 30min，阴干，或用 0.05%~0.1% $AgNO_3$ 溶液浸泡 10min，阴干。

（3）脱除抑制剂处理。休眠枝插穗内部往往含有一定浓度的生根抑制剂，因而脱除抑制剂对插穗生根很重要。脱除方法有三种：一是用 30~35℃的温水浸泡插穗基部 1/3~1/2 部位 4~12h；二是用河水或自来水冲洗 24h；三是用酒精，乙醇（浓度为1%）浸泡 6h。

（4）生长调节剂处理。目前常用的有 ABT 生根粉，是由中国林业科学研究院王涛研究员于 20 世纪 80 年代初研制成功的。由多种促生根剂配制而成，具有较强的促扦插条生根、种子萌动发芽、伤根愈合等功能。适用于木本植物的有 3 个型号：1 号生根粉主要用于插穗难生根的树种，促进扦插条生根；2号生根粉适用于扦插生根不太困难的一般苗木及花灌木；3号生根粉主要在移植苗木时用以促进被切断的根系恢复功能，以提高成活率，同时用其浸种，促进种子萌发的作用。使用浓度可为 50mg·L^{-1}、100 mg·L^{-1}或200 mg·L^{-1}，每克生根粉能浸插穗 3 000~6 000 个。浸泡插穗的时间，嫩枝 0.5~1h；1 年生休眠枝 1~2h，多年生休眠枝 4~6h。浸泡插穗深度距下切口 2~3cm。若应用速蘸法，则将配成的 1 000 mg·L^{-1}原液通过加入蒸馏水或加入生根粉配成500~2 000 mg·L^{-1}溶液，将扦插条剪断后，马上将扦插端浸泡处理30s。若应用粉剂处理法，将扦插条在干净水中蘸湿，然后插入生根粉中，使枝条基部切口上充分黏附粉剂即可，或将粉末调成糊状抹在枝条切口上，在扦插时注意不要让粉剂脱落（侯元凯主编，2003）。表5.16 是 ABT 生根粉处理对几种固沙树种诱导生根的结果。

表5.16 ABT 生根粉处理对苗木诱导生根系率的影响（%）

Tab. 5.16 Effect of ABT root-inducing powder on nursery stock of root inducing percent

植物种	对照	ABT 生根粉处理（mg·kg^{-1}）				
		10	100	150	200	500
沙拐枣（*Calligonum mongolicum*）	14	28.4	17.6	37.2	44.0	77.0
花棒（*Hedysarum scoparium*）	36	–	39.0	60.1	82.0	126.0
梭梭（*Haloxylon ammodendron*）	28	31.0	43.2	46.8	46.8	–

引自张盹明等，2006

（5）营养处理。用蔗糖（浓度为2%~10%）和生长素（浓度为 50μg·ml^{-1}~100μg·ml^{-1}）混合溶液浸泡插穗基部 12~24h，能取得较好的生根效果。

根据影响插穗生根内在因素，如母树年龄、枝条的着生部位及发育状况、插穗年龄、枝条部位的差异、插穗长度、插穗直径、插穗的水分等的条件选择插穗，不要采集有病虫害的。蒙古扁桃嫩枝扦插成活率可达到53%，但硬枝杆插成活率一般在5%~8%，因而不宜采用。

5.4.5 蒙古扁桃嫁接育苗

生根难是制约很多树种扦插的主要限制性因素。通过嫁接（graft）技术，利用砧木的根系，不但解决了这一问题，提高了成活率和抵御逆境能力，而且使得接穗快速成长，甚至可能产生期望的变异类型，可谓一举多得。

砧木一般选用二年生的生长健壮的蒙古扁桃木质化种苗，接穗一般在幼苗中选取一年生健壮枝条，在春季未萌发前剪取，保鲜。枝接在春季树茎流液流动时进行，将砧木地上10cm平茬以其横断面中劈下 2~3cm，将长 10~12cm、有 1~2 芽的接穗削成

2~3cm 的楔形，插入砧木中，用塑料捆扎，用蜡封住伤口，当接穗成活后解除缚扎。芽接一般 7~8 月进行，采用 "T" 字形嫁接，将砧木地上 10cm 处削成宽 1cm、长 2cm 左右的 "T" 字形切口，将取好的芽楔入，用塑料袋捆扎，将接口上部 2cm 以上全部剪除，待芽成活后解除缚扎（黄菊兰等，2010）。嫁接苗要抹除砧木自身的萌发芽，在正常的田间管理中注意不要碰撞新接苗，防止接穗脱落死亡。

5.4.6 蒙古扁桃育苗苗期管理

根据土壤墒情适时浇灌，地上部分长出真叶至幼苗迅速生长前尽量少灌水，进行蹲苗。蹲苗后每月灌水 1 次，9 月以后停止灌水，11 月上旬灌 1 次防寒水。苗木生长初期以施用腐熟人粪尿等速效性氮肥为宜。苗木速生期的前期、中期以施氮素化肥为主，后期以施磷、钾肥为主。苗木生长期内，一般每个月施肥 1~2 次，每次施尿素 45~75kg·hm^{-2} 或复合肥 75~90kg·hm^{-2}。生长初期勤施薄施，速生时期适量增加。松土和除草结合进行，松土要逐次加深，全面松到，不伤苗，不压苗；除草要掌握除早、除小、除了的原则。人工除草在地面湿润时连根拔除。嫁接苗要抹除砧木自身的萌发芽，在正常的田间管理中注意不要碰撞新接苗，防止接穗脱落死亡（黄菊兰等，2010）。

5.4.7 蒙古扁桃病虫害防治

病虫害防止是在林木栽培，乃至天然林防护中不容忽视的重要环节。蒙古扁桃的常见害虫有黄褐天幕毛虫（*Malacosoma neustria testacea*）、春尺蠖（*Apocheima cinerarius*）、黄古毒蛾（*Orgyia dubia*）、巨膜长蠊（*Jakovleffia stulosa*）、桃蚜（*Myzus persicae*）及膜翅目、双翅目的部分种类。生产上危害蒙古扁桃生长发育的害虫还有蚜虫（*Myzus persicae*）、红蜘蛛（*Tetranychus cinnabarinus*）、蛴螬（是金龟总科（Scarabaeoidea）幼虫的总称，在地下害虫中，以蛴螬的数量最多，危害也最重）等。金龟子啃食叶片，蚜虫吸食叶片营养引起叶片萎缩。近年来，内蒙古西部多地蒙古扁桃天然灌木林爆发病虫害，严重危害地区平均害虫口密度达 93 只·株$^{-1}$，最高密度达 237 只·株$^{-1}$，致使蒙古扁桃灌木林大片枯死。如，1984 年仅在巴彦淖尔盟乌拉特前旗大佘太乡的山区、乌拉特中旗的查石太林场、楚鲁图乡南部山区零星发生，当时发生面积不太大，发现的也较晚，故未进行防治。但是由于此虫食性很杂，适应性极强，在一年之内以惊人的速度向北向西迅速蔓延。1985 年便在乌拉特中旗、前旗大部分山区猖撅危害泛滥成灾，严重地威胁着林牧业生产。当年乌拉特中旗发生天幕毛虫的林地共 8 000hm^2。主要分布在查石太山和狼山两个次生林区，以及楚鲁图乡、都北乡、石哈河乡、乌梁素太乡、巴音哈太苏木、海流图林场等地。被害株率一般在 95% 左右，虫口密度平均为 394 头·株$^{-1}$。其中发生严重的有 6 000hm^2，被害株率达 100%，虫口密度最高达 800 头·株$^{-1}$。由于害虫集中爆发，虫口密度过大，互相争食，致使山区各种乔木、灌木的叶片嫩芽全部被吞食，成为光杆。害虫然后下树，成群迁移掠食牧草。楚鲁图乡南阿路忽洞的山路上害虫密布，行人脚下僻啪作响，树下虫粪铺地一层。巴音哈太苏木乌兰楚鲁嘎查牧民的园子里、墙上、地上到处是毛虫，使来人不敢进家。1986 年 3 月对虫害最严重的查石太山和狼山地区进行天幕毛虫越冬基数调查发现，楚鲁图乡总面积为 60 500hm^2，其中南山牧场就达 2 666.7hm^2，是发展畜牧业的主要草场。虫多时能围绕树干聚成长 20~30cm，厚 3~5cm 的虫棒，令人毛骨悚然。个别山沟有 20%~80% 的小灌木已开始干枯死亡。楚鲁图乡南阿路忽洞位于查石太山中段，虫害猖獗。以灌木黄刺梅为例，卵株率为 100%，平均每株有卵 34 块，每块平均有卵 134 粒。但卵的被寄生率很高，为 44.1%（巴彦淖尔盟森林防御站记者，1986）；2005 巴彦淖尔市乌拉特中旗希热庙、查石太山、狼山等地 2.0×10^5 hm^2 蒙古扁桃遭受天幕毛虫的侵害。此次发生在蒙古扁桃上的天幕毛虫幼虫已经开始孵化，平均虫口密度分别为每丛 107 头。根据虫情，幼虫进入暴食期足以把山上的天然次生林叶片全部吃光，同时还将危害到周边牧草（白忠义和刘春芳，2005）；2009 年 6 月中旬在阿拉善盟阿拉善左旗乌力吉苏木 200km^2 霸王、冬青、蒙古扁桃草场发生蝉（*Cryptotympana atrata*）害，严重发生虫害的植株虫口密度达 30~120 头·株$^{-1}$。蝉危害较大，引起林木大面积死亡（王芳，2009）。

黄褐天幕毛虫又称天幕枯叶蛾、梅毛虫、带枯叶蛾，俗称顶针虫、春黏虫，属鳞翅目、枯叶蛾科，在内蒙古地区 1 年 1 代，以胚胎发育完全的小幼虫在卵壳内越冬，每年 4 月下旬至 5 月上旬破壳而出，进行危害。3 龄前幼虫吐丝结网成天幕状，白天群居于丝网内，夜晚分散蚕食叶片、嫩芽，5 月下旬 3 龄后幼虫分散离开丝网，食量大增，进入危害盛期。卵期约 290d，幼虫期约 43d，蛹期 10~15d，成虫期 22~27d，4~5 龄幼虫进入暴食期，危害严重。目前，对黄褐天幕毛虫的防治主要采用人工、化学、物理及生物防治法。可利用幼虫结网群集的特性进行人工捕杀幼龄幼虫；利用成虫的假死性，振动树枝捕杀落地成虫，或剪幕烧毁；常用的化学性农药有杀灭菊酯乳油、溴氢菊酯、60D-M 合剂、磷胺乳剂、爱福丁乳。春季展叶后，用 20% 粉锈宁乳油 2 500 倍液、50% 多菌灵药液每 15d 喷 1 次，连续喷 3~4 次。可使用 50% 辛硫磷 1 000~1 200 倍液，或 2 000 倍的 20% 菊杀乳油喷雾毒杀幼虫。还可利用天幕毛虫成虫的趋光性，在林内放置黑光灯或高压卤灯诱杀。有条件的园内可安置一个黑光灯、紫外灯或白炽灯，在灯下放置一个水盆或水缸，使诱来的趋光性害虫落在水中捕杀，也可直接使用振频式杀虫灯诱杀。黄褐天幕毛虫天敌有 44 种（张贵有，1999），其中寄生性天敌有 28 种，捕食性天敌有青蛙、蟾蜍、蜥蜴、瓢虫等动物及斑鸠、杜鹃（布谷鸟）、喜鹊、乌鸦等鸟类。

方海涛（2013）研究发现，茉莉酸甲酯可诱导蒙古扁桃产生明显的抗虫性。不同浓度茉莉酸甲酯（methyl jasmonate，MeJA）处理后，改变了蒙古扁桃叶片物理防御结构及化学抗性物质的含量。叶片水势、叶绿素、晶细胞、蜡质含量发生明显变化；叶片初生代谢产物明显降低，次生代谢物质含量增加；防御蛋白、保护酶活性增加，黄褐天幕毛虫生长发育受到抑制，取食和消化吸收率降低。取食 MeJA 处理的蒙古扁桃叶片，黄褐天幕毛虫生长发育受到抑制、食物利用率降低、死亡率增高。取食用 0.1mmol·L^{-1} MeJA 处理后第 5 天的蒙古扁桃叶片，黄褐天幕毛虫相对生长率仅为 0.19，比对照减少 52.63%；近似消化率为 29.74%，比对照较少 35.67%；叶片利用率和转化率分别比对照减少 9.21% 和 20.22%；黄褐天幕毛虫取食 MeJA 处理后第 3 天的叶片，死亡率比对照组增高，经 0.01、0.1、1.0 mmol·L^{-1} MeJA 处理后死亡率分别增高 3.3%、23.54%、13.68%。

蝉害防治中，冬季彻底清除苗圃及附近的杂草，这是根本性的措施；其次是，树干刷白涂药，涂白剂的配比为：生石灰 10 份，石硫合剂（由生石灰、硫、碘加水熬制而成）2 份，食盐 1～2 份，黏土 2 份，水 36～40 份，阻止产卵；三是，灯光诱杀成虫；四是，切断其食物链。该虫晚秋季节喜欢聚集在秋菜和杂草上危害，故要及时清除苗圃杂草，切断其食物链；五是，喷药诱杀。用 20% 杀灭菊酯乳油 2 000 倍液、10% 氯氰菊酯乳油 2 000 倍液，喷药后 20min 全部死光。40.7% 乐斯本 2 000 倍液，40.0% 氧化乐果 1 500 倍液，亦有较好的防治效果。

蚜虫防治，除用草蛉虫、芽霉菌等天敌防治外，可用 40% 的乐果或 50% 的对硫磷 2 000 倍液防治。红蜘蛛可用螨死净或哒螨灵防治。蛴螬是蒙古扁桃地下害虫，是金龟甲（*Anomala corpulenta*）的幼虫，别名白土蚕、核桃虫。防治方法：可在 5 月底结合灌水，每公顷施入 50% 甲拌磷 5 250ml，以防蛴螬食根。

蒙古扁桃作为野生核果类树木，其自身的抗病遗传特性引起园艺育种工作者的广泛兴趣。南方根结线虫（*Meloidogyne incognita*）、爪哇根结线虫（*M. javanica*）、花生根结线虫（*M. arenaria*）和北方根结线虫（*M. hapla*）是危害桃树的主要线虫，可导致桃果减产 10%～70%（杨兴洪等，1993）。选育抗性砧木品种是桃树线虫病防治的最为经济有效，且安全环保的方法。研究表明（王雯君等，2009），蒙古扁桃对北方根结线虫具有极强的抗侵染能力和很强的抗发育能力，实生个体间存在显著的抗性分离现象，免疫、高抗和中抗型个体分别占 23.3%、63.4% 和 13.3%，是极优异的抗北方根结线虫种质资源。王灵燕等（2008）为筛选抗根结线虫桃树砧木，以实生钵苗为试材，采用人工接种（每株 1 000 条二龄幼虫）的方法研究了蒙古扁桃对花生根结线虫（*Meloidogyne arenaria*）的抗性。结果表明，蒙古扁桃为高抗基因型树种，其实生个体间有明显的抗性分离现象，存在免疫和高抗两种基因型，具有极强的抗侵染能力和很强的抗发育能力，绝对免疫株率为 2.0%，接种侵入率为 0.77%，根内幼虫分别有 63.0% 停留在二龄幼虫或二龄贮虫阶段，只有 10.6% 发育为雌成虫，未发现卵块，为优异的抗花生根结线虫种质资源。

根癌病（crown gall）是核果类果树的毁灭性病害，苗木和幼树发病率高、危害严重，选育抗性砧木是防止该病危害的根本途径。蒙古扁桃与扁桃、桃亲缘关系很近，是潜在的扁桃和桃树矮化多抗型砧木品种选育的珍贵种质资源。刘常红等（2009）以实生苗新梢为试验材料，采用人工接种的方法研究了蒙古扁桃对发根土壤杆菌（*Agrobacterium rhizogenes*）的抗性。结果表明，接种后70d，株平均瘤径范围在0.0～16.6 mm，群体平均瘤径6.6 mm，蒙古扁桃对发根土壤杆菌中度感病，实生群体抗性分离多样，其中存在免疫、高抗、中抗、中度感病和高度感病5种类型，分别占8.60%、19.23%、14.42%、33.65%和24.04%。认为，蒙古扁桃是发根土壤杆菌的优异抗原植物，是核果类果树抗根癌病砧木品种选育的珍贵种质资源，具有极为重要的开发价值。

参考文献

[1] 安瑞丽，方海涛. 柄扁桃果肉中抑制物质活性的研究 [J]. 阴山学刊, 2010, 24 (1)：45-47.
[2] 巴彦淖尔盟森林防御站. 乌中旗大面积防止天幕毛虫 [J]. 内蒙古林业, 1986 (11)：11-12.
[3] 白忠义，刘春芳. 乌拉特中旗300万亩蒙古扁桃遭遇虫害 [N]. 北方新报, 2005, 5, 23.
[4] 苌伟，吴建国，刘艳红. 荒漠木本植物种子萌发研究进展 [J]. 应用生态学报, 2007, 18 (2)：436-444.
[5] 蔡超. 新疆沙冬青（*Ammopiptanthus nanus*）组织培养与植株再生 [D]. 石河子：石河子大学硕士学位论文, 2008.
[6] 蔡建东，刘东林. 关于榆林市长柄扁桃基地建设及产业发展情况的思考 [J]. 榆林科技, 2012, (3)：35-37.
[7] 慈忠玲，王俊英. 珍稀濒危树种-沙冬青的愈伤组织培养初报 [J]. 内蒙古林学院学报, 1990, (2)：60-63.
[8] 慈忠玲，张衡，刘玲玉. 古地中海孑遗植物—半日花（*Helianthemum songaricum*）的组织培养 [J]. 内蒙古大学学报（自然科学版）, 1995, 26 (5)：616-620.
[9] 陈洁主编. 油脂化学 [M]. 北京：化学工业出版社, 2004.
[10] 陈其秀，吴宁远，高建平，等. 枸杞籽油脂的提取及其成分测定 [J]. 中国油脂, 2000, 25 (2)：53-54.
[11] 段宝利，尹春英，李春阳. 松科植物对干旱胁迫的反应 [J]. 应用与环境生物学报, 2005, 11 (1)：115-122.
[12] 樊荣，滕鹤，白淑兰，等. 蒙古扁桃组织培养中愈伤组织褐化机理初探 [J]. 林业实用技术, 2009 (8)：7-9.
[13] 方海涛. 蒙古扁桃对外源MeJA的诱导抗性反应及其对黄褐天幕毛虫的影响 [D]. 呼和浩特：内蒙古农业大学博士学位论文, 2013.

[14] 方升佐,朱梅,唐罗忠,等.不同种源青檀种子的营养成分及种子活力的差异 [J].植物资源与环境,1998,7(2):16-21.
[15] 方玉梅,宋明.种子活力研究进展 [J].种子科技,2006(2):33-36.
[16] 冯广龙,罗远培,刘建利,等.不同水分条件下冬小麦根与冠生长及功能间的动态消长关系 [J].干旱地区农业研究,1997,15(2):73-79.
[17] 傅登祺,黄宏文.能源植物资源及其开发利用简况 [J].武汉植物学研究,2006,24(2):183-190.
[18] 蒲秀琴.胡杨的组织培养技术研究 [J].河北林业科技,2011(1):21-22.
[19] 耿军,朱立新,贾克功.蒙古扁桃单芽茎段培养体系的建立 [J].西北农业学报,2007,16(5):218-221.
[20] 国务院环境保护委员会.珍稀濒危保护植物名录 [N].中国环境报,1984,10,9
[21] 国家环境保护局,中国科学院植物研究所.中国珍稀濒危保护植物名录(第一册)[M].北京:科学出版社,1987.
[22] 贺慧,燕玲,郑彬.5种荒漠植物种子萌发特性及其吸水特性的研究 [J].干旱区资源与环境,2008,22(1):184-188.
[23] 何丽君.濒危植物半日花组织培养及其调控 [J].内蒙古草业,2000(4):52-57.
[24] 何丽君.濒危植物四合木(*Tetraena mongolica*)组织培养的研究 [J].内蒙古草业,2001(2):7-10.
[25] 何新霞,楼建娥,王兴洪,等.磷脂复合食品的留样观察分析 [J].食品工业科技.1994,(2):47-49.
[26] 侯元凯主编.新世纪最有开发价值的树种 [M].北京:中国环境科学出版社,2003.
[27] 胡云,何丽君,燕玲,等.珍稀濒危植物内蒙野丁香的组织培养与植株再生 [J].内蒙古农业大学学报,2007,28(1):25-30.
[28] 黄菊兰,刘学琴,许浩.蒙古扁桃育苗技术 [J].现代农业科技,2010(21):151.
[29] 黄振英,张新时,Yitzchak Gutterman,等.光照、温度和盐分对梭梭种子萌发的影响 [J].植物生理学报,2001,27(3):275-280.
[30] 霍琳,陈晓辉,王鹏,等.RP-HPLC法测定郁李仁中苦杏仁苷含量 [J].药物分析杂志,2009,29(12):2055-2057.
[31] 蒋志荣,金芳,安力,等.沙冬青生根组织培养的研究 [J].甘肃农业大学学报,1997,32(3):244-246.
[32] 蒋志荣,王立,金芳,等.沙冬青茎段组织培养技术 [J].甘肃林业科技,1996(1):70-71.
[33] Razdan,M.K.编著,肖尊安,祝扬译.植物组织培养导论 [M].北京:化学工业出版社,2006.
[34] 汪之波,高清祥,孙继周.稀有植物裸果木的组织培养及植株再生 [J].西北植物学报,2004,24(7):1319-1321.
[35] 李爱平,宁明世,张继刚.蒙古扁桃林学特性及其利用研究 [A].北方省区《灌木暨山杏选育、栽培及开发利用》研讨会论文集,2004:123-126.

[36] 李冰. 沙生植物长柄扁桃种子油及副产品开发研究 [D]. 西安：西北大学硕士学位论文，2010.
[37] 李冰，李聪，申烨华，等. 沙生植物长柄扁桃种子油营养成分分析 [A]. 中国化学会第27届学术年会第09分会场摘要集，2010：214.
[38] 李聪，李国平，陈俏，等. 长柄扁桃油脂肪酸成分分析 [J]. 中国油脂，2010，35（4）：77-79.
[39] 李华，艾尼瓦尔·阿不都拉，阿合买提·毛丽哈. 油脂碘价的快速测定方法 [J]. 精细化工，1999，16：24-26.
[40] 李晶，贾敬芬. 半日花的组织培养及植株再生（简报）[J]. 实验生物学报，2003，36（4）：318-322.
[41] 李浚明编译. 植物组织培养教程 [M]. 北京：中国农业大学出版社，1992.
[42] 李鲁华，李世清，翟军海. 小麦根系与土壤水分胁迫关系的研究进展 [J]. 西北植物学报 2001，21（1）：1-7.
[43] 李鹏，赵忠. 黄土高原沟坡地土地生产力评价的指标体系与评价方法 [J]. 土壤与环境，2001，10（4）：301-306.
[44] 李淑娴，陈幼生，吴琼美. 湿地松种子活力测定方法的研究 [J]. 南京林业大学学报，1996，20（3）：16-19.
[45] 李秋艳，赵文智. 风沙土中荒漠植物出苗和生长的比较研究 [J]. 土壤学报，2006，43（4）：655-661.
[46] 李秋艳，赵文智. 五种荒漠植物幼苗出土及生长对沙埋深度的响应 [J]. 生态学报，2006，26（6）：1802-1808.
[47] 李树阁，赵承宪，杨依民，等. 蒙古扁桃直播造林技术初探 [J]. 内蒙古林业调查设计. 2003，26（增刊）：45-46.
[48] 李雪华，李晓兰，蒋德明，等. 干旱半干旱荒漠地区一年生植物研究综述 [J]. 生态学杂志，2006，25（7）：851-856.
[49] 梁称福. 植物组织培养研究进展与应用概况 [J]. 经济林研究，2005，23（4）：99-105.
[50] 刘常红，叶航，李辉，等. 蒙古扁桃对根癌病的抗性评价 [J]. 西北农业学报，2009，18（3）：181-183.
[51] 刘建泉，王零，王多尧，等. 濒危植物蒙古扁桃种子的形态与萌芽过程及成苗生长状态的研究 [J]. 西部林业科学，2010，39（1）：36-42.
[52] 刘军，黄上志，傅家瑞，等. 种子活力与蛋白质关系的研究进展 [J]. 植物学通报，2001，18（1）：46-51.
[53] 刘兴亚，张旅滨，丁秋月，等. 苏州地区100种食物的氨基酸分析 [J]. 营养学报，1986，8（4）：374-376.
[54] 刘志诚主编. 营养卫生学 [M]. 北京：人民卫生出版社，1962.
[55] 刘志民，蒋德明，高红瑛，等. 植物生活史繁殖对策与干扰关系的研究 [J]. 应用生态学报，2003，14（3）：418-422.

[56] 刘祖祺，张石城. 植物抗性生理学 [M]. 北京：中国农业大学出版社，1994.
[57] 鲁喜荣. 柠条营养袋育苗造林技术体系研究 [J]. 内蒙古农业科技，2006（5）：57-58.
[58] 罗湘宁，余旭，杨绪启，等. 蔷薇科10种野生植物籽油脂肪酸研究 [J]. 青海师范大学学报（自然科学版），1997（4）：40-43.
[59] 马国英，徐锡忠. 杂交稻种子老化与膜透性的关系及渗透调节法对提高其活力的影响 [J]. 种子，1991（2）：48-49.
[60] 马骥，李俊祯，晁志，等. 64种荒漠植物种子微形态的研究 [J]. 浙江师范大学学报（自然科学版），2003，26（2）：109-116.
[61] 梅曙光，张国强，朱玉安，等. 蒙古扁桃造林技术研究 [J]. 宁夏农林科技，2011，52（10）：33，78.
[62] 明·宋应星. 天工开物 [M]. 兰州：甘肃文化出版社，2003.
[63] 明·徐光启. 农政全书 [M]. 上海：上海古籍出版社，1979.
[64] 聂素梅，徐恒刚，间志坚，等. 12种旱生灌木及其发芽特性的研究 [J]. 四川草原，2005（1）：10-12.
[65] 钮树芳，石松利，张桂莲，等. 蒙古扁桃不同部位微量元素测定 [J]. 时珍国医国药，2012，23（10）：2389-2390.
[66] 单建平，陶大立. 国外对树木细根的研究动态 [J]. 生态学杂志，1992，11（4）：46-49.
[67] 李鹏，赵忠，李占斌，等. 植被根系与生态环境相互作用机制研究进展 [J]. 西北林学院学报，2002，17（2）：26-32.
[68] 山仑，陈培元. 旱地农作物生理生态基础 [M]. 北京：中国科学出版社，1998.
[69] 邵玲玲. 柠条锦鸡儿组织培养关键技术的研究 [D]. 兰州：甘肃农业大学硕士学位论文，2008.
[70] 石松利，白迎春，程向晖，等. 蒙古扁桃药材中总黄酮提取及含量测定 [J]. 包头医学院学报，2012，29（1）：12-13.
[71] 施苏华，张宏达，余小强，等. 银杏与其他裸子植物之间的关系-分子生物学的证据 [J]. 中山大学学报，1992，31（4）：63-67.
[72] 史忠礼. 油茶籽萌发时物质转化及其效率的研究 [J]. 浙江林业科技，1978（4）：20-24.
[73] 斯琴巴特尔，满良. 蒙古扁桃种子萌发生理研究 [J]. 广西植物，2002，22（6）：564-566.
[74] 斯琴巴特尔，满良，王振兴，等. 珍稀濒危植物蒙古扁桃的组织培养及植株再生 [J]. 西北植物学报，2002，22（6）：1479-1481.
[75] 斯琴高娃，王天玺，高润宏. 阿拉善荒漠几种典型灌木种子水分响应与繁殖对策研究 [J]. 干旱区资源与环境，2005，19（7）：215-220.
[76] 宋俊双，王赞，孙桂芝，等. 柠条锦鸡儿的组织培养 [J]. 草地学报，2007，15（1）：66-69.
[77] 苏世平. 超旱生灌木红砂和沙拐枣组培快繁研究 [D]. 兰州：甘肃农业大学硕士学位论文，2008.
[78] 孙晋科. 扁桃种质资源RAPD和ISSR分析 [D]. 乌鲁木齐：新疆农业大学硕士学位论文，2008.

第5章 蒙古扁桃的生长生理生态

[79] 孙雪新,康向阳,李毅.胡杨无性繁殖研究 [J].甘肃林业科技,1993(1):27.

[80] 孙占育.珍稀濒危植物长柄扁桃茎尖组织培养技术研究 [D].杨凌:西北农林科技大学硕士学位论文,2007.

[81] Taiz L., Zeiger E.著.宋纯鹏,王学路等译.植物生理学(第4版)[M].北京:科学出版社,2009:227.

[82] 陶嘉龄,郑光华.种子活力 [M].北京:科学出版社,1991.

[83] 陶玲,李新荣,刘新民,等.中国珍稀濒危荒漠植物保护等级的定量研究 [J].林业科学,2001,37(1):52-57.

[84] 滕鹤,袁琴,白淑兰.不同激素水平对蒙古扁桃愈伤组织发生过程的影响 [J].内蒙古农业大学学报,2008,29(4):13-16.

[85] 张宏一,朱志华.植物干旱诱导蛋白研究进展 [J].植物遗传资源学报,2004,5(3):268-270.

[86] 苑虎,张殷波,覃海宁,等.中国国家重点保护野生植物的就地保护现状 [J].生物多样性,2009,17(3):280-287.

[87] 王磊,严成,魏岩,等.温度、盐分和储藏时间对多花柽柳种子萌发的影响 [J].干旱区研究,2008,25(6):797-801.

[88] 王发春,王雪萍,安承熙,等.桦木科3种野生植物籽油脂肪酸研究 [J].青海师范大学学报(自然科学版),2000(4):39-40.

[89] 王芳.阿左旗乌力吉苏木霸王、沙冬青、蒙古扁桃草场发生虫害 [OL]. http://www.alszq.gov.cn/News_View.asp?NewsID=8137,2009,6,19.

[90] 王飞,丁勤,陈云鸿.PEG预处理对老化杜梨种子活力的影响 [J].陕西农业科学,1998,(5):23-24.

[91] 王克仁,任博,王积春,等.龙首山蒙古扁桃灌丛生物学特性及其保护 [J].甘肃科技,2010,26(10):155-157.

[92] 王娅丽,李永华,王钰,等.3种扁桃属植物营养成分分析 [J].广东农业科学,2012(7):127-129.

[93] 王灵燕,朱立新,贾克功.几种李属植物对花生根结线虫的抗性 [J].中国农业大学学报,2008,13(5):24-28.

[94] 王雯君,叶航,王灵燕,等.蒙古扁桃对北方根结线虫的抗性鉴定 [J].北京农学院学报,2009,24(1):24-27.

[95] 王燕,魏蔚,董发昕,等.长柄扁桃种仁的营养成分分析 [J].西北大学学报(自然科学版),2009,39(1):59-62.

[96] 王宗灵,徐雨清,王刚.沙区有限降水制约下一年生植物种子萌发与生存对策研究 [J].兰州大学学报(自然科学版),1998,34(2):98-103.

[97] 汪志军,李康,处格普克·艾尼,等.胡杨的组织培养 [J].新疆农业科学,1997,34(4):185-186

[98] 魏岩,王习勇.果翅对梭梭属(*Haloxylon*)种子萌发行为的调控 [J].生态学报,2006,

26（12）：4014-4018.

[99] 武高林，杜国祯，尚占环.种子大小及其命运对植被更新贡献研究进展［J］.应用生态学报，2006，17（10）：1969-1972.

[100] 吴恩岐，斯琴巴特尔.沙地植物柄扁桃的组织培养与植株再生［J］.植物生理学通讯，2006，42（6）：1132.

[101] 吴建华，王立英，李健.蒙古扁桃的组织培养与快速繁殖技术研究［J］.安徽农业科学，2010，38（4）：1733-1734.

[102] 吴玲，张霞，王绍明.粗柄独尾草种子萌发特性的研究［J］.种子，2005，24（7）：1-4.

[103] 吴小巧，黄宝龙，丁雨龙.中国珍稀濒危植物保护研究现状与进展［J］.南京林业大学学报（自然科学版），2004，28（2）：72-76.

[104] 吴征镒.中国植被［M］.北京：科学出版社，1995.

[105] 秀敏.荒漠植物蒙古扁桃生物学特性研究［D］.呼和浩特：内蒙古师范大学硕士学位论文，2005.

[106] 徐彩霞.黄土高原主要造林树种幼苗根系对土壤干旱胁迫的响应机制［D］.杨凌：西北农林科技大学硕士学位论文，2009.

[107] 许建军，张颖.脂肪酶的应用研究进展［J］.江苏食品与发酵，2002（4）：19-21.

[108] 阎顺国，沈禹颖.生态因子对碱茅种子萌发期耐盐性影响的数量分析［J］.植物生态学报，1996，20（5）：414-422.

[109] 严子柱，李爱德，李得禄，等.珍稀濒危保护植物蒙古扁桃的生长特性研究［J］.西北植物学报，2007，27（3）：0625-0628.

[110] 杨国勤，徐春钧，金蓉鸾，等.10种郁李仁有效成分的分析鉴定研究［J］.中国药科大学学报，1992，23（2）：77-81.

[111] 杨景宁.水分和盐分胁迫对四种荒漠植物种子萌发的影响［D］.兰州：兰州大学硕士学位论文，2007.

[112] 杨开恩，孙建忠，杨雪梅.蒙古扁桃种子育苗技术和幼苗生长过程［J］.甘肃科技，2011，27（22）：160-162.

[113] 杨坤，焦智浩，张根发.肉苁蓉组织培养研究进展及应用前景［J］.中草药，2006，37（1）：140-143.

[114] 杨涛，施智宝，封斌，等.榆林沙区发展生物质能源植物长柄扁桃的前景分析［J］.陕西林业科技，2013（1）：58-60.

[115] 杨期和，尹小娟，叶万辉.硬实种子休眠的机制和解除方法［J］.植物学通报，2006，23（1）：108-118.

[116] 杨万仁，沈振荣，徐秀梅.宁夏干旱荒漠带造林新树种-蒙古扁桃繁育造林技术［J］.宁夏农林科技，2005（5）：11-12.

[117] 杨兴洪，罗新书，刘润进.几种果树的线虫病害及其防治［J］.落叶果树，1993（1）：27-29.

[118] 余进德，胡小文，王彦荣，等.霸王果翅及其浸提液对种子萌发的影响［J］.西北植物学报，2009，29（1）：143-147.

- [119] 于卓,王林和.三种沙拐枣种子休眠原因研究初报[J].西北林学院学报,1998,13(3):9-13.
- [120] 袁伟伟,谭小力,周佳,等.油菜种子萌发期和形成期脂肪酶活性的动态变化[J].江苏农业学报,2010,26(3):482-486.
- [121] 藏小妹,陈邦,李聪,等.长柄扁桃种仁蛋白粉的提取及其功能性质的研究[A].中国化学会第28届学术年会第5分会场摘要集,2012.
- [122] 张大勇.理论生态学研究[M].北京:高等教育出版社,2000:10-45.
- [123] 张盹明,徐先英,唐进年,等.ABT生根粉在固沙造林中的应用[J].中国农学通报,2006,22(6):133-136.
- [124] 张凤云,王国礼,张和平,等.扁桃种仁化学成分研究[J].西北农业学报,1997,6(3):82-84.
- [125] 张贵有,牛延章.果园内天幕毛虫寄生蜂调查[J].植物保护,1999,19(6):21-22.
- [126] 张红晓,康向阳.白刺组织培养技术的研究[J].西北植物学报,2004,24(1):56-64.
- [127] 张华新,庞小慧,刘涛.我国木本油料植物资源及其开发利用现状[J].生物质化学工程,2006,40(S1):291-302.
- [128] 张景光,王新平,李新荣,等.荒漠植物生活史对策研究进展与展望[J].中国沙漠,2005,25(3):306-314.
- [129] 张世挺,杜国祯,陈家宽.种子大小变异的进化生态学研究现状与展望[J].生态学报,2003,23(2):353-364.
- [130] 张树新,邹受益,杨美霞.梭梭种子发芽特性试验研究[J].内蒙古林学院学报,1995,17(2):56-63.
- [131] 张文辉,祖元刚,刘国彬.十种濒危植物的种群生态学特征及致危因素分析[J].生态学报,2002,22(9):1512-1520.
- [132] 张颖娟,王玉山.沙埋对西鄂尔多斯珍稀植物种子萌发和幼苗出土的影响[J].西北植物学报,2010,30(1):126-130.
- [133] 张颖娟,王玉山.西鄂尔多斯4种荒漠植物种子萌发对水分条件的响应[J].水土保持通报,2010,30(6):60-63.
- [134] 张勇,薛林贵,高天鹏,等.荒漠植物种子萌发研究进展[J].中国沙漠,2005,25(1):106-112.
- [135] 赵晓英,任继周,王彦荣,等.3种锦鸡儿种子萌发对温度和水分的响应[J].西北植物学报,2005,25(2):211-217.
- [136] 赵越.蒙古扁桃引种育苗技术[J].青海农林科技,2006(3):50-51.
- [137] 郑光华,史忠礼,赵同芳.实用种子生理学[M].北京:农业出版社,1990.
- [138] 仲铭锦,苏志尧.植物化学系统学在现代植物分类学中的作用[J].仲恺农业技术学院学报,1995,8(1):63-67.
- [139] 中国油脂植物编写委员会.中国油脂植物[M].北京:科学出版社,1987:182-199.
- [140] 朱维琴,吴良欢,陶勤南.作物根系对干旱胁迫逆境的适应性研究进展[J].土壤与环境

2002, 11 (4): 430-433.

[141] 朱雅娟,董鸣,黄振英.种子萌发和幼苗生长对沙丘环境的适应机制 [J].应用生态学报, 2006, 17 (1): 137-142.

[142] 邹林林.不同海拔梯度蒙古扁桃种子库的研究 [D].呼和浩特:内蒙古师范大学硕士学位论文, 2009.

[143] 邹林林,红雨,任国学.濒危植物蒙古扁桃和柄扁桃种子萌发率和幼苗生长比较研究 [J].内蒙古师范大学学报(自然科学汉文版), 2008, 37 (6): 791-794.

[144] A. Dell'Aquila. Wheat seed ageing and embryo protein degradation [J]. *Seed Science Research*, 1994, 4: 293-298.

[145] Abdul Baki AA. Biochemical aspects of seed vigor [J]. *Hort Science*, 1980, 15: 765-771.

[146] Aerts R, MJ Van der Peijl. A simple modelto explain the dominance of low productive perennials in nutrient-poor habitats [J]. *Oikos*, 1993, 66: 144-147.

[147] Amira A., Dhouha K., Kawther M., *et al.* Characterization of virgin olive oil from super intensive Spanish and Greek varieties grown in northern Tunisia [J]. *Scientia Horticulturae*, 2009, 120: 77-83.

[148] Armstrong DP, Westoby M. Seedlings from large seeds tolerate defoliation better: A test using phylogenetically independent contrasts [J]. *Ecology*, 1993, 74: 1 092-1 100.

[149] Azam M M, Waris A, Nahar N M. Prospects and potential of fatty acid methyl esters of some non-traditional seed oils for use as biodiesel in India [J]. *Biomass and Bioenergy*, 2005, 29: 293-302.

[150] Young, H. J; Bawa, Kamaljit S, Hadley, Malcolm.. Reproductive ecology of tropical forest plants [M]. Paris: The Parthenon Publishing Group Ltd., 1990.

[151] Breuer B, Stuhlfauth T, Fock H. *et al.* Fatty acids of some Cornaceae, Hydrangeaceae, Aquifoliaceae, Hamamelidaceae and Styracaceae[J]. *Phytochemistry*, 1987, 26(5): 1441-1445.

[152] Brian FL, Nigel M. Preserving diversity [J]. *Nature*, 1993, 361, 579.

[153] Cheplick G P. Life history trade-offs in *Amphibromus scabrivalvis* (Poaceae): Allocation to clonal growth, storage, and cleistogamous reproduction [J]. *American Journal of Botany*, 1995. 82 (5): 621-629.

[154] Cohen D. A general model of optimal reproduction in a randomly varying environment [J]. *Journal of Ecology*, 1968, 56: 219-228.

[155] Dalling J W, Harms K E, Aizprua R. Seed damage tolerance and seedling resprouting ability of *Prioria copaifera* in Panama [J]. *Journal of Tropical Ecology*, 1997, 13: 481-490.

[156] Fan Z L, Ma Y J, Zhang H, *et al.* Research of Eon mater table and rational depth of ground water of Tarim River drainage basin [J]. *Arid Land Geography*, 2004, 27 (1): 8-13.

[157] Fenner M, Thompson K. The ecology seeds [M]. Cambridge: Cambridge university press, 2005.

[158] Fenner M. Seed ecology [M]. London: Chapman and Hall Press, 1985.

[159] Ferrandis, P., Herranz, J. M., Martinez Sanchez, J. J. Effect of fire on hard-coated Cistaceae seed banks and its influence on techniques for quantifying seed banks [J]. *Plant Ecology*. 1999,

144, 103-114.

[160] Freas K E, Kemp P R. Some relationships between environmental reliability and seed dormancy in desert annual plants [J]. *Journal of Ecology*, 1983, 71: 211-217.

[161] Guo Q, Brown JH, Valone TJ, et al. Constrains of seed size on plant distribution and abundance [J]. *Ecology*, 2000, 81: 2149-2155.

[162] Gutterman Y. Seed germination in desert plants adaptations of desert organisms [M]. Berlin: Springer Verlag Inc, 1993.

[163] Harper JL, Lovell PH, Moore KG. The shapes and sizes of seeds [J]. *Annual Review of Ecology and Systematics*, 1970 (1): 327-356.

[164] Harper J. L. Population biology of plants [M]. London: Academic Press, 1977.

[165] Hendry GAE, Grime JP. Methods in comparative plant ecology-A laboratory manual [M]. London: Chapman & Hall. , 1993.

[166] Hooper D U, Johnson L. Nitrogen limitation in dry land ecosystems: Responses to geographical and temporal variation in precipitation [J]. *Biogeochemistry*, 1999, 46 (1): 247-293.

[167] Huang A H C. Plant lipases. In: Borgström, B. Brockman, H. L. , *eds*. Lipases [M]. Elsevier Science Publishers, Amsterdam, 1984: 419-442.

[168] Jackson RB, Canadell J, Ehleringer JR, et al. A global analysis of root distributions for terrestrial biomes [J]. *Oecologia*, 1996, 108: 389-411.

[169] Janzen D H. Variation in seed size with in a crop of a Cost a Rican *Mucuna andreana* (Leguminosae) [J]. *American Journal of Botany.* , 1977, 64 (3): 347~349.

[170] Jurado E, Westoby M. Seedling growth in relation to seed size among species of aridAustralia [J]. *Journal of Ecology*, 1992, 80: 407-416.

[171] Leishman M R, Westoby M. The role of large seeds in seedling establishment in dry soil conditions-experimental evidence from semi-arid species [J]. *Journal of Ecology*, 1994, 82: 249-258.

[172] Leishman M R, Westoby M. The role of large seed size in shaded conditions: Experimental evidence [J]. *Functional Ecology*, 1994, 8: 205-214.

[173] Leishman MR, Wright IJ, Moles AT, Westoby M. The evolutionary ecology of seed size. In: Fenner M ed. Seeds: The Ecology of Regeneration in Plant Communities (2nd edn) [M]. Now York: CAB International publishing, 2000.

[174] Lipe, WN, Crane, JC. Dormancy regulation in peach seeds [J]. *Science*, 1966, 153: 541-542.

[175] Lowell W. Woodstock, Kar-Ling James Tao. Prevention of imbibitional injury in low vigor soybean embryonic axes by osmotic control of water uptake[J]. *Physiologia Plantarum*, 1981,51:133-139.

[176] Lovett Doust J. Plant reproductive ecology: patterns and strategies [M]. Now York: Oxford University Press, 1988.

[177] Mantell, S. H. , Matthews, J. A. and Mckee, R. A. Principles of plant biotechnology: an introduction to genetic engineering in plants [M]. Blackwell Scientific Publications, Oxford, U. K. , 1985.

[178] Motzo R, Attene G, Deidda M. Genotypic variation in durum wheat root systems at different stages of

development in a mediterranean environment [J]. *Euphytica*, 1993, 66: 197-206.

[179] Maun M A. Population biology of *Ammophila breviligulata* and *Calamovilfa longifolia* on Lake Huron sand dunes. I. Habitat, growth form, reproduction and establishment [J]. *Canadian Journal of Botany*. 1985, 63 (1): 113-124.

[180] Nik, W. Z., Parbery, D. G. Studies of seed-borne fungi of tropical pasture legume species [J]. *Australian Journal of Agricultural Research*, 1977, 28 (5): 821-841.

[181] Reader R J. Control of seedling emergence byground cover and seed predation in relation to seed size for some old-field species [J]. *Journal of Ecology*, 1993, 81: 169-175.

[182] Roach D A, Wulff R D. Maternal effects in plants [J]. *Annual Review of Ecology and Systematics*, 1987, 18: 209-235.

[183] Rodriguez Iturbe I. Ecohydrology: a hydrologic perspective of climate soil vegetation dynamics [J]. *Water Resources Research*, 2000, 36 (1): 3-9.

[184] Sharma B. R., Chaudhary T. N. Wheat root growth, grain yield and water uptake as influenced by soil water regime and depth of nitrogen placement in a loamy sand soil [J]. *Agricultural Water Management*, 1983, 6 (4): 365-373.

[185] Smucker A J M, Aiken R M. Dynamic root response to water deficits [J]. *Soil Science*, 1992, 154 (4): 281-289.

[186] Sutherland S, Vickery J R K. Trade-offs between sexual and asexual reproduction in the genus Mimulus [J]. *Oecologia*, 1988, 76: 330-335.

[187] Thompson K. The functional ecology of seed banks. In: Micheal Fenner, *ed*. Seeds: The ecology of regeneration in plant communities (2nd Edition) [M]. Wallinford: CAB International, Publishing, 1992.

[188] Weller S G. Establishment of *Lithospermum caroliniense* on sand dunes: The role of nutlet mass [J]. *Ecology*, 1985, 66: 1893-1901.

[189] Westoby M, Jurado E, Leishman M. Comparative evolutionary ecology of seed sizes [M]. Trends in Ecology & Evolution, 1992, 7: 368-372.

[190] Zhong H P, Liu H, Wang Y, *et al*. Relationship between Ejina oasis and water resources in the tower Heihe River basin [J]. *Advances in Water Science*, 2002, 13 (2): 223~228.

[191] Zhao W Z, Chang X L, Li Q S, *et al*. Relationship between structural component biomass of reed population and ground water depth in desert oasis [J]. *Acta Ecologica Sinica*, 2003, 23 (6): 1138-1146.

第6章 蒙古扁桃繁殖生理生态

在植物学中,繁殖(reproduction)通常指生命有机体产生与亲代相似后代的过程。"繁殖"和"生殖"彼此之间互用,因此,有许多学者将植物繁殖生态学(reproductive ecology)也称为植物生殖生态学(reproductive ecology)。Willson M F.(1983)的专著 *Plant Reproductive Ecology* 中对生殖生态学的定义是"主要研究生物的繁殖行为和过程与环境间的相互关系及其作用规律的科学"。严格地讲,繁殖的含义较为广泛,指生物形成新个体的所有方式的总称;生殖是繁殖的一种形式(王明玖,2000;陈海军,2011)。

生殖是生物繁衍后代,延续种族最基本的行为和过程。它是种群形成、发展和进化的核心,也是种群和生态系统演替的基础。植物种群生殖能力与外界环境相互作用形成植物生殖过程、生殖策略、生殖时间、生殖频率的千变万化。只有在适宜的生存环境条件下植物才能够完成生殖过程,使种群得以繁衍后代(祖元刚等,1999)。繁育系统对植物的进化路线和表征变异有较大影响,是种群有性生殖的纽带,已成为当今进化生物学研究中最为活跃的领域之一(肖宜安,2004)。濒危植物繁育系统的生殖力、存活力、适应力低下等内在因素是植物走向濒危的根本原因之一,在相同的外界生境条件下,普通植物(如广布种)尚能正常生长发育,而濒危植物则不能,关键是其内在属性所致(张文辉等,2002)。蒙古扁桃是荒漠区少有的先叶开花植物,其开花、传粉、授粉受精恰逢荒漠区大风、干旱和气温变幅大和病虫害多发等环境因素最为残酷时期,往往是花多结实少,而且具有明显的"大小年现象"。因此,繁生生物学研究是探讨蒙古扁桃致濒原因及扩大繁殖的重要环节。

6.1 蒙古扁桃物候特征

植物物候(plants phenology)是指植物受气候和其他环境因子的影响而出现的以年为周期的自然现象,包括植物的发芽、展叶、开花、叶变色、落叶等,是植物长期适应季节性变化的环境而形成的生长发育节律(陆佩玲等,2006)。确定植物物候响应环境变化的类型和机制，对预测气候变化对植物和植被生态系统的影响至关重要（张学霞等，2004）。植物物候实质上是研究植物生长发育与环境条件的关系。它不但能直观地指示自然季节的变化，还能表现出植物对自然环境变化的适应。植物在年周期中有顺序地进行着各个物候期的变化，是一个有机体与外界环境不断进行物流与能流的交换与积聚的过程。因此，物候与植物的内在因素和外界环境因素关系密切。其外在环境因素包括温度、光照、水分、生长调节剂等。其中气温、光照、水分等气候因子则为主要影响因子。研究植物物候规律的特征及其与主要的环境因子气候因子间的关系在预报农时、指导农事活动，预测、鉴定气候变化趋势，指示病虫害的发生，气候的物候鉴定与预测，引种与选种等方面都具有重要的理论和现实意义（王连喜等，2010）。而繁殖物候是植物在其长期的进化过程中遗传下来的为了生存而不断适应环境的结果，这也是植物与其所处环境相互作用的一个过程（Delph L. F.，1993）。作为生活史的季节性时间选择，繁殖物候是植物生态和进化生态中最重要的现象之一。这种季节性的时间选择对植物的繁殖是关键，对于物种的存活也是同样重要的（Jarzomski CM, et al, 2000）。

植物的开花时间可以在多方面强烈影响其生殖成功的可能性，开花物候和生殖同步性被认为是一个很重要的繁殖适合度因子（O'Neil P.，1999）。植物的开花时间和开花模式可以在个体（如过于幼小的植物体无法储存足够的资源以保证果实成熟）、种群（如植物花期异步，导致雄花缺乏）及物种（如植物在"不合适"的时间开花，导致没有传粉昆虫访问）等不同水平上影响生殖成功（Rathcke B. & Lacey E. P.，1985；肖宜安等，2004）。

蒙古扁桃一般为4月初返青，5月开花，8月果期，9~10月为果后营养期，10月末11月初叶片枯黄。但由于生境的水热因子的不同，不同地区生长的蒙古扁桃物候有一定差异。表6.1是在呼和浩特地区对14年生蒙古扁桃植株连续四年观察的物候进程时间表（季蒙，邵铁军，2007）。从表6.1可以看出，尽管是同一地点的同一植株，但由于不同年份的水热因子有别，导致蒙古扁桃植株物候有所变动。变幅大约为±2d。

表 6.1　生长于呼和浩特市树木园14年生蒙古扁桃物候特性
Tab. 6.1　Phenological characteristics of 14 years old *P. mongolica* growthing in Huhhot arboretum

观测年份	叶片生长物候（月.日）						开花物候（月.日）				果实生长物候（月.日）			顶芽形成期
	萌动期	开放期	开始展叶	完全展叶	落叶始期	落叶末期	萌动期	现蕾期	开花始期	开花末期	初熟期	全熟期	落果期	
2001	3.29	4.10	4.15	4.23	9.19	10.8	4.10	4.15	4.18	4.30	7.17	8.5	8.31	8.25
2002	4.2	4.10	4.15	4.22	9.25	10.10	4.11	4.15	4.19	4.28	7.20	8.3	8.30	8.22
2003	3.31	4.8	4.14	4.23	9.19	10.8	4.8	4.15	4.15	5.1	7.22	8.3	9.4	8.19
2004	4.1	4.7	4.13	4.20	9.22	10.5	4.10	4.13	4.19	4.27	7.18	8.2	9.1	8.22

引自季蒙，邵铁军，2007

宁夏海原县西华山，地处 36°26′N，103°23′E，海拔 2 000～2 703m，这里有以蒙古扁桃为主的天然灌木林 1 333.3hm²，以片状生长。播种第 1 年，蒙古扁桃株高可达 30～40 cm，主根长 40 cm 左右（在灌水条件下），第 3 年开始开花结实，株高 80～100cm。成年株（4～5 龄株）高可达 150～200 cm。这里，一般 4 月上旬地面芽开始萌动，4 月中旬枝上芽萌发展叶，5 月中旬开花，7 月中旬核果成熟，8 月中旬生长逐渐缓慢至停止（田小武，雷永华，2011）。

对阴山山脉包头段不同海拔高度蒙古扁桃种群开花物候观察表明（表 6.2），同一年内不同海拔蒙古扁桃的始花期不同。受温度的影响，低海拔始花期相对较早，盛花期在始花期后 10d 左右出现；不同海拔蒙古扁桃种群落花期均为 40～42d，单花从露粉到凋谢大约需要 8d。不同海拔蒙古扁桃种群落花期、单花花期有所差异，但小尺度上这种差异较小，大尺度上相对较大。因此，海拔对蒙古扁桃开花物候具有较大的影响（朱清芳等，2011）。

表 6.2　阴山山脉包头段不同海拔地带蒙古扁桃种群开花物候
Tab. 6.2　Flowering phenology of *P. mongolica* at different altitudes of MONI Mountains in Baotou section

观测项目	海拔 1205m		海拔 1245m		海拔 1289m		海拔 1322m	
	2008	2009	2008	2009	2008	2009	2008	2009
个别植株开花（月日）	4.11	4.4	4.15	4.5	4.14	4.4	4.16	4.5
25% 植株开花（月日）	4.19	4.10	4.22	4.12	4.17	4.12	4.20	4.11
50% 植株开花（月日）	4.23	4.1	4.25	4.17	4.25	4.16	4.25	4.18
<25% 尚在开花其余谢花（月日）	4.26	4.19	4.28	4.21	4.27	4.20	4.28	4.20
开花末期，仅 10% 植株开花（月日）	5.1	5.1	5.3	4.27	5.2	4.28	5.3	4.30
单花从露粉到凋谢时间（d）	8	9	8	8	8	8	7	8
落花期时间（d）	40	42	41	41	40	41	40	41

引自朱清芳等，2011

同一海拔不同年份蒙古扁桃的始花期也不同，2009 年较 2008 年始花期、盛花期提前 1 周左右，其原因可能是当地 2007～2008 年大旱，降雨量小，而 2008～2009 年降雨量相对较大，这说明气候条件对蒙古扁桃的开花物候具有一定的影响。

李爱平等（2004）对驯化多年蒙古扁桃的物候观测认为，气温、地表温度、地温、空气湿度和水汽压等因素所对应的蒙古扁桃指标变化趋势明显，幅度较大，说明这些因子与其物候期的出现关系密切；而蒸腾量和日照时数对应的指标变化趋势不明显，幅度较小，说明这 2 个因子与蒙古扁桃物候的出现关系较为疏远。而葛全胜等（2003）对中国 1961～1999 年的气候和物候的研究表明，物候与气温显著相关，物候变化与生长期降水变化不存在可比性，物候与降水基本没有关系。

从 20 世纪以来，地球日最低气温每 10a 增加 0.2℃，日最高气温每 10a 增加 0.1℃，同时大部分北半球高纬度地区每 10a 降水增加 0.5% ~ 1.0%（Kaduk J.，Heimann M.，1996）。近 50a 来，随着全球变暖，我国北方绝大部分地区，夏季明显增长，平均增长 5 ~ 8d；冬季变短，平均缩短 5 ~ 6d，春夏季明显提早，秋冬明显推迟。季节变化势必引起作物生长季和成熟期的变化（Jiang Y. D.，*et al.*，2004）。

徐雨晴等（2005）分析了北京近 50a 春季物候的变化规律及其对气候变化的响应。近十几年来北京春季物候持续偏早，与北京近年持续的暖冬相一致。估计未来 10 多年春季物候仍持续偏早。郑景云等（2003）根据中国科学院物候观测网络 26 个观测点的物候资料，分析了近 40a 我国木本植物物候变化及其对气候变化的响应，研究得到由于 20 世纪 80 年代以后我国大部分地区春季增温及秦岭以南地区降温，东北、华北及长江下游等地区物候期提前，西南东部、长江中游等地区物候期推迟。王大川（2012）对近 30 年呼和浩特市木本植物物候变化规律及对气候变化响应的研究表明，呼和浩特市木本植物春季物候期随年均温的升高普遍呈现了提前的趋势；而秋季物候期普遍呈现了推迟的趋势。如紫丁香（*Syringa julianae*）开花始期的平均值在 20 世纪 90 年代比 80 年代提前了 1.7d，2000 年后又比 90 年代提前了 4.4d。春季物候期同月平均气温具有显著相关性。如开始展叶期和开花始期与 3、4 月份的平均温度呈现了极显著的负相关。若呼和浩特市 3 ~ 4 月份的平均温度提高 1.0℃，各植物的物候就要相应提前。如复叶槭（*Acer negundo*）的开花始期就要提前约 5.09d、山桃（*Amygdalus davidiana*）的开花始期要提前约 2.58d、玫瑰（*Rosa rugosa*）的开花始期要提前约 2.77d、黄刺梅（*Rosa xanthina*）的开花始期要提前约 3.45d 和紫丁香（*Syringa julianae*）的开花始期就要提前约 3.26d。濒危植物对环境适应能力较差，面对全球性气候变化，包括其物候期在内的生长发育过程如何应对是值得警惕的问题。

6.2 蒙古扁桃花部综合特征

花是适应于生殖的变态短枝，它不仅仅是一种生殖上的结构单位，而且也是一个适应于传粉的功能单位。植物花的综合特征包括两个方面，即花部构成（floral design）和花的开放式样（floral display）。花部构成主要包括花的结构、颜色、气味、分泌物质类型及其产量等单个花的所有特征；花的开放式样则指花在某时间开放的数量、花在花序上的空间排列状况等，是花在种群水平上的表现特征。花作为被子植物的繁殖器官，比所有其他类群有机体的繁殖器官都表现出了更高的变异性（张大勇，2004），花部形态特征能显著影响植物的繁殖，花部变异对研究植物的繁殖系统至关重要（Parsonsa K. & Hermanutzb L.，2006），影响植物传粉和交配的花样繁多的花性状一直是植物繁殖生态学和进化生物学研究的热点之一（阮成江和姜国斌，2006）。

蒙古扁桃花单生于短枝上，两性花、花柄极短，图6.1（1）和图6.1（2）。蒙古扁桃花辐射对称，花瓣粉红色，具泌蜜腺，具有典型的虫媒花植物的特征。萼筒宽钟状，长约3 mm，无毛。大多数为5瓣，也有的花朵出现重瓣现象，随着花期的推进，花瓣的颜色也随之变化，由粉红至淡粉色，最后为粉白色。花朵直径约14mm，萼片呈矩圆形，长约5mm。花瓣倒卵形，长约6mm，多为5瓣。雄蕊21~26枚，着生于萼筒边缘，呈内、外两轮排列，外轮花丝略高于内轮花丝，花丝白色或粉色。花药着生于花丝顶端，具4个花粉囊，花药沿药隔纵裂，花粉散出，花粉粒呈橄榄型。雌蕊1~2枚，花柱白色或粉色，柱头具有疣状突起，子房上位，密被短毛，内含2枚胚珠。

开花时，花被片先绽开，露出雌雄蕊，1~2d后花被完全张开，露出花丝与柱头，此时雄蕊仍呈束状包围花柱，中花柱与短花柱均隐于花丝内，而长花柱花的柱头已高过花丝暴露在外，3 d后外轮花丝呈星散状散开，继而内轮花丝也随之散开，露出其间的中花柱与短花柱花的柱头。7~8d后花瓣萎蔫，多数凋谢，仅少数仍残留于花筒边缘，随后雄蕊皱缩脱落［图6.1（3）~图6.1（4）］。花期结束后受精子房开始膨大，

图6.1　蒙古扁桃花部结构摄影图（引自马骥等，2010）

Fig. 6.1　Photography figure of floral structures of *P. mongolica*

未受精花凋谢。随着花的开放，花瓣的颜色也随之变化，由初始粉红至淡粉色，最后为粉白色。同时柱头也由白色转为黄色至黄褐色。受精后柱头宿存至果实发育成型后脱落。果实于受精后 2d 左右开始发育，至开花后 60~70 d 成熟，成熟果实为红褐色核果。

马骥对宁夏植物园栽培蒙古扁桃观察表明（2010），蒙古扁桃雌蕊花柱的长度表现出明显的差异，根据其雌蕊花柱的长度差异可将其花分为 3 种类型：即长花柱花，中花柱花和短花柱花 3 类。且同一个体中 3 种类型花同时存在。其中长花柱花的花柱长 8~10mm，显著长于花丝。短花柱长 2~3mm，明显低于花丝，中花柱长度与花丝平齐或略高，长约 5mm。同时一部分花柱发生不同幅度的弯曲。3 种类型花的花丝长度无明显差异。

随着开花进程的不断推进，花柱长度的平均值、最低值与最高值均有增加。在开花初期多为中花柱花，随花期的推移短花柱花与长花柱花比例均不断增加，而中花柱花则逐渐减少直至消失；短花柱花初始较少，但中期大量增加，后期又有所减少；长花柱花比例一直呈上升趋势，直至花期末期大量结果或脱落后开始减少。

图 6.2 是蒙古扁桃开花不同时期不同类型花所占比例变化趋势。在开花初期多为中花柱花，随期的推移短花柱花与长花柱花均不断增加，而中花柱花则逐渐减少直至消失；短花柱花初始较少，但中期大量增加，后期又有所减少；长花柱花比例一直呈上升趋势。不同个体之间短花柱花与长花柱花所占比例存在着显著性差异，中花柱花差异不显著。

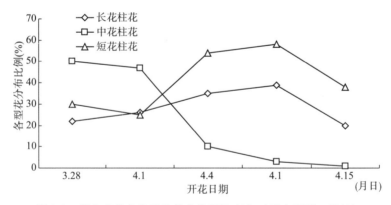

图 6.2 蒙古扁桃各类型花分布比例的变化（引自马骥，2010）

Fig. 6.2 The Distribution proportional variation on different type flowers of *P. mongolica*

对 6 株盛花期蒙古扁桃的 3 种类型花的统计分析发现（表 6.3），不同个体之间短花柱花与长花柱花所占比例存在着显著性差异,而与中花柱花差异不显著。

表 6.3 蒙古扁桃不同个体 3 种花柱型花分布比例的分析
Tab. 6.3 Analysis on the proportion of 3-types style flowers in different individual P. mongolica

花类型 flower types		3 种花柱型花分布比例（%）					
		植株 1	植株 2	植株 3	植株 4	植株 5	植株 6
长花柱花	Long-style	62.63	7.66	49.87	50.67	2.02	15.89
中花柱花	Middle-style	11.93	31.09	32.56	31.41	9.01	44.69
短花柱花	Short-style	25.44	61.08	17.57	17.92	88.97	39.42

引自马骥，2010

方海涛等（2007）和安瑞丽等（2009）对包头郊区鹿沟地段蒙古扁桃自然居群连续几年观察发现，不同生境的植株花丝的高度与柱头高度的关系不同，山顶分布的多数植株内、外轮花丝长度高于花柱长度，甚至有 20%～30% 的花柱头在子房内，在整个花发育期间不露出子房，只见到雄蕊，这类植株称为长花丝植株；山坡阳面分布的植株内、外两轮花丝矮于柱头，在开花过程中，花柱顶端弯曲向下，这种植株为短花丝植株；山顶部分植株、阴坡分布的植株外轮花丝高于或等于花柱高度，而内轮花丝矮于花柱，为中花丝植株。中花丝植株开花早于长花丝植株，可提前 7 d 左右，短花丝开花时间与长花丝相当。

表 6.4 是杜巧珍（2010）在 2008 年和 2009 年对阴山山脉包头段不同海拔地带蒙古扁桃种群花部形态观察结果。结果表明，不同海拔地带蒙古扁桃种群雄蕊长度差异显著，而雌蕊长度差异不显著。因此蒙古扁桃花是否存在花柱异型特征，有待进一步研究。

表 6.4 阴山山脉包头段不同海拔地带蒙古扁桃种群花部形态观察（mm）
Tab. 6.4 Observation on floral morphology of P. mongolica at different altitude in Baotou section of MONI Mountain

海拔（m） altitude	萼片 sepal		花瓣 peta		雄蕊长 stanan	雌蕊长 pistil	花口径 flower diameter
	length	width	length	width			
1205	6.1±0.11a	4.3±0.25a	8.1±0.31a	5.3±0.33a	3.6±0.23a	4.5±0.22a	17.3±0.36a
1245	6.3±0.22a	4.4±0.16a	7.4±0.24a	4.4±0.25a	4.1±0.15a	4.3±0.17a	16.8±0.26a
1289	6.0±0.37a	4.1±0.33a	7.0±0.13a	4.1±0.19a	5.5±0.31b	4.1±0.21a	16.9±0.19a
1322	5.9±0.19a	4.0±0.41a	6.9±0.18a	3.9±0.32a	5.6±0.14b	4.0±0.14a	16.2±0.10a
平均值	6.1±0.25	4.2±0.28	7.3±0.22	4.4±0.25	4.2±0.27	4.2±0.18	16.8±0.22

注：同一列不同字母表示两组数据差异显著（$P<0.05$）；（引自杜巧珍，2010）
Note：Different letters in the same row indicate significant difference（$P<0.05$）

花柱异型是由遗传控制的花部多态现象，它包括二型花柱（distyle）、三型花柱（tristyle），其花的雄蕊和柱头高度互不相同（Ganders E.，1979）。花柱异型植物占有花植物的1%~2%，常发现在中等进化程度的管状花之中。一般不存在最原始的亚纲中，如木兰亚纲（Magnoliopsidae）、泽泻亚纲（Alismatidae），也不存在金缕梅亚纲（Hamamelididae）、鸭跖草亚纲（Commelinidae）、槟榔亚纲（Arecidae）中。Ganders（1979）和Thompson等（1996）报道至少在24科164属中含花柱异型植物，其中二型花柱23科，三型花柱6科。Barrett等（2000）报道至少在28个靠动物传粉的科中有花柱异型植物。报春花科（Primulaceae）报春花属（*Primula* L.）91%的物种为二型花柱植物，茜草科（Rubiaceae）至少有一半以上的属都有花柱异型植物。然而陈明林等（2010）所统计的花柱异型的科属名录中并没有列举蔷薇科。

蒙古扁桃花药具4个花粉囊，沿药隔纵裂，均为外轮比内轮先开裂，花粉散出。1个花药开裂需要1h左右。蒙古扁桃花在1d后，少数花药开裂，大多数花的花药集中在开花后第3天开裂。在开花1h后花粉已具有活力，至第3天花粉活力最强，其活力可保持10d左右。柱头从开花后1h直到第8天均具有活性，花粉活力与柱头可授性重叠期8d左右，这为开裂后的花粉留有较长时间等候昆虫传粉，同时也为昆虫引起的自花传粉提供了生理基础（方海涛等，2007）。花粉活力和柱头可授性因植物而异，花粉与柱头同时处于高度活力状态，有利于植物顺利完成授粉、识别、受精过程。

3种类型的蒙古扁桃花药在一天中集中开裂散粉时间存在明显差异，长花丝植株花药开裂集中在12:00时左右，中花丝植株花药集中在14:00时，而短花丝植株花药在15:00时开裂最多。而3种类型植株花分泌花蜜无明显差异，花从9:00左右开始泌蜜，11:00泌蜜量达到高峰，可分泌2μl左右，持续到14:00，然后开始减少。蒙古扁桃花瓣脱落先于雄蕊，也先于其他花器官的脱落。在开花6d后，柱头开始从顶部枯萎，而子房开始发育。

蒙古扁桃花具有外分泌腺，由多层分泌细胞组成，并有强烈的花香味。在晴天，一天中花药集中在12:00时左右开裂，泌蜜从9:00左右开始，11:00泌蜜量达到高峰，可分泌2μl左右，持续到14:00，然后开始减少（方海涛等，2007）。3种植株柱头分泌黏液略有不同，长花丝蒙古扁桃的植株柱头在露粉后1d即有黏液分泌，第2、第3天黏液分泌达到峰值。中花丝蒙古扁桃植株柱头露粉后第2天有黏液分泌，第3、第4天黏液大量分泌，第6天黏液分泌停止，短花丝蒙古扁桃柱头分泌黏液与长花丝相似。

气味是较古老的吸引昆虫的机制，访花昆虫能精确地识别花中特定的气味组分（王洁等，2011）。相关研究认为，与花冠直径、形状、花色等花部外形特征相比，气味对传粉者的吸引更重要，因为花部释放出的挥发性气体向外扩散，可以吸引数千米以外的传粉者（Eevin G. N. & Wetzel R. G., 2000）。Thorp 等人（1975）在多种蜂媒传粉植物中发现，花蜜可吸收紫外光谱而被昆虫敏锐觉察。花蜜反射荧光的式样和光谱范围为传粉者提供了花蜜的存在和丰富的信息。这种机制提高了昆虫的觅食效率，减少对已传粉花（花蜜已采食）的访问，同时也提高了传粉效率。

表6.5 在蒙古扁桃开花期间单花形态特征变化动态
Tab. 6.5 Morphological dynamic changes of single flower of *P. mongolica*

观测项目		形态变化
花器官枯萎顺序		雄蕊→萼片/花瓣→雌蕊
萼片发育状态	颜色	绿色→棕色
	大小	无明显变化
	空间位置	闭合→伸展→残留
花瓣发育状态	颜色	粉红→淡粉色→粉白色
	大小	伸长
	空间位置	闭合→伸展→残留
雄蕊发育状态	花药颜色	绿色→浅红→黑色
	花丝	长伸长
	花药与柱头间距	小→大
	花药开裂方式	纵裂
雌蕊发育状态	花粉与柱头成熟的顺序	柱头较花粉先熟
	子房颜色	白色→黄色→黄褐色
	形状变化伸长	膨大
蜜腺		有

引自杜巧珍，2010

植物的花部综合特征与繁育系统大体上相适应，杂交指数（out crossing index, OCI）和花粉与胚珠比（pollen ovule ratio, P/O）是判断濒危植物繁育系统类型常用的2 个指标（Cruden R. W., 1977）。其中由 Dafni 于1992 年提出的杂交指数（OCI）是近几年濒危植物繁育系统研究的常用指标之一，被国内外学者广泛采用。

评判标准为，当 OCI = 0 时，繁育系统为闭花受精（cleistogamy）；当 OCI = 1 时，繁育系统为专性自交（obligate autogamy）；当 OCI = 2 时，繁育系统为兼性自交（facultative autogamy）；当 OCI = 3 时，繁育系统为自交亲和，有时需要传粉者；当 OCI = 4 时，繁育系统为部分自交亲和异交，需要传粉者。

依据 Cruden（1997）的标准，当 P/O 为 2.7～5.4 时，其繁育系统为闭花受精；当 P/O 为 18.1～39.0 时，繁育系统为专性自交；当 P/O 为 31.9～396.0 时，繁育系统为兼性自交；当 P/O 为 244.7～2 588.0 时，繁育系统为兼性异交；当 P/O 为 2 108.0～195 525.0 时，繁育系统为专性异交；亦即，P/O 值的降低意味着近交程度的升高，P/O 值的升高伴随着远交程度的上升。

花粉是被子植物的雄配子体，花粉所含营养物质的种类以及单花的花粉数与胚珠数被认为与植物的传粉系统有一定的联系（Cruden, 1977；Baker & Baker, 1979；Dafni, 1992）。蒙古扁桃花粉量较大，平均每个花药有 2 375 个花粉粒，平均每朵花的花粉量为 47 500，胚珠数为 2 枚，花粉胚珠比（P/O 比值）为 23 750，依据 Cruden 的标准（Cruden R. W., 1977），其繁育系统为专性异交类型（马骥等，2010）。异交是形成繁育系统中传粉多样性的主要动力。

一般来讲，花序越长，花朵越大，P/O 值也越大，即 P/O 值与花序长度和花朵直径有明显的正相关关系。因为花序长、花朵大，花部的显著程度高，有利于吸引传粉昆虫来访问花朵使花粉易散出，易在花朵间传播，这样的花朵允许花粉囊产生更多的花粉，从而 P/O 上升，异交率也增高。反之，花轴短小（如成头状）、花朵小，不利于吸引传粉昆虫和花粉的散出，因而花粉囊产生相对较少的花粉，从而 P/O 较低，自交率增高（方应兵等，2009）。

蒙古扁桃花直径为 14mm。虽属两性花，但其可育花即长花柱花的柱头自开花初期便远高于雄蕊，因而其可育雌雄器官在空间分离。其杂交指数（out crossing index, OCI）为 4。根据 Dafni 标准（Dafni A, 1992），其繁育系统为异交，需要传粉者（马骥等，2010）。

P/O 值和 OCI 值基本一致地表明，蒙古扁桃的繁育系统为异交交配系统。研究表明，蒙古扁桃近缘种长柄扁桃（Prunus pedunculata）的 P/O = 2 705，依据 Cruden 的标准也属于专性异交繁育系统（方海涛，李俊兰，2008）。

Michalski 等（2009）统计了 107 种被子植物的花粉—胚珠比（P/O）和杂交率，发现多数植物的花粉—胚珠比（P/O）越高，杂交率越高；且与虫媒植物相比，风媒植物花粉—胚珠比（P/O）与杂交率的相关性要高得多。

一般来说，在自然界绝对自交或绝对异交的植物类群很少，大多是两者兼而有之的混和交配模式。为了适应各种各样的生境，植物的繁育系统具有多样性。远交可以使子代产生更多的变异，从而更好的适应环境的变化，同时还能避免自交衰退，但繁殖成功率受外界条件影响也大；近交的适应进化主要是繁殖保障和自动选择优势两个方面的优点，但同时也会产生近交衰退等不利的影响。

6.3 蒙古扁桃传粉生物学

传粉是种子植物受精的必经阶段。花粉的运动在很大程度上限定了植物的个体间的基因流和群体的交配方式，从而影响后代的遗传组成和适合度。花粉从雄性结构传送到雌性结构表面需借助一定的载体，经过一定的空间，至少这三方面的原因使传粉生物学研究涉及生殖生物学、遗传学和生态学的内容。而正是这个花粉携带精子运动的复杂过程，为物种进化的研究提供了契机（黄双全，郭友好，2000）。

蒙古扁桃花粉粒呈圆球形，极面观为三裂圆形，大小为 53.26μm（50.78～55.65μm）×52.33μm（50.18～53.94μm），赤道轴长与极轴长比值（P/E）= 1.02，具3孔沟，并且均分布在极面每个角的顶点上。内孔强烈外突，沟深而长，达到两极。花粉粒表面为条纹状纹饰。条纹较长并呈弯曲状，条纹之间排列极为密集（宛涛等，2004）。其中近圆球形、极面为圆三角形、具3孔沟和条纹状纹饰等花粉特征是除了地榆属（*Sanguisorba* L.）外蔷薇科植物花粉的总体特征。植物依靠传授花粉者进行异花交配，这对植物保持较高生活力和演化变异等都是不可缺少的。

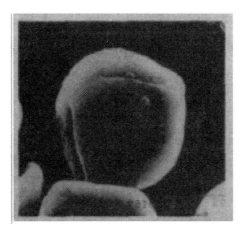

图 6.3　蒙古扁桃花粉粒赤道面扫描电镜图（引自宛涛等，2004）
Fig. 6.3　Equatorial plane scanning electron micrographs of *P. mongolica* pollen

蒙古扁桃花期较短，单花花期 10d，居群花期 38d。在环境压力下蒙古扁桃选择"大量集中开花"，吸引到更多传粉者的访问，从而达到生殖成功的开花模式。濒危植物长柄双花木（*Disanthus cercidifolius*）（肖宜安，2004）和小花木兰（*Magnolia sieboldii*）（王立龙等，2005）也选择类似的开花模式。为探讨蒙古扁桃种群花粉风媒传播的距离，分别在阴山山脉包头段海拔1 205～1 245m地带和1 289～1 322m地带蒙古扁桃群落选择样地，在每个实验样地内选择一个周围40m内没有其他蒙古扁桃的散生植株作为2个散粉源，在植株的向西和向南不同距离处摆放涂有凡士林的2cm×3cm载玻片，接收散布在空气中的花粉粒。在不同时间取载玻片，并用透明胶带封片，在显微镜下对载玻片上捕获的花粉粒计数、分析。

捕获率（％）＝被测时间段捕获花粉粒总数÷全天捕获花粉粒总数×100

散粉强度：被测时间段每分钟捕获花粉粒数目。

从表6.6可以看出，在被检测各方向均有蒙古扁桃风媒花粉传播，在下午12：00～18：00时间段传播密度最大，上午和夜间传播密度相对较低。在高海拔地带蒙古扁桃风媒传播花粉密度较低海拔地带的大些。

表6.6 不同海拔地带蒙古扁桃种群花粉风媒传播距离的分析

Tab. 6.6 Analysis on wind pollination distance of *P. mongolica* population at different altitudes lots

海拔(m)	方向	时间	传粉距离（m）					总和	捕获率（％）	散粉强度
			1.0	3.0	5.0	10.0	18.0			
1205–1245	向南	8：30～12：00	150	183	95	45	15	488	26.2	2.3238
		12：00～18：00	256	461	160	24	18	919	49.3	2.5528
		18：00～9：00	105	147	104	76	25	457	24.5	0.5078
		合计	511	791	359	145	58	1864		
	向西	8：30～12：00	184	270	80	52	8	594	37.5	2.8285
		12：30～18：00	111	413	73	20	11	628	39.6	1.7445
		18：00～9：00	95	162	55	31	19	362	22.9	0.4022
		合计	390	845	208	103	38	1584		
1287–1322	向南	8：30～12：00	151	180	306	71	22	730	35.4	3.4761
		12：00～18：00	120	162	435	53	16	786	38.1	2.1833
		18：00～9：00	135	127	207	67	13	549	26.6	0.6110
		合计	406	469	948	191	51	2065		
	向西	8：30～12：00	121	154	223	60	10	568	32.3	2.7047
		12：30～18：00	105	123	425	54	8	716	40.7	1.9888
		18：00～9：00	94	142	181	43	14	474	27.0	0.5266
		合计	1470	320	419	930	157	1758		

引自杜巧珍，2010

不同植物花吸引着不同种类的昆虫，形成不同的组合，有时这种组合非常稳定和准确，造成了恒定的传粉作用（祖元刚等，1999）。以网捕或捕捉方式采集正在蒙古扁桃花上活动的昆虫，并经鉴定表明，蒙古扁桃访花昆虫有17种，分属于4目、10科，其中膜翅目种类最多，有9种，占52.94%，其次为双翅目，有5种，占29.41%（表6.7）。

表6.7 蒙古扁桃访花昆虫种类
Tab. 6.7 Foraging insect specieses of *P. mongolica*

中文名	学名	访花目的
膜翅目	Hymenoptera	
蜜蜂科	Apidae	
中华突眼木蜂	*Proxylocopa sinensis* Wu	吸蜜、采粉
乌亚条蜂	*Anthophora uljanini* Fedtschenko	吸蜜、采粉
波氏条蜂	*Anthophora potaninii* Morawitz	吸蜜、采粉
侧斑毛斑蜂	*Melecta plurinotata* Brulle	吸蜜
条蜂	*Anthophora* sp.	吸蜜、采粉
切叶蜂科	Megachilidae	
沙漠石蜂	*Chalicodoma desorticola* Smith	吸蜜、采粉
蚁科	Formicidae	
	1种	吸蜜
泥蜂科	Sphecidae	
	1种	捕食
隧蜂科	Halictidae	
	1种	采粉、吸蜜
鳞翅目	Lepidoptera	
粉蝶科	Pieridae	
菜粉蝶	*Pieris rapae* Linnaeus	吸蜜
蛱蝶科	Nymphalidae	
小红蛱蝶	*Vanessa cardui* Linnaeus	吸蜜
双翅目	Diptera	
食蚜蝇科	Syrphidae	
长尾管食蚜蝇	*Eristalis tenax* Linnaeus	吸蜜
棕边管食蚜蝇	*Eristalis arbustorum* Linnaeus	吸蜜
大斑鼓额食蚜蝇	*Scaeua albomaculata* (Macquart)	吸蜜
	未鉴定1种	吸蜜
麻蝇科	Sarcophagidae	
黑尾黑麻蝇	*Helicophagella melanura* Meigen	吸蜜
缨翅目	Thysanoptera	
蓟马科	Thripidae	
	1种	不详

引自方海涛等，2004

蒙古扁桃的访花昆虫的种类不同，来访目的不同，有的采食花粉和花蜜，有的等候或捕捉猎物。细纹小蚂蚁（*Monomorium destructor*）与花蓟马（*Frankliniella intonsa*）花微开时钻进花内，在花的基部活动，接触不到柱头和花药，起不到传粉的作用。双翅目昆虫没有特殊的携粉器官，吸蜜时胸部和喙可携带部分花粉，其传粉作用不可忽视。膜翅目昆虫（除蚂蚁外）有特殊的携粉器官，而且体被密毛，采粉、吸蜜时胸部接触柱头，可直接为蒙古扁桃传粉。把能够在蒙古扁桃花上活动的昆虫都看成是访花昆虫，而将访花昆虫中能够携带花粉，并将花粉带到柱头上的昆虫称为传粉昆虫。据此，膜翅目、鳞翅目和双翅目昆虫可认为是蒙古扁桃的传粉昆虫。

昆虫在花上的行为与其自身的活动习性和花的结构特征有关（王红，1998；王立龙等，2005）。蒙古扁桃不同种类的访花昆虫各有其特点。乌亚条蜂、中华突眼木蜂体密被体毛，易附着花粉，尤其足部的采粉器可附着大量花粉，而沙漠石蜂腹部具有腹毛刷，可用其携带花粉。花提供的花粉和花蜜都是富含营养的报酬，补偿了传粉者访花付出的能量消耗（Henrich B & Raven PH，1972）。

乌亚条蜂接近蒙古扁桃花朵，后足前伸，前足后斜向下，中足向下，3对跗节束在一起，喙伸出前倾，正向落于花上，头伸向基部吸蜜，吸完蜜后用前足采集花粉，胸部触及柱头和雄蕊，访花过程中能有效地传授花粉，完成为蒙古扁桃异花授粉作用。多次访花后，乌亚条蜂用上颚咬住干枝或叶子，用足刷身体黏附的花粉。乌亚条蜂具有迎风访花的习性，逆风寻找被访花朵。乌亚条蜂喜欢访树冠下部的花序，在同一花序访1～5朵花。沙漠石蜂访蒙古扁桃花时，足落在花瓣、附近的叶子上，吸食花蜜采集花粉，访数朵花后，停在干枝上用后足清理身上携带的花粉，然后将其收集到腹毛刷，带回巢室。波氏条蜂采访蒙古扁桃时，正向落于花上，头伸到花的基部吸蜜，吸完蜜后，前足采集花粉，胸腹充分与雌雄蕊接触，能有效的为蒙古扁桃传粉。多次访花后，波氏条蜂用上颚咬住干枝，清理粘在身体上的花粉。波氏条蜂不迎风访花，访花与风向无关。它喜访树冠下部的花序，很少见到采访树冠上部的花朵。

9：00～12：00是传粉昆虫日活动高峰期。为观察记录不同昆虫的访花频率，在20min内观察1株盛花期植株中每种访花昆虫个体数；跟踪观察其访花行为，访花速率。根据每种10头访花昆虫每分钟采访花朵数平均值；花中滞留时间是随机观察10头访花昆虫在花中滞留时间的平均值；日活动规律是在晴天，每隔1h统计10min两株盛开蒙古扁桃花上活动的昆虫数目；用风速仪和温度计测不同气候条件对主要传粉昆虫访花行为的影响。结果表明，不同种类传粉昆虫的访花频率差异较大。乌亚条蜂在1朵花上平均停留4～5s，中华突眼木蜂停留时间为1～2s，沙漠石蜂访1朵花需要7～14s（图6.4），而偶尔访花的小红蛱蝶在1朵花上停留时间78s左右。花上停留时间的长短直接影响传粉昆虫的传粉效率高低。滞留时间越短，单位时间内昆虫采访的花朵数越多,植物受益越大(李宏庆和陈勇,1999;何承刚等,2005)。

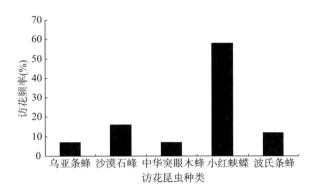

图 6.4 蒙古扁桃传粉昆虫访花频率(引自方海涛,2004)
Fig. 6.4 Visiting frequency of *P. mongolica* pollination insects

Baker H. G. 和 Baker I. (1979)根据花粉粒储存成分把被子植物分为两种类型,即"淀粉型(starchy)"和"非淀粉型(starchless)",并对 990 个由不同媒介传粉的种类进行对比而得出结论是,膜翅目和双翅目昆虫传粉的类群主要为"非淀粉型";而鳞翅目昆虫传粉的类群多数是"非淀粉型",少数为"淀粉型"的类群其花粉粒的直径会很大。据此推理,蒙古扁桃花粉因属于"非淀粉型"。

传粉昆虫的活动能力受到光照、温度、风速、湿度或降雨等因素的影响(陈勇等,2003;谷海燕等,2003)。不同的传粉昆虫对温度的适应性存在差异。晴天,10℃左右乌亚条蜂开始活动,温度达15℃时波氏条蜂才活动,而沙漠石蜂的活动需要温度达到20℃。温度过高也会影响传粉昆虫的活动。温度超过47℃则膜翅目昆虫很少外出采集。

传粉昆虫的采集时间也不同,乌亚条蜂每天工作达13h,波氏条蜂可活动10h左右;它们的日访花高峰也不同,乌亚条蜂集中 10:00~15:00 时,波氏条蜂在 11:00~15:00,沙漠石蜂日活动高蜂期集中在11:00~14:00时。

温度、湿度对昆虫的访花有影响(王仲礼,等,1997)。9:00时以前,温度较低、露水较大、极少见到访花昆虫活动;9:00时以后,温度开始升高,露水渐退,访花昆虫陆续出现。15:00时之后温度下降,访花昆虫的数量迅速减少。阴天及降雨对访花者的访花频率有显著影响,在风雨来临之前的阴天,一般访花者无一访花(刘林德,2004)。

长苞水仙(*Narcissus longispathus*)是分布在西班牙东南部的早春开花植物。尽管气候不利,昆虫的活动很少,但6年的调查表明,大多数花都得到成功的传粉。其蜂类传粉者的活动受温度的调控,只在晴天才觅食传粉者在阳光的照射下体温得到上升;

同时阳光的照射使花内温度提高达 8℃，花内温度的提高配合了传粉者的活动（Herrera C. M.，1995）。

大家所熟知的天南星科（Araceae）植物佛焰花序的产热呼吸，在环境气温为 4~39℃ 的变化下，保持花部温度 38~46℃ 达 18~24h。这些植物进化出调节温度的功能被解释为为促进繁殖向传粉者提供的温暖环境（Seymour R. & Schultze-Motel P.，1996）。蒙古扁桃是生氰植物，羊采食返青季节的蒙古扁桃叶枝易发生中毒，说明这时期是蒙古扁桃生氰高发期，必然诱发产热呼吸。这种产热呼吸进一步与其生殖行为有什么联系是值得思考的问题。

风速也是影响传粉昆虫活动的因素。在晴天、温度较高，风速 7~8 m·s^{-1} 时，乌亚条蜂仍活动，但当风速 11~12m·s^{-1} 时，访花蜂数减少或停止活动；风对波氏条蜂访花的影响不明显，在 20℃ 下，5~6m·s^{-1} 和 11~12m·s^{-1} 的风速，波氏条蜂均正常采集；风速 3 m·s^{-1} 时，沙漠石蜂一边采蜜，一边飞行，2km 约需 20 min 左右，平均飞行速度为 6 000m·h^{-1}，5~6m·s^{-1} 时，沙漠石蜂仍可正常访花，11m·s^{-1} 时，沙漠石蜂停留在巢区或落在地面休息。传粉昆虫雨天不活动，雨后第 1 天一般推迟活动 2h 左右，如果不下雨，$RH \geqslant 77\%$，温度适宜，乌亚条蜂、波氏条蜂、沙漠石蜂均不活动。

蝇类偏爱取食花蜜，喜访问盛花期的花。常常在 1 朵花内长时间不飞走，有时甚至在花外取食花蜜，且回访率高。蝇类胸部接触花药，可携带花粉。蝶类取食花蜜，胸部、喙可接触花药，可沾有花粉。不同昆虫平均访花频率随花期明显变化（图 6.4 和图 6.5），在单花期的盛花期，昆虫的访问频率最频繁，到末花期昆虫访问迅速减少。这与蒙古扁桃在盛花期提供较多的报酬相关。

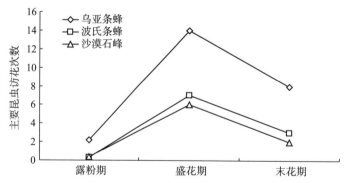

图 6.5 蒙古扁桃主要传粉昆虫访花频率随花期而改变情况（引自方海涛等，2007）

Fig. 6.5 Change of insect visiting frequency with blooming date of *P. mongolica*

花粉散布与访问者的行为、植物的开花习性、居群结构和生态环境等紧密相关（黄双全和郭友好，2000）。在蒙古扁桃的主要分布区，和蒙古扁桃同花期植物大约只有十余种，并且这些种类分布分散、稀疏、开花量也远不及蒙古扁桃，很难形成共同招引大量访花者的局势。此外，通过对蒙古扁桃的几种主要传粉昆虫的研究认为，缺乏适宜的筑巢场所、群落中吸引传粉昆虫的同花期植物少、传粉昆虫的天敌危害严重是制约蒙古扁桃传粉昆虫的种类、数量及传粉效率的主要因素（方海涛，2005）。

四合木（Tetraena mongolica）是鄂尔多斯高原西北部草原化荒漠地区植物群落的建群种之一，其花期为5月上旬至6月初，单朵花的花期约为4~5d，整株开花可持续8~15d。徐庆等（2003）研究表明，四合木传粉媒介是主要是蜂类和蚁类等昆虫，其传粉效率较低：50%的柱头上无花粉，20%的柱头上有1~2个花粉，30%的柱头上有多个花粉；只有25%的花柱中有多个花粉管。四合木的座果率为57.36%~68.76%，结籽率为1.26%~2.8%。在生境条件较差的群落中，座果率较高，这是其适应恶劣环境所采取的生殖对策。结实率低的主要原因是传粉过程受到障碍，即传粉媒介（昆虫）的访花频率极低，使得柱头上的花粉量受到限制。由于传粉昆虫稀少，发生传粉障碍，四合木异花传粉结实率降低而相对应地进化出一定频率的自花传粉以弥补对远交不足的补偿（王迎春等，2000）。

化石资料表明，早在白垩纪的花无疑是虫媒传粉的（Crane P. R. et al，1995）。说明，虫媒花是植物早期的系统演化特性。据文献记载，蒙古扁桃是古中亚第三纪落叶林残留物种，属于古地中海植物（隋毅，2005）。目前蒙古扁桃花部综合特征应该是与其传粉昆虫协同演化形成的产物。然而，生物传粉媒介除了昆虫外，还有鸟类和哺乳动物。环境的变迁导致的荒漠区生物群落的变化对当地鸟类、鼠类等传粉动物有何影响，这些传粉动物对荒漠区植物传粉又有何影响是一直被忽略，而又值得去探讨的问题。

6.4 蒙古扁桃授粉受精

显花植物（carpophyte）授粉是一个复杂的发育过程。从花粉落在柱头上开始，经过黏附、识别、水合、萌发，花粉管在花柱内生长，直至到达子房发生双受精作用（double fertilization）。整个过程发生在雌、雄两性细胞和组织之间。受到严格的遗传控制和细胞控制。一方面雌雄配子的基因型决定两者是否亲和，另一方面雌雄两性细胞间发生复杂的相互作用。细胞外信号分子是这些过程的主要调控因子。当花粉或花粉管细胞感知外部信号后，必然通过信号转导级联反应，达到控制萌发、调整花粉管生长方向等目的。这一系列动力学的细胞事件，关系到受精的成败（孙颖和孙大业，

2001)。

影响濒危植物生殖的因素主要有两方面：一方面是由于濒危植物内在的遗传因素、适应力、生活力等方面的缺陷导致生活史中某一环节极为脆弱，使得其生存受到限制，从而导致种群数量减少、分布区面积逐步缩小；另一方面则是外部环境条件的剧烈变化，使植物种本身不能适应变化的环境而导致灭绝（王志高等，2003）。植物繁殖性状进化的选择压力无外乎两个方面：要么提高植物通过种子途径获得的雌性适合度（提高种子的数量与质量），要么提高植物通过花粉途径获得的雄性适合度（成功给胚珠授精）（Morgan & Schoen，1997）。对于蒙古扁桃而言，雌性适合度是不现实的，因而其繁殖性状的进化可能更多地是与其提高雄性适合度联系在一起。

6.4.1 蒙古扁桃花粉活力及其寿命

花粉活力与花粉数量均为雄性适合度的重要组成部分，并进一步影响着植物的繁殖成功率。据杜巧珍观察（2010），蒙古扁桃在开花前1h左右已具有花粉活力，但此时活力较低，约10%左右。到蒙古扁桃盛花期（开花第2天），其花粉活力最强，达70%。此后蒙古扁桃花粉活力迅速下降，到开花第5天后，其花粉活力下降趋于平缓（图6.6）。一半以上的花粉在花瓣枯萎凋落时仍具有活力，居群花粉的寿命可持续30d以上。

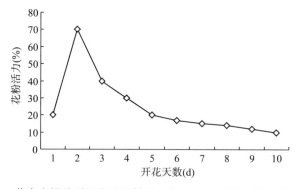

图6.6 蒙古扁桃种群开花后花粉活力变化动态（引自杜巧珍，2010）

Fig. 6.6 Dynamic changs of pollen activity after blooming in *P. mongolica* population

图6.7是马骥（2010）对宁夏回族自治区宁夏植物园栽培蒙古扁桃开花之后连续3d的花粉活力变化的观察结果。结果表明，蒙古扁桃花粉活力变化相对比较稳定，能够维持较长时间的花粉活力，有利于授粉受精作用的顺利完成。这种差异可能与母株的生理状态及生境的环境因素有关。

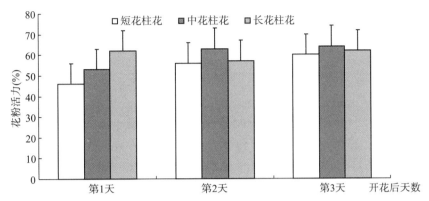

图 6.7 蒙古扁桃不同花柱型花花粉活力的动态变化（引自马骥，2010）

Fig. 6.7 Dynamic changs of pollen activity after blooming in different style type *P. mongolica* population

随着分子生物学研究的深入，人们观察到，花粉发育涉及大量基因的表达。其早期基因的转录产物在花粉母细胞减数分裂不久即可检出，并在小孢子发育的某个阶段达到高峰，在成熟花粉中表达水平剧减或不表达；晚期基因的转录产物在小孢子有丝分裂前后出现，并继续积累，保持较高水平直至花粉成熟（Mascarenhas J. P.，1990）。研究发现，花粉的正常发育与绒毡层的生理功能密不可分。绒毡层细胞为发育的小孢子提供营养，绒毡层分泌的胼胝质酶分解四分体的胼胝质壁，释放小孢子，绒毡层解体后期分解产物填入花粉壁，形成花粉包被等（马小杰，张宪省）。遗传学研究也证明（1988），一些导致雄性不育的突变体与绒毡层细胞的功能失常有一定的关系。这些充分说明，花粉活力是一种综合性状，受内部与外部众多因素的影响，极易变动。

6.4.2 蒙古扁桃柱头可授性

对阴山山脉包头段不同海拔地带蒙古扁桃居群研究表明（杜巧珍，2010），蒙古扁桃柱头从开花前 1h 左右就有可授性，第 2～4 天可授性达到最强（表 6.7）。到第 7 天，海拔 1 205m 和 1 245m 地带蒙古扁桃种群柱头开始变成橘黄色，可授性开始减弱，到花瓣枯萎时，柱头变黑，完全检测不到活性。而在海拔 1 289m 和海拔 1 322m 地带，分别到第 8 天和第 10 天蒙古扁桃柱头才开始变成橘黄色，柱头可授性开始减弱。海拔越高，蒙古扁桃柱头可授性持续时间越长，海拔越低柱头可授性持续时间越短。蒙古扁桃的花寿命在一定程度上受生境条件影响，海拔高风大，温度也较低，所以，蒙古扁桃较长花寿命无疑是一种提高传粉概率，适应雌性适合度的生殖对策。

表6.7 阴上山脉包头段不同海拔蒙古扁桃柱头可授性与分泌黏液
Tab. 6.7 Stigma receptivity and mucus secretion of *P. mongolica* at different altitude in section Baotou of MONI mountian

开花时间 blooming time	柱头可授性 stigma receptivity				分泌黏液 mucus secretion			
	1205m	1245m	1289m	1322m	1205m	1245m	1289m	1322m
开花前 1h	具有	具有	具有	具有	少量	分泌	分泌	少量
开花后 1d	具有	具有	具有	具有	分泌	分泌	分泌	分泌
开花后 2d	具有	强	强	强	分泌	分泌强	分泌强	分泌强
开花后 3d	强	强	强	强	强	分泌强	分泌强	分泌强
开花后 4d	强	具有	强	强	强	分泌强	分泌强	分泌强
开花后 5d	具有	具有	强	强	分泌	分泌	分泌	分泌强
开花后 6d	具有	具有	具有	强	少量	少量	少量	分泌
开花后 7d	部分	部分	具有	强	无分泌	无分泌	少量	分泌
开花后 8d	不具	部分	部分	具有	无分泌	无分泌	无分泌	分泌
开花后 9d	不具	不具	部分	具有	无分泌	无分泌	无分泌	少量
开花后 10d	不具	不具	不具	具有	无分泌	无分泌	无分泌	无分泌
开花后 11d	不具	不具	不具	部分	无分泌	无分泌	无分泌	无分泌

引自杜巧珍，2010

花寿命延长是对访花频率低的适应（Ashman & Schoen，1994；Bingham & Orthner，1998）。花寿命更多的是对温度、湿度等环境因子的适应，而和物种的历史发育关系、传粉者种类无关（Primack，1985），且受繁育系统（自交或者异交）影响很大（Primack，1985；Sato，2002）。

蒙古扁桃花柱异型3种花的柱头都具有可授性，开花前2d三者无明显差异，第3天长花柱花可授性略有增强（表6.8）。

表6.8 蒙古扁桃柱头可授性变化
Tab. 6.8 Variation of stigma receptivity of *P. mongolica*

开花后天数 days after blooming（d）	短花柱花 short-style flower	中花柱花 middle-style flower	长花柱花 long-style flower
1	+	+	+
2	+	+	+
3	+	+	++

引自马骥，2010

蒙古扁桃具有明显的花柱和花丝高低不同等花部综合特征多样性的特点。达尔文本人就认为雌雄异位（herkogamy）与异型花柱（heterostyle）等花部特征主要是在促进花粉散发、降低雌蕊对雄蕊散粉影响的选择压力下发生与维持的（Darwin C.，1877；任明迅和张大勇，2004）。

为了解蒙古扁桃不同花柱型花之间传粉和结实情况，马骥（2010）进行了各花型之间进行人工授粉实验。为此，对未开放的花进行套袋处理，花开放后对其进行人工授粉。以自花传粉组为对照组。结果为表6.9，其中：

座果率（％）=最初座果数/花蕾数 ×100

落果率（％）=1－最终座果数/初初座果数×100

表6.9　人工授粉对蒙古扁桃结实率的影响

Tab. 6.9　Effect of artificial pollination on fruit setting percent of *P. mongolica*

花粉提供者 pollen donor	授粉着 pollen acceptor					
	长花柱花		中花柱花		短花柱花	
	花/果	结果率（％）	花/果	结果率（％）	花/果	结果率（％）
长花柱花	10/7	70.0	40/21	52.2	30/1	3.33
中花柱花	10/7	70.0	40/18	45.0	30/0	0.00
短花柱花	12/8	66.7	45/22	48.9	25/0	0.00
总计	32/22	68.8	125/61	48.8	85/1	1.18
对照	12/0	0.00	27/0	0.00	30/0	0.00

引自马骥，2010

实验结果表明，长花柱花柱头的授粉能力最强，不管花粉来自那种花，结实率都可达66％以上，中花柱性柱头授粉其次，结实率可达结果率48％较高，而短花柱花的柱头授粉能力很低或没有授粉能力。

6.4.3　蒙古扁桃柱头黏液分泌与授粉

花粉在柱头上黏附是授粉的第一步。在亲和授粉中，人们发现脂类物质在花粉黏附、水合及萌发过程中可能起一种信号作用。蒙古扁桃是湿柱头植物，在开花后第1天既有黏液分泌，第2～4天黏液大量分泌，黏液分泌的量和时间随着海拔的增高逐渐增加。在海拔1 205m和1 245m地带，蒙古扁桃柱头从第1～5天有黏液分泌，黏液分泌持续时间最短；在海拔1 289m处柱头分泌持续时间约为6d；而在海拔1 322m处，第2、第3、第4和第5天柱头分泌黏液量大，第10天停止分泌黏液，黏液分泌持续时间最长。

花粉管的生长是雄配子通过花粉管进入子房的一个重要环节。通过荧光显微镜可观察到花粉管在不同花柱型的花柱中生长及花粉管进入胚珠的过程。观察表明，3种类型花柱花的柱头均具有可授性，花粉管均可到达胚珠位置。

去雄、套袋和人工授粉实验证明（表 6.10 和表 6.11），蒙古扁桃自然授粉率很低，只有 20.0% 左右，自花授粉率为 0，异株异花授粉率大于同株异花授粉率，风媒传粉率也很低。自然条件下，以异花传粉为主。蒙古扁桃能通过人工异株异花传粉结实。表明，蒙古扁桃既杂交亲和、又自交（诱导的自花传粉）亲和，不存在无融合生殖。

表 6.10 去雄、套袋及人工授粉对蒙古扁桃结实率的影响

Tab. 6.10 Effect of emasculation、bagging and artificial pollination on setting percentage of *P. mongolica*

处理	结籽率（%）
不套袋、不去雄、自由传粉	5.45
套袋、不去雄	0.00
套袋、去雄、人工异株异花传粉	10.23
不套袋、去雄、自由传粉	5.42
套布袋、去雄、不人工授粉	0.00
去雄、套纱布袋、不人工授粉	0.45

引自安瑞丽和方海涛，2009

表 6.11 人工授粉和套袋处理对阴山山脉包头段不同海拔高度蒙古扁桃种群结实率（%）的影响

Tab. 6.11 Effect of artificial pollination and bagging on setting percentage of *P. mongolica* at different altitude in the BAO-Tou lots of MONI Mountains

观测项目	海拔 1 205（m）		海拔 1 245（m）		海拔 1 289（m）		海拔 1 322（m）	
	结实数	结实率	结实数	结实率	结实数	结实率	结实数	结实率
自然授粉	5.0	16.67	6	20.00	5	16.67	4	13.33
自花授粉	0	0.00	0	0.00	0	0.00	0	0.00
自花不授粉	0	0.00	0	0.00	0	0.00	0	0.00
同株异花授粉	18	60.00	18	60.00	17	56.67	17	56.67
异株异花授粉	22	76.67	24	80.00	21	70.00	21	70.00
风媒传粉	1	3.33	2	6.67	1	3.33	1	3.33

注：处理花数均为 30 朵；数据引自朱清芳等，2011

植物自交不亲和性（self-incompatibility，SI）是被子植物中普遍存在的限制自花受精的机制，它阻止基因型相同的花粉管在雌蕊中正常生长，完成受精。自交不亲和的

发生防止了近亲繁殖、促进异花授粉受精，有利于物种多样性。蔷薇科多种果树，如梨（*Pyrus pyrifolia*）、苹果（*Malus pumila*）、甜樱桃（*Prunus avium*）、杏（*P. armeniaca*）、果梅（*P. mume*）、李（*P. salicina*）和扁桃（*P. communis*）等表现出配子体型自交不亲和性。现已查明，该反应由S位点（S-locus）的一对S等位基因，即雌蕊和花粉的S基因控制，分别为 *S-RNase* 和 *S-locus F-box /S-haplotype-specific F-box* 基因（张绍铃等 2012）。说明，自交不亲和性在蔷薇科植物中比较普遍存在。

植物有性生殖对于生命的延续和种群的繁衍起着决定的作用。该过程的任何一个环节出现障碍，都会造成生殖的失败，引起植物濒危（高润梅，2002）。除了种群"岛屿化"分布，居群内分布密度疏散的因素影响蒙古扁桃异株异花授粉以外，荒漠区恶劣的环境因素对蒙古扁桃雌、雄配子体的发育、花粉活力、柱头可授性以及授粉过程有严重的影响。

6.4.4 蒙古扁桃小孢子发生及雄配子体的发育

雄蕊起始于花芽中的雄蕊原基。蒙古扁桃小孢子的发生开始于9月份，其雄蕊原基的孢原细胞进行平周分裂产生内、外二层细胞，内层为造孢细胞，外层为初生壁细胞。初生壁细胞经多次有丝分裂形成花药壁。花药壁发育完全时，从外向内依次是表皮、药室内壁、中层、绒毡层。

绒毡层是花药壁最内层具有分泌功能的细胞层，一般为1层，少数植物中偶见2至多层，它包围着花粉母细胞和小孢子，为小孢子和花粉的发育提供营养。大量研究表明，小孢子发生过程中绒毡层的正常发育与花粉生长有着紧密的联系。绒毡层细胞提前发育、过早解体、肥大生长及延迟退化，都可能使花粉粒不能正常发育，导致花粉失去生殖作用。几乎所有的雄性不育植物小孢子的败育都与绒毡层有关（田英等，2009）。蒙古扁桃绒毡层为腺质绒毡层。在小孢子分化成花粉过程中，绒毡层细胞开始解体，而且中层细胞也解体，到最后花粉发育完全成熟，绒毡层细胞已经完全解离，同侧小孢子囊相通，并在相通处开裂，这个时候花药壁只剩下表皮和药室内壁（图6.8a~c）。内层造孢细胞经过几次有丝分裂，形成数个小孢子母细胞，小孢子母细胞经过减数分裂生成4个子细胞，4个细胞由胼胝质包裹形成四分体，随后四分体中的细胞各自分离，形成4个单核的小孢子，即单核花粉粒。故其小孢子母细胞减数分裂属同时型。此时小孢子停止发育，进入越冬休眠。第二年3月中旬，小孢子再一次分裂，形成2细胞花粉粒直到开花（图6.8d~j）。蒙古扁桃小孢子的发生和雄配子体发育跨越了2个生长季，第一个生长主要进行小孢子的发生过程，第二生长季则进行雄配子体发育。而且，雄配子体的发育早于雌配子体的发育（马骥，2010）。

马虹等（1997）观察濒危植物半日花（*Helianthemum songoricum*）小孢子体发生和雄配子体发育时发现，有一定比例的小孢子败育现象。其败育的小孢子及绒毡层细胞

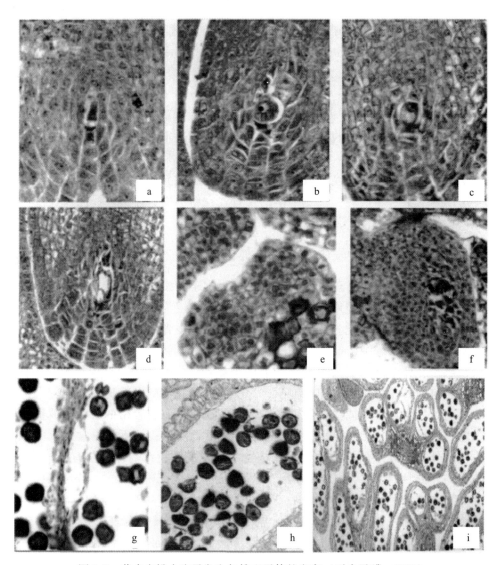

图 6.8 蒙古扁桃小孢子发生与雄配子体的发育（引自马骥，2010）

Fig. 6.8 Microsporogenesis and male gametophyte development of *P. mongolica*

染色特别深，小孢子收缩变小，不见细胞核。在雄配子体形成过程中，单核靠边期时，见到有的单核小孢子已经分裂为二个核，药室内壁只发生轻微的纤维状加厚，成熟胚珠具有发达的承珠盘（hypostase）等诸多胚胎学特征。

刘龙会等（2012）对采自鄂尔多斯市乌审旗的柠条锦鸡儿（*Caragana korshinskii*）小孢子发生和雄配子体发育进行显微观察表明，柠条锦鸡儿绒毡层类型为腺质型，小孢子胞质分裂为同时型，形成的四分体为四面体型或左右对称型，成熟花粉粒2细胞型。这些与蒙古扁桃小孢子发生过程基本相似。

田英等（2009）对宁夏枸杞（*Lycium barbarum*）雄性不育材料（YX-1′）小孢子发生的细胞形态学观察表明，初形成的四分体形态正常，后期胼胝质壁不分解，致使四分体持续时间较长，随后四分孢子细胞质液泡化，核质开始收缩降解，同时绒毡层也呈现不同程度的肥大增生，液泡化，挤占了药室内绝大部分空间，细胞质逐渐降解，四分体明显较少，并且出现部分堆积粘连现象，但一直难以正常释放出小孢子。说明，小孢子发生阶段是植物有性生殖正常进行的重要环节。对此作者认为，不育材料"YX-1′"绒毡层结构失常导致功能丧失，使得绒毡层不能适时正常合成和分泌胼胝质酶，降解胼胝质壁，导致了四分孢子无法释放出游离小孢子。因为他们观察到，雄性不育材料（YX-1′）四分体后期绒毡层细胞异常膨大，胞质稀少，表现出明显的结构退化。在蒙古扁桃小孢子发生阶段未发现异常现象。

6.4.5 蒙古扁桃大孢子发生与雌配子体发育

蒙古扁桃子房1室，具2个倒生胚珠，双珠被（图6.9a-b），厚珠心，边缘胎座。其中一个胚珠在受精前或受精后退化，只有一个胚珠有可能发育形成果实。短花柱花的胚珠完全不发育，即使发育，也缓于长花柱花，发育到后期退化。

蒙古扁桃大孢子发生开始于当年3月初，开花时雌配子体发育成熟。当胚珠原基出现时，珠心表皮下出现一个体积较大，原生质浓厚，具大细胞核的孢原细胞；孢原细胞不经分裂直接形成大孢子母细胞，其细胞核和体积明显大于周围细胞。之后大孢子母细胞染色质凝集，细胞扩大，经过两次减数分裂形成4个大孢子，沿胚珠长轴排成一列，即线形四分体（图6.9c-g）。4个大孢子中，靠近珠孔端的两个在分裂后不久退化，而合点端的两个大孢子中一个逐渐退化，另一个保留形成功能大孢子。合点端功能大孢子体积继续增大，逐渐占据退化的3个大孢子留下的空间，只留下3个大孢子退化的痕迹。随着功能大孢子的不断发育，细胞体积明显增大，轴向延长，并出现液泡化。然后功能大孢子的细胞核膜消失，染色质凝集。随后发生一次有丝分裂，形成两个核，但并不伴随着细胞质分裂，两个核分别向反方向移动至胚囊两端形成二核胚囊。二核胚囊继续发育，并出现液泡化，最后在2个细胞核之间形成一个大液泡，而2个细胞核处于胚囊的两极，随后液泡化的二核胚囊中的2个细胞核，在分别到达合点端和珠孔端，后又进行一次有丝分裂，从2核胚囊变为四核胚囊。之后，四核胚囊中的4个细胞核再进行一次核分裂，从4核胚囊变为8核胚囊，其中珠孔端和合点端各有一个细胞核向胚囊中间移动，将来形成中央细胞。胚囊继续发育，珠孔端3个核形成2个助细胞1个卵细胞，合点端形成3个反足细胞。成熟胚囊包括2个助细胞，1个卵细胞，1个中央细胞和3个反足细胞，形成7细胞8核的蓼型胚囊（图6.9h）。蓼型胚囊的发育方式是被子植物中最常见的一种（马骥，2010）。

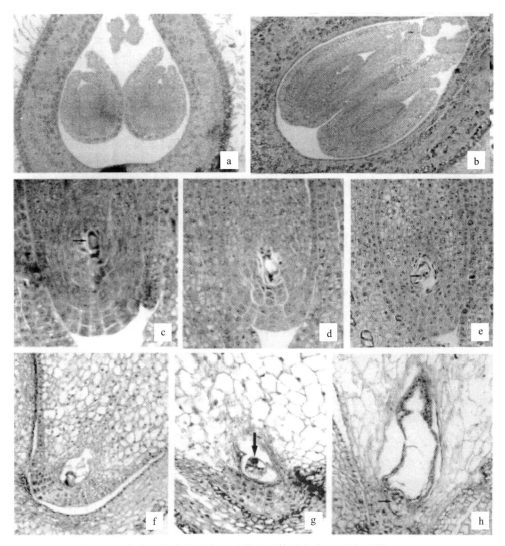

图 6.9　蒙古扁桃大孢子发生及雌配子体的发育（引自马骥，2010）

Fig. 6.9　Megasporogenesis and female gametophyte development of *P. mongolica*

在半日花（*Helianthemum songoricum*）大孢子发生过程中，其四分体多数为直线形，偶见"T"字形，4 个大孢子中靠合点端的 3 个退化，珠孔端的一个发育为功能大孢子（马虹等，1999），与蒙古扁桃功能大孢子发生不同。

6.4.6 蒙古扁桃的胚胎发育研究

4月下旬至5月上旬蒙古扁桃种群的受精作用陆续完成。完成双受精之后，受精极核立即开始分裂。开始阶段只进行核分裂，不形成细胞壁，因此蒙古扁桃的胚乳为核型胚乳（nuclear endosperm）。胚乳核达到一定数量后，每个胚乳核周围形成细胞壁，胚乳细胞形成。胚乳发育到一定阶段，胚乳细胞从合点端开始解体，所贮藏的营养物质被子叶吸收，胚乳逐渐解体消失，成熟种子中无胚乳存在（图6.10g-h）。受精极核开始分裂后不久，合子即开始分裂。合子的第一次分裂为横分裂，形成上下2个细胞，上部细胞为顶细胞，顶细胞经过2细胞、4细胞、8细胞等分裂过程，形成球形原胚（globular embryo），再经过心形胚（heart-shape embryo）、鱼雷形胚（torpedo-shape embryo）（图6.10），最终形成包括两片肥大子叶、胚芽、胚轴和胚根的成熟胚（马骥，2010）。

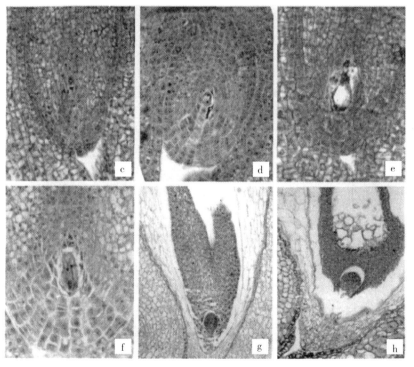

图6.10 蒙古扁桃胚胎发育（马骥，2010）
Fig. 6.10 Embryo development of *P. mongolica*

在大孢子发生与雌配子体发育过程中，存在一些变异现象：功能大孢子位置不确定；功能大孢子数目不定；非功能大孢子延迟退化。这些异常现象最终将导致胚囊败育

(高润梅,2002)。

蒙古扁桃虽然每个子房具有2个胚珠,但往往只有一个胚珠能正常发育,形成成熟胚囊,另1个胚珠在发育过程中退化。而且在正常胚囊保证完成受精后的情况下,胚胎发育的2~3周,有近30%~60%胚胎停止发育或者退化,进而导致10%~35%的果实脱落。还有部分果实虽然没有脱落,但因胚胎发育不全而种子无法正常发芽(图6.11)。这种现象可以认为是蒙古扁桃在不同自然选择压力下或不同环境压力下所采取的一种生活史策略。

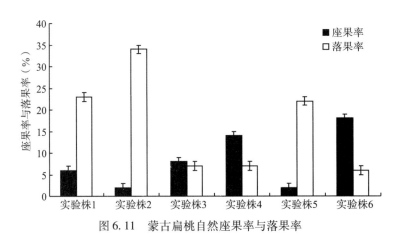

图 6.11 蒙古扁桃自然座果率与落果率

Fig. 6.11 The nature fruit setting percent and fruit droping percent of *P. mongolica*

花、果实往往是植物有机物分配中心,是强劲的"代谢库",其生长与成熟比植物茎、叶部分的生长需要更多的热量。而荒漠植物蒙古扁桃的开花和幼果形成时期也是幼叶生长时期。自身仍处于"代谢库"状态的幼叶与幼果是如何协同生长的呢?

在某一特定时空点上,植物从外界环境中获取的资源是有限的,而分配到某一功能或器官的资源不能再分配到其他功能或器官,这就决定了植物必须把有限的资源最优化地分配到不同结构和功能中以确保最大适合度的获得以及后代的持续繁衍。自然选择优化植物的某些功能而牺牲另外一些功能,即资源在植物不同功能器官之间的分配存在一种权衡(trade off)(Weiner,2004)。据此,造成蒙古扁桃胚胎败育的主要原因之一是营养供应不足。蒙古扁桃是先叶开花植物,果实的发育与新叶生长同时进行。必然造成生殖生长和营养生长间的资源竞争。蒙古扁桃返青期,恰恰是其座果期,此时新生叶不但不能制造有机物,反而要消耗大量的上年积累的贮藏资源。在资源有限的情况下,植物必然在平衡营养生长和生殖生长的基础上,放弃部分果实发育,导致部分果实脱落。

蒙古扁桃近缘种长柄扁桃(*Prunus pedunculata*)繁育系统均为专性异交,需传粉者，自交不亲和。子房含 2 枚胚珠，厚珠心、双珠被，两枚胚珠中胚囊均发育正常，但受精后只有 1 枚发育形成种子，另一枚退化。大小孢子的发生和雌雄配子体发育过程与蒙古扁桃相似。大孢子四分体为线型，合点大孢子发育为功能大孢子。成熟胚囊为 7 细胞 8 核的蓼型胚囊。双受精完成后，受精极核立即开始分裂，开始阶段只进行核分裂，不形成细胞壁，长柄扁桃的胚乳也为核型。胚乳细胞形成后一定阶段，便从合点端开始解体，成熟种子中无胚乳存在，营养物质贮藏在子叶中。合子第一次分裂较受精极核分裂晚，合子的第一次分裂为横分裂，形成上下 2 个细胞，经过 4 细胞、8 细胞等分裂过程，形成球形原胚，再经过心形胚、鱼雷形胚，终形成包括两片肥大子叶、胚芽、胚轴和胚根的成熟胚。长柄扁桃的结实率较蒙古扁桃高（马骥，2010）。

导致植物濒危原因很多，其中生殖方面的因素主要有传粉不成功、胚囊、胚珠败育、花粉败育和种子后熟时间长等。表 6.12 是对部分濒危植物的有性生殖致濒因素分析（高润梅，2002）。至于蒙古扁桃，马骥（2010）在实验中发现蒙古扁桃花柱有异型现象，并认为蒙古扁桃长花柱花为可育花，可受精结实，中花柱花部分可育，短花柱花胚珠退化，为不可育花，主要作为花粉提供者。这是蒙古扁桃"花多果少"的主要原因之一。

一些濒危物种的共同特点是，人为活动的影响造成生境破碎化，使物种以小居群的形式存在，近交便成了不可避免的问题。近交群体中由于遗传漂变积累的影响，群体间遗传分化和群体内遗传一致性增强，而遗传一致性大的居群对可变环境的适应能力差，所以近交衰退便成了物种保护和保护区管理中主要考虑的问题。近交衰退普遍降低了后代的适合度，但它的重要性和具体影响是高度可变的（Philip，2000），环境胁迫愈严重近交衰退程度愈高（Dudash，1990；寿森炎和汪俏梅，2000）。

表 6.12 部分濒危植物的有性生殖致濒因素的分析
Tab. 6.12 Analysis on factors for making plants endangered during sexual reproduction of some endangered plants

植物名称 name of plants	濒危程度 endangered extent	致濒因素 factors for making plants endangered
南川升麻 Cimicifuga nanchuanensis	濒危	花粉限制，种子后熟
木根沿阶草 Ophiopogon xylorrhizus	濒危	异花传粉失败，胚胎败育，胚珠裸露
长喙毛茛泽泻 Ranalisma rostratum	濒危	有性生殖过程持续的时间长
云南蓝果树 Nyssa yunnanensis	濒危	花粉无萌发孔，无活力，花粉量相对较少
鹅掌楸 Liriodendron Chinense	稀有	高度自交，花粉不足，花粉败育
矮牡丹 Paeonia suffruticosa	濒危	胚珠败育
短柄五加 Acanthopanax brachypus	濒危	花粉限制，胚珠败育，胚囊退化，种子后熟

续表

植物名称 name of plants	濒危程度 endangered extent	致濒因素 factors for making plants endangered
刺五加 Acanthopanax Senticosus	渐危	花粉限制，胚囊退化，种子后熟
高山红景天 Rhodiola sachalinensis	濒危	花粉败育，传粉不成功，胚珠败育
Pedicularis furbishiae	濒危	繁殖系统限制，传粉媒介限制
Aster curtus	濒危	传粉媒介不足

引自高润梅，2002

任何植物的生活都从生殖过程开始，随后是营养体发育，包括生长和器官的形成，依次是导致下一世代的生殖过程，于是完成生活史。植物在其生活史每一个阶段都对资源和环境条件有特殊的需求，对外界影响具有不同的反应。前一时期的结果对下一时期有预先调节的效应。因此母株的营养状况影响转移到种子中可利用养分的数量。分配给生殖生长的物质在物种之间和不同环境条件下存在很大差异，主要物质的净变异在 1.0%~30.0%之间，平均值为 10.0%。生殖生长的最适分配，直接控制着植物的适应性，要少于在养分胁迫或有利的环境条件下养分吸收的分配。这表明，植物在环境胁迫或与周围植物竞争得到养分后，留给生殖生长的养分相对就较少（Hans Lambers et al.，2003）。在环境因素恶劣的荒漠区，植物生存投资于繁衍投资始终是相互矛盾，又相互协调的过程，其权衡点体现在种群的分布格局及种群的结构。在自然和人为因素的双重压力下，蒙古扁桃目前的分布格局是整体点分布，局部聚集分布的格局，居群之间缺乏基因交流是引起蒙古扁桃繁殖衰退的主要原因之一。

6.5 蒙古扁桃种群种子雨与土壤种子库

繁殖更新是种群或群落类在自然界长期存在下去的关键。种子植物的自然更新可通过有性繁殖和无性繁殖 2 种方式来实现。而多数荒漠植物主要以种子繁殖。因此，种子更新在荒漠植物繁殖更新中具有特殊的意义。在种子更新过程中，植物要经过种子生产、种子扩散、种子萌发、幼苗定居和幼树建成等阶段。若不能有效地应对外界环境压力，任何一个阶段都有可能成为更新过程中的一个瓶颈，以至不能实现更新（李小双等，2007）。要完全描述一个植物群落就必须包括埋藏在土壤中的种子，它们和地上植被一样是物种的组成者，部分反映了植被的历史，同样影响植被的未来。对于种群来说，其种子库的生态学特征在很大程度上是该种群对环境动荡产生胁迫的响应机制（付和平等，2007）。

植物种子成熟以后，以种子雨的形式掉落到地面上，形成土壤种子库（seed

bank）。种子雨（seed rain）是指在特定时间和特定空间从母株上散落的一定数量的种子（Harper，1977）。种子雨的研究对更好地了解种群和群落动态等具有重要意义（于顺利，2007）。土壤种子库（soil seed bank）是指存在于土壤上层凋落物和土壤中全部存活种子的总和（Simpson，1989）。在高等植物占据的大多数生境中，以休眠繁殖体形式存在的个体数远远超过地上植株的数量（班勇，1995）。植物群落种子库既是对其过去状况的进化记忆，也是反映植物现在和未来特点的一个重要因素（Fenner M.，1985）。因此土壤种子库是植被天然更新的物质基础（Moles & Drake，1999），很大程度上决定了植被演替的进度和方向（Jalili A. et al，2003），在植被自然恢复和演替过程以及生态系统建设中起着重要作用。尤其是在环境恶劣的荒漠化地区这种作用更加明显，可以减小种群灭绝的几率（Kalisz S & Mcpeek M. A.，1993）。

种子的水平分布和垂直分布构成了土壤种子库的空间分布格局。种子水平分布越广，越有利于种子迅速找到适宜的生存环境。土壤种子库的大小是指单位面积土壤内有活力的种子数量。土壤中的种子主要存在于表层，部分种子存在于地表下的土壤中，这就构成了土壤种子库的垂直分布（于顺利和蒋高明，2003）。种子库时空格局对退化生态系统的恢复及未来植被的组成至关重要。

6.5.1 蒙古扁桃种群的种子雨

邹林林（2009）对阴山山脉包头鹿沟地段（N 40°44′14.17″~N 40°44′16.15″，E109°53′56.18″~E109°54′10.77″），海拔1 202~1 322m的不同立地梯度蒙古扁桃自然居群种子雨和种子库进行调查。该地带属典型温带半干旱气候，年均气温8.5℃，年最低气温-27.6℃，年最高气温35.5℃，年降水总量262.9mm，年最大风速11.0m·s^{-1}，平均风速1.8m·s^{-1}，年日照时数2 806h，年平均相对湿度52%。地貌类型为石质低山，植被群落结构层次单一，只有灌木层和草本层，植物种类十分贫乏，以禾本科、菊科、蔷薇科和豆科植物为主，建群植物种有蒙古扁桃、黄刺梅（Rosa xanthina）等（表6.13）。

表6.13 阴山山脉包头段不同海拔梯度蒙古扁桃群落类型

Tab. 6.13 The community type of *P. mongolica* at different altitude in the BAO-Tou lots of MONI Mountains

样地	海拔 altitude	群落类型 community type
Ⅰ	1 202m	蒙古扁桃+地蔷薇群落 Prunus mongolica+Chamaerhodos erecta community
Ⅱ	1 242m	黄刺梅+蒙古扁桃群落 Rosa xanthina+Prunus mongolica community
Ⅲ	1 289m	蒙古扁桃+无芒隐子草群落 Prunus mongolica+Cleistogenes songorica community
Ⅳ	1 322m	蒙古扁桃+小针茅群落 Prunus mongolica+Stipa klemenzii community

引自邹林林（2009）

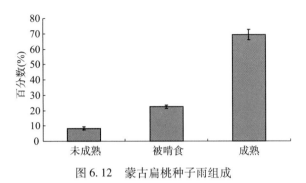

图 6.12 蒙古扁桃种子雨组成

Fig. 6.12 The composition of seed rain of P. mongolica

蒙古扁桃种子雨主要由 3 种类型的果实构成,即成熟的果实、未成熟的果实和被动物啃食后留下的破损果实。由图 6.12 可以看出,蒙古扁桃种子雨 3 种果实类型各自所占的比重,其中成熟的果实所占比例最高,平均为 69.3%；未成熟的果实所占比例最低,平均为 8.3%；而被动物啃食的果实所占比例居中,平均为 23.4%。成熟的果实、未成熟的果实和被啃食的破损果实三者的比例关系大约为 9∶3∶1。

蒙古扁桃种子雨被鼠类啃食程度在不同地区差异很大。在阿拉善孪井滩蒙古扁桃居群中有的树下种子雨几乎全部被鼠类啃食,所剩无几(图 6.13)。很多种子看似完整,仔细观察会发现,果核上打了小孔,把种仁掏空吃了。另外,羊群对蒙古扁桃幼果的啃食也是不容忽视的。在荒漠区,蒙古扁桃以片状分布,而且往往是该片地的建群种。由于植被疏散,蒙古扁桃嫩枝叶、幼果就成为羊群采食的主要对象。羊群夜间

图 6.13 大量被鼠类啃食的蒙古扁桃种子

Fig. 6.13 Great amount of P. mongolica seeds grazed by rodents

进行反刍时，就把坚硬带内果皮种子又吐出来。因此，羊圈被雨水冲刷后就会露出一层蒙古扁桃种子。另外，人类的大量采集蒙古扁桃种子也是影响蒙古扁桃种子库容的重要因素之一。

动物对种子的取食造成一定数量的种子丢失（Janzen，1971），在不同的微生境中，动物对种子的捕食率各不相同（Schupp，1995）。孙建华等（2005）对阿拉善干旱荒漠区土壤种子库的研究证明，土壤种子库物种数、种子密度和植物生活型在封育与放牧样地间及退化梯度间均有明显差异。封育2年的样地土壤中种子库密度显著或极显著高于放牧样地（$P < 0.01$）。盛海燕等（2002）对濒危植物明党参（Changium smyrnioides）种子散布和种子库动态研究中发现，在每次观察中都发现有明党参种子的空壳存在于土壤中，7月中旬空壳比例为27.8%，11月中旬比例为45%。阔叶林下的空壳数量多于竹林下。Blate等（1998）提出，分散的单个种子扩散后的被捕食速率可能强烈影响雨林中树木的种群动态和生活史进化。

然而，已有大量研究表明，鼠类的存在对维持生态系统平衡和生物多样性有重要的意义。如草原上的一些鼠类可通过取食非禾本草本植物及其种子，减少其生物量而提高牧草的产量；在有许多天敌的食物组成中，鼠类也占有较大的比例；在火山爆发区，囊鼠（Thomomys talpoides）的挖掘作用对植被的恢复非常有利；许多林区的鼠类，在森林中起着传播植物种子和促进种子萌发的功能，对植被的更新和演替起着重要的作用，等等。可见，由于生境的不同，鼠类在生态系统中所起的作用不同，对植被产生的危害也不一样。鼠类作为一个生物群落的一员存在于自然生态环境中，并非都是有害的，只有在人类的一些社会活动与经济建设过程中，自然生态系统平衡遭到破坏，造成害鼠种群或群落的大暴发，才表现出其危害性（徐满厚等，2012）。

蒙古扁桃种子在粒径组成上，直径大于0.9cm的种子（含内果皮）数量占种子雨总数的19%，直径0.7~0.9cm的占63%，直径小于0.7cm的占18%，未发育成熟的瘪壳果实直径小于0.7cm。

对不同海拔蒙古扁桃种群种子雨粒径组成分析表明，随着海拔高度的升高，种子粒径变小趋势。如，在1 202m低海拔地带，粒径小于0.7cm的种子数量占该地带种子总数的14%，粒径大于0.9cm的种子数所占比例为26%；而在1 322m的高海拔地带，粒径小于0.7cm的种子数所占比例增至22%，而粒径大于0.9cm的种子数所占比例为降至14%。随海拔的升高，粒径在0.7~0.9cm的种子数在各海拔地带变化不明显，百分比例在60%~64%之间。

种子雨强度分析表明，在低海拔地带（1 202m）蒙古扁桃种群种子雨强度最大，达29.4粒·m^{-2}，而在高海拔地带（1 302m）最低，只有9.6粒·m^{-2}。两个地带蒙古扁桃种子雨强度差异显著（$P<0.05$）。在中间地带，种子雨强度在18.5粒·m^{-2}~17.5粒·m^{-2}之间，差异不显著（$P>0.05$）。这种变化与不同海拔地带蒙古扁桃种群密度有关。

种子大小是物种更新生态位的重要特征，在荫蔽环境、枯枝落叶层下或对演替后期的物种，大种子有利于种子萌发和幼苗建成（Foster，1986）。但土壤种子库中的种子生理死亡和萌发后死亡趋向于较大粒径种子，霉变则趋向于较小粒径种子（陈智平等，2005）。Hulme（1993）研究表明，动物大多取食大种子，因为大种子比小种子有更丰富的能量资源或更易被发现。因而种子性状差异可能影响种子扩散、休眠格局、萌发、幼苗生长状况、成年植物个体的大小、寿命以及植株个体的竞争能力（Mandák & Pyšek，2005），从而影响植物自然更新的完成。

种子雨时间分布格局分析表明，蒙古扁桃种群种子集中掉落时间为 7 月份。在海拔 1 202m 和 1 242m 地带，2007 年 7 月 7 日的种子雨强度分别为 32 粒·m^{-2} 和 17 粒·m^{-2}，2008 年 8 月 7 日的种子雨强度分别为 24 粒·m^{-2} 和 13 粒·m^{-2}，2008 年 7 月 7 日为 23 粒·m^{-2} 和 14 粒·m^{-2}（表 6.14）。

表 6.14　蒙古扁桃种群种子雨的时间格局（粒·m^{-2}）
Tab. 6.14　Seed rain temporal pattern of *P. mongolica* population

海拔高度（m）	2007 年 7 月 7 日	2007 年 8 月 7 日	2008 年 7 月 7 日	2008 年 8 月 7 日
1 202	32±5.3a	24.0	23±2.7a	–
1 242	17±2.6a	13.0	14±3.4a	–
1 289	11±2.3a	17.0	17±2.9a	–
1 322	4±2.8a	6.0	6±1.4a	–

引自邹林林，2009

由于受种子的形状、大小、产量、散布和发芽，动物的捕食行为等生物因子和风、地形、土壤状况等非生物因子的变化，土壤种子库的密度，物种组成和丰富度随着季节和年份的变化而变化（Moles A. T. *et al*，2000）。李宁等（2006）的研究表明，塔克拉玛干沙漠边缘的荒漠区种子库密度呈现出一定的季节动态，在 132～303 粒·m^{-2} 变化，在 11 月份达到最大值，8 月份降至最小。付和平等（2007）对阿拉善荒漠草原的研究也发现，种子库密度具有季节变化。阿根廷蒙特（Monte）沙漠中部，常绿草种子库密度在夏末为 2 400 粒·m^{-2}，早春为 2 700 粒·m^{-2}，秋冬季 3 000 粒·m^{-2}；而一年生植物种子库密度为早春 6 500 粒·m^{-2}，夏末粒·m^{-2}（Marone L. *et al*，1998）。

种子雨空间分布的研究表明，蒙古扁桃果实主要散布在以母株为中心约 0～80cm 的区段内，占总数的 84.6%。其中分布最为密集的区段在距母株的 15～80cm 区段内，占总数的 61.5%（表 6.15）。因为蒙古扁桃果实颗粒较大，所以很少有果实能通过自身散布到 1.5m 以外的地方。

表 6.15 蒙古扁桃种群种子雨空间分布格局

Tab. 6.15 Seed rain spatial pattern of *Prunus mongolica* population

离母株的距离 distence from stool	0~15（cm）	15~80（cm）	80~120（cm）
地表果实分布（粒）distribution of fruits on the ground	6±2.6	16±5.3	4±1.1
百分数 percentage（%）	23.1	61.5	15.4

引自邹林林，2009

6.5.2 蒙古扁桃种群土壤种子库

土壤种子库是种子输入与种子输出的动态变量。输入由种子雨而来，其输出可分为动物摄食、死亡和萌发 3 个过程。在荒漠区植被疏散、物种组成较单一，所以这里植物被动物啃食的概率远远比其他地区大。与此同时，降水稀少，蒸发强烈，夏季炎热，地表温度可达 60℃ 以上，冬季寒冷，春季风大、沙击，风化严重，并伴随有土壤盐碱化等严酷的非生物胁迫对荒漠区土壤种子库构成严重的挑战。所以，加强对干旱荒漠区土壤种子库的研究，掌握其特点和规律，对于干旱荒漠区植被的保护和恢复有着重要的意义。

成熟的蒙古扁桃果实外果皮开裂，进入到种子库后，外果皮脱落或因失水紧紧附在内果皮上，成为含内果皮的种子。图 6.14 是阴山山脉鹿沟山区不同海拔地带蒙古扁桃自然居群在 0.5m×0.5m 土壤种子库样方内的种子数目。从图 6.14 上可以看出，

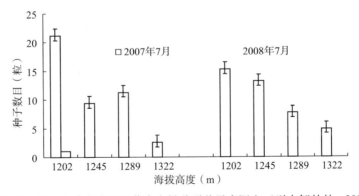

图 6.14 阴山山脉鹿沟山区蒙古扁桃种群种子库调查（引自邹林林，2009）

Fig. 6.14 Seed bank of *P. mongolica* population in LOU-Gou section of MONI mountain

2007年7月,从海拔1 202~1 322m蒙古扁桃种群土壤种子库中每平方米种子数量分别为21.2、9.4、11.3和2.6粒,而2008年7月,从海拔1 202~1 322m每平方米种子数量分别为15.3、13.2、7.7、和4.9粒。方差分析表明,蒙古扁桃种群种子库容量在相同海拔地带、相同时间段之间无明显差异。随着时间的推延,土壤种子库内种子含量逐渐降低。因此,只有年复一年有效地补充才能确保物种种子库的相对稳定。

种子库水平分布表明(图6.15),蒙古扁桃的种子主要分布在距灌丛中心2m的范围内(即灌丛内),约占92%,灌丛外(2~3m)种子数量明显减少,约占8%。呈现出由灌丛中心向外围种子数量急剧减少的趋势。

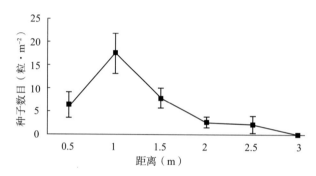

图6.15 阴山山脉鹿沟段蒙古扁桃种群种子在土壤中的水平分布(邹林林,2009)

Fig. 6.15 *P. mongolica* population seeds horizontal distribution in MONI mountain LOU-Gou section soil

种子的水平分布多与母树有很大关系。一般认为,在土壤中种子水平分布的越广,说明该物种种子传播能力越强,更有利于种子迅速找到适宜的生存环境。盛海燕等认为(2002),从种子生产和散布方面看,明党参(*changium syvestris*)采取的是低种子数量、大粒种子、远离母株散布以避免幼苗间竞争的生殖对策,应属于K对策种。尽管明党参这种特性能降低种内的竞争,增加种子存活、萌发及成长的机会,但是种子密度低就会使种群发展的速度受到限制,特别是受到人类强度采挖和破坏生境后恢复起来比较困难。

种子库垂直分布分析表明(表6.16),蒙古扁桃的种子主要集中在枯枝落叶层里。在该层中,海拔1 202m地带包含的完整种子数最多,海拔1 322m地带包含的完整种子数最少。破损种子个数也是海拔1 202m地带最多,海拔1 322m地带最少。在0~5cm的土层里,海拔1 202m地带包含的种子数仍然最多,但完整种子数由(23.7±5.7)粒·m^{-2}减少到0~5cm的(7.4±6.6)粒·m^{-2},破损种子数由枯枝落叶层的(7.2±2.1)粒·m^{-2}降低到(2.4±6.6)粒·m^{-2},降低幅度较大。海拔1 322m地带的0~5cm的土层中均无完整种子和破损种子。

第6章 蒙古扁桃繁殖生理生态

表6.16 蒙古扁桃种群种子在土壤中的垂直分布（粒·m^{-2}）
Tab. 6.16 The vertical distribution of P. mongolica seeds in soil

海拔高度 altitude（m）	枯枝、落叶层		0~5cm 土层	
	完整种子	破损种子	完整种子	破损种子
1 202	23.7±5.7a	7.2±2.1a	7.4±6.6a	2.4±6.6a
1 245	12.5±3.4b	5.5±2.5a	2.6±3.9b	1.6±1.6a
1 289	16.3±2.1b	1.8±3.3b	2.8±9.2b	1.8±3.3a
1 322	8.6±3.1c	1.5±2.9b	0.0	0.0

注：同一列中字母不同表示数据之间存在显著性差异（$P<0.05$）
Note: In the same line, different letters means exist significant difference between datas（$P<0.05$）
引自邹林林，2009

方差分析显示，在海拔1 202m地带枯枝落叶层中完整蒙古扁桃种子数与海拔1 242m、1 289m和1 322m地带枯枝落叶层中完整种子数之间存在显著性差异（$P<0.05$）。而枯枝落叶层中破损种子数在海拔1 202m和1 242m地带与在海拔1 289m和1 322m之间存在显著性差异。

微生境影响土壤种子库的水平分布。在沙漠种子库种子就大部分高度聚集分布。种子的水平分布表明，即使在群落内部，土壤种子的分布也是不均一的，是高度变异的，一些样点具有较大的数目的种子，而另外一些样点仅有很少的种子或者没有种子（袁莉等，2008）。海拔高度、物种丰富度、株高、冠幅与种子雨密度与种子库的相关性分析显示（表6.17），蒙古扁桃种子雨强度与海拔高度呈极显著负相关，与种子库显著负相关。蒙古扁桃种群盖度与其种子雨强度和种子库呈显著正相关。蒙古扁桃株高、冠幅与种子雨强度及种子库没有呈现显著的相关性。

表6.17 海拔高度、物种丰富度、株高、冠幅、盖度与蒙古扁桃种子雨密度、种子库的相关分析
Tab. 6.17 Correlation analysis on altitude, species richness, height, canopy and coverage with seed rain density and seed bank of P. mongolica

相关因素 correlation elements	海拔高度 altitude	物种丰富度 species richness	盖 度 coverage	株 高 height	冠 幅 crown	种子雨密度 seed rain density	种子库 seed bank
海拔高度 altitude	1						
物种丰富度 species richness	-0.993	1					
盖 度 coverage	-0.888	-0.984**	1				

续表

相关因素 correlation elements	海拔高度 altitude	物种丰富度 species richness	盖度 coverage	株高 height	冠幅 crown	种子雨密度 seed rain density	种子库 seed bank
株高 height	-0.892*	0.463	-0.212	1			
冠幅 crown	0.093	0.234	0.413	0.931*	1		
种子雨密度 seed rain density	-0.978**	0.703	0.929*	0.627	0.516	1	
种子库 seed bank	-0.913*	0.373	0.938*	0.483	0.631	0.915*	1

注：*表示在 $P<0.05$ 水平上差异显著；**表示在 $P<0.01$ 水平上差异极显著。
* Means significant difference at 0.05 leveal；** Means very significant difference at 0.01 leveal
引自邹林林，2009

在大部分的植被里，种子库的种子在土壤剖面上呈递减的垂直分布，使种子库具有立体结构，影响种子库的留存、萌发，从而影响着原有植被的恢复与重建。种子的垂直分布使得小部分种子处于下层土壤中，种子发芽率一般都很低，但是由于下层土壤水土环境较为稳定，种子可以存活较长时间，往往形成植物种群的天然基因库，这对于树种保护及维护生物多样性具有重要的意义（袁莉等，2008）。

不同生境不同植被类型种子密度不同。一般，森林土壤种子库密度一般为 $10^2 \sim 10^3 \cdot m^{-2}$，草地土壤种子库密度为 $10^3 \sim 10^6 \cdot m^{-2}$，耕作土为 $10^3 \sim 10^5 \cdot m^{-2}$（Harper，1977；Stivertown，1982）。研究证实，在不同的演替阶段，土壤种子库的大小差别是很大的，如在演替早期，特别是次生演替早期，种子密度远远大于演替后期顶极群落的土壤种子库（袁莉等，2008）。

由于环境异质性和"安全地"的存在，种子库在水平面上多呈集群分布。这会使种苗密度过大，导致竞争加剧，以及种子被捕食而提高死亡率。环境异质性是种子库分布模式的决定因子，种源、种子散布和散布媒介等因素也有着不容忽视的作用（Harper J. L. 1977）。

影响土壤种子库动态的因素有很多，包括种子生产、种子雨或种子散布、捕食、腐烂、休眠、萌发等等。在不同生境中，为了提高存活率，不同的植物有其特有的繁殖对策。植物的繁殖能力与其所属的群落的演替阶段有关，如演替初期的物种个体小，其种子与繁殖期及繁殖次数密切相关（Fenner M.，1985）。

濒危植物绵刺（Potaninia mongolica）通过实生、埋枝萌蘖和劈根等3种方式繁殖，但3种方式的繁殖都比较难（马全林等，2002）。张永明等（2005）对鄂尔多斯国家自然保护区乌海市海渤湾区绵刺调查发现，绵刺1年结实2次，6月份结实单株产饱满种子平均为336粒·株$^{-1}$，千粒重0.9551g，发芽率68%；10月份结实单株产饱满种子平均为652粒·株$^{-1}$，千粒重1.1128 g，发芽率83%；绵刺种子属短命种子，土壤种子库较丰富，种子密度在127粒·m^{-2}~668粒·m^{-2}，种子散布后其存活力随着时间的推移逐渐下降；种子散布格局为集群型分布，成熟种子大部分散布在母株冠幅内。绵刺群落中很难见到实生苗。其主要原因是，不同时期生产的种子活力差异较大，发芽率最高的时期仅为53%，且这个时期已到深秋，外界条件不适宜种子发芽；绵刺种子在土壤中寄存的时间越长其存活力下降越快，干旱使种子内水分散失，发芽率每月平均下降6%~8%。

据曾彦军等（2003）对阿拉善干旱荒漠区不同植被类型土壤种子库研究发现，随着实验样地从低海拔（1 370m）沙砾质草原化荒漠向高海拔（1 750m）山地荒漠草原过渡，其种子库种子密度呈递减趋势。在海拔高度为1 370~1 750m样地间，天然草地土壤种子密度从326粒·m^{-2}减少至76粒·m^{-2}，呈随海拔高度增加而减少的趋势。海拔高度为1 100 m的典型荒漠区，土壤种子密度为56粒·m^{-2}。所有种子库中未发现灌木的种子。分析认为，荒漠区土壤种子库种子密度低的原因可能与该区降水量极少（仅为116mm）和植被稀少有关。

王哲等（2005）对鄂尔多斯市乌审旗图克苏木境内的毛乌素沙地臭柏（*Sabina vulgaris*）群落的种子产量、种子库及幼苗更新进行样方调查表明，毛乌素沙地天然臭柏群落的球果丰富，约为3 093.83粒·m^{-2}，种子产量为9 118.5粒·m^{-2}，优良种子达2 954.4粒·m^{-2}。从滩地向沙丘方向5种立地（1 200~1 350m）条件间的土壤种子库差异大、质量低，种子优良度最高的也仅为3.7%。土壤种子集中分布于0~5cm土层内，并随着土壤深度增加，优良种子数由0~5cm的30.52粒·m^{-2}减少到5~10cm的1.3粒·m^{-2}。5种立地中，当年幼苗数的平均值仅为7.98粒·m^{-2}，最高的（A类立地）为14.7粒·m^{-2}，仅占表土优良种的30%左右，最低的（D类立地）已经丧失了更新能力。臭柏群落内种子更新苗少，而且种子更新集中在少数滩地小生境中。结论是，种子库小、质量差、更新环境的丧失是限制臭柏群落天然更新与拓展的主要因子。

付和平等（2007）在内蒙古阿拉善荒漠区选择开垦、轮牧、过牧和禁牧4种不同干扰条件的样区，于春（4月份）、夏（7月份）和秋（10月份）分别对土壤种子库取样，并在实验室条件下进行发芽试验，得出如下结果：①4种不同干扰区在春、夏、秋3个季节土壤种子库可萌发种子平均数量分别为，开垦干扰：688粒·m^{-2}；轮牧干扰：1328粒·m^{-2}；过牧干扰：1 488粒·m^{-2}；禁牧干扰：944粒·m^{-2}；②开垦区与禁牧区在4月份（春）、7月份（夏）、10月份（秋）土壤种子库可萌发种子数量呈连续上升趋势，而轮牧区与过牧区则呈先上升后下降趋势；③4种不同干扰条件下，开垦区、过牧区和禁牧区在不同深度土层中水分含量均无显著差异；而轮牧区0~5cm与其他3

个土层中水分含量出现显著差异,而且 0~5cm 土壤层的水分含量与种子的萌发数量呈显著正相关。对此作者认为,实验所得种子库可萌发种子数量(688~1 488 粒·m^{-2})处于草地土壤种子库种子容量范围内(10^3~10^6 粒·m^{-2}),少于国内其他大部分对不同生态类型的土壤种子库研究的结果。但一个总的趋势是 4 种不同干扰样区,夏、秋季节的种子库可萌发种子数量明显高于春季,这与荒漠植物可以在夏、秋两季均能够及时开花、结实的特殊生态生物学特性所形成的种子雨有关。

植物的成功更新取决于种子的产生、土壤种子库密度、种子的萌发以及幼苗的成活(岳红娟等,2010)。而植被恢复通常都被种子数较少而限制。物种的再现部分取决于种子在种子库里的持久性能,持久种子库作为最原始的植物群落残余,在生态恢复过程中具有重要地位(Vécrin M. P. et al.,2007)。蒙古扁桃种子库水平分布方式在某些方面限定了其种群分布格局,而其结实率低下和种子库损失率高的特点构成了蒙古扁桃致濒的因素之一。

植物的繁育系统与植物的生殖紧密联系在一起,是植物繁殖的核心内容之一,是种群有性生殖的纽带,在决定植物的进化路线和表征变异上起着重要作用,对繁育系统多样化及其作用模式和机制的研究是理解植物各类群进化的一个重要基础(张大勇,2004)。

参考文献

[1] 安瑞丽,方海涛. 蒙古扁桃的开花动态与繁殖系统 [J]. 阴山学刊,2009,23(3):42-45.

[2] 班勇. 土壤种子库的结构与动态 [J]. 生态学杂志,1995,14(6):42-47.

[3] 陈海军. 荒漠草原主要植物种群繁殖性状及化学计量特征对载畜率的响应 [D]. 呼和浩特:内蒙古农业大学,2011.

[4] 陈明林,游亚丽,张小平. 花柱异型研究进展 [J]. 草业学报,2010,19(1):226-239.

[5] 陈智平,王辉,袁宏波. 子午岭辽东栎林土壤种子库及种子命运研究 [J]. 甘肃农业大学学报,2005,40(1):7-12.

[6] 杜巧珍. 濒危植物蒙古扁桃繁育系统的研究 [D]. 呼和浩特:内蒙古师范大学硕士学位论文,2010.

[7] 方海涛,红雨,那仁,等. 珍稀濒危植物蒙古扁桃花生物学特性 [J]. 广西植物,2007,27(2):167-169.

[8] 方海涛. 影响蒙古扁桃传粉昆虫种类和数量因素的分析 [J]. 阴山学刊,2005,19(4):26-27.

[9] 方海涛,李俊兰. 蒙古高原特有早春观赏树种柄扁桃的研究进展 [J]. 北方园艺,2008(4):210~211.

[10] 方海涛,斯琴巴特尔. 蒙古扁桃的花部综合特征与虫媒传粉 [J]. 生态学杂志,2007,

26（2）：177-181.

[11] 方应兵,邵剑文,卫姚,等.7种蓼属植物繁育系统的初步研究［J］.生物学杂志,2009,26（1）：38-40.

[12] 付和平,杨泽龙,武晓东,等.不同干扰条件下荒漠区土壤种子库［J］.干旱区资源与环境,2007,21（9）：133-137.

[13] 高润梅.珍稀濒危植物的胚胎学研究进展［J］.山西农业大学学报,2002,22（3）：239-245.

[14] 葛全胜,郑景云,张学霞.过去40年中国气候与物候的变化研究［J］自然科学进展,2003,13（10）：1048-1053.

[15] 红雨,邹林林,朱清芳.濒危植物蒙古扁桃种子雨和土壤种子库特征［J］.林业科学,2012,48（10）：145-149.

[16] 黄双全,郭友好.传粉生物学的研究进展［J］.科学通报,2000,45（3）：225-237.

[17] 季蒙,邵铁军.8种珍稀濒危树种物候特性［J］.内蒙古林业科技,2007,33（4）：24-25.

[18] 李爱平,王晓江,张纪钢,等.优良生态灌木蒙古扁桃生物学特性与生态经济价值研究［J］.内蒙古林业科技,2004（1）：10-13.

[19] 李宁,冯固,田长彦.塔克拉玛干沙漠北缘土壤种子库特征及动态［J］.中国科学（D辑：地球科学）,2006,36：110-118.

[20] 李小双,彭明春,党承林.植物自然更新研究进展［J］.生态学杂志,2007,26（12）：2081-2088.

[21] 刘龙会,古松,郭亚娇,等.柠条锦鸡儿小孢子发生和雄配子体发育［J］.西北植物学报,2012,32（1）：81-84.

[22] 刘林德,陈磊,张丽,等.华北蓝盆花的开花特性及传粉生态学研究［J］.生态学报,2004,24（4）：718-723.

[23] 陆佩玲,于强,贺庆棠.植物物候对气候变化的响应［J］.生态学报,2006,26（3）：923-929.

[24] 马虹,王迎春,郭晓雷,等.濒危植物——半日花大、小孢子发生和雌、雄配子体形成［J］.内蒙古大学学报（自然科学版）,1997,28（3）：424-429.

[25] 马骥,倪细炉,史宏勇,等.蒙古扁桃的开花生物学研究［J］.西北植物学报,2010,30（6）：1134-1141.

[26] 马骥.蒙古扁桃的生殖生物学研究［D］.西安：西北大学硕士学位论文,2010.

[27] 马全林,王继和,吴春荣,等.甘肃珍稀濒危植物绵刺的调查与保护对策［J］.植物资源与环境学报,2002,11（1）：35-39.

[28] 马小杰,张宪省.植物雌雄蕊发育的分子基础,见李承森主编.植物科学进展［M］.北京：高等教育出版社,1998：129-145.

[29] 任明迅,张大勇.植物生活史进化与繁殖生态学［M］.北京：科学出版社,2004：310-331.

[30] 盛海燕,常杰,殷现伟.濒危植物明党参种子散布和种子库动态研究［J］.生物多样性,2002,10（3）：269-273.

[31] 阮成江,姜国斌.雌雄异位和花部行为适应意义的研究进展［J］.植物生态学报,2006,

30（2）：210-220.

[32] 隋毅. 扁桃及其他李属物种微卫星序列（SSR）突变机制和进化模式分析 [D]. 北京：首都师范大学，2005.

[33] 孙建华，王彦荣，曾彦军. 封育和放牧条件下退化荒漠草地土壤种子库特征 [J]. 西北植物学报，2005，25（10）：2035-2042.

[34] 孙颖，孙大业. 花粉萌发和花粉管生长发育的信号转导 [J]. 植物学报，2001，43（12）：1211-1217.

[35] 田小武，雷永华. 荒漠植物蒙古扁桃在海原县西华山繁育探讨 [J]. 宁夏农林科技，2011，52（09）：31-32.

[36] 田英，李云翔，秦垦，等. 宁夏枸杞雄性不育材料小孢子发生的细胞形态学观察 [J]. 西北植物学报，2009，29（2）：263-268.

[37] 宛涛，燕玲，李红，等. 贺兰山山地疏林草原主要植物花粉形态观察 [J]. 四川草原，2004（2）：28-31.

[38] 王大川. 近30年呼和浩特市木本植物物候变化规律及对气候变化响应的研究 [D]. 呼和浩特：内蒙古大学，2012.

[39] 王洁，杨志玲，杨旭. 濒危植物繁育系统研究进展 [J]. 西北农林科技大学学报（自然科学版），2011，39（9）：207-213.

[40] 王立龙，王广林，刘登义，等. 珍稀濒危植物小花木兰传粉生物学研究 [J]. 生态学杂志，2005，24（8）：853-857.

[41] 王连喜，陈怀亮，李琪，等. 植物物候与气候研究进展 [J]. 生态学报，2010，30（2）：447-454.

[42] 王明玖. 内蒙古贝加尔针茅草原群落植物繁殖生态学研究 [D]. 呼和浩特：内蒙古农业大学博士学位论文，2000.

[43] 王迎春，马虹，征荣. 四合木繁育特性的研究 [J]. 西北植物学报，2000，20（4）：661-665.

[44] 王志高，王孝安，肖娅萍. 太白红杉生殖生态学特性的研究 [J]. 陕西师范大学学报（自然科学版），2003，31（2）：102-104.

[45] 王哲，张国盛，王林和，等. 毛乌素沙地天然臭柏群落种子产量、种子库及幼苗更新 [J]. 干旱区资源与环境，2005，19（3）：195-200.

[46] 王仲礼，刘林德，田国伟，等. 短柄五加开花及传粉生物学研究 [J]. 生物多样性，1997，5（4）：251-256.

[47] 肖宜安，何平，李晓红. 濒危植物长柄双花木开花物候与生殖特征 [J]. 生态学报，2004，24（1）：14-21.

[48] 寿森炎，汪俏梅. 高等植物性别分化研究进展 [J]. 植物学通报，2000，17（6）：528-535.

[49] 徐庆，姜春前，刘世荣，等. 濒危植物四合木种群传粉生态学研究 [J]. 林业科学研究，2003，16（4）：391-397.

[50] 岳红娟，仝川，朱锦懋，等. 濒危植物南方红豆杉种子雨和土壤种子库特征 [J]. 生态学报，2010，30（16）：4389-4400.

[51] 肖宜安. 濒危植物长柄双花木（*Disanthus cercidifolius* var. Longipes）繁殖生态学与光合适应性研究［D］. 重庆：西南师范大学，2004.

[52] 徐满厚，刘彤，姜莉. 古尔班通古特沙漠南部梭梭鼠害特征及防治生态阈值研究［J］. 干旱区资源与环境，2012，26（6）：126-131.

[53] 徐雨晴，陆佩玲，于强. 近50年北京树木物候对气候变化的响应［J］. 地理研究，2005，24（3）：412-420.

[54] 于顺利，蒋高明. 土壤种子库的研究进展及若干研究热点［J］. 植物生态学报，2003，27（4）552~560.

[55] 于顺利，郎南军，彭明俊，等. 种子雨研究进展［J］. 生态学杂志，2007，26(10)：1646-1652.

[56] 袁莉，周自宗，王震洪. 土壤种子库的研究现状与进展综述［J］. 生态科学，2008，27（3）：186-192.

[57] 曾彦军，王彦荣，南志标，等. 阿拉善干旱荒漠区不同植被类型土壤种子库研究［J］. 应用生态学报，2003，14（9）：1457-1463.

[58] 张大勇，主编. 植物生活史进化与繁殖生态学［M］. 北京：科学出版社，2004.

[59] 张文辉，祖元刚，刘国彬. 10种濒危植物的种群生态学特征及致危因素分析［J］. 生态学报，2002，22（9）：1512-1520.

[60] 张学霞，葛全胜，郑景云. 北京地区气候变化和植被的关系——基于遥感数据和物候资料的分析［J］. 植物生态学报，2004，28（4）：499-506.

[61] 张永明，金洪，高润宏，等. 绵刺土壤种子库特征及动态［J］. 草地学报，2005，13（1）：5-8.

[62] 郑景云，葛全胜，赵会霞. 近40年中国植物物候对气候变化的响应研究［J］. 中国农业气象，2003，24（1）：28-32.

[63] 朱清芳，红雨，杜巧珍. 不同海拔蒙古扁桃开花动态与繁育系统的比较研究［J］. 内蒙古师范大学学报（自然科学汉文版），2011，40（5）：512-517.

[64] 邹林林. 不同海拔梯度蒙古扁桃种子库的研究［D］. 呼和浩特：内蒙古师范大学硕士学位论文，2009.

[65] 祖元刚，张文辉，闫秀峰，等. 濒危植物裂叶沙参保护生物学［M］. 北京：科学出版社，1999.

[66] Ashman, T. L. & D. J. Schoen. How long should flowers live? [J]. *Nature*, 1994, 371: 788-791.

[67] Baker HG, Baker I. Starch in angiosperm pollen grain and its evolutionary significance [J]. *American Journal of Botany*, 1979, 66: 591-600.

[68] Barrett S C H, Jesson L K, Bake A M R. The evolution and function of stylar polymorphisms in flowering plants [J]. *Annuals of Botany*, 2000, 85: 253-265.

[69] Bawa KS, Beach JH. Evolution of sexual system in flowering plants [J]. *Annuals of the Missouri Botanical Garden*, 1981, 68（2）：254-274.

[70] Bigwood DW, Inouye DW. Spatial pattern analysis of seed banks: an improved method and optimized sampling [J]. *Ecology*, 1988, 69（2）：497-507.

[71] Bingham R. A. & Orthner AR. Efficient pollination of alpine plants [J]. *Nature*, 1998. 391: 238-239.

[72] Blate G M, Peart D R, Leighton M. Post- dispersal predation on isolated seeds: a comparative study of 40 tree species in a Southeast Asian rainforest [J]. Oikos, 1998, 82: 522-538.

[73] Bohumil Mandák Petr Pyšek. How does seed heteromorphism influence the life history stages of *Atriplex sagittata* (Chenopodiaceae)? [J]. *Ecology of Plants*, 2005, 200: 516- 526.

[74] Crane P R, Friis E M, Pedersen K R. The origin and early diversification of angiosperms [J]. *Nature*, 1995, 374: 27-33

[75] Cruden R W. Pollen ovule ratios: A conservative indicator of breeding systems in flowering [J]. *Plants Evolution*, 1977, 35 (1): 7-13.

[76] Cruden RW. Pollen-ovule ratios: a conservative indicator of breeding systems in flowering plants [J]. *Evolution*, 1977, 31 (1): 32-46.

[77] Dafni A. Pollination Ecology [M]. New York: Oxford University Press, 1992, 1-57.

[78] Dafni A. Pollination Ecology: A practical approach [M]. New York: Oxford University Press, 1992.

[79] Darwin C. The different forms of flowers on plants of the same species [M]. London: Murray, 1877.

[80] Delph LF. Factors affecting interplant variation in flowering and fruiting in the gynodioecious species *Hehe subalpina* [J]. *Ecology*, 1993, 81: 287-296.

[81] Dudash, M. R. Relative fitness of selfed and outcrossed progeny in self – compatible, protandrous species, *Sabatia angularis* L. (Gentianaceae): a comparison in three environments [J]. *Evolution*, 1990, 44: 1129-1139.

[82] Eevin GN, Wetzel RG. Allelochemical autotoxcity in the emergent wetland macrophyte *Juncus effusus* (Juncaceae) [J]. *American Journal of Botany*, 2000, 87: 853- 860.

[83] Fenner M. Seed Ecology [M]. London: Chapman and Hall, 1985: 21-28.

[84] Ganders E. The biology of heterostyly [J]. *New Zealand Journal of Botany*, 1979, 17: 607- 635.

[85] Hans Lambers, Stuart chapin F, Thijs L. Pons 著, 张国平, 周伟军, 译. 植物生理生态学 [M]. 杭州: 浙江大学出版社, 2005: 270.

[86] Harper JL. Population Biology of Plant [M]. London: Academic Press, 1977.

[87] Heinrich B, Raven PH. Energetics and pollination ecology [J]. *Science*, 1972, 176: 597-602.

[88] Herrera C M. Floral biology, microclimate, and pollination by ectothermic bees in an early-blooming herb [J]. *Ecology*, 1995, 76 (1): 218-228.

[89] Hulme PE. Post- dispersal seed predation by small mammals [J]. *Symposia of the Zoological Society of London*, 1993, 65: 269- 287.

[90] Jalili A, Hamzeh'ee B, Asri Y. Soil seed banks in the Arasbar an Protected Area of Iran and their significance for conservation management [J]. *Biological Conservation*, 2003, 109: 425- 431.

[91] Janzen D H. Seed predation by animals [J]. *Annual Review of Ecology and Systematics*, 1971, 2: 465-492.

[92] Jarzomski CM. Stamp NE, Bowers MD. Effects of plant phenology, nutrients and herbivory on growth and defensive chemistry of plantain [J]. *Oikos*, 2000, 88 (2): 371-379.

[93] Jiang Y D, Ye D Z, Dong W J. Regional climate change from the point of view of seasonality in China

[J]. *Climate Change Communication*, 2004, 3 (2): 8-9.

[94] Kaduk J, Heimann M. A prognostic phenology model for global terrestrial carbon cycle models [J]. *Climate Research*, 1996 (6): 1-19.

[95] Kalisz S, Mcpeek M A. Extinction dy namics, population growth, and seed banks: An example using an age-structured annual [J]. *Oecologia*, 1993, 95: 314- 320.

[96] Kaul M L H, . Male sterility in higher plants. In: Frankel R, Grossman M, Maliga P, Riley R (eds), Monographs on theoretical and applied genetics 10 [M]. Heidelberg: Springer Verlag, 1988.

[97] Marone L, Rossi B E, Casenave J L. Granivore impact on soil seed reserves in the central Monte desert, Argentina [J]. *Functional Ecology*, 1998, 12: 640- 645.

[98] Mascarenhas J P. Gene activity during pollen development [J]. *Annual Review of Plant Physiology and Plant Molecular Biology*, 1990, 41: 317-338.

[99] Michalski S G, Durka W. Pollination mode and life form strongly affect the relation between mating system and pollen to ovule ratios [J]. *New Physiologist*, 2009, 183 (2): 470-479.

[100] Moles A T, Hodson D W, Webb C J. Seed size and shape and persistence in the soil in the New Zealand flora [J]. *Oikos*, 2000, 89: 541-545.

[101] Morgan MT, Schoen DJ. The role of theory in an emerging new plant reproductive biology [J]. *Trends in Ecology and Evolution*, 1997: 12, 231-234.

[102] Nicholls MS. Pollen flow, population composition, and the adaptive significance of distyly in *Linum tenuifolium* L. (Linaceae) [J]. *Biological Journal of the Linnean Society*, 1985, 25 (3): 235-242.

[103] O'Neil P. Selection on flowering time: an adaptive fitness surface for nonexistent character Combinations [J]. *Ecology*, 1999, 80: 806-820.

[104] Parsonsa K, Hermanutzb L. Conservation of rare, endemic Braya species (Brassicaceae): breeding System variation, potential hybridization and human disturbance [J]. *Biological Conservation*, 2006, 128 : 201-214.

[105] Philip, W. H. Inbreeding depression in conservative biology [J]. *Annual Review of Ecology and Systematics*, 2000, 31: 139-162.

[106] Primack, R. B. Longevity of individual flowers [J]. *Annual Review of Ecology and Systematics*, 1985, 16: 15-37.

[107] Price SD, Barrett SCH. The function and adaptive significance of tristyly in *Pontederia cordata* L. (Pontederiaceae) [J]. *Biological Journal of the Linnean Society*, 1984, 21 (3): 315-329.

[108] Rathcke B, Lacey EP. Phenological patterns of terrestrial plants [J]. *Annual Review of Ecology and Systematics*, 1985, 16: 179-214.

[109] Sato, H. The role of autonomous self pollination in floral longevity in varieties of *Impatiens hypophylla* (Balsaminaceae) [J]. *American Journal of Botany*, 2002, 89: 263-269.

[110] Seymour R, Schultze-Motel P. Thermo regulating lotus flowers [J]. *Nature*, 1996, 383: 305

[111] Thorp RW, Briggs DL, Estes JR, et al. Nectar fluorescence under ultraviolet irradiation [J]. *Science*, 1975, 189: 476-478.

[112] Schupp E W. Seed seedling conflicts, habitats choice, and patterns of plant recruitment [J]. *American Journal of Botany*, 1995, 82: 399-409.

[113] Stivertown J W. Introduction to plantation population ecology [M]. London: Academic Press. 1982, 35-52.

[114] Thompson J D, Pailler T, Strasberg D, et al. Tristyly in the endangered Mascarene Island endemic *Hugonia serrata* (Linaceae) [J]. *American Journal of Botany*, 1996, 83 (9): 1160-1167.

[115] Walter Larcher 著. 翟志席, 郭玉海, 马永泽, 等译. 植物生态生理学 [M]. 北京: 中国农业大学出版社, 1997: 218.

[116] Willson, MF. Plant reproductive ecology [M]. New York: John Wiley & Sons Incorporation, 1983, 15-18.

[117] Willson M F. Plant reproductive ecology [M]. New York: Wiley, 1983.

[118] Weiner J. Allocation, plasticity and allometry in plants [J]. *Perspective in Plant Ecology, Evolution and Systematics*, 2004, 6: 207-215.

[119] Vécrin M P, Grévilliot F, Muller S. The contribution of persistent soil seed banks and flooding to the restoration of alluvial meadows [J]. *Journal for Nature Conservation*, 2007, 15: 59-69.

索　引

A

Abies beshanzuensis M. H. Wu 百山祖冷杉　238

Abies chensiensis Van Tiegh. 秦岭冷杉　14

Abies sibirica Ledeb. 西伯利亚冷杉　14

Abies yuanbaoshanensis Y. J. Lu et L. K. Fu 元宝山冷杉　28，42

Acanthopanax brachypus Harms 短柄五加　286，298

Acanthopanax senticosus （Rupret Max-im） Harms 刺五加　14，286

Acer miaotaiense P. C. Tsoong 庙台槭　14

Acer negundo L. 复叶槭　260

Acer saccharum Marsh. 糖槭　162

Achnatherum splendens （Trin.） Nevski 芨芨草　9，159

Agriophyllum squarrosum （L.） Moq. 沙蓬　149

Agropyron cristatum （Linn.） Gaertn. 冰草　7，37

Ajania achilloides （Turcz.） Poljak. ex Grubov 蓍状亚菊　7

Alhagi sparsifolia Shap. ex Keller et Shap. 疏叶骆驼刺　102，106

Amentotaxus argotaenia （Hance） Pilger. 穗花杉　14

Ammopiptanthus mongolicus （Maxim.） Cheng f. 沙冬青　7，11，12，15，16，34，50，107，120，121，135，153，200，218-221，237，247，248，251

Ammopiptanthus nanus （M. Pop.） Cheng f. 矮沙冬青　13，28，38，60

Amorpha fruticosa Linn. 紫穗槐　49

Amygdalus communis L. 扁桃（巴旦杏）　2-4，8，41，43，66，151，164，188，189，202-204，206-208，247，251-253，257，279，297，298

Amygdalus communis "Mission" 美新　180

Amygdalus kansuensis （Rehd.） Sheels 甘肃桃　4

Amygdalus mira （Koehne） Yü et Lu 光核桃　4

Amygdalus nana 矮扁桃　4，180

Amygdalus pedunculata （*Prunus pedunculata*） Pall. 长柄扁桃　4，7，39，62，82，91，106，136，137，163，164，180，202-210，212，217，237，247，249，251-253，267，285

Amygdalus persica L. 桃　4

Amygdalus tangutica 西康扁桃 （Batal） Korsh（唐古特扁桃）　4，180，239

Amygdalus tangutica 西康扁桃 （Batal.） Korsh. （唐古特扁桃）　202

· 303 ·

Amygdalus triloba (Lindl.) Ricker 榆叶梅 4, 180, 209

Armeniaca mume Sieb. 梅 4

Armeniaca sibirica (L.) Lam. 山杏 4, 9, 230, 249

Artemisia frigida Willd. 冷蒿 7, 147

Artemisia halodendron Turcz. ex Bess. 差巴嘎蒿 147

Artemisia ordosica Krasch. 油蒿 99, 105, 106, 108, 114

Artemisia sphaerocephala Krasch 白沙蒿 149, 194

Artocarpus hypargyraea Hance 白桂木 28, 39

Asparagus gobicus I van. ex Grubov. 戈壁天门冬 20

Astragalus adsurgens Pall 沙打旺 146

Astragalus galactites Pall 乳白花黄芪 7

Astragalus membranaceus (Fisch) Bunge 黄芪 15

Atraphaxis Bracteata A. Los. 沙木蓼 108

Atraphaxis replicata Lam 扁果木蓼 61

Atriplex canescens (Pursh) Nutt 四翅滨藜 49, 84

Avena fatua Linn 野燕麦 164

B

Berchemiella wilsonii Nakai 小勾儿茶 13

Beta vulgaris Linn 甜菜 83, 154, 190

Betula halophila Ching ex PCLi 盐桦 13

Boea hygrometrica (Bunge) R. Br. 牛耳草（猫儿草） 24

Brachythecium salebrosum (Web. et Mohr) B. S. G. 褶叶青藓 23

Brassica campestris L. 油菜 214, 253

Bretschneidera sinensis Hemsl 伯乐树 28, 41

C

Calamagrostis pseudophragmites (Hall. f.) Koel. 假苇拂子茅 153

Calligonum caput-medusae Schrenk 头状沙拐枣 61, 102, 106

Calligonum leucocladum (Schrenk) Bunge 白皮沙拐枣 212

Calligonum mongolicum Turcz 沙拐枣 20, 97, 104-106, 137, 139, 181, 201, 212, 213, 219, 237, 243, 250, 253

Calligonum rubicundum Bge 红皮沙拐枣 212

Calligonum taklimakanensis B. R. Pan & G. M. Shen 塔克拉玛干沙拐枣 104, 106

Camellia chrysantha Chang (*Camellia nitidissima* Chi) 金花茶 238

Camellia oleifera Abel 油茶 169, 187, 215, 250

Camellia sinensis cv. Tie-guanyin 铁观音 104

Capparis spinosa L. 刺山柑 200

Capsicum annuum L. 辣椒 93

Caragana arborescens (Amm) Lam 树锦鸡儿 75, 152

Caragana brachypoda Pojaik 短脚锦鸡儿 50

Caragana frutex (Linn.) C. Koch 黄刺条 20

Caragana intermedia Kuang et H. C. Fu 中间锦鸡儿 59, 75, 105, 135, 136, 139, 152, 221, 222

Caragana korshinskii Kom 柠条（柠条锦鸡儿）49, 65, 66, 75, 85, 99, 106-108, 114, 137, 146, 149, 152, 200, 237, 250, 281, 297

Caragana licentiana Hand. Mazz. 白毛锦鸡儿 221, 222

Caragana microphylla Lam 小叶锦鸡儿 36, 49, 52, 61, 85, 136

Caragana opulens Kom 甘蒙锦鸡儿 30，37，75，152，221，222

Caragana roborovskyi Kom 荒漠锦鸡儿 75，152，219

Caragana stenophylla Pojark 狭叶锦鸡儿 20，34

Caragana tibetica Kom 藏锦鸡儿 36

Caragana spp. 锦鸡儿 17

Caryopteris mongolica Bunge 蒙古莸（白沙蒿）7

Casuarina equisetifolia L. 木麻黄 185，189

Cathaya argyrophylla Chen et Kuang 银杉 238

Cerasus dictyoneura (Diels) Yü 毛叶欧李 208，209

Cerasus glandulosa (Thunb) Lois 麦李 208，209

Cerasus humilis (Beg.) Sok. 欧李 208，209

Cerasus japonica var. Nakau 长梗郁李 208，209

Cerasus japonica (Thunb) Lois 郁李 6，7，43，208，209，248，252

Ceratoides arborescens (Losinsk.) Tsien et C. G. Ma 华北驼绒藜 34

Ceratoides latens (J. F. Gmel.) Reveal et Holmgren 驼绒藜 86，222

Cercidiphyllum japonicum Sieb. et Zucc. 连香树 14

Changnienia amoena Chien 独花兰 14

Chilopsis linearis (Cav) Sweet 沙漠葳 106，138

Cimicifuga nanchuanensis Hsiao 南川升麻 285

Circastear agretis Maxim 星叶草 14

Cistanche deserticola Ma 肉苁蓉 13，16，252

Cistanche tubulosa (Schrenk) RWight 管肉苁蓉 14

Cleistogenes mutica Keng 无芒隐子草 37，158，288

Cleistogenes squarrosa (Trin) Keng 糙隐子草 7，158

Convolvulus tragacuthoides Turcz 刺旋花 34

Coptis chinensis Franch 黄连 15

Cornulaca alaschanica Tsien et G. L. Chu. 刺蓬 151

Corylus chinensis Franch 华榛 15

Corylus heterophylla 榛木 70

Cotinus coggygria Scop 黄栌 113

Cupressus chengiana S. Y. Hu 岷江柏木 15

Cynanchum komarovii Al-Iljinski 牛心朴子（老瓜头）105，137，181，187

D

Davidia involucrata Baillon 珙桐 14，238

Davidia involucrate Baillon var. vilmoriniana (Dode) Wanger 光叶珙桐 14

Dipteronia sinensis Oliv. 金钱槭 14

Disanthus cercidifolius varlongipe HTChang 长柄双花木 267，298，299

Dysosma versipellis (Hance) MCheng 八角莲 15

E

Elaeagnus angustifolia L. 沙枣 49，113，137，182

Elaeagnus mollis Diels 翅果油树 15，28，41，146，190

Emmenopterys henryi Oliv. 香果树 14

Ephedra przewalskii Stapf 膜果麻黄 30

Eucommia ulmoides Oliv. 杜仲 14

Euonymus bungeanus Maxim 桃叶卫矛（白杜）49

Euptelea pleiospermum Hook f. et Thoms. 领春木 14

F

Ferula sinkiangensis K. M. Shen 新疆阿魏 15

Forsythia suspensa (Thunb) Vahl 连翘 113

Frankenia pulverulenta L. 瓣鳞花 14

Fraxinus mandshurica Rupr 水曲柳　15，162，188

Fritillaria pallidiflora Schrenk 伊犁贝母　15

Fritillaria walujewii Regel 新疆贝母　15

G

Gastrodia elata Bl 天麻　15

Gentiana macrophylla Pall 秦艽　28，40

Glycine soja Sieb. et. Zucc. 野大豆　15

Grewia biloba D. Don 孩儿拳头　113，137

Gymnocarpos przewalskii Maxim 裸果木　14，60，61，107，231，237，248

H

Haloxylon ammodendron (C. A. Mey.) Bunge 梭梭　12，15，16，20，33，34，41，49，51，57-59，84，86，104，106，107，136，137，149，158，181，212，221，222，237，248，252，253，299

Haloxylon persicum Bunge ex Boiss. et Buhse 白梭梭　15，20，212

Haplophyllum dauricum (L.) G. Don 芸香草　7

Haplophyllum tragacanthoides Diels 针枝芸香草　20

Hedysarum fruticosum var. lignosum (Trautv) Kitag 木岩黄芪　108

Hedysarum leave Maxim 羊柴　146

Hedysarum mongolicum Turcz 蒙古岩黄芪　108

Hedysarum scoparium Fischet Mey 花棒　105，108，200，219

Helianthemum soongoricum Schrenk 半日花　7，11-14，34，40，61，138，231，237，247-249，280，283，297

Hippophae rhamnoides L. 沙棘　43，49，70，75，83，84，107，136，152，153，186

Hordeum vulgare Linn. (H. sativum Pers) 大麦　72，85，86，146，155，156，161

Hypnum vaucheri Lesq 直叶灰藓　23

J

Juglans mandshurica Maxim 核桃楸　15

Juglans regia L. 核桃　15

Juniperus rigida Siebet Zucc 杜松　61

K

Kalanchoe daigremotiana Hamet. et Perr. 大叶落地生根　124，125

Kalidium caspicum (L.) Ung. -Sernb. 里海盐爪爪　13

Kalidium foliatum (Pall.) Moq. 盐爪爪　107，158

Kalidium gracile Fenzl 细枝盐爪爪　50

Karelinia caspia (Pall.) Less. 花花柴　49

Kingdonia uniflora Balf. F. et W. W. Smith 独叶草　14

Kochia prostrata (L.) Schrad 木地肤　20

Kolkwitzia amabilis Graebn 猬实　14

Kosteletzkya virginica (L.) Presl 海滨锦葵　133，137

L

Lagochilus ilicifolius Bunge 冬青叶兔唇花　20

Larix chinensis Beissn 太白红杉　15，298

Larix gmelinii (Rupr.) Rupr. 兴安落叶松　162，187

Larix principis-rupprechtii Mayr 华北落叶松　49，85

Leptodermis ordosica 内蒙野丁香　20，237，248

Lespedeza bicolor 胡枝子　49，146，147

Leymus chinensis 羊草　51

Liriodendron chinense (Hemsl.) Sarg. 鹅掌楸　14，285

Lolium perenne 黑麦草　150

索　引

Lycium barbarum 宁夏枸杞　281，298

Lycium ruthenicum 苏枸杞　49

M

Magnolia officinalis subsp. *biloba* (Rehdet Wils.) Cheng et Law 凹叶厚朴　15

Magnolia officinalis Rehd. et Wils. 厚朴　15

Magnolia sieboldii K. Koch. 小花木兰（天女花）　268，298

Malania oleifera Chun et S. Lee 蒜头果　90，136

Malus hapehensis (Panlp.) Rehd. 湖北海棠（平邑甜茶）　114

Malus micromalus Makino 八棱海棠　114

Malus pumila Mill 苹果　279

Malus sieversii (Ledeb.) Roem. 新疆野苹果　15

Mangifera indica L. 芒果　186

Medicago sativa Linn 紫花苜蓿　146

Mesembryanthemum cordifolium L. F. 露花　124，125，130，131，135，139

Narcissus longispathus Degen & Hervier ex Pugsley 长苞水仙　272

N

Neopallasia pectinata (Pall) Poljak 棉叶栉　7

Nicotiana tabacum L. 烟草　92，180

Nitraria sibirica Pall 白刺　37，152

Nitraria sphaerocarpa Maxim 泡泡刺　130，131，136，181，200，219

Nitraria tangutorum Bobr 沙地白刺　52，83

Nyssa yunnanensis W. C. Yin 云南蓝果树　285

O

Ophioglossum thermale (claus) Kom 狭叶瓶儿小草　15

Ophiopogon xylorrhizus Wang et Dai 木根沿阶草　285

Ormosia hosiei Hemsl. et Wils. 红豆树　15

Orostachys fimbriatus (Turcz) Berger 瓦松　125

Oryza sativa L. 水稻　92，135，136，139，150，153，155，160，161

Ostrya rehderiana Chun 天目铁木　238

Oxytropis aciphylla Ledeb 刺叶柄棘豆（猫头刺）　7

P

Paeonia suffruticosa Andr var. pa-paveracea (Andr) Kerner 紫斑牡丹　15

Paeonia suffruticosa Andr var. spontanea Rehd 矮牡丹　14，286

Peganum harmala L. 骆驼蓬　50，84，152

Peganum multisectum Bobr 多裂骆驼蓬　78，152，219

Phaseolus radiatus Linn 绿豆　167，186，188

Phragmites communis Trin 芦苇　131，139

Phyllodoce caerulea (L.) Babingt 松毛翠　15

Picea asperata Mast. 云杉　35，162

Picea brachytyla (Franch) Pritz 麦吊云杉　15

Picea neoveitchii Mast 大果青　14

Picea obovata Ledeb 西伯利亚云杉　15

Pinus elliottii Engelm 湿地松　202，249

Pinus koraiensis Sieb. et Zucc. 红松　162，188

Pinus sibirica (Loud.) Mayr. 西伯利亚红松　15

Pinus strobus Linn 白松　162

Pinus sylvestris Linn 欧洲赤松　162

Pinus tabulaeformis Carr 油松　35，49，61，83，85，230

Pisum sativum Linn 豌豆　79

Platycladus orientalis (L.) Franco 侧柏　49，83，85，230

Poacynum pictum (Schrenk) Baill 白麻　107，137

Polygonum plebeium R. Br. 习见蓼（铁马齿苋）　37

Populus alba×berolinensis 银中杨　155

Populus euphratica Oliv. 胡杨　15，16，48，49，53，57，59，65，66，84，86，102，104，106，118，120，136，138，139，237，248，251

Populus euramericana cv. "74/76"107 杨　104

Populus pruinosa Schrenk 灰叶胡杨　57，65，84，104，107，120，136，138

Populus simonii Carr 小叶杨　49

*Populus×Zhonglin Sanbei*1 迎春 5 号杨　154

Potaninia mongolica Maxim 绵刺　7，11－13，16，24，30，34，42，50，60，65，66，107，137，181，186，295，296，298，299

Potentilla fruticosa L. 金露梅　36

Potentilla longifolia Will. ex Schlecht. 腺毛委陵菜　37

Prunus avium L. 甜樱桃　4，279

Prunus davidiana Carr.（*Amygdalus davidiana*）山毛桃（山桃）　239

Prunus glandulosa Thunb 麦李　7

Prunus humilis Bge. 欧李　7

Prunus japonica Thunb. Var. nakaii（Livl.）Rehd. 郁李　44

Prunus mongolica Maxim（*Amygdalus mongolica*）蒙古扁桃　1－14，16－20，23－43，47－57，59－63，65－83，85，86，90，91，93－106，110－123，125－133，145－151，153－175，177，180－184，188，199－252，254，257－298，310

Prunus salicina Lindl 李　7，209，279

Prunus sibirica L（*Armeniaca sibirica*）山杏　239

Psammochloa mongolica Hitche 沙鞭　105

Psammochloa villosa（Trin）Bor 沙竹　158

Pseudotsuga gaussenii Flous 华东黄杉　28，40

Pseudotsuga sinensis Dode 黄杉　15

Pteroceltis tatarinowii Maxim 青檀　14，203，248

Pterostyrax psilophyllus Diels ex Perk 白辛树　15

Pygeum topengii Merr 臀果木　4

Pyrus betuleafolia Beg 杜梨　223，251

Pyrus pyrifolia（Burm. F.）Nakai 梨　279

Q

Quercus mongolicus Fisch 蒙古栎　146，162，190

R

Ranalisma rostratum Stapf 长喙毛茛泽泻　285

Reaumuria soongorica（Pall.）Maxim. 红砂（琵琶柴）　24，30，34－36，40，42，48－50，65，66，90－92，98，107，109，114，118，119，123，124，134，136，137，139，152，187，200，219，222，237，250

Reaumuria trigyna Maxim 长叶红砂　50，200，218，219，221

Rhamnus erythroxylon Pall 柳叶鼠李　10

Rhodiola sachalinensis A. Bor. 高山红景天　286

Ricinus communis L. 蓖麻　215

Robinia pseudoacacia Linn 刺槐　49，85，230

Rosa multiflora Thunb 蔷薇　1，3，9，36，113，200，203，250，264，267，279，287

Rosa rugosa Thunb 玫瑰　260

Rosa xanthina Lindl 黄刺梅　17，37，260

Rosa xanthina Lindl. f. Normalis Rehd. et Wils. 单瓣黄刺梅　7

S

Salix psammophila C. Wang et Ch. Y. Yang 沙柳　104，105，108，135

Salsola arbuscula Pall 木本猪毛菜　20

Salsola collina Pall 猪毛菜　20

Salsola passerina Bunge 珍珠猪毛菜（珍珠）　17，30，34，36

Saussurea involucrata Kar. et Kir. ex Max-im. 雪莲 16

Sedum aizoon L. 土三七 125

Sedum spectabile Boreau 长药景天 125

Selaginella tamariscina（Beauv）Spring 还魂草 24

Setaria viridis（L.）Beauv 狗尾草 37

Sinopodophyllum emodi（Wall. ex Royle）Ying 桃儿七 14

Sinowilsonia henryi Hemsl 山白树 14

Sophora alopecuroides Linn 苦豆子 61, 153, 219

Stellaria media（L.）Cyr. 繁缕 121

Stewartia sinensis Rehd. et Wils. 紫茎 16

Stilpnolepis centiflora（Maxim.）Krach. 百花蒿 7

Stipa breviflora Griseb 短花针茅 36, 158

Stipa gigantea Link 大针茅 36, 50

Stipa klemenzii Roshev 石生针茅 7

Stipa krylovii Roshev 克氏针茅 50

Suaeda glauca Bunge 碱蓬 223

Suaeda salsa（L.）Pall 盐地碱蓬 153

Syringa julianae Schneid 紫丁香 260, 261

Syringa pinnatifolia Hemsl 羽叶丁香 14

Syringa pinnatifolia Hemsl. var. alashanica Ma et S. Q. Zhou 贺兰山丁香 14

T

Taiwania flousiana Gaussen 秃杉 238

Tamarix chinensis Lour 柽柳 48, 49, 53, 57-59, 84, 86, 89, 97, 104-106, 136, 200, 251

Tamarix elongata Ledeb 长穗柽柳 57, 59, 61

Tamarix ramosissima Ledeb 多枝柽柳 49, 51, 102, 106, 135

Tamarix taklimakanensis M. T. Liu 沙生柽柳（塔克拉玛干柽柳） 16, 106

Tapiscia sinensis Oliv. 银鹊树 14

Taxus chinensis var. mairei（Lemee et Lévl.）Cheng et L. K. Fu 南方红豆杉 28, 41, 299

Tetracentron sinensis Oliv. 水青树 14

Tetraena mongolica Maxim 四合木 7, 8, 11-14, 27, 30, 34, 38, 42, 50, 65, 66, 108, 137, 181, 190, 231, 237, 248, 273, 298, 299

Tilia amurensis Rupr 紫椴 163

Tribulus terrestris L. 蒺藜 37, 200

Trigonobalanus doichangensis（A. Camus）Farman 三棱栎 28, 39

Trillium tschonoskii Maxim 延龄草 16

Triticum aestivum Linn 小麦 92, 122, 156, 166, 229

Tugarinovia mongolica Iljin 革苞菊 7, 11, 12

U

Ulmus glaucescens Franch 旱榆（灰榆） 17

Ulmus pumila L. 白榆（榆树） 70, 71, 104, 144

V

Vitex negundo Linn 黄荆 113

Vitis vinifera var. sativa DC. 葡萄 8, 9, 78, 133-135, 168, 216

Z

Zea mays L. 玉米 146, 195, 198

Ziziphus jujuba var. spinosa（Bunge）Hu 酸枣 61

Zygophyllum xanthoxylum（Bunge）Maxim 霸王 27, 34, 50, 65, 66, 107, 108, 137, 149, 181, 190, 200, 212, 218-221, 245, 251, 253

中国科协三峡科技出版资助计划
2012 年第一期资助著作名单

（按书名汉语拼音顺序）

1. 包皮环切与艾滋病预防
2. 东北区域服务业内部结构优化研究
3. 肺孢子菌肺炎诊断与治疗
4. 分数阶微分方程边值问题理论及应用
5. 广东省气象干旱图集
6. 混沌蚁群算法及应用
7. 混凝土侵彻力学
8. 金佛山野生药用植物资源
9. 科普产业发展研究
10. 老年人心理健康研究报告
11. 农民工医疗保障水平及精算评价
12. 强震应急与次生灾害防范
13. "软件人"构件与系统演化计算
14. 西北区域气候变化评估报告
15. 显微神经血管吻合技术训练
16. 语言动力系统与二型模糊逻辑
17. 自然灾害与发展风险

中国科协三峡科技出版资助计划
2012 年第二期资助著作名单

1. BitTorrent 类型对等网络的位置知晓性
2. 城市生态用地核算与管理
3. 创新过程绩效测度——模型构建、实证研究与政策选择
4. 商业银行核心竞争力影响因素与提升机制研究
5. 品牌丑闻溢出效应研究——机理分析与策略选择
6. 护航科技创新——高等学校科研经费使用与管理务实
7. 资源开发视角下新疆民生科技需求与发展
8. 唤醒土地——宁夏生态、人口、经济纵论
9. 三峡水轮机转轮材料与焊接
10. 大型梯级水电站运行调度的优化算法
11. 节能砌块隐形密框结构
12. 水坝工程发展的若干问题思辨
13. 新型纤维素系止血材料
14. 商周数算四题
15. 城市气候研究在中德城市规划中的整合途径比较
16. 心脏标志物实验室检测应用指南
17. 现代灾害急救
18. 长江流域的枝角类

中国科协三峡科技出版资助计划
2013 年资助著作名单

1. 蛋白质技术在病毒学研究中的应用
2. 当代中医糖尿病学
3. 滴灌——随水施肥技术理论与实践
4. 地质遗产保护与利用的理论及实证
5. 分布式大科学项目的组织与管理：人类基因组计划
6. 港口混凝土结构性能退化及耐久性设计
7. 国立北平研究院简史
8. 海岛开发成陆工程技术
9. 环境资源交易理论与实践研究——以浙江为例
10. 荒漠植物蒙古扁桃生理生态学
11. 基础研究与国家目标——以北京正负电子对撞机为例的分析
12. 激光火工品技术
13. 抗辐射设计与辐射效应
14. 科普产业概论
15. 科学与人文
16. 空气净化原理、设计与应用
17. 煤炭物流供应链管理
18. 农产品微波组合干燥技术
19. 腔静脉外科学
20. 清洁能源技术创新管理与公共政策研究——以碳捕集与封存（CCS）为例
21. 三峡水库生态渔业
22. 深冷混合工质节流制冷原理及应用
23. 生物数学思想研究
24. 实用人体表面解剖学
25. 水力发电的综合价值及其评价
26. 唐代工部尚书研究
27. 糖尿病基础研究与临床诊治
28. 物理治疗技术创新与研发
29. 西双版纳傣族传统灌溉制度的现代变迁
30. 新疆经济跨越式发展研究
31. 沿海与内陆就地城市化典型地区的比较
32. 疑难杂病医案
33. 制造改变设计——3D 打印直接制造技术
34. 自然灾害对经济增长的影响——基于国内外自然灾害数据的实证研究
35. 综合客运枢纽功能空间组合设计理论与实践
36. TRIZ——推动创新的技术（译著）
37. 从流代数到量子色动力学：结构实在论的一个案例研究（译著）
38. 风暴守望者——天气预报风云史（译著）
39. 观测天体物理学（译著）
40. 可操作的地震预报（译著）
41. 绿色经济学（译著）
42. 谁在操纵碳市场（译著）
43. 医疗器械使用与安全（译著）
44. 宇宙天梯 14 步（译著）
45. 致命的引力——宇宙中的黑洞（译著）

发行部

地址：北京市海淀区中关村南大街 16 号
邮编：100081
电话：010-62103354

办公室

电话：010-62103166
邮箱：kxsxcb@ cast. org. cn
网址：http：//www. cspbooks. com. cn